JN233915

新編 橋梁工学

橋梁工学(第5版)改訂・改題

中井 博・北田俊行 著

共立出版株式会社

はしがき

　橋梁工学のここ50年間の進歩はめざましく，新材料の開発や，CAD・CAMによる設計・製作・架設法の向上に伴って，各地で新形式の長大橋が数多く建設されてきました．永年，夢の架け橋であった明石海峡大橋は，平成10年にすでに建設完了しました．また，平成7年1月17日に発生した阪神・淡路大震災によって甚大な被害を受けた橋梁も，復旧工事が済んでおります．

　ところで，本書は，著者らの恩師である橘　善雄教授（昭和44年2月逝去）の「橋梁工学　初版」をその源泉としています．そして，これまで橋梁を設計する際に基準となる道路橋示方書が，何回も改訂されてきました．すなわち，昭和48年2月，昭和55年2月，平成2年2月，平成6年2月，および平成8年12月の改訂に伴い，その都度，本書の筆者らは，旧版「橋梁工学　初版」を，第2版～第5版として改訂してきました．

　しかしながら，平成14年3月にも，道路橋示方書が改訂されるとともに，平成11年10月からSI単位が導入されました．しかも，最近の各大学における橋梁工学の教程の簡素化にかんがみ，これまで刊行の「橋梁工学　第5版」から，静定な構造物である単純箱桁橋，また不静定な構造物である連続げた橋，および斜張橋など，格子げた橋，斜橋・曲線橋，アーチ橋・ラーメン橋，ならびに，つり橋に関する記述は，削除して，スリム化を図ることとしました．

　こうして上記の主旨に沿って旧版を編集し直し，「新編　橋梁工学」と改題して出版することにしました．

　この「新編　橋梁工学」では，橋梁工学を初めて学ぼうとする読者諸氏のために，用語の定義をより明確にすると同時に，設計の基本原理や，その計算法をもわかりやすく解説しました．

　これらの編集作業を行うにあたり，著者らの考え違いにより，記述に不備なところが散見されるかも知れません．どうか，読者諸氏から，遠慮なきご指摘

をいただき，今後よりよき教科書に修正したいと思っています．

　本書を出版する際に参考にさせていただいた数多くの諸先生の研究成果に敬意を表するとともに，深甚の謝意を表します．そして，設計計算例はJIPテクノサイエンス（株）の土井雅裕氏（当時，日本橋梁（株））の労をわずらわし，またSI単位への変更は川田工業（株）の栗田康弘氏に，さらに校正は大阪市立大学・大学院工学研究科・橋梁工学研究室の大学院生の方々にご協力いただきました．ここに，厚くお礼を申し上げます．

　最後に，本書の出版に努力して下さった共立出版（株）の関係各位にも，厚くお礼を申し上げます．

2003年11月

中井　　博
北田　俊行

目　　次

1章　総　　論

1.1　概　説 ·· 1
1.2　橋梁の種類 ·· 1
　　　A．用途による分類 ··· 2
　　　B．使用材料による分類 ··· 2
　　　C．通路の位置（橋げたと路面との関係）による分類 ········ 2
　　　D．橋梁の平面形状による分類 ··· 2
　　　E．構造形式による分類 ·· 3
1.3　橋梁の構成 ·· 8
　　　A．上部構造，および下部構造 ··· 8
　　　B．支間と幅員 ·· 8
　　　C．建築限界，および橋下高 ··· 9
　　　D．縦断勾配，および横断勾配 ··10
　　　E．橋床，および床組 ··10
　　　F．対傾構，および横構 ··11
　　　G．支　承 ···12
1.4　橋梁の調査・計画・設計の概要 ··12
　　　A．調　査 ···12
　　　B．計　画 ···13
　　　C．設　計 ···14
　　　演習問題 ··17

2章　荷　　重

2.1　概　説 ··18
2.2　死荷重 ··19

2.3　活荷重 …………………………………………………………………19
　　　　A．道路橋の活荷重 …………………………………………………20
　　　　B．鉄道橋の活荷重 …………………………………………………23
　2.4　衝　撃 ……………………………………………………………………25
　2.5　風荷重 ……………………………………………………………………27
　2.6　地震荷重 …………………………………………………………………29
　2.7　温度変化 …………………………………………………………………31
　2.8　特殊荷重 …………………………………………………………………32
　　　　A．遠心荷重，制動荷重，および横荷重 …………………………32
　　　　B．雪荷重 ……………………………………………………………33
　　　　C．施工時荷重 ………………………………………………………33
　　　　D．支点移動 …………………………………………………………34
　　　　E．衝突荷重 …………………………………………………………34
　2.9　荷重の組合せ ……………………………………………………………35
　　　演習問題 ……………………………………………………………………36

3章　鋼材および許容応力度

　3.1　概　説 ……………………………………………………………………37
　3.2　鋼の機械的性質 …………………………………………………………39
　3.3　高張力鋼 …………………………………………………………………40
　3.4　構造用鋼材 ………………………………………………………………44
　　　　A．圧延鋼の種類 ……………………………………………………45
　　　　B．材料検査 …………………………………………………………46
　3.5　許容応力度 ………………………………………………………………46
　　　　A．安全率 ……………………………………………………………47
　　　　B．許容軸方向引張応力度 …………………………………………47
　　　　C．許容軸方向圧縮応力度 …………………………………………47
　　　　D．許容曲げ圧縮応力度 ……………………………………………52
　　　　E．許容せん断応力度 ………………………………………………54
　　　　F．荷重の組合せに対する許容応力度の割増し …………………55

3.6 疲　労 …………………………………………………………………… 56
　　A．疲労の現象 ………………………………………………………… 56
　　B．疲労を考慮した許容応力度 ……………………………………… 57
　演習問題 ………………………………………………………………… 58

4章　接　合　法

4.1 概　説 ……………………………………………………………………… 59
4.2 高力ボルト ………………………………………………………………… 60
　　A．高力ボルト接合の種類 …………………………………………… 60
　　B．摩擦接合形高力ボルトの強さ …………………………………… 62
　　C．高力ボルトの所要本数 …………………………………………… 63
　　D．高力ボルトの配置 ………………………………………………… 66
　　E．高力ボルト継手設計上の一般的な注意事項 …………………… 67
4.3 溶接接合 ………………………………………………………………… 68
　　A．金属アーク溶接の原理 …………………………………………… 68
　　B．溶接継手の種類 …………………………………………………… 71
　　C．溶接継手のその他の分類 ………………………………………… 74
　　D．溶接用鋼材と溶接性 ……………………………………………… 74
　　E．溶接棒 ……………………………………………………………… 77
　　F．溶接法 ……………………………………………………………… 78
　　G．溶接部の検査 ……………………………………………………… 82
　　H．溶接継手の設計 …………………………………………………… 83
　　I．溶接継手の疲労設計法 …………………………………………… 88
　　J．溶接継手設計上の注意事項 ……………………………………… 94
　演習問題 ………………………………………………………………… 95

5章　床版および床組

5.1 概　説 ……………………………………………………………………… 96
5.2 鉄筋コンクリート床版 ………………………………………………… 98
　　A．解析理論 …………………………………………………………… 98

　　　　B．床版の設計曲げモーメント ……………………………………… 99
　　　　C．床版の厚さ ……………………………………………………… 102
　　　　D．コンクリートの品質など ……………………………………… 104
　　　　E．使用鉄筋 ………………………………………………………… 104
　　　　F．RC床版の設計と配筋 ………………………………………… 104
　　　　G．設計計算例 ……………………………………………………… 106
　5.3　床　　組 …………………………………………………………… 106
　　　　A．床組の構造 ……………………………………………………… 106
　　　　B．縦げた，および床げたの設計 ………………………………… 107
　　　　C．縦げた，および床げたの設計計算例 ………………………… 108
　5.4　鋼床版 ……………………………………………………………… 108
　　　　A．鋼床版の構造 …………………………………………………… 108
　　　　B．解析法 …………………………………………………………… 110
　　　　C．設計法 …………………………………………………………… 111
　5.5　高欄，橋面排水，および伸縮継手 ……………………………… 114
　　　　A．高　欄 …………………………………………………………… 114
　　　　B．橋面排水 ………………………………………………………… 114
　　　　C．伸縮継手 ………………………………………………………… 114
　　　　演習問題 …………………………………………………………… 115

6章　プレートガーダー橋

　6.1　概　　説 …………………………………………………………… 116
　6.2　断面の設計 ………………………………………………………… 118
　　　　A．主げたに作用する曲げモーメント，および，せん断力 …… 119
　　　　B．けた高 …………………………………………………………… 126
　　　　C．腹　板 …………………………………………………………… 127
　　　　D．フランジプレートの断面 ……………………………………… 132
　　　　E．応力照査 ………………………………………………………… 137
　6.3　補剛材 ……………………………………………………………… 139
　　　　A．垂直補剛材 ……………………………………………………… 140

	B．水平補剛材 ………………………………………………………… 143
6.4	フランジプレートの断面の変化，および現場継手 ……………………… 144
	A．フランジプレートの断面の変化 ……………………………… 144
	B．現場継手 ………………………………………………………… 145
	C．省力化設計による合理化げた ………………………………… 148
6.5	横構，および対傾構 ……………………………………………………… 149
	A．横　構 …………………………………………………………… 150
	B．対傾構 …………………………………………………………… 153
6.6	たわみ ……………………………………………………………………… 154
	A．たわみの計算 …………………………………………………… 154
	B．死荷重によるたわみとそり …………………………………… 155
	C．たわみの制限 …………………………………………………… 156
	演習問題 ……………………………………………………………… 157

7章　トラス橋

7.1	概　説 ……………………………………………………………………… 159
7.2	トラスの種類 ……………………………………………………………… 162
	A．弦の形による分類 ……………………………………………… 162
	B．腹材の配列による分類 ………………………………………… 163
7.3	トラスの部材力の解析 …………………………………………………… 165
7.4	トラス橋の設計 …………………………………………………………… 171
	A．概　説 …………………………………………………………… 171
	B．部材力の計算 …………………………………………………… 172
	C．部材断面 ………………………………………………………… 175
	D．ダイアフラム …………………………………………………… 179
	E．部材の継手 ……………………………………………………… 179
7.5	格点構造 …………………………………………………………………… 180
7.6	対風構 ……………………………………………………………………… 182
7.7	たわみとそり ……………………………………………………………… 186
7.8	トラス橋の設計計算例 …………………………………………………… 188

演習問題 ……………………………………………………………… 189

8章　合成げた橋

8.1　概　説 ………………………………………………………… 190
8.2　合成げたの応力 ……………………………………………… 193
　　A．コンクリート床版の有効幅 ……………………………… 193
　　B．合成げたの断面定数 ……………………………………… 194
　　C．合成げたの応力算定式 …………………………………… 195
8.3　合成げた断面の設計 ………………………………………… 197
　　A．鋼げたの高さ ……………………………………………… 197
　　B．フランジ断面の決定 ……………………………………… 198
8.4　コンクリートのクリープ，乾燥収縮，および温度差による応力 ……… 201
　　A．クリープによる応力 ……………………………………… 201
　　B．乾燥収縮による応力 ……………………………………… 205
　　C．温度差による応力 ………………………………………… 207
8.5　荷重の組合せと許容応力度，および
　　降伏に対する安全度の照査，ならびに，たわみの照査 ……… 208
　　A．荷重の組合せと許容応力度 ……………………………… 208
　　B．降伏に対する安全度の照査 ……………………………… 209
　　C．たわみの照査 ……………………………………………… 209
8.6　ずれ止め ……………………………………………………… 209
　　A．ずれ止めの種類 …………………………………………… 209
　　B．ずれ止めの設計 …………………………………………… 210
　　C．スタッドの強度 …………………………………………… 211
　　D．スタッドの配置法 ………………………………………… 212
　　E．けた端部の床版の補強 …………………………………… 212
8.7　合成げたの設計計算例 ……………………………………… 213
　　演習問題 ……………………………………………………… 213

9章 支　承

- 9.1 概　説 ……………………………………………………………… 215
- 9.2 支承の種類と構造 …………………………………………………… 215
  - A．金属製の支承 …………………………………………………… 216
  - B．ゴム製の支承 …………………………………………………… 220
- 9.3 支承の設計 …………………………………………………………… 221
  - A．設計荷重 ………………………………………………………… 221
  - B．可動支承の移動量 ……………………………………………… 222
  - C．支承の材料と強度 ……………………………………………… 224
  - D．支承各部の設計 ………………………………………………… 224
  - E．コンクリートの支圧応力とアンカーボルト ………………… 227
- 9.4 落橋防止システム …………………………………………………… 228
  - A．けたかかり長 …………………………………………………… 228
  - B．落橋防止構造 …………………………………………………… 229
  - C．変位制限構造 …………………………………………………… 229
  - D．ジョイントプロテクター ……………………………………… 229
- 9.5 支承の設計計算例 …………………………………………………… 229

10章　設計計算例

- 10.1 道路橋溶接トラス橋の設計例 …………………………………… 230
  - A．設計条件，および設計概要 …………………………………… 230
  - B．床組の設計 ……………………………………………………… 231
  - C．主構の設計 ……………………………………………………… 232
  - D．横構の設計 ……………………………………………………… 250
  - E．橋門構の設計 …………………………………………………… 254
  - F．沓の設計 ………………………………………………………… 256
  - G．たわみの計算 …………………………………………………… 257
- 10.2 道路橋合成げた橋（活荷重合成げた橋）の設計例 …………… 258
  - A．設計条件 ………………………………………………………… 258

B．床版の設計 ……………………………………………………… 259
　　　C．主げたの設計 …………………………………………………… 261
　　　D．補剛材の設計 …………………………………………………… 274
　　　E．主げたの添接 …………………………………………………… 277
　　　F．ずれ止めの設計 ………………………………………………… 281
　　　G．たわみの計算 …………………………………………………… 282
　　　H．対傾構・横構・横げたの設計 ………………………………… 283

演習問題解答 ……………………………………………………………… 285
付　録
　1．長大橋の表 ………………………………………………………… 299
　2．道路構造令による建築限界 ……………………………………… 303
　3．鉄道の建築限界 …………………………………………………… 305
　4．鋼材断面表 ………………………………………………………… 307
索　引 …………………………………………………………………… 319

各種の橋梁   xiii

写真-1 千本松橋梁（中央スパン 150m の連続げた橋，取付け道路は
　　　ループ形曲状の線橋），（橋梁年鑑（昭.54）より抜粋）

写真-2 広島大橋（中央スパン 150m の連続げた橋），
　　　（橋梁年鑑（昭.54）より抜粋）

写真-3 阪神高速道路 S 字橋
　　　（最大スパン 72m の 3 径間連続曲線箱げた橋）

各種の橋梁

写真-4 利根川橋梁（最大スパン128mの単純トラス橋），（橋梁年鑑（昭.54）より抜粋）

写真-5 荒川湾岸橋（最大スパン150mの連続トラス橋），（首都高速道路公団提供）

写真-6 天草の天門橋（スパン300mの連続トラス橋）

各種の橋梁

写真-7 港大橋（中央スパン 512m のゲルバー・トラス橋），
（阪神高速道路公団提供）

写真-8 尾道大橋（中央スパン 215m の斜張橋）

写真-9 荒川大橋（中央スパン 160m の斜張橋），
（首都高速道路公団提供）

各種の橋梁

写真-10 豊里大橋（中央スパン216mの斜張橋），
（大阪市建設局橋梁課提供）

写真-11 大和川橋（中央スパン355mの斜張橋），
（阪神高速道路公団提供）

写真-12 かもめ大橋（中央スパン240mの斜張橋），
（大阪市建設局橋梁課提供）

各種の橋梁

写真-13　横浜ベイブリッジ（中央スパン460mの斜張橋），（首都高速道路公団提供）

写真-14　多々羅大橋とアプローチ橋（中央スパン890mの斜張橋），（本州四国連絡橋公団提供）

写真-15　天草の松島橋（スパン126mのパイプアーチ橋）

写真-16　西海橋（スパン216mのブレースリブド・アーチ橋）

写真-17　長柄橋（スパン155mのニールセン・ローゼげた橋），（大阪市建設局橋梁課提供）

写真-18　南港水路橋（スパン163mの単弦ローゼげた橋），（阪神高速道路公団提供）

各種の橋梁

写真-19　高架橋とY形鋼製ラーメン橋脚
　　　　（首都高速道路公団提供）

写真-20　女原大橋（中央スパン100mの方杖ラーメン橋），
　　　　（橋梁年鑑（昭.54）より抜粋）

写真-21　大鳴戸橋（中央スパン876mのつり橋），
　　　　（本州四国連絡橋公団提供）

各種の橋梁

写真-22 南備讃瀬戸大橋（中央スパン 1,100 m のつり橋），
（本州四国連絡橋公団提供）

写真-23 明石海峡大橋（中央スパン 1,991 m の吊橋），
（本州四国連絡橋公団提供）

1章 総　　論

1.1　概　　説

　最近のめざましい交通網の拡張に伴って，橋梁構造物の需要も，益々，増大している．旧来，橋梁は，おもに河川を横断するところに架けられてきた．しかし，今日では，市街地はもちろん，立地条件として過酷な山岳地や海峡にまでも，数多くの橋梁が建設されるようになってきた．

　橋梁（bridge）とはいうまでもなく，道路や鉄道などを敷設する際，上述のような交通の障害となる箇所に建設される土木構造を総称したものである．そして，**橋梁工学**（bridge engineering）とは，その上を通行する交通荷重を円滑に，また安全に渡らせしめるような構造物を調査，計画，設計，および製作し，それを現地において短期間のうちに施工し，しかも数十年以上の耐用年限を有するように維持・管理することをその使命としている．

　橋梁の調査，および計画の段階においては，土木工学全般にわたる広範な知識を必要とする．しかし，橋梁技術者にとって最も重要な設計計算は，構造力学を基礎としている．また，詳細な設計図として表したときに，理論上の仮定をできるだけ満足し，しかも構造細部の欠陥が橋の耐荷力・耐久性を低下しないように，材料学や構造工学に関する知識が必要である．

　本書は，このような観点から，橋梁技術者として，ぜひ知っておく必要がある基本的事項をわかりやすく解説したものである．

1.2　橋梁の種類

　橋梁は，橋床や床組，および主げた，あるいはトラスなどより構成された**上部構造**（superstructure）と，それらを支持する**下部構造**（substructure）とに大別することができる．上部構造は，以下のように種々な種類に分けられる．

A. 用途による分類

道路橋（highway bridge）：道路を通す橋．

鉄道橋（railway bridge）：鉄道を通す橋．

併用橋（combined bridge）：道路と鉄道などを同時に通す橋．

歩道橋（pedestrian bridge）：道路などを横断して，その上に架けられる人道専用の橋．

水路橋（aqueduct bridge）：水路を通す橋．

その他，**可動橋**（船舶の航行の際，橋げたを開閉する橋）と**固定橋**，および**永久橋**と**応急橋**（一時的にかける橋）とに区別されることがある．

B. 使用材料による分類

木橋（timber bridge）：木材を主要材料とする橋．

石橋（masonry bridge）：石材を主要材料とする橋．

鋼橋（steel bridge）鋼材を主要材料とする橋．その他，鋼の代りにアルミニウム合金を用いた**軽金属橋**などもある．

鉄筋コンクリート橋（reinforced concrete（略して RC）bridge）：RC を主要材料とする橋．

プレストレストコンクリート橋（prestressed concrete（略して PC）bridge）：PC を主要材料とする橋．

本書においては，主としてフレキシブル（flexible）な鋼橋で，しかも**薄肉構造物**（thin walled structure）を対象にして記述する．このような鋼橋に対して，石橋，RC 橋や PC 橋などを，マッシブ（massive）な橋梁ということがある．

C. 通路の位置（橋げたと路面との関係）による分類

上路橋（deck bridge）：橋げたの上部に路面のあるもの（図 1.11 参照）．

下路橋（through bridge）：橋げたの下部に路面のあるもの（図 1.11 参照）．

中路橋（half through bridge）：橋げたの高さの中間部に路面のあるもの．

特別の理由がない限り，橋梁は，上路形式が望ましい．なお，このほか特殊なものとして，路面が 2 階になった **2 層橋**（double deck bridge）がある．

D. 橋梁の平面形状による分類

直 橋（right bridge）：橋梁の中心線（橋軸）が両岸に対して直角のもの．

斜 橋（skew bridge）：橋梁の中心線（橋軸）が両岸に対して斜めのもの．

曲線橋（curved bridge）：橋軸が曲線状であるもの．

平面形状に関しては，以上の3種類などに分けられる（図1.1，写真-1, 3, および11参照）．

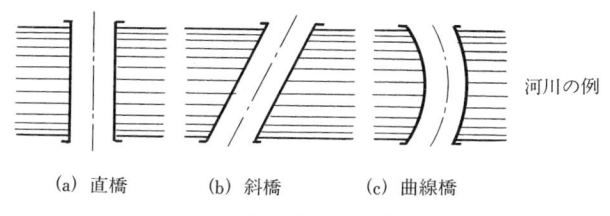

(a) 直橋　　(b) 斜橋　　(c) 曲線橋

河川の例

図1.1 平面形状による分類

橋梁は，あくまで道路，または鉄道などの路線の一部であるから，路線の線形が障害物をこえる状況に応じて，その平面形状を決定する．最近では，直橋よりも斜橋のほうが多くなりつつある．また，都市内高速道路などでは，曲線橋も数多く採用されるようになった．

E. 構造形式による分類

(i) けた橋

けた橋（plate girder bridge）とは，図1.2に示すように，部材を**はり**（beam）として使用したもので，部材の曲げ抵抗とせん断抵抗とを利用したものである．そのために，曲げやせん断に対して効率のよいI形断面の**けた**（girder）を使用する（詳細は，6章参照）．

一般に，けた橋では，**主げた**（main girder）を何本か並列させる．とくに，それらを

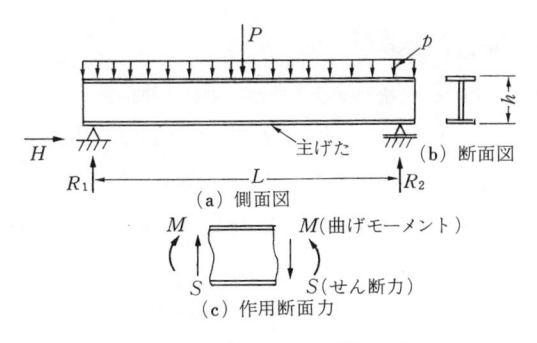

(a) 側面図

(b) 断面図

(c) 作用断面力　　M(曲げモーメント)　S(せん断力)

図1.2 けた橋

横げたで連結したものを，**格子げた橋**（grillage girder bridge）という．そして，鉄筋コンクリート床版と鋼げたとをずれ止めによって結合したものを，**合成げた橋**（composite girder bridge）という（詳細は，8章参照）．また，主げたを閉じた箱形の断面にしたものを，**箱げた橋**（box girder bridge）という．箱げた橋では，曲げとせん断とのほかに，ねじりに対する抵抗力が大きいので，主げたを何本も並列せず，箱げた1本でかなり幅員の広いものを設計することができる（写真-1～3参照）．

(ii) トラス橋

けたのスパンが長くなると，曲げやせん断に抵抗できなくなる限界がくる．そこで，比較的短いスレンダーな部材を三角形状に組み，スパンの長い橋梁に供するように考えられた骨組構造が，**トラス橋**（truss bridge）である．この場合，曲げモーメントとせん断力とは，部材の圧縮力，あるいは引張力によって抵抗させる．

トラス橋の一例を，図1.3に示す（詳細は，7章参照）．ここで，図中の太線の部材は圧縮部材であり，また細線の部材は引張部材である．トラスのことを，**主構**（main truss）ともいう（写真-4～7参照）．

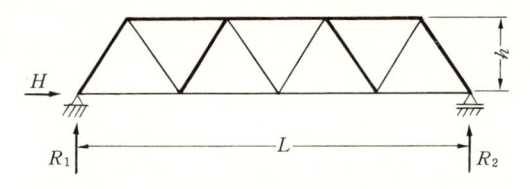

図1.3 トラス橋

(iii) 連続橋とゲルバー橋

図1.2～図1.3に示したけた橋やトラス橋はいずれも**単純橋**（simple girder bridge, または simple truss bridge）であり，橋全体についての力のつり合い式のみによって解析できる静定構造物である．すなわち，それらの図中の反力 R_1，R_2，および H は，次式の3つの力のつり合い条件式から求められる．したがって，任意点の断面力も，容易に決定できる．

$$\Sigma V = 0, \quad \Sigma H = 0, \quad \Sigma M = 0 \qquad (1.1)_{1\sim3}$$

ところが，図1.4に示すように，けた橋やトラス橋が連続しており，3個以上の支承で

1.2 橋梁の種類

(a) 3径間連続げた橋(2次不静定)

(b) 2径間連続トラス橋(1次不静定)

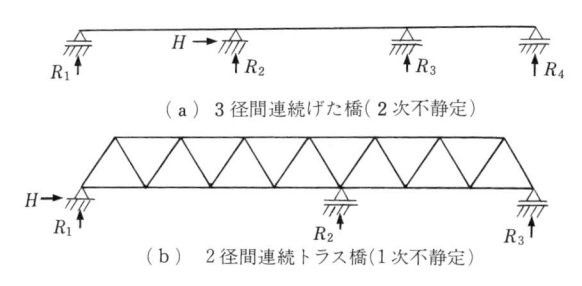

図1.4 連続橋

支持されている場合には，式 (1.1) の条件を使っても，反力 $R_1 \sim R_3$ や H すべてが決定できない不静定構造物となる．そして，このような不静定構造物を，**連続橋**（continuous bridge）という．また，この連続橋の径間数を，いま n とすれば，

$$\text{不静定次数} = n - 1 \tag{1.2}$$

となる．

そこで，上式で与えられた不静定次数に等しい数のヒンジを連続橋の途中に挿入した構造物を考えると，ヒンジの数だけ力のつり合い式 $\Sigma M=0$ が追加されるので，静定構造物になる．このような構造物を，**ゲルバー橋**（Gerber，あるいは cantilever bridge）とよんでいる．けた橋の場合の一例を，図1.5に示す（**ゲルバートラス**は，写真-7参照）．このような連続橋やゲルバー橋は，単純橋よりも作用断面力を小さくすることができ，経済的に設計できる構造物である．

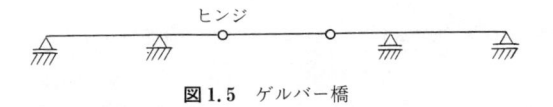

図1.5 ゲルバー橋

(iv) 斜張橋

斜張橋（cable-stayed bridge）とは，連続げた橋のスパンをさらに伸ばすために考え出されたものであり，図1.6に示すように，中間支点のところに立てた塔にケーブルを張り，連続橋を斜めにつり上げ，死荷重や活荷重による断面力を連続橋より軽減しようとする構造物である．

構造力学的に，斜張橋は，弾性支承上の連続橋として取り扱うことができる高次不静定

(a) 原斜張橋

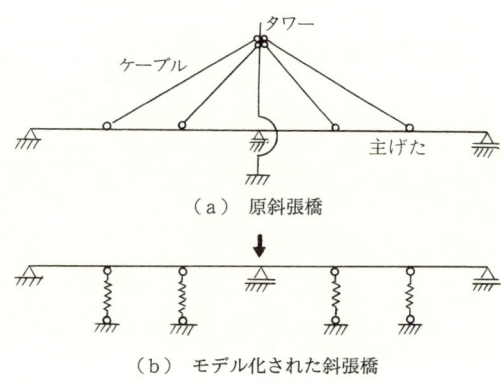

(b) モデル化された斜張橋
図 1.6　斜張橋

構造物で，つり橋と力学的特性が基本的に異なるものである．

斜張橋の構造形式としては，各種のものが考えられており，以下に述べるアーチ橋やつり橋とともに景観がよく，しかも長大化の可能性のある近代的橋梁構造物として注目されている（写真-8～14 参照）．

（ⅴ）アーチ橋

アーチ（arch）とは，図 1.7 に示すように，けたやトラスを上方にそらせ，両端を強固な基礎で支持した構造物である．基本的な構造としては，2 ヒンジアーチ（水平力 H が未知の 1 次不静定），3 ヒンジアーチ（静定），および固定アーチ（水平力 H，鉛直反力 R，および端モーメント M が未知の 3 次不静定）がある．

いずれの形式にしても，アーチの軸線を圧力線（水平力 H とせん断力 S との合力 N の方向）と一致させるようにすれば，自重に対して曲げの作用が全く生じなく，圧縮力のみ

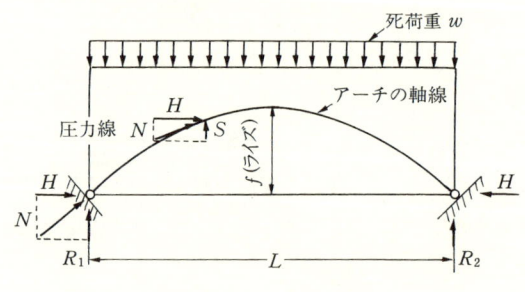

図 1.7　アーチ橋の原理

1.2 橋梁の種類

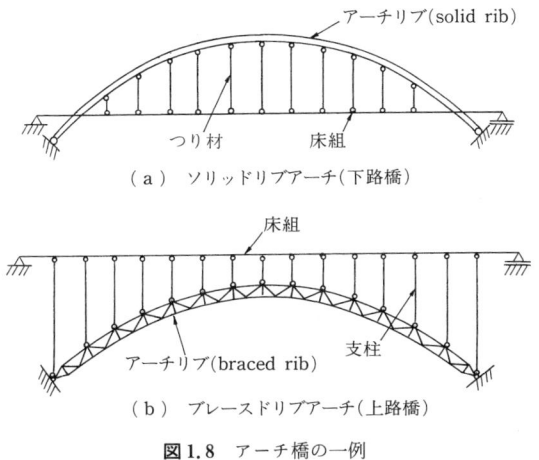

(a) ソリッドリブアーチ（下路橋）

(b) ブレースドリブアーチ（上路橋）

図1.8 アーチ橋の一例

が生じる構造物とすることができる．そこで，昔から圧縮に強い石材を使用したアーチが，数多く造られてきた．

鋼橋では，死荷重のほかに交通荷重が載荷されるので，圧縮力と曲げとの作用を同時に受けることになる．ところが，これに適した部材をアーチリブに使用し，図1.8に示すように，アーチリブより床組をつったり，あるいは支えたりして交通に供せられたものが，**アーチ橋**（arch bridge）である（写真-15～18参照）．

(vi) ラーメン橋

ラーメン橋（rigid-frame bridge）とは，種々な橋梁を支える橋脚に用いられるほか，高架線の一種である図1.9のラーメン高架橋や方杖ラーメン橋などのように，主げたと橋脚とを剛結した**ラーメン**（Rahmen）を用いた橋梁である．上述のアーチ橋と同様に，主げたや橋脚の部材は，曲げモーメントと軸方向圧縮力とに同時に耐えるように設計される（写真-19～20参照）．

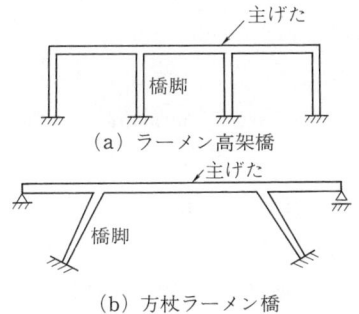

(a) ラーメン高架橋

(b) 方杖ラーメン橋

図1.9 ラーメン橋

(vii) つり橋

つり橋（suspension bridge）とは，図1.10に示すように，両岸のアンカーレッジと塔との

間にケーブルを架け渡し，それよりつり材によって補剛桁，または補剛トラスをつり下げ，交通荷重が通行できるようにした構造物である．

つり橋のケーブル軸線の形状は，アーチと類似している．しかし，ケーブルには，引張力が作用する点がアーチと著しく異なる．したがって，アーチ橋のように，圧縮力によるアーチ部材の座屈の心配もないので，コンパクトにまとめられた高張力のケーブルを主要部材としている．

このように，部材を純引張として使用することは，材料の最も効果的な使い方である．ちなみに，1,000m以上の長大橋（付録1．参照）のほとんどは，つり橋で占められており，このような力学的特性がいずれにおいても巧みに利用されている（写真-21～23参照）．

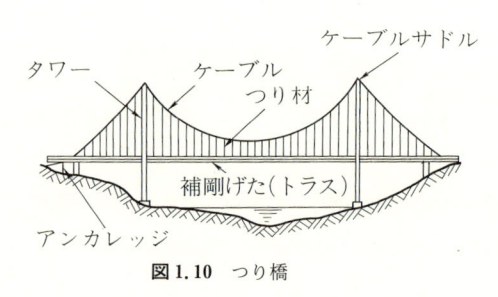

図1.10　つり橋

1.3　橋梁の構成

A.　上部構造，および下部構造

橋梁の**上部構造**は，橋梁の主体をなすもので，**橋床**（slab），**床組**（floor system），および**主げた**（main girder），または**主構**（main truss）などから成り立っている．**下部構造**は，図1.11に示すように，上部構造を支持し，上部構造からの荷重を地盤に伝える役目をもち，**橋台**（abutment），あるいは**橋脚**（pier），および，それらの**基礎**（foundation）から成り立っている．

B.　支間と幅員

図1.11に示したように，橋梁の支承の中心間距離を**スパン**（**支間**，span）といい，そして橋脚前面間の距離を**純径間**（clear span）という．また，**径間**（effective span）とは，橋脚中心間の距離をいう．さらに，**橋長**とは，普通，橋台のパラペット前面間の距離をいう．

1.3 橋梁の構成

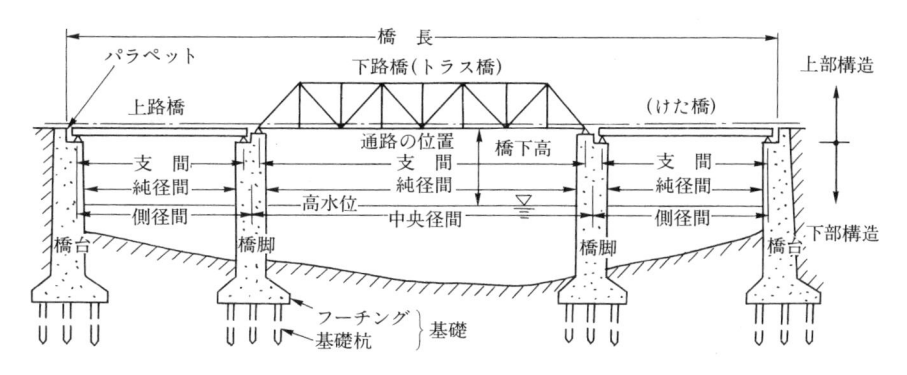

図1.11 橋梁の側面図

橋梁の**幅員**（clear width）とは，図1.12に示すように，地覆間の距離である．歩車道の区別のない場合，接続道路の幅員（道路の総幅員から路肩の幅を引いたもの）の両側にそれぞれ**歩道**（sidewalk）の幅S以上を加えたものとする．ここで，幅Sは，市街部で0.25m，また地方部で0.5mとする．歩車道の区別のある場合には，歩道縁石間の距離を接続道路の車道幅員と一致させる．**1車線**（one lane）の幅員は，道路構造令によって定められている．それによると，1車線の最小幅は，2.75mである，しかし，高速道路においては，最大3.75mまでとっている．

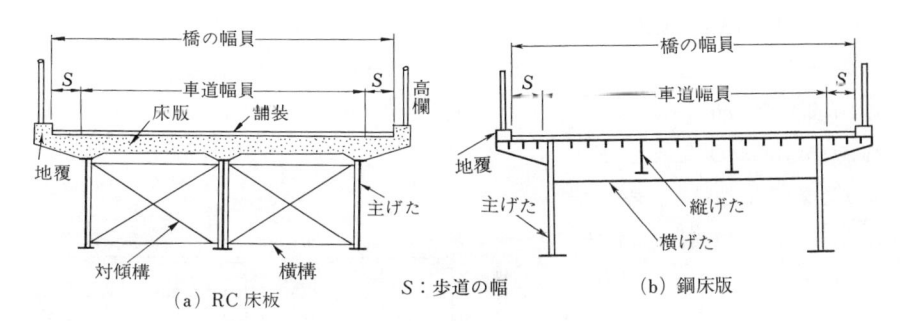

図1.12 橋梁の断面図
(a) RC床板　　S：歩道の幅　　(b) 鋼床版

C. 建築限界，および橋下高

道路橋はもちろん，鉄道橋においても，**建築限界**（付録2.～3.参照）が犯されないよう十分注意して設計しなければならない．また，けた下空間，すなわち**橋下高**（under clearance）は，鉄道や道路をまたぐ高架橋の場合，それぞれに基準が設けられている．

一方，河川では，その高水位から上方何メートルのところに橋下高（図 1.11 参照）をとるべきか，取決めが設けられている．実際には，これにいくらかの余裕を持たしたほうがよい．さらに，海面上を船舶が航行する場合には，そのトン数によって橋下高のとり方が違う．最も高いものとしては，明石海峡大橋のように，満潮位上 65m という例もある．

D. 縦断勾配，および横断勾配

普通，道路橋の**縦断勾配**は，主として排水と美観とのために付け，0.5〜2% ぐらいの勾配を有する凸形の 2 次の放物線が用いられる．しかし，高速道路などでは，線形の関係で，水平やときには凹形の勾配とすることもある．また，市街橋では，中央部の橋下高の基準を守り，かつ両橋詰めの高さをできるだけ上げないため，橋梁に急な縦断勾配をもたす場合が多い．

自動車交通を考えると，縦断勾配の急激な変化は好ましくなく，路線が直線から曲線に移る際，直線が曲線の接線となるほうがよい．とくに，$n\%$ の勾配の 2 次放物線には，勾配 $2n\%$ の直線が接線となるので，**取付け道路**（approach）の勾配にも注意する必要がある（後述の図 5.1 参照）．

一方，**横断勾配**は，もっぱら路面排水のために付ける．そこで，歩道には約 1% の直線を，また車道には約 2% の放物線勾配を付け，その境目に高さ 15cm ぐらいの縁石を設ける．曲線橋の横断勾配は，交通荷重の遠心力に対抗するため，片勾配とする．

E. 橋床，および床組

交通荷重を直接支持する部分を，**橋床**という．道路橋では，**RC 床版**（RC-slab），あるいは**鋼床版**（steel deck）が用いられ（詳細は，5 章参照），その上にアスファルト系の**舗装**（pavement）を施す（前述の図 1.12 参照）．

鉄道橋では，主げた，または**縦げた**（stringer）の上に直接まくら木を載せ，その上にレールを敷いて橋床とするものを**開床**（open floor）といい，また RC 床版を置いてその上に軌道を布設するものを**閉床**（solid floor）と

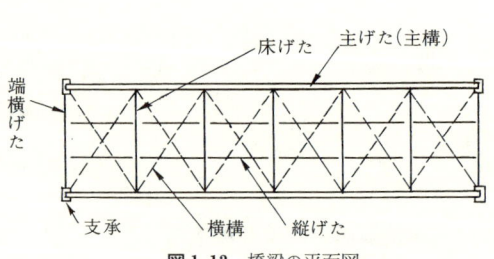

図 1.13 橋梁の平面図

いう．上路橋で**並列主げた**（主げたが，3 本以上のもの）のときは，その上に直接床版を載せるのが普通である．しかし，主げた間隔が広いとき，または下路トラスなどでは，図

1.3 橋梁の構成

1.13 に示すように，主げた，あるいは主構間に床げたを入れ，および縦げたを入れ，橋床を間接的に支持する．この場合，**床げた**（floor beam，あるいは**横げた**ともいう），および**縦げた**を一括して，**床組**という．

F. 対傾構，および横構

風や地震力などの横方向の力に抵抗するために，主げたや主構は，水平方向のトラスで連結する．これを，**横構**（lateral bracing）という．そして，断面変形を防ぐために，横断面内に適当な間隔で配置したトラス部材を，**対傾構**（sway bracing）という．また，横構，および対傾構を，総称して，**対風構**（wind bracing）ということがある．これは，風のみならず地震力，あるいは，その他の横荷重に抵抗するためのものであるの

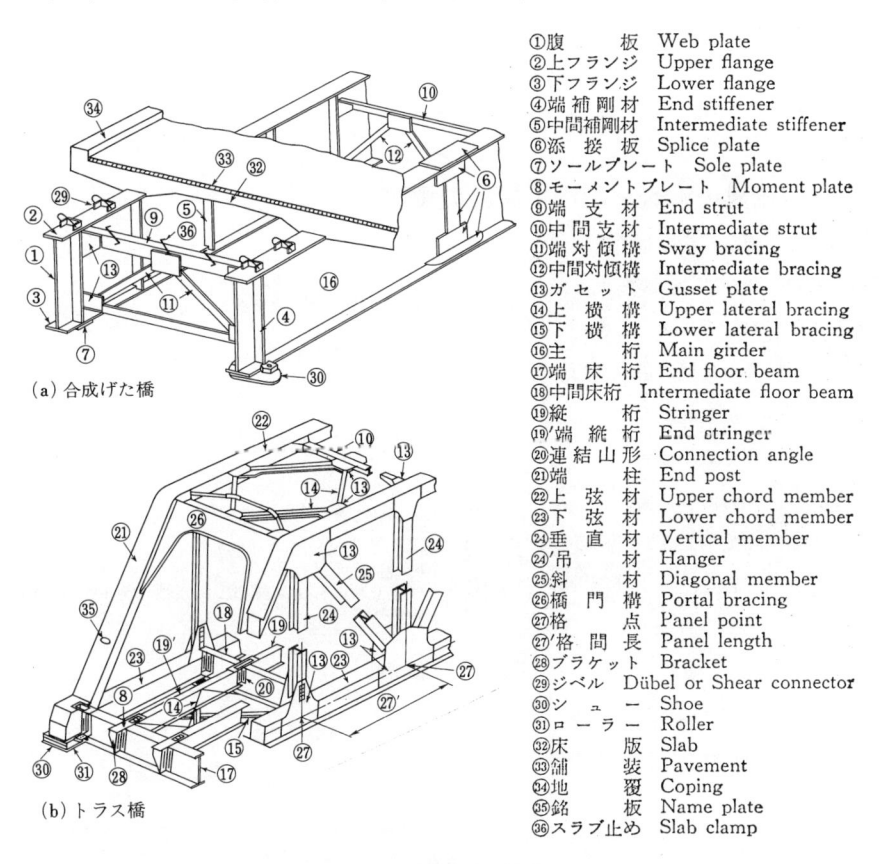

番号	名称	英名
①	腹　　板	Web plate
②	上フランジ	Upper flange
③	下フランジ	Lower flange
④	端補剛材	End stiffener
⑤	中間補剛材	Intermediate stiffener
⑥	添　接　板	Splice plate
⑦	ソールプレート	Sole plate
⑧	モーメントプレート	Moment plate
⑨	端　支　材	End strut
⑩	中間支材	Intermediate strut
⑪	端対傾構	Sway bracing
⑫	中間対傾構	Intermediate bracing
⑬	ガセット	Gusset plate
⑭	上　横　構	Upper lateral bracing
⑮	下　横　構	Lower lateral bracing
⑯	主　　桁	Main girder
⑰	端　床　桁	End floor beam
⑱	中間床桁	Intermediate floor beam
⑲	縦　　桁	Stringer
⑲'	端　縦　桁	End stringer
⑳	連結山形	Connection angle
㉑	端　　柱	End post
㉒	上　弦　材	Upper chord member
㉓	下　弦　材	Lower chord member
㉔	垂　直　材	Vertical member
㉕'	吊　　材	Hanger
㉕	斜　　材	Diagonal member
㉖	楣　門　構	Portal bracing
㉗	格　　点	Panel point
㉗'	格　間　長	Panel length
㉘	ブラケット	Bracket
㉙	ジベル	Dübel or Shear connector
㉚	シュー	Shoe
㉛	ローラー	Roller
㉜	床　　版	Slab
㉝	舗　　装	Pavement
㉞	地　　覆	Coping
㉟	銘　　板	Name plate
㊱	スラブ止め	Slab clamp

(a) 合成げた橋

(b) トラス橋

図 1.14　橋梁の部材名称

で，用語の定義に注意する必要がある．

G. 支　承

上部構造と下部構造とを連結するところに設けられるものを**支承**（support）といい，上部構造からの力を下部構造に伝える構造としている．単純橋の場合，支承の沈下はなく，また回転は許す**ヒンジ**（hinge）支承とする．しかし，橋軸水平方向に一端は**固定端**（fixed end）とし，また他端は**可動端**（movable end）とする．そして，それぞれに固定支承，および可動支承を用いる（詳細は，9章参照）．これによって，けたの弾性変位と温度変化とにより，橋げたの伸縮が，自由になるようにする．連続げたでは，その支承のうち一つだけを水平方向に固定とし，その他を可動とする．すると，橋体に働くすべての地震力が固定支承に集中して作用するので，固定支承が取り付けられた橋台や橋脚は，とくに安全な設計を行なわなければならない*．

図 1.14 は，合成げた橋とトラス橋とに対する各部材の名称を示す．

1.4　橋梁の調査・計画・設計の概要

橋梁の計画から設計に至るまでの流れの概要を示すと，図 1.15 のようである．このうち，基本計画における路線決定は，その地域の将来の発展に重大な影響を及ぼすものであり，土木計画学などを基礎とし，種々な面から行政的な判断にもとづいて決定されるべきものである．

ここでは，技術的判断のもとに行われる橋梁の計画，調査，および設計の要点を述べる．

A. 調　査

架橋計画を行うにあたり，まず架橋地点の地形測量，これと交差する河川，鉄道，

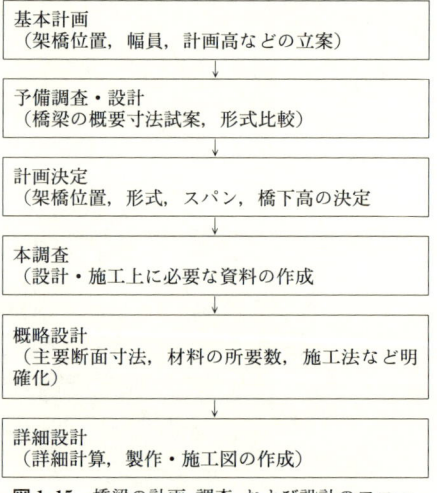

```
基本計画
（架橋位置，幅員，計画高などの立案）
        ↓
予備調査・設計
（橋梁の概要寸法試案，形式比較）
        ↓
計画決定
（架橋位置，形式，スパン，橋下高の決定）
        ↓
本調査
（設計・施工上に必要な資料の作成）
        ↓
概略設計
（主要断面寸法，材料の所要数，施工法など明確化）
        ↓
詳細設計
（詳細計算，製作・施工図の作成）
```

図 1.15　橋梁の計画，調査，および設計のフロー

---

*　阪神・淡路大震災の経験によると，ゴム支承を用いた免震支承，または反力分散系の支承によって，橋台や橋脚すべてに地震力を負担させる方法がよいとされ，現在，開発・研究が進められている（9章参照）．

1.4 橋梁の調査・計画・設計の概要

あるいは道路の状況と架橋に必要な取付け道路，および橋下高などの調査や，基礎地盤の**地質調査**が必要である．

このうち，**基礎地盤の調査**は，上部構造の形式を決定するうえでも重要な判断資料となるものである．とくに，地盤の強度特性（支持力 N 値）や変形特性（地盤係数 K 値）に関しては，精度ができるだけ高く，信頼のおけるデータが得られることが望ましい．

また，海峡部における長大橋では，風や地震が強度計算上大きなファクターとなるので，それらを前もって十分に調査しておく必要がある．

B. 計　　画

上述の調査結果に基づいて，**線形**，橋種，構造形式，および**スパン割り**などの計画を進める．その際，経済性，交通の快適性，施工の難易，環境問題，ならびに景観などを総合して，実施計画に移らなければならない．

架橋工事が公共事業であるという前提に立てば，橋種や構造形式を決める最も重要なファクターは，経済性であるといえよう．過去の多くの実例によると，橋梁のスパンとそれに応じた適切な形式とは，おおよそ表 1.1，すなわち

表 1.1　橋梁の形式と設計が容易なスパン

梁梁の形式	設計容易なスパン
単純げた橋 ｛合成げた橋	<50 m
｛箱げた橋	<80 m
連続げた橋（合成げた橋，箱げた橋，鋼床版げた橋）	$40 \sim 250$ m
トラス橋（単純トラス橋，連続トラス橋）	$50 \sim 500$ m
斜張橋	$100 \sim 600$ m
アーチ橋（2ヒンジ・アーチ橋，補剛アーチ橋）	$80 \sim 300$ m
つり橋	$300 \sim 1,100$ m

の範囲にあるので，**形式選定**の一つの参考資料になるであろう．

交通の快適性からいうと，上路プレートガーダー橋が下路トラス形式の橋梁よりもすぐれている．とくに，連続げた橋にすると，**伸縮継手**の数も少なく，走行性や景観のほかに，耐震工学上も有利となる．長大橋に適したものとしては，トラス橋，斜張橋，アーチ橋，あるいは，つり橋などがある．しかし，構造形式による力学的特性の差異はもちろんのこと，基礎地盤との関連性，風や地震などに対する安定性，さらに環境との調和を，念頭において検討すべきである．そのために，側面図や横断面より，完成予想図を，描く場合もある．とくに，断面形状（幅員とけた高の関係など）が悪いと，**耐風安定性**も悪くな

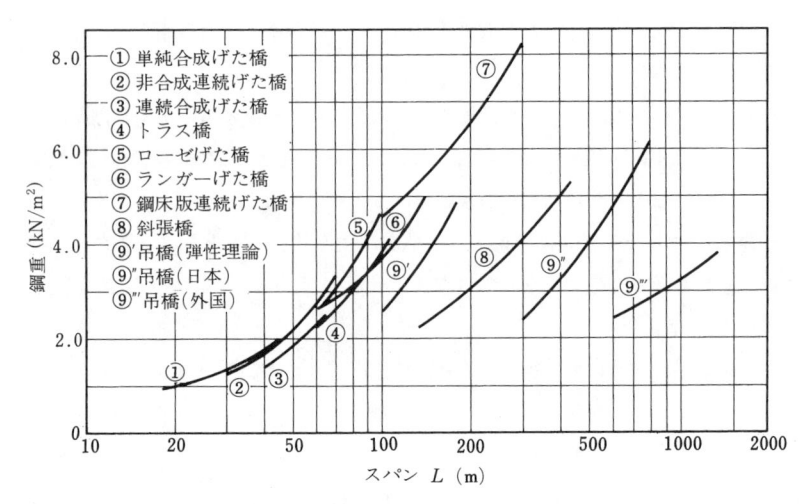

図 1.16 各種橋梁の鋼重とスパンとの関係

るので，注意を要する．

　従来，構造形式が決まると，使用材料を最小とすることが経済的であるとされ，それについての努力が払われてきた．すなわち，**経済性**の指標としては，普通，鋼重をとっている．この**鋼重**とは，種々な橋梁形式のものでも同一レベルで比較できるように，橋梁の全鋼重を（スパン）×（幅員）で割ったもの（単位：kN/m^2）で表わすのが一般的である．図 1.16 は，過去の橋梁についての鋼重の実績を示したものである．

　しかし，いたずらに断面を細かく変化させたとしても，製作費がかさみ，かえって不経済となることもある．そこで，最近では，製作費も考慮に入れた広い意味での経済性が重んじられるようになってきている．

　施工についても，経済性よりも工事の確実性，現地作業の安全性，ならびに労働の軽減などを配慮すべきである．都市の高速道路では，工事中はもとより，完成後の交通荷重による騒音・振動などの公害が，今日，社会問題にまで発展してきている．技術的には，それに対して種々な試みも講じられている．しかしながら，諸外国でもみられるように，高速道路の両側に植樹をした十分なスペースをもつ緩衝地帯を設けるなどの抜本的対策を講ずるべきで，基本計画の段階で高速道路についての考え方を改めてゆく必要があろう．

C. 設　　　計

　概略設計や詳細設計は，橋梁構造物の経済性，**安全性**，**機能性**，および**景観**などを考慮

しながら，構造工学，材料，ならびに製作・架設などに関する知識を総合して行なうものである．最近では，しばしば**競争設計**をコンサルタントに募り、審査の結果、最も優れたものを選び，さらにこれに必要な更新を加えて実施設計に移ることが多い．図1.17には，参考のため，港大橋（ゲルバートラスで，写真-7参照）を建設する際に検討された**比較設計**の実例を示す*．

橋梁の実施設計にあたっては，定められた**設計示方書**（design specification）**に基づき，通常，数回の試算を繰り返して，最も経済的な**設計**（design）を行う．このような設計を行なう際，**電子計算機**の役割が大きく，複雑な**構造物解析**（構造力学にもとづく断面力や変位の解析）***をはじめ，最適断面の算定（**最適設計**）**** まで自動的に行なえるプログラム **CAD**（Computer Aided Design，**自動設計**）が開発されている．また，自動製図機による**設計図**はもちろん，NC工作機械と連動するプログラム **CAM**（Computer Aided Manufacture，**自動製作**）が開発され，省力化が進められている．

しかしながら，どのように高度なプログラムを用いたとしても，実際の構造物とそれをモデル化したものとの間に差異があることや，使用上の制約条件があることを熟知しておかなければならない．また，橋梁技術者は，構造物を適切にモデル化して，その計算結果の妥当性を照査し，的確な判断を下せる能力を常日頃から養っておかなければならない．本書では，このような目的をもって，各章において複雑な公式は避けて，手計算でできるだけ容易に解析でき，設計できる手法について述べる．

橋梁設計においては，上述のように，構造形式に最も適した計算法を採用し，計算上の仮定に適した構造細目を決め，個々の部材の**強度**のみならず**剛度**も考えあわせ，橋全体としてバランスのとれた設計がなされるべきである．これが**真即美**，つまり力学的に均整のとれたむだのない構造物が，美しいということに相通じることにもなる．一方，未経験なものに関しては，より厳密な解析や実験によって安全性を確認し，さらに現場における経験を踏え，設計や**製作・運搬・架設**をできるだけ簡素化して洗練されたものにすると同時に，永年，橋梁を**維持・管理**してゆくのが，われわれ橋梁技術者に負わされた任務であるといえよう．

---

* 阪神高速道路公団：港大橋工事誌，（昭50），土木学会
** 日本道路協会：道路橋示方書・同解説，（平14.3），丸善
  土木学会：鋼鉄道設計標準解説，（昭46.2）
*** 大池羊三：電子計算機による構造解析，（1968），橋梁編纂会
**** 長　尚：構造物の最適設計，（昭46），朝倉書店

16　　　　　　　　　　　　　1章 総　　論

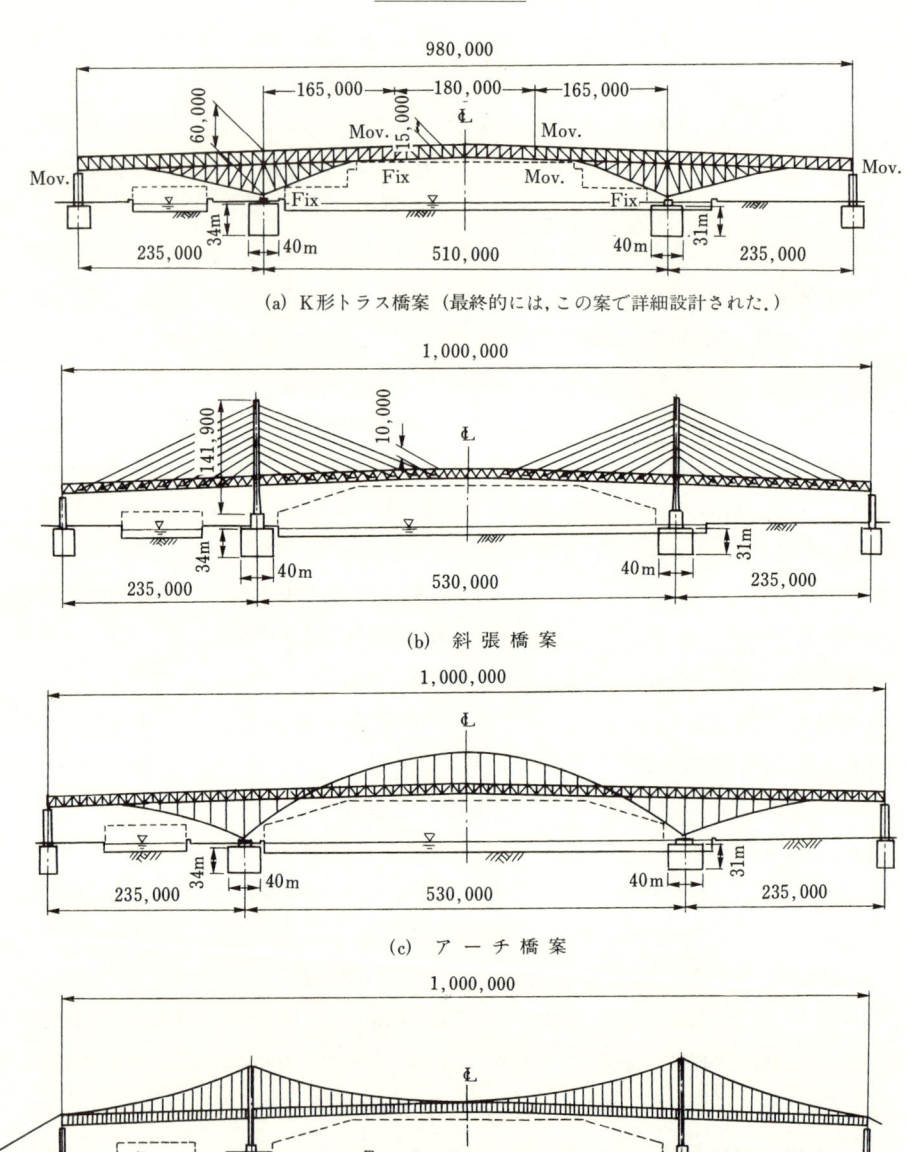

(a) K形トラス橋案（最終的には，この案で詳細設計された．）

(b) 斜張橋案

(c) アーチ橋案

(d) つり橋案　　　　　　　　　（単位：mm）

図 1.17　比較設計の実例（港大橋（口絵写真-7 参照）のゲルバートラス橋）

演習問題

1.1 主径間 90m で，2 側径間 60m の有効幅員 11m の道路橋の設計計画がある．適当と考えられる橋梁形式を，考えてみなさい．

1.2 図 1.18 に示す河川を跨ぐ道路橋の架橋計画がある．適当と考えられる 2, 3 の橋梁形式を選び出し，橋梁全体のスパン割りを考えてみなさい．ただし，低水敷には，橋脚を設けないものとする．

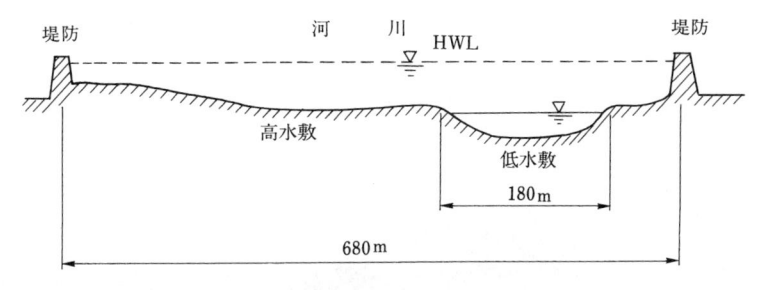

図 1.18 架橋計画位置の河川断面

1.3 2 本主げた形式が，並列主げた形式より経済的である理由をあげてみなさい．

2章 荷　　重

2.1 概　　説

橋梁に作用して，応力や変位が生ずる原因となるものを，**荷重**（load）という．それらの荷重のうち，橋梁に常に作用するものを**主荷重***，また常に作用しないものを**従荷重***という．そして，道路橋や鉄道橋では，これらを，つぎのように定めている（カッコ内は，荷重の記号を表わす）．

道路橋
　主荷重（P）：死荷重（D），活荷重（L），衝撃（I），プレストレス力（PS），コンクリートのクリープの影響（CR），コンクリートの乾燥収縮の影響（SH），土圧（E），および水圧（HP）など
　従荷重（S）：風荷重（W），温度変化の影響（T），地震の影響（EQ）
　主荷重に相当する特殊荷重（PP）：雪荷重（SW），地盤変動の影響（GD），支点移動との影響（SD），遠心荷重（CF）
　特殊荷重（PA）：制動荷重（BK），施工時荷重（ER），衝突荷重（CO），その他

鉄道橋
　主荷重：死荷重（D），活荷重（L），衝撃（I），遠心荷重（C）
　従荷重：風荷重（W），横荷重（L_F），制動荷重，および始動荷重（B）
　その他の荷重：温度変化の影響（T），地震荷重（E），架設荷重（E_R），その他

死荷重と活荷重とは，それぞれ力学的に**静荷重**（静止荷重）と**動荷重**（時間にわたり変動する荷重）とよばれることもある．そして，荷重は，分布状況からみて，**集中荷重**と**分布荷重**とに分けられる．また，荷重の作用状況から分けると，**軸方向荷重**（引張り，圧縮），**横荷重**（せん断，曲げ，ねじり），および，これらを組み合わせたものに分けること

---

　*　主荷重と従荷重とをドイツでは，それぞれ Hauptlast，および Zusatzlast とよぶ．

ができる．

2.2 死荷重

死荷重（dead load）とは橋梁の自重であり，その内訳は，①橋上の諸施設（高欄，照明柱など），および添加物（水道管，ガス管，電らん*など）の重量，②橋床（床版，舗装，分離帯など）の重量，③床組（縦げた，床げた）の重量，ならびに④主げた，または主構（対傾構，横構を含む）の重量である．このうち，①と②とは，あらかじめ算出することができるものである．ところが，③と④とは，設計完了後でなければ正確にはわからない．

それゆえ，設計にあたっては，適当な方法でその値を推定しなければならない．普通のけた橋やトラス橋では設計資料としてまとめられた資料や図表（図1.16参照）を利用し，また特殊な構造の橋梁では実例などを参考とする．そして，設計完了後，実際の死荷重を精算し，最初に推定したものとの差異が大きい場合は，再び設計計算を行う必要がある．

一般に，死荷重は，厳密に等分布していない．しかし，けた橋やトラス橋を設計する場合は，等分布しているものとみなす．

表 2.1　代表的な材料の単位重量 γ (kN/m^3)

材　　料	単位重量
鋼　　　　材	77
鉄筋コンクリート	24.5
アスファルト	22.5

死荷重算定に用いる代表的な材料の**単位重量** γ (kN/m^3) は，表2.1のように定められている．そこで，いま部材の断面積を A (m^2) とすれば，橋軸単位長さあたりの**死荷重強度** w (kN/m) は，

$$w = \gamma A \qquad (2.1)$$

で算出される．

2.3 活荷重

道路橋に作用する自動車荷重，群衆荷重，軌道荷重，あるいは鉄道橋に作用する列車荷重を総称して，**活荷重**（live load）とよんでいる．

活荷重は，時代とともにその重量が増加し，また載荷頻度が大となる傾向にある．鋼橋は，数十年の耐久年限をもち，長期にわたって使用されるものである．そのため，活荷重

---

*　電纜：絶縁物で被覆された電線，または，それを束にしたものをいう．

の強度は，将来を推定した妥当なものでなければならない．

活荷重は，また**移動荷重**である．それゆえ，橋梁の各部の曲げモーメントや軸方向力による垂直応力は，その点に最大の垂直応力が生じる位置に活荷重をのせて算出する．せん断力やねじりモーメントによるせん断応力については，橋梁の全長に活荷重が載荷するよりも，橋梁の一部分に活荷重が作用するほうが大きな影響を受けることが多いので，注意を要する．

A. 道路橋の活荷重

道路橋における活荷重は，自動車荷重，群集荷重，および軌道の車輌荷重である．このうち，自動車荷重は，床版や床組の設計に供する活荷重と，主げたや主構の設計に供する活荷重とに区別してとおり，前者を **T 荷重**，また後者を **L 荷重**という．すなわち，床版や床組を設計する場合に対しては，L 荷重よりも大きい応力が生ずる**車輪荷重**（T 荷重）を用いる．また，主げたや主構を設計する場合に対しては，重量車（T 荷重）が連行する自動車荷重を等分布荷重に換算し，構造解析を行いやすくした L 荷重を用いる．

これらの自動車荷重（T 荷重，および L 荷重）は，大型の自動車の交通状況に応じて，

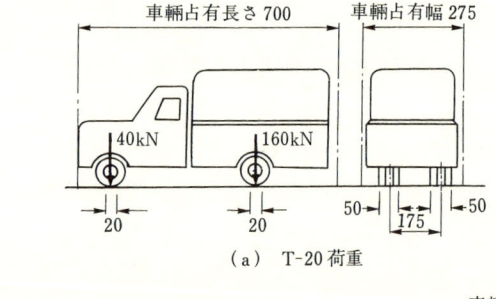

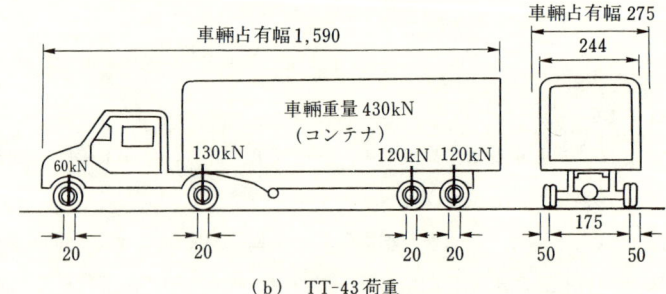

（a）T-20 荷重

（b）TT-43 荷重

図 2.1 これまで用いられてきた T 荷重（単位：cm）

2.3 活荷重

A活荷重，およびB活荷重に区分している．すなわち，高速自動車国道，一般国道，都道府県道，および，これらの道路と基幹的な道路網を形成する市町村道の橋梁の設計にあたっては，B活荷重を適用する．その他の市町村道の橋梁の設計にあたっては，大型の自動車の交通状況に応じて，A活荷重，またはB活荷重を適用する．

以下，それらの活荷重の詳細を示すと，下記のとおりである．

(i) T荷重

床版や床組の設計にあたっては，**T荷重**を用いる．このT荷重としては，これまで図2.1に示す自動車荷重が用いられてきた．しかしながら，大型自動車の重量が，最近，増大しており，それに対応するため，図2.2に示すT荷重が新たに定められた．このT荷重

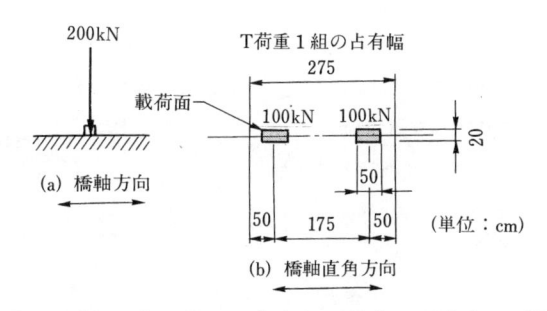

図2.2 新しく定められたT荷重（A活荷重，B活荷重とも共通）

は，A活荷重，およびB活荷重の場合とも車道部分に，橋軸方向には1組，また橋軸直角方向には組数に制限がないものとし，設計しようとする部材に最も不利な応力が生じるように載荷する．

そして，床組を設計する場合には，上記のT荷重によって算出した断面力に，表2.2に示す係数（ただし，1.5を超えない）を乗じる．

表2.2 床組の設計に用いる係数

部材の支間長 L(m)	$L \leq 4$	$L > 4$
係　数	1.0	$\dfrac{L}{32} + \dfrac{7}{8}$

また，歩道には，群集荷重として$5.0\,\mathrm{kN/m^2}$の等分布荷重を載荷する．

なお，軌道がある場合には，当該軌道の規定による車輌荷重を載荷する（詳細は省略）．

(ii) L荷重

主げたや主構の設計にあたっては，**L荷重**を用いる．このL荷重は，図2.3に示すように，車道部分に作用する2種類の**等分布活荷重**p_1，およびp_2によって構成されているも

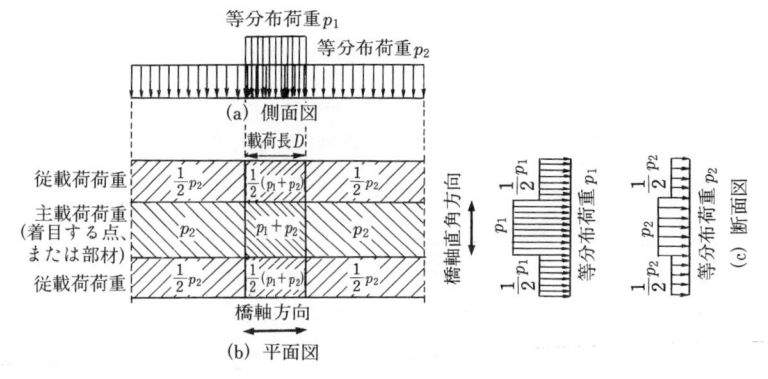

図 2.3 L 荷重の載荷方法（例-1）

のとする．このうち，等分布活荷重 p_1 は，1 橋につき 1 組のみ作用させる．そして，等分布活荷重 p_1，および p_2 は，着目する点，または部材に最も不利な応力が生じるように，橋梁の幅員 5.5 m までは等分布活荷重 p_1，および p_2（主載荷荷重）を，また残りの部分にはそれらのおのおのの 1/2（従載荷荷重）を載荷する．

表 2.3 載荷長 D の取り方

項　目	A 活荷重	B 活荷重
載荷長 D(m)	6	10

表 2.4 L 荷重の強度

主載荷荷重（幅 5.5 m）					従載荷荷重
等分布荷重 p_1		等分布荷重 p_2			
荷重強度（kN/m²）		荷重強度（kN/m²）			
曲げモーメントを算出する場合	せん断力を算出する場合	$L \leq 80$	$80 < L \leq 130$	$L > 130$	
10	12	3.5	4.3−0.01L	3.0	主載荷荷重の 50%

〔注〕　L：支間長（m）

ここで，載荷長 D は，A 活荷重，および B 活荷重に対して，表 2.3 に示すとおりにとる．そして，L 荷重 p_1，および p_2 の荷重強度は，表 2.4 に示す値にとる．

また，歩道には，表 2.5 に示す**群集荷重**（等分布荷重）を載荷する．さらに，軌道に

表 2.5 歩道に載荷する等分布荷重の強度

支間 L(m)	$L \leq 80$	$80 < L \leq 130$	$L > 130$
等分布荷重の強度（kN/m²）	3.5	4.3−0.01L	3.0

2.3 活荷重

は，当該軌道の規定による車輌荷重を載荷する（詳細は，省略）．

プレートガーダー橋に対するL荷重の載荷方法を例示すると，たとえば図2.4には，主げたAの反力の影響線（荷重分配曲線）を示す．この影響線で，反力が正となる区間BのみにL荷重を載荷させるようにする．ただし，そのうち影響の大きい5.5mの範囲にはL荷重を満載（主載荷荷重）し，そして残りの部分にはL荷重を半載荷（従載荷荷重）する．また，図2.5は，連続桁の断面Aに対するせん断力の影響線を例示したものである．すると，この影響線を参照にすれば，等分布荷重 p_1，および p_2 は，図示のように載荷すべきである．

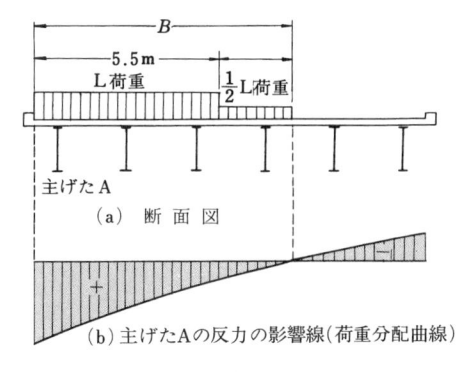

図2.4 幅員方向のL荷重の載荷方法（例-2）

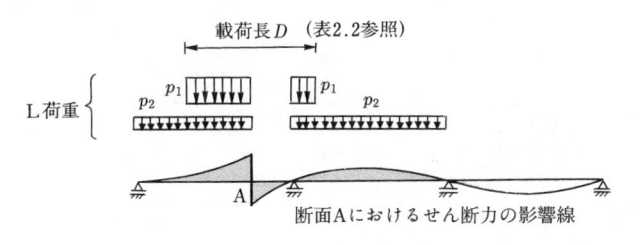

図2.5 橋軸方向のL荷重の載荷方法（例-3）

B. 鉄道橋の活荷重

鉄道橋の活荷重のうち，**K荷重**は，機関車（炭水車を伴う）2輌を連結し，後方に貨客車に相当する等分布荷重を連行したものである．一方，**S荷重**は，2軸の特殊な大型重車輌を別途に想定したものである．床組や小支間の主げたに対しては，S荷重のほうが大きい応力を生ずる．しかし，主げたや主構に対しては，K荷重が一般に支配的になる．

図2.6には，K荷重，およびS荷重の荷重強度と配列とを示す．これらを一括して，**KS荷重**とよんでいる．

K荷重の機関車は，場合により1輌でもよい．しかし，等分布荷重は，断続してはならない．複線の鉄道橋の場合，活荷重を同一方向，または反対方向に載荷させ，そのうちいずれか大きい応力が生ずるほうを採用する．ところが，多くの場合は，同一方向の載荷の

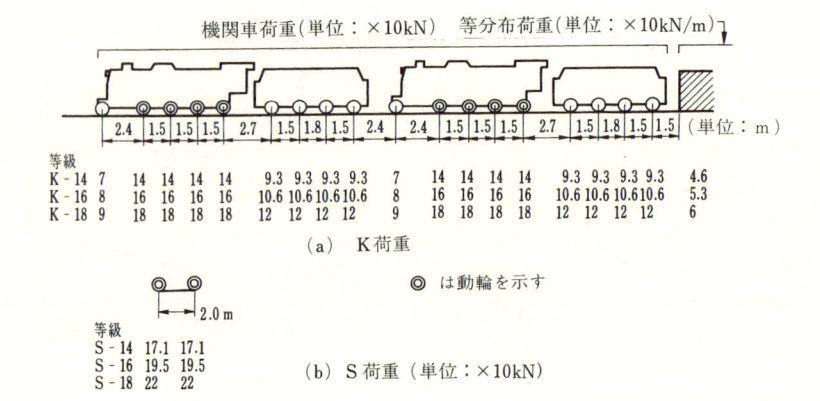

```
                機関車荷重(単位：×10kN)   等分布荷重(単位：×10kN/m)
          ┌──────────────────────────────┐┌──────────────────────┐
          [図: 機関車4両と等分布荷重区間]
           2.4 1.5 1.5 1.5 2.7 1.5 1.8 1.5 2.4 2.7 1.5 1.5 1.5 2.7 1.5 1.8 1.5   (単位：m)

等級
K-14   7   14  14  14  14   9.3 9.3 9.3 9.3   7   14  14  14  14   9.3 9.3 9.3 9.3   4.6
K-16   8   16  16  16  16  10.6 10.6 10.6 10.6  8   16  16  16  16  10.6 10.6 10.6 10.6  5.3
K-18   9   18  18  18  18   12  12  12  12    9   18  18  18  18   12  12  12  12    6
```

(a) K荷重

◎ は動輪を示す

```
        ←2.0 m→
等級
S-14   17.1 17.1
S-16   19.5 19.5
S-18   22   22
```

(b) S荷重（単位：×10kN）

図2.6 K荷重，およびS荷重（1レールあたり）

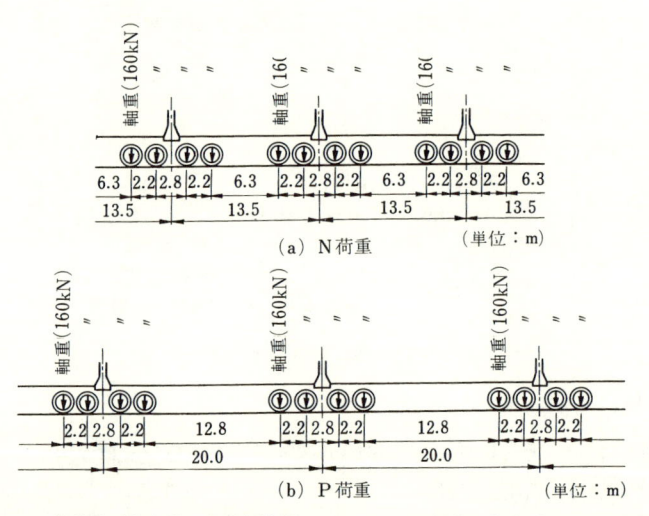

```
        軸重(160kN) 軸重(160kN) 軸重(160kN)
   6.3  2.2 2.8 2.2  6.3  2.2 2.8 2.2  6.3  2.2 2.8 2.2  6.3
        13.5          13.5          13.5
```
(a) N荷重   （単位：m）

```
   軸重(160kN)       軸重(160kN)       軸重(160kN)
   2.2 2.8 2.2  12.8  2.2 2.8 2.2  12.8  2.2 2.8 2.2
         20.0              20.0
```
(b) P荷重   （単位：m）

図2.7 新幹線（東海道・山陽新幹線）で用いられる標準活荷重（1レールあたり）

ときに応力が大になる．

　なお，図2.7には，新幹線（東海道・山陽新幹線）で用いられている標準活荷重（**NP荷重**）の一例を示す．すなわち，**N荷重**は貨物電車を，また**P荷重**は旅客電車を対象としたものである．

2.4 衝 撃

活荷重は移動荷重であるので，図 2.8 に示すように，振動による動的な効果を伴い，活荷重を静的に載荷した場合より大きい応力を，橋梁に発生させる．このような効果によって生じた応力を**衝撃応力**といい，設計の際には，必ず考慮しなければならない．

しかしながら，**衝撃**（impact）は，自動車や列車の種類，速度，および路面や軌道の凹凸の状況などに関係し，橋梁の形式や構造によっても複雑に変化するものである．そのため，実用的には，衝撃応力度 σ_i と活荷重を静的荷重とみなして算定した応力度 σ_l との比，すなわち

$$i = \frac{\sigma_i}{\sigma_l} \tag{2.2}$$

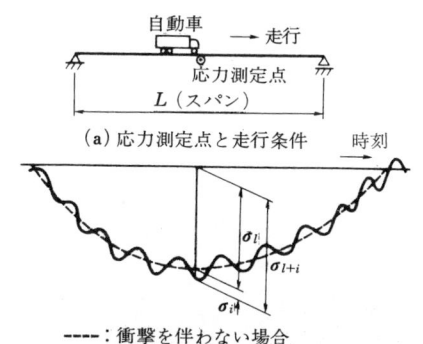

(a) 応力測定点と走行条件

(b) 応力の時間にわたる変動
図 2.8 衝撃係数の定義

を求め，これを**衝撃係数**（impact coefficient）とよんでいる．この衝撃係数 i が定められれば，衝撃応力も含む活荷重応力度 σ_{l+i} は，以下のように算定することができる．

$$\sigma_{l+i} = \sigma_l + \sigma_i = (1+i)\sigma_l \tag{2.3}$$

道路橋の活荷重は，歩道の群集荷重を除けば，すべて衝撃が生ずるものと考え，衝撃係数 i を，

$$i = \frac{20}{50+L} \tag{2.4}$$

としている．ここに，L は，支間（m）である．しかし，支間 L のとり方は，橋梁の種類，および構造により異なり，道路橋示方書によると，表 2.6 のようにとっている．

一方，鉄道橋の衝撃係数 i は，つぎのように定められている．

$$i = \frac{0.52}{L^{0.2}} + \frac{10}{65+L} \tag{2.5}$$

ここに，上式中の L は，支間長を m 単位で表わしたものである．複線の場合は，上式の衝撃係数 i に，つぎの係数 α を乗ずる．

表 2.6 衝撃係数を求めるときの支間長の取り方

形式	部材	L(m)
単純げた	けた，および支承	支間長
トラス	弦材・端柱，および支承 下路トラスの吊材 上路トラスの支柱 分格間の斜材の類 その他の腹材	支間長 床げたの支間長 床げたの支間長 床げたの支間長 支間長の 75%
連続げた	(図)	荷重①に対しては，L_1 荷重②に対しては，L_2 荷重③に対しては， 　$(L_1+L_2)/2$
ゲルバーげた	(図)	荷重①に対しては，L_1 荷重②に対しては，L_2+L_3 荷重③に対して： 　吊げたに対しては，L_3 　片持部，および定着げた 　　に対しては，L_2+L_3 荷重④に対しては， 　$(L_1+L_2+L_3)/2$
ラーメン	(図)	荷重①に対しては，L_1 荷重②に対しては， 　$(L_1+L_2)/2$ 荷重①に対しては，L_1 荷重②に対して： 　吊げたに対しては，L_2 　片持部，およびラーメンに 　対しては，L_2+L_3 荷重③に対して： 　ラーメンに対しては，L_1 　片持部に対しては，L_2+L_3
アーチ，および補鋼げたを有するアーチ	アーチリブ・アーチの弦材・補剛げた・補剛トラスの弦材・支承，およびタイドアーチのタイ アーチ，および補鋼トラスの腹材 上路アーチの支柱 下路アーチの吊材	支間長 支間長の 75% 床げたの支間長 床げたの支間長
吊橋	ハンガー	床げたの支間長
斜張橋	主げた ケーブル	連続げたに準じる 連続げたの支点に準じる

$$\left.\begin{array}{ll}\alpha = 1 - \dfrac{L}{200} & (L \leqq 80\,\mathrm{m}) \\ = 0.6 & (L > 80\,\mathrm{m})\end{array}\right\} \qquad (2.6)_{1\sim 2}$$

道路橋，および鉄道橋の i 値をスパン L に応じて描いたものを，図 2.9 に示す．この図によると，鉄道橋のほうが，道路橋より衝撃係数 i が大であることがわかる．

一般に，橋梁の衝撃係数 i は，スパンが長くなるほど，また死荷重が大となるほど小さく，さらに荷重が集中するよりも分布するほうが小さくなる傾向にある．

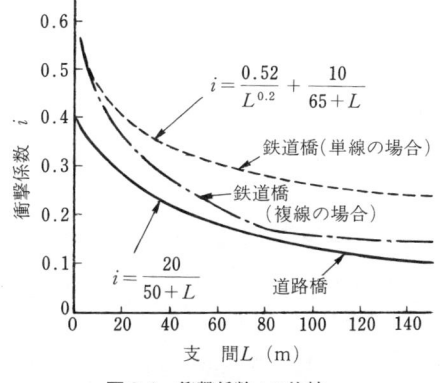

図 2.9 衝撃係数 i の比較

2.5 風 荷 重

橋梁，および橋上の活荷重に風圧を与える荷重を，**風荷重**（wind load）という．この風荷重は，死荷重や活荷重が鉛直方向に作用するのと異なり，水平方向に作用する荷重である．

いま，図 2.10 に示すように，一定の風速 v の中に置かれた物体には，一般に，風の 3 分力，すなわち抗力 p_D，揚力 p_L，および空力モーメント M が作用する．しかし，橋梁では，揚力 p_L，および空力モーメント M が発生しにくい断面形状を採用する．そのため，風の作用は，主として抗力 p_D となって現われる．

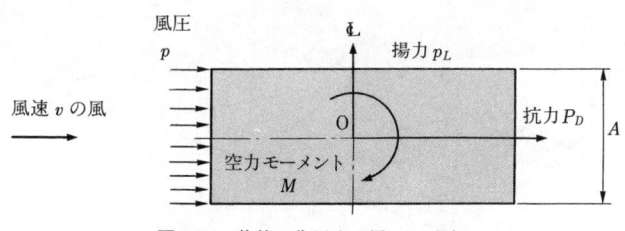

図 2.10 物体に作用する風の 3 分力

この抗力 p_D (kN/m) は，流体力学の原理によると，

$$p_D = pA = \frac{1}{2}\rho v^2 C_D A \tag{2.7}$$

で表わされる．ここに，p：**風圧**（kN/m²），v：風速（m/s），ρ：空気の密度（普通 1.23 kg/m³），C_D：物体の形状寸法によって定まる**抗力係数**，A：構造物の軸方向単位長さあたりの鉛直投影面積（m²/m），である．

一般の橋梁に対する抗力係数は，$C_D = 1.6 \sim 1.8$ である．したがって，$C_D = 1.6$，および $C_D = 1.8$ に対して，それぞれ風圧 p は，$p = 0.984 v^2$，および $p = 1.107 v^2$ となる．

そこで，道路橋においては，抗力係数 C_D を 1.6，また**基本風速**（地上 10 m で，10 分間にわたる平均値）を 40 m/s とし，それに水平長の補正係数 1.4 を乗じ，基準風速として $v = 55$ m/s を採用している．それゆえ，風圧は，$p \approx 3.0$ kN/m² となる．

一方，鉄道橋においては，$C_D = 1.8$ としており，活荷重が橋上にない場合 3.0 kN/m²，また活荷重のある場合 1.5 kN/m² の風圧をとることにしている．これらは，それぞれ $v = 51.6$ m/s，および 36.5 m/s の風速に相当する．載荷時の風圧を小に定めた理由は，風速が 35 m/s をこえるようになると，活荷重の走行が困難になるからである．ちなみに，JR では，風速 $v = 30$ m/s 以上の場合，列車の運行を停止している．

したがって，風荷重強度 p_D（抗力）は，式 $(2.7)_1$ に示すように，風圧 p に橋梁の鉛直

(a) 風荷重の求め方

(b) 風荷重の作用のさせ方

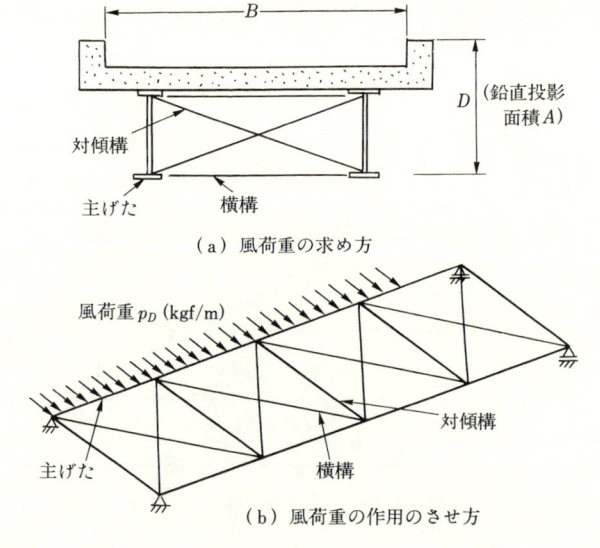

図 2.11 プレートガーダー橋における風荷重の求め方と作用のさせ方

投影面積 A を乗ずることによって求められる．

たとえば，道路橋でプレートガーダー橋の場合，図 2.11(a)に示すように，鉛直投影面積 D をとり，橋軸方向 1 m あたりに作用する風荷重強度 p_D を求める．ただし，図中の幅員 B も重要なファクターであることが示されており，その詳細は 6 章のプレートガーダー橋を参照にされたい．このようにして，風荷重 p_D が求められると，図 2.11(b)に示すように，それらをプレートガーダー橋に水平荷重として作用させ，対傾構や横構の設計に供する．同様に，トラス橋に対しても，橋軸方向 1 m あたりに作用する風荷重 p_D を求めることができる（7 章のトラス橋を参照）．

なお，風荷重は，活荷重と同様に，着目する部材に最も不利な影響を与えるように載荷する．さらに，長大橋梁では，上述の風の静的作用のほかに，動的作用も考慮した設計が行なわれている．

2.6 地震荷重

わが国のような地震国では，地震の破壊作用はまことに激しいから，**地震荷重**（seismic load）による橋梁構造物の安定計算にとくに留意しなければならない．平成 7 年 1 月 17 日に兵庫県南部でおこった阪神・淡路大震災によると，橋梁の被害は，下部構造である橋脚などの崩壊が原因となったものが多く，それに伴って上部構造も著しい被害を受けたものが多かった．

したがって，**耐震安定性**を考える場合は，下部構造，および上部構造から成る橋梁全体の耐震性について検討しなければならない．しかしながら，橋梁に及ぼす地震の影響は，

（a）水平加速度 α_h のみを受ける場合

（b）水平加速度 α_h，および鉛直加速度 α_v を受ける場合

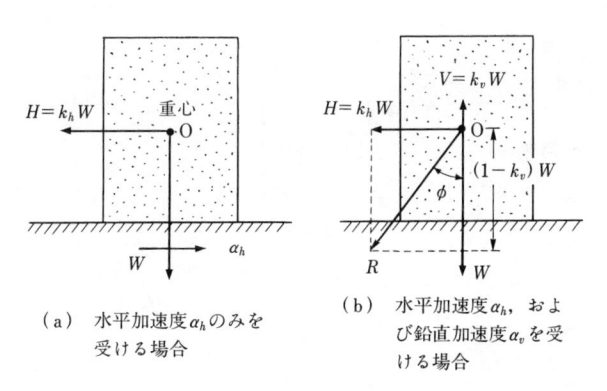

図 2.12 地震力の作用の仕方

橋梁の上・下部構造の形式，基礎地盤，および地震そのものの性質などによって変化するきわめて複雑なものである．これを正確に算定することが困難なので，橋梁の設計では，通常，つぎのように考えている．

いま，図2.12(a)に示すように，地震によって地盤が水平方向に α_h なる**水平加速度** (cm/s^2) を受けるとき，その地盤上の構造物は，それ自身の慣性作用により，図中に示すように，地震の加速度と反対方向に水平力 H を受ける．

この水平力 H（**慣性力**）は，構造物の重心 O に作用し，この構造物の重量を W，また重力加速度を $g(=980\,cm/s^2)$ とすると，

$$H = \frac{W}{g}\alpha_h = k_h W \tag{2.8}$$

で与えられる．ここに，k_h は，

$$k_h = \frac{\alpha_h}{g} \tag{2.9}$$

である．この k_h を，**水平震度**という．

一般に，直下型の地震の場合，地震の加速度は，水平に作用するとは限らず，任意の方向に作用するものである．そこで，この場合の**鉛直加速度**を $\alpha_v\,(cm/s^2)$ とすれば，

$$k_v = \frac{\alpha_v}{g} \tag{2.10}$$

と表わされる．ここで，k_v を，**鉛直震度**と名づけている．この場合は，図2.12(b)に示すように，構造物の重量が減って，$(1-k_v)W$ になった場合が耐震性が厳しくなる．そのため，

$$k = \frac{k_h}{1-k_v} \tag{2.11}$$

なる水平震度 k のみが作用するものとし，地震荷重を，$H=kW$ で算定することができる．この k を，**合震度**と称する．

このように，震度を用い，地震による慣性力を静的な荷重とみなして耐震設計を行なう方法を**震度法**という．その際，橋梁の上部構造に対しては，普通，水平動が最も危険になるので，式 (2.8) の地震荷重に対して構造各部分の安全性を照査している．しかし，下部構造の安全性を照査するときは，α_h のほかに，α_v を考えるほうが危険になるので，式 (2.11) を用いるべきである．

道路橋においては，上述の原理に基く震度法を用いて設計している．ただし，鉛直震度

を考えずに，水平震度のみを考え，設計水平震度の標準値 k_{h0} に地域別補正係数 $C_z(=1.0\sim0.7)$ を乗じ，**設計水平震度** k_h を次式によって求めている．そして，式 (2.8) に示した地震による水平力を構造物に作用させ，その安全性を照査することとしている．

$$k_h = C_z k_{h0} \tag{2.12}$$

ここに，設計水平震度の標準値 k_{h0} には，構造物の動的応答特性や地盤特性を考慮している．すなわち，構造物の固有振動周期 $T(\mathrm{s})$ と，地盤の種別とに応じて表と式とで算出される係数である．そして，道路橋では，地震荷重を算定する際，橋梁の死荷重のみを考慮している．一例として，箱げた橋の地震荷重 $w_{EQ}(\mathrm{kN/m})$ の作用のさせ方を，図 2.13 に示す．

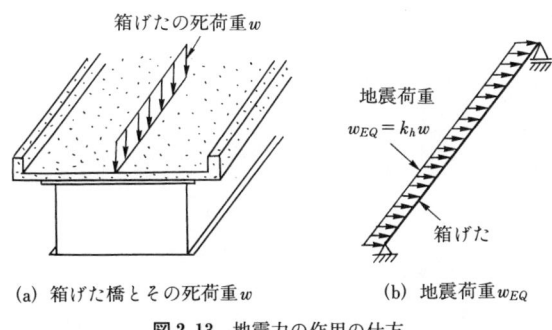

(a) 箱げた橋とその死荷重 w　　(b) 地震荷重 w_{EQ}

図 2.13　地震力の作用の仕方

一方，鉄道橋では，水平震度 0.2，また鉛直震度 0.1 を標準とし，架設地点の状況を考慮してこれを増減することになっている．そして，鉄道橋では，死荷重のみか，または等分布活荷重が載荷する場合についても考慮し，地震荷重を算定している．

さらに，長大橋では，動的応答解析に基づいた計算を行ない，**動的耐震設計法**によってその安全性が検討される．

2.7　温度変化

スパン L の橋梁が**温度変化** (thermal change) $\varDelta T$ をきたすと，**線膨張係数** α によって，橋梁の長さは，$\varDelta L = \alpha L \varDelta T$ だけ変化する．たとえば，図 2.14 (a) に示すプレートガーダー橋のように，一端のみを固定し，他端を可動にしたものは，この変化に対する拘束力を受けない．ところが，図 2.14 (b) に示すように，両端で変位しないように固定されていると，拘束力 P が発生し，プレートガーダー橋の断面内に**温度応力** (thermal stress) が生ずる.

ラーメン橋やアーチ橋などでは，必ず図 2.14(b) に示したように，両端固定の状況にあり，温度応力の解析が設計の際に不可欠となる.

道路橋に対する温度変化 ΔT は，普通 $-10\sim+50°C$ としている．とくに，寒冷な地方では，$-30\sim+50°C$ としている．そして，これらの温度の昇降は，架設時の温度を標準とすることになっている．架設時の温度が予想できないときは，普通，$\pm35°C$，また寒冷地では $\pm45°C$ の温度の昇降を考える.

断面積 A, ヤング係数 E

$\Delta L = \alpha L \Delta T$

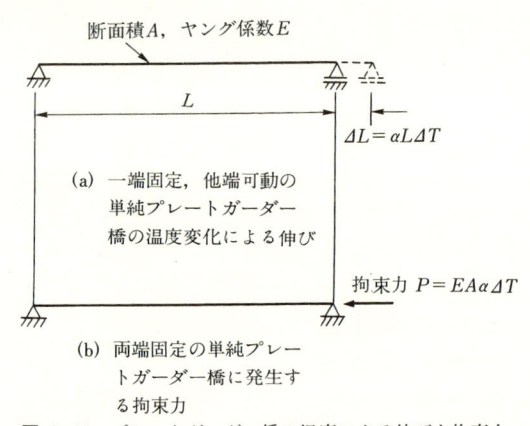

(a) 一端固定, 他端可動の単純プレートガーダー橋の温度変化による伸び

拘束力 $P = EA\alpha\Delta T$

(b) 両端固定の単純プレートガーダー橋に発生する拘束力

図 2.14 プレートガーダー橋の温度による伸びと拘束力

一方，鉄道橋では，温度上昇 $40°C$，また降下 $40°C$ で，その差 $80°C$ を標準とする.

以上は，橋梁全体の温度変化についての規定である．しかし，場合によっては，日光の直射部分と日陰部分との**温度差**のために温度応力が生ずる．そこで，このときの温度差を，$15°C$ としている．また，合成げた橋では，RC 床板と鋼げたとの間の温度差を，$10°C$ としている（詳しくは，8.4.C 参照).

温度応力を計算するときの鋼の線膨張係数は，温度 $1°C$ につき，12×10^{-6} とする.

2.8 特殊荷重

特殊荷重のうち代表的なものについて示すと，以下のとおりである.

A. 遠心荷重, 制動荷重, および横荷重

道路橋においては，**遠心荷重** (centrifugal load)，**制動荷重** (brake load)，**始動荷重** (starting load)，および**横荷重** (lateral load) などを考える必要はない．しかし，併用

橋や鉄道橋では，これらの荷重を考える必要があるので，以下で説明する．

まず，遠心荷重は，図2.15 に示すように，車輛が曲線橋上を走行するとき作用するものであり，

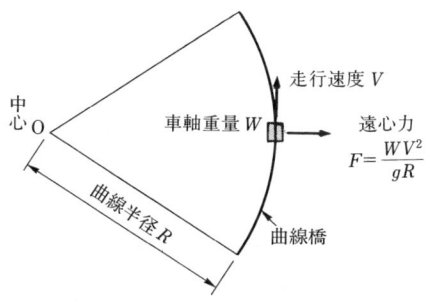

図2.15 曲線橋上を車輛が走行するときに発生する遠心力（平面図）

$$F=\frac{WV^2}{gR}=\frac{WV^2}{127R} \qquad (2.13)$$

で与えられる．ここに，F：遠心力（kN），W：車輛の重量（kN），V：速度（km/h），R：曲線半径（m），g：重力加速度（$=9.8\mathrm{m/s^2}$），である．

一方，制動荷重と始動荷重とは，橋軸方向に作用する荷重であり，それぞれ機関車が橋上で急に停車するとき，および停止した機関車が急に動き始めるとき作用する荷重に相当し，あわせて**縦荷重**ともいう．

また，横荷重とは，車輛，とくに機関車の蛇行運動による横力であり，K荷重の1動輪の軸重の25%の移動集中荷重を横荷重としてとることになっている．

B. 雪　荷　重

積雪地方では，**雪荷重**を考慮する．鉄道橋では，雪荷重についての規定はない．しかし，道路橋では，$1.0\mathrm{kN/m^2}$を標準雪荷重としている．これは，圧縮された厚さ約15cmの雪に相当する．そして，この程度の積雪では，自動車の通行が可能であるから，活荷重と同時に考える．積雪多量の地方で，自動車交通が不可能となるような場合は，活荷重を考慮せず，架設地点の積雪量を適宜に想定して設計する．

C. 施工時荷重

片持式架設法，ケーブル架設法，あるいは，その他の特別な施工法（架設工法）を採用する場合，施工（**架設**（erection））中，および運搬中に特殊な力が橋梁に作用すること

があり，これを**施工時荷重**という．それらの荷重は，一時的に作用するものである．しかし，これによる橋梁各部の応力を調べ，安全性を照査する必要がある．また，かなりスパンの長大な橋梁を設計する場合，最初に架設方法を決めてから設計にかかるようにしないと，誤った設計をすることになるので，十分に注意しなければならない．

D. 支点移動

単純げた橋，あるいは単純トラス橋などの静定構造物の場合，**支点移動**は，上部構造に影響を及ぼさない．しかし，連続げた橋，連続トラス橋，アーチ橋，あるいはラーメン橋などの不静定構造物のときは，支点移動（沈下）があると内部に大きな応力が生ずるので，支点沈下に対する照査を行なう必要がある．

図 2.16 には，連続げた橋で支点 2 のみが不等沈下を起こしたときに生ずる曲げモーメントや反力の作用状況を例示したものである．

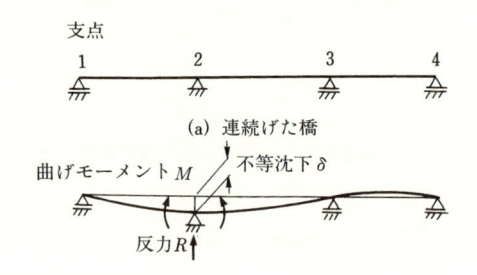

(a) 連続げた橋

(b) 不等沈下によって生ずる曲げモーメント，反力など

図 2.16 不等沈下を受ける連続げた橋と発生曲げモード，反力など

このような不等沈下に対処するため，許しうる不等沈下量をあらかじめ見込んでおき，それ以上の不等沈下が生じたとき，油圧ジャッキで手直しすることも，たとえば関西国際空港内の橋梁では，考えている．

E. 衝突荷重

高架橋で平面道路上に橋脚が立ち上がる場合，高架橋の脚柱のまわりには，コンクリート壁などの防護施設を設けなければならない．しかし，これが設けられないとき，自動車が衝突することも考えられるので，つぎのような**衝突荷重**が定められている．

車道方向について： 1,000 kN

車道と直角方向について： 500 kN

なお，衝突荷重の作用位置は，路面上 1.8 m としている．

2.9 荷重の組合せ

橋梁を設計する際は，以上に示した各種の荷重を組み合わせて，最も不利となる**荷重の組合せ**に対して安全性を照査しなければならない．

表2.7は，それらの荷重の組合せを示したものである．

表 2.7 荷重の組合せ

項目	荷　重　の　組　合　せ
上部構造	1. 主荷重(P)+主荷重に相当する特殊荷重(PP) 2. 主荷重(P)+主荷重に相当する特殊荷重(PP) 　　+温度変化の影響(T) 3. 主荷重(P)+主荷重に相当する特殊荷重(PP)+風荷重(W) 4. 主荷重(P)+主荷重に相当する特殊荷重(PP) 　　+温度変化の影響(T)+風荷重(W) 5. 主荷重(P)+主荷重に相当する特殊荷重(PP) 　　+制動荷重(BK) 6. 主荷重(P)+主荷重に相当する特殊荷重(PP) 　　+衝突荷重(CO) 7. 活荷重および衝撃以外の主荷重+地震の影響(EQ) 8. 風荷重(W) 9. 制動荷重(BK) 10. 施工時荷重(ER)
下部構造	1. 主荷重(P)+主荷重に相当する特殊荷重(PP) 2. 主荷重(P)+主荷重に相当する特殊荷重(PP) 　　+温度変化の影響(T) 3. 主荷重(P)+主荷重に相当する特殊荷重(PP)+風荷重(W) 4. 主荷重(P)+主荷重に相当する特殊荷重(PP) 　　+温度変化の影響(T)+風荷重(W) 5. 主荷重(P)+主荷重に相当する特殊荷重(PP) 　　+制動荷重(BK) 6. 主荷重(P)+主荷重に相当する特殊荷重(PP) 　　+衝撃荷重(CO) 7. 活荷重および衝撃以外の主荷重+地震の影響(EQ) 8. 施工時荷重(ER)

〔注〕 合成げたに対する荷重の組合せについては，8章を参照されたい．

演習問題

2.1 図 2.17(a) に示す幅員 5.0 m で，スパン $L=20.0$ m のプレートガーダー橋（道路橋）の主げた一本あたりに作用する死荷重強度 w^*(kN/m) を図 2.17(b)，および表 2.1 を参照にして求めてみなさい．ただし，主げたの鋼重（図 1.18 参照）は，1.0 kN/m² と仮定する．また，同様に，図 2.17(b) に示す主げた一本あたりの曲げモーメントを算出するための L 荷重強度 p_1^*(kN/m)，および p_2^*(kN/m) を，B 活荷重として求めてみなさい．

(a) 断面図

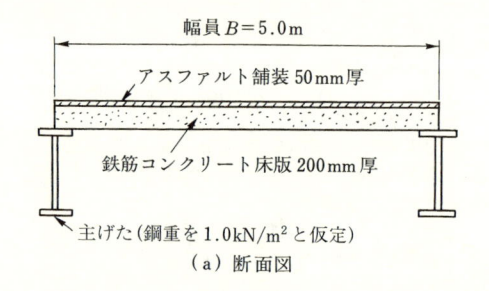

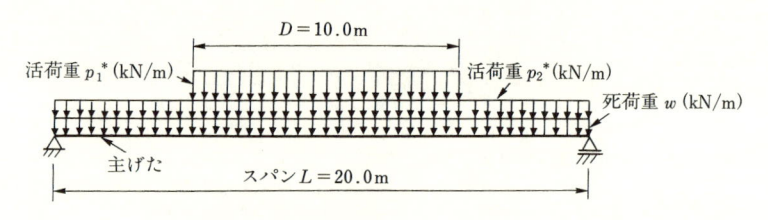

(b) 側面図

図 2.17 主げたに作用する死・活荷重強度

2.2 道路橋において死荷重モーメントと活荷重モーメントとの比は，スパンによってどのように変化するか検討してみなさい．

2.3 等3径間連続ラーメン高架橋がある．柱部材の設計には，どの荷重の影響が大きいか考えてみなさい．

3章　鋼材および許容応力度

3.1　概　　説

昔は，鋳鉄橋や練鉄橋などがつくられたことがあった．しかし，現在，いわゆる「鉄橋」と称するものは，すべて**鋼**（steel）を用いた**鋼橋**（steel bridge）である．

鋼とは，鉄（Fe）と炭素（C）との合金であり，Cの含有量が重量で0.03〜1.7％のものをいう．このうち，鋼構造物に使用されるものは，C≅0.2％程度の低合金鋼である．

これらの鋼の製造工程の概要は，図3.1に示すように，大別すると，**製鉄**，**製鋼**，および**圧延**の3段階に分けられる．

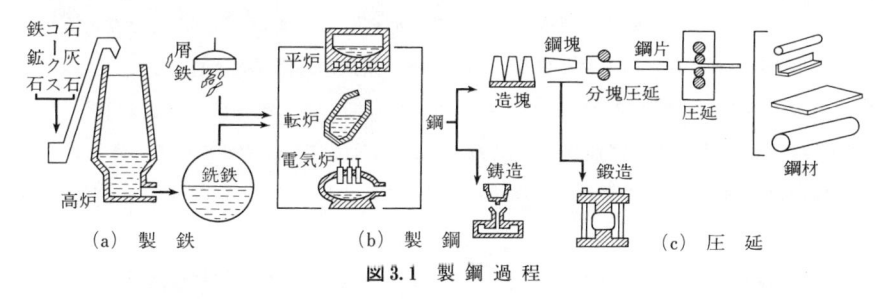

図3.1　製鋼過程
(a) 製鉄　(b) 製鋼　(c) 圧延

まず，高炉では，鉄鉱石（たとえば，Fe_2O_2）がコークスによって発生した一酸化炭素（CO）で還元され，溶解した銑鉄（Fe）がつくられる．この銑鉄は，炭素（C）が3.0〜4.0％も含まれている．そのため，このままでは，堅くてもろく，延性（伸び）が要求される構造用の鋼材として不向きなものであり，鋳鉄（いもの）としてしか利用できない．

そこで，この銑鉄や屑鉄を原料とし，その中に含まれた炭素をはじめ，その他の不純物を取り除き，ねばりと伸びとがある鋼に精錬する必要がある．この製鋼方法には平炉，転炉，および電気炉の3つがあり，現在では転炉が多く用いられている．しかし，高張力鋼，たとえばHT685やHT785（後述する）の製造には，温度や成分の調整が容易な電気炉が用いられている．

つぎに，このように製鋼炉でつくられた溶鋼は，図3.2に示すように，鋳型に注ぎ込ま

れて**鋼塊**（インゴット）とする．このとき，溶鋼の中に製鋼の際に混入した多量の酸素などのガスを含んでおり，そのまま鋳込むと，鋼中に含まれる炭素と反応してガスを放出しながら外側から固まるので，下部周辺には，気泡ができる．そして，中間部周辺では，リム層という比較的不純物が少ない層ができる．また，コア部でも，品質のよい鋼ができる．しかし，上層部は，均質でなく，リン（P）やイオウ（S）などの偏析がおこる．このようにしてつくられた鋼を，**リムド鋼**という．**一般構造用圧延鋼材**（SS材）は，これに相当する．

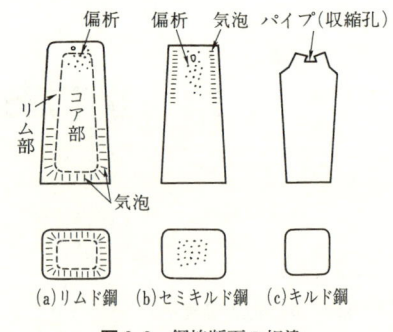

図3.2 鋼塊断面の相違

これに対して，溶鋼にアルミニウム（Al），ケイ素（Si）やマンガン（Mn）を加えて，脱酸・鎮静を行なったものが，**キルド鋼**である．また，リムド鋼とキルド鋼との中程度の脱酸を行ない，キルド鋼のように大きいパイプ（収縮孔）による欠損部ができないようにして経済性を図ったものに，**セミキルド鋼**がある．**溶接構造用圧延鋼材**（SM材）のほとんどが，セミキルド鋼，またはキルド鋼でつくられている．高強度の高級鋼HT685やHT785は，このほか真空造塊法という特殊な工法によって生産されている．それによると，鋼中に含まれる水素や窒素などのガスを減少することができ，鋼の材質を著しく改善することができる．

最後に，鋼塊は，圧延という工程によって，橋梁構造物の製作に便利な鋼板や山形鋼，みぞ形鋼，I形鋼，あるいはH形鋼などの形鋼として圧延され，最終製品となる．このとき，温度910℃以上で圧延されるものを**熱間圧延**，また常温で圧延されるものを**冷間圧延**という．

鋼板を圧延する際は，図3.3に示すように，2本のロールの間で加熱した鋼片を何回も往復して所要の厚さに仕上げられる．現在では，4重式のロールが広く用いられている．

以上，鋼材の構造材料としての特性をあげると，つぎのとおりである．

① すみやかに構造物をつくることができる．
② 単位強度あたりの材料費は，最も安

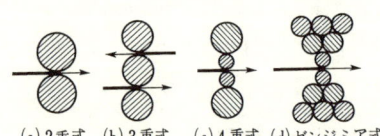

図3.3 ロールの組み方

い．
③ 高張力鋼になるほど，単位強度あたりの価格比が小さい．
④ 信頼性と均一性とのある材料である．
⑤ 適切な塗装を行うか，または耐候性を与えれば，その性質が変わらない．
⑥ 補強，補修，および徹去が可能であり，また徹去したものを再使用することができる．
⑦ 静的，および動的な計算結果と実際の応力状態とが，よく一致する．
⑧ 過荷重，不等沈下，あるいは局部的な応力集中がある場合でも，材料が伸び能力を有し，応力を再配分するために構造物として高い安全性をもつ．

3.2 鋼の機械的性質

土木構造物に用いられる鋼材の**機械的性質**（強度や弾性係数など，mechanical property）は，図3.4（a）の引張試験によって調べられる．一例として，普通鋼（**軟鋼**で，Cの含有量 0.2〜0.3%）の**応力-ひずみ曲線**を示したものが，図3.4（b）である．この図によると，応力 σ とひずみ ε とは，**比例限度** σ_p（proporsional limit）まで，**フック（Hooke）の法則**にしたがって直線関係を保持する．しかし，**弾性限度** σ_e（elastic limit）

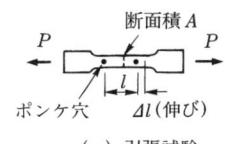

(a) 引張試験

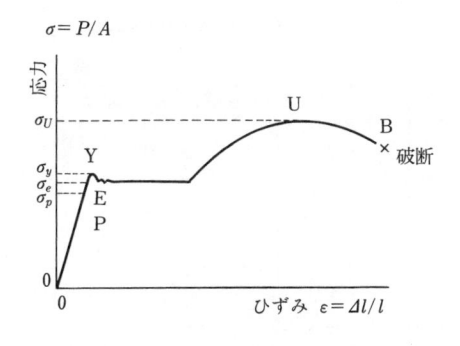

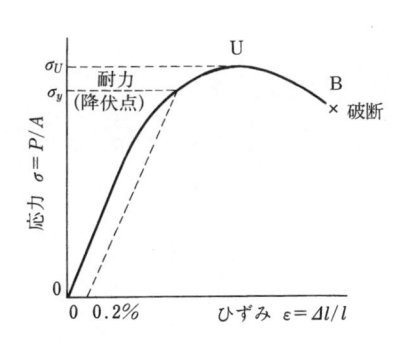

(b) 普通鋼　　　　　　　　　　　　(c) 高張力鋼

図3.4 鋼材の応力-ひずみ曲線

をこえると，わずかに応力が増大しても，ひずみが激増する**降伏点** σ_y（yield point）に達する．この σ_y は，後述するように鋼材の設計強度の基準となる．そして，降伏点をこえると，σ と ε とは，もはや比例せず，非弾性挙動を呈し，図示の極限強度 σ を経て，最終的には，点Bで破断する．点Uの σ_u 値を，**引張強度**（**引張強さ**，tensile strength）という．たとえば，鋼材 SS400 とは，表3.1に示すように，$\sigma_u \geqq 400\,\mathrm{N/mm^2}$ の強度を有することを意味している．なお，普通鋼では，降伏点 σ_y が極限強度 σ_u の約 2/3 になる．

橋梁構造物を設計する際に必要な鋼材の弾性係数などは，強度に関係なく，つぎの値をもっている．

$$\left.\begin{array}{l}\textbf{ヤング係数}：E=2.0\times 10^5\,\mathrm{N/mm^2}\\[4pt]\textbf{せん断弾性係数}：G=7.7\times 10^4\,\mathrm{N/mm^2}\left(=\dfrac{E}{2(1+\mu)}\right)\\[4pt]\textbf{ポアソン比}：\mu=0.3\end{array}\right\} \quad (3.1)_{1\sim 3}$$

3.3 高張力鋼

長径間の橋梁では，普通鋼よりも強度の高い鋼材を用いるほうが部材の断面が小さくなり，したがって自重を軽減し，製作，運搬，および架設費の節減を図ることができる．このために，**高張力鋼**（(high tensile strength steel)，略して **HT**（ハイテン））が多く使用されている．また，一般構造用鋼材を用いてもよい小支間の橋梁に対しても，高張力鋼を用いることにより，構造の簡易化を図ることができる．

高張力鋼には，**高炭素鋼**（high carbon steel）と**低合金鋼**（low alloy steel）との2

表3.1 一般構造用圧延鋼材（JIS G

機械的性質および化学成分		引張強さ (N/mm²)	引　張　試		
種類の記号	摘要		降伏点または耐力（N/mm²）		
			$t\leqq 16$	$16<t\leqq 40$	$t>40$
SS 400	鋼　板 鋼　帯 平　鋼 形　鋼 棒　鋼	400〜500	245 以上	235 以上	215 以上

3.3 高張力鋼

つがある．まず，高炭素鋼は，開発初期の頃に用いられた．しかし，材質が硬く，延性が小であり，また工作にも困難を伴うので，最近，あまり使用されなくなった．つぎに，低合金鋼は，高炭素鋼の欠点を取り除くため，少量の Ni, Si, Cr, および Mn などを混入したものであり，各国において，以下のような開発が進められた．

Ni 鋼は，主としてアメリカにおいて用いられた．しかし，高価であるので，あまり使用されなくなった．一方，**Si 鋼**（Si のほかに少量の元素を入れたドイツの St 52）や **Mn 鋼**（イギリスの Ducol 鋼）などが第二次世界大戦前に多く使用された．ところが，これらは，いずれもリベットを用いた橋梁に対するものであった．1950 年以降，橋梁への溶接の応用が盛んになるのに伴い，**溶接性**の良好なものとして，ドイツでは，Si-Mn 系の **HSB 鋼**がつくられた．

わが国においても，Si-Mn 系の高張力鋼が研究され，溶接の普及に伴って最も使用頻度の多い高張力鋼 **SM 鋼**（Steel for Marine）が開発された．これらのうち，橋梁に用いられる**調質高張力鋼**には，いわゆる 60 キロ鋼（SM 570），70 キロ鋼，および 80 キロ鋼（HT 685 や HT 785）があり，これらは**焼入れ・焼もどし**の熱処理を行なって，機械的性質や溶接性を改善したものである．その他の**非調質高張力鋼**としては，元素 Nb，または V を添加し，高い降伏点を得るようにした 50 キロ鋼（SM 490 Y）もある．なお，Cu，および Cr の元素を添加して，耐食性を改善した熱間圧延の**耐候性鋼**も，今日，多く使用されている（SMA 400 W，SMA 490 W，および SMA 570 W）．

現在，高張力鋼 SM 570 を含めた溶接用鋼材 SM 400，SM 490，SM 490 Y，SM 520 および SM 570 に対しては，表 3.2 に示すように，JIS の規格が定められている．表中，各

3101-1995 抜粋）　　　　　　　　　　　　　　　　　　　　（厚さ t の単位 mm）

験			曲げ試験		化　学　成　分（％）				適用
伸　　び			曲げ角度(度)	内側半径と(試験片)	C	Mn	P	S	
厚　さまたは径	試験片	伸び(％)							
$5<t\leq16$	1 A 号	17 以上	180	厚さの1.5 倍（1 号）	—	—	0.050以下	0.050以下	橋梁・建築用
$t<16$	1 A 号	21 以上							
$t>40$	4 号	23 以上							
$t\leq25$ $t>25$	2 号 3 号	20 以上 24 以上	180	$1.5t$（2 号）					

表 3.2 溶接構造用圧延鋼材

機械的性質と化学成分			引　張　試　験					
種類の記号[1]		摘　要	引張強さ (N/mm^2)	降伏点または耐力 (N/mm^2)			伸	
				$t \leqq 16$	$16 < t \leqq 40$	$40 < t \leqq 75$	厚　さ	試験片
SM 400 A	SM400	鋼板，鋼帯，形鋼，平鋼； $t \leqq 100$	400〜510	245以上	235以上	215以上	$t \leqq 16$	1 A 号
SM 400 B							$16 < t \leqq 50$	1 A 号
SM 400 C		鋼板，鋼帯； $t \leqq 50$					$t > 40$	4 号
SM 490 A	SM490	鋼板，鋼帯，形鋼，平鋼； $t \leqq 100$	490〜610	325以上	315以上	295以上	$t \leqq 16$	1 A 号
SM 490 B							$16 < t \leqq 50$	1 号
SM 490 C		鋼板，鋼帯； $t \leqq 50$					$t > 40$	4 号
SM 490 YA	SM490Y	鋼板，鋼帯，形鋼，平鋼； $t \leqq 50$	490〜610	365以上	355以上	335以上	$t \leqq 16$	1 A 号
SM 490 YB							$16 < t \leqq 50$	1 A 号
SM 490 YC		鋼板，鋼帯； $t \leqq 50$					$t > 40$	4 号
SM 520 A	SM520	鋼板，鋼帯，形鋼，平鋼； $t \leqq 50$	520〜640	365以上	355以上	335以上	$t \leqq 16$	1 A 号
SM 520 B							$16 < t \leqq 50$	1 A 号
SM 520 C		鋼板，鋼帯； $t \leqq 50$					$t > 40$	4 号
SM 570	SM570	鋼板，鋼帯； $6 \leqq t \leqq 50$	570〜720	460以上	450以上	430以上	$t \leqq 16$	5 号
							$t > 16$	5 号
							$t > 40$	4 号

〔注〕　1)　焼なましを施した場合，記号の末尾に N，また 5 種にて焼き入れ・焼もどしの熱処理を施した場合，記号の末尾に Q をしるす．
　　　2)　衝撃試験片は，鋼材の圧延方向から採取する．

3.3 高張力鋼

(JIS G 3106-1995 抜粋)   (厚さ t の単位 mm)

伸び (%)	曲げ試験			衝撃試験[2]			化学成分 (%)[3]					
	曲げ角度 (度)	内側半径と(試験片)	試験片	温度 (℃)	シャルピー吸収エネルギー (J)		C 以下		Si 以下	Mn	P 以下	S 以下
							$t \leq 50$	$50 < t \leq 100$				
18 以上							0.23	0.25	—	2.50×C 以下	0.035	0.035
22 以上	180	厚さの1.0倍(1号)	4号	0	27 以上		0.20	0.22	0.35	0.60〜1.40	0.035	0.035
24 以上					47 以上		0.18		0.35	1.40 以下	0.035	0.035
17 以上							0.20	0.22	0.55	1.60 以下	0.035	0.035
21 以上	180	厚さの1.5倍(1号)	4号	0	27 以上		0.18	0.20	0.55	1.60 以下	0.035	0.035
23 以上					47 以上		0.18		0.55	1.60 以下	0.035	0.035
15 以上							0.20		0.55	1.60 以下	0.035	0.035
19 以上	180	厚さの1.5倍(1号)	4号	0	27 以上				0.55	1.60 以下	0.035	0.035
21 以上												
15 以上												
19 以上	180	厚さの1.5倍(1号)	4号	0	27 以上		0.20		0.45	1.60 以下	0.035	0.035
21 以上					47 以上		0.20		0.55	1.60 以下	0.035	0.035
19 以上												
26 以上	180	厚さの1.5倍(1号)	4号	−5	47 以上		0.18		0.55	1.60 以下	0.035	0.035
20 以上												

3) 5種の鋼材は,炭素当量を 0.44% 以下とする.ただし,炭素当量が 0.44% をこえる鋼板の場合は,つぎのいずれかの規定に適しなければならない.
 (a) 溶接部最高かたさ試験を,$t > 12$ について行ない,H_V 350 以下(荷重 100 N).
 (b) ビード曲げ試験を,$t > 19$ について行なう(試験法省略),(JIS G 3106 参照).
   炭素当量の計算式は,次式による.

$$炭素当量 = C + \frac{Mn}{6} + \frac{Si}{24} + \frac{Ni}{40} + \frac{Cr}{5} + \frac{Mo}{4} + \frac{V}{14} (\%)$$

種鋼材の最後の記号A，B，およびCは，板厚による区分を表わし，シャルピー衝撃値（4.3.D参照）のみが異なるものである．SM 490 Y と SM 520 とは，引張強度のみに差異があり，降伏点，および伸びなどの機械的性質がまったく同じものである．

道路橋示方書では，板厚によって適当な鋼種を選定するように定められている．元来，鋼種の選定は，構造物の使用条件，すなわち気温などの気象条件，部材に働く応力の性質（引張り，圧縮など），応力状態（交番応力，多軸応力），および，そのほか重要度（主要部材，二次部材）などに応じて靱性を有する良好な溶接を行うために，それらに適した鋼種を個々に選定すべきである．しかし，あまり細かく指定すると，取扱いが煩雑で，また間違いのもとにもなるので，板厚に応じた鋼種を，選定するように定められている（後述の表4.9参照）．

ところで，上述の高張力鋼では，降伏点や引張強さが増大する．しかし，ヤング係数が変わらないから，変位が大きくなることを，注意しなければならない．その**応力-ひずみ曲線**を示したものが，図3.4（c）である．ここでは，普通鋼のように降伏点 σ_y が明らかでないから，**残留ひずみ** 0.2%のところで，元の曲線の接線と平行に引いた直線と交わる点のオフセット値を耐力とし，それを降伏点 σ_y とみなしている．

一般に，高張力鋼では，**降伏比** γ，すなわち

$$\gamma = \frac{\sigma_y}{\sigma_U} \tag{3.2}$$

が大になり，伸びが減少する．また，静的強度や降伏点応力が大きくなっても，それに比例して疲労強度が大きくならないこと，さらに応力集中がある場合は，疲労強度が普通鋼と大差ないこと，などの性質も知っておかなければならない．

3.4　構造用鋼材

日本工業規格（JIS）は，各種の鋼材の規格を定めている．それによると，一般用の鋼材には　JIS G 3101 の**一般構造用圧延鋼材** SS 400 が用いられ，また溶接用の鋼材には JIS G 3106 の**溶接構造用圧延鋼材** SM 400，SM 490，SM 490 Y，SM 520，および SM 570 が使用される．これらの規格は，表3.1～表3.2に示されている．

高力ボルトの機械的性質は，表3.3に示すように，JIS B 1186 で定められており，道路橋の場合は，F8T，または F10T が使われている（4.2.B参照）．

鋳鉄，および**鋳鋼**は，支承や高欄の部分に用いられる．それに相当するものとして，そ

3.4 構造用鋼材

表 3.3 高力ボルトの機械的性質（JIS B 1186, 1995 年抜粋）

高力ボルトの機械 的性質による等数	耐　力 （N/mm²）	引張強さ （N/mm²）	伸　び （％）	絞　り （％）
F 8 T	640 以上	800〜1,000	16 以上	45 以上
F 10 T	900 以上	1,000〜1,200	14 以上	40 以上

れぞれ JIS G 5501 の FC 250，および JIS G 5101 の SC 450 がある（これらの鋳鍛造品の詳細については，9.3 参照）．

A. 圧延鋼の種類

圧延鋼材は，以下のように鋼板，棒鋼，および形鋼などに分けられる．

（i）**鋼　板**　　平らに圧延されたもので，橋梁に使用する鋼板の厚さは，普通 8〜50 mm である．板の両側をせん断機で切断した**シヤードプレート**（sheared plate）が通常用いられ，両側面も圧延されたものを**ユニバーサルミルプレート**（universal mill plate）という．後者で幅のせまいものを，**平鋼**という．**鋼板**（(plate)，略して pl.）の寸法は，幅を b，厚さを t，また部材長を L とすると，$b \times t \times L$ で表わす．

（ii）**棒　鋼**　　断面が円形のものを**丸鋼**（round bar），また正方形のものを**角鋼**という．角鋼は，橋梁にほとんど用いられない．しかし，丸鋼は鉄筋としてよく用いられ，また**異形鉄筋**（deformed bar）も多く用いられる．丸鋼や異形鉄筋の寸法は，直径を D，また部材長を L とすれば，$D \times L$ で表わす．

（iii）**形　鋼**　　種々な形状の断面に圧延されたもので，図 3.5 に示すように，**山形鋼**，**I 形鋼**，**みぞ形鋼**，あるいは **H 形鋼**などがある．**山形鋼**（(angle)，略して L）には，脚長（一辺の長さ）が等しい等辺山形鋼と，不等辺山形鋼との 2 種類がある．橋梁に使用する山形鋼の脚長は，75〜200 mm である．形鋼の寸法は，高さを A，幅を B，板厚を t，また部材長を L とすれば，$A \times B \times t \times L$ で表わす．

これら形鋼の断面諸定数は，付録 4. を参照にされたい．

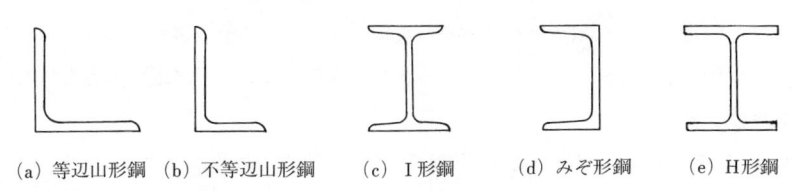

(a) 等辺山形鋼　(b) 不等辺山形鋼　(c) I 形鋼　(d) みぞ形鋼　(e) H 形鋼

図 3.5 形　鋼　の　種　類

（iv）**しま鋼板，および球平形鋼**　　**しま鋼板**（checkered plate）は，鋼板の片面にひし形（凸部）のしまを付けたもので，橋梁の伸縮継手や歩み板に用いられる．**球平形鋼**（bulb plate）は，平鋼の一端にふくらみを付けて圧延したもので，鋼床版の縦リブなどに用いられる（5.4 参照）．

B.　材料検査

橋梁用鋼材は，普通，JIS に合格する規格品を使用する．しかし，規格品でも，まれには強度不足のものや，板厚不足のものがあり，ときには規格外のものを使う場合があるので，必要に応じて**材料検査**を行なわなければならない．

材料検査には，板の厚さや寸法が所定のものであるか否か，あるいは多少違っていても，その誤差が公差の範囲内にあるか否かを調べる**寸法検査**と，材質そのものを試験する**材質検査**とがある．

材質検査は，普通，図 3.6 に示す引張試験片を用いて，降伏点，引張強さ，および伸びを試験する．ここで，**伸び**（延性，または靱性ともいう）は，鋼材の加工性，および構造上の応力集中緩和に重大な関与をもつ．これは，引張りによる破断後の標点間の伸び $\varDelta L$ と元の試験片の標点間距離 L との比を％で表わしたものである（具体的な値は，表 3.1〜表 3.2 を参照）．

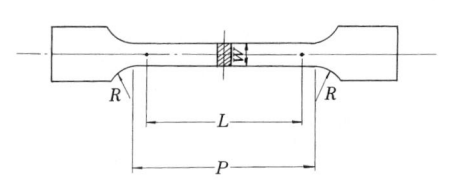

L：標点距離　　P：平行部長さ
R：肩部の半径　W：幅

図 3.6　引張試験片

3.5　許容応力度

一般に，橋梁構造物が安全であるためには，すべての荷重に対して各部分が破壊せず，また残留変位が生じてはならない．われわれが橋梁構造物を設計するとき，種々な仮定に基づいて計算しているので，それが力学的に正しくとも，構造物の真の応力の値であると断言できない．また，荷重の性質，材料の機械的性質，構造物の製作・架設における誤差，および供用中の腐食などが考えられるので，材料の破壊強度に近い応力を許すことは，危険なことになる．

それゆえ，応力の値にある制限値を設け，これをこえないように設計する．この制限値を，**許容応力度**（allowable stress）という．具体的には，以下に示すように，材料の破

3.5 許容応力度

壊強さ（鋼では，降伏点）を**安全率**（factor of safety）νで割ったものを許容応力度としている．

A. 安全率

安全率νは，材料の特性によって異なる．たとえば，鋼とコンクリートとに対しては，つぎのようにとっている．

$$\left.\begin{array}{ll}鋼 & : \nu = 1.6 \sim 1.7 \\ コンクリート & : \nu = 3 \sim 4\end{array}\right\} \quad (3.3)_{1\sim 2}$$

B. 許容軸方向引張応力度

鋼材の許容引張応力度σ_{ta}は，その降伏点σ_yを安全率νで割ったもので与えられる．

$$\sigma_{ta} = \sigma_y / \nu \tag{3.4}$$

たとえば，SS400，またはSM400に対しては，表3.4に示すように，$\sigma_y = 235\,\text{N/mm}^2$であるから，$\sigma_{ta} = 235/1.7 \cong 140\,\text{N/mm}^2$となる．上式は，また**曲げ引張**に対しても有効である．

ただし，SM570以上の高張力鋼では，安全側の考え方から，鋼材の降伏点σ_yを安全率$\nu \cong 1.7$で割ったものと，引張強度σ_Uを安全率$\nu \cong 2.2$で割ったもののいずれか小さい方の値を許容応力度σ_{ta}とみなしている．すなわち，$\sigma_{ta} = \text{Min}\{\sigma_y/1.7 : \sigma_U/2.2\}$にとっている．

C. 許容軸方向圧縮応力度

圧縮部材では，鋼材が降伏点に達するまでに**座屈***（buckling）を起こす．そこで，これを基準にして許容軸方向圧縮応力度σ_{ca}を，決めなければならない．

いま，図3.7に示すように，軸方向圧縮力Pを受け，部材長L，断面二次モーメントI，およびヤング係数Eの長柱が，図示のように座屈した場合を考える．このときの変位wに関する微分方程式は，次式で与えられる．

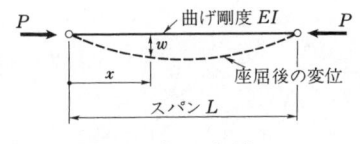

図3.7 柱の座屈

$$\frac{d^4w}{dx^4} + \frac{P}{EI}\frac{d^2w}{dx^2} = 0 \tag{3.5}$$

---

* S. P. Timoshenko : Theory of Elastic Stability, 2 nd. ed., (1959), Kōgakusha, 西野文雄，福本唀士共訳（Theodore V. Galambos 著）：鋼構造部材と骨組—強度と設計—（昭.45），丸善．

この方程式を解けば，座屈荷重 P_e は，

$$P_e = k\frac{\pi^2 EI}{L^2} \tag{3.6}$$

で与えられる．ここに，係数 k は，**座屈係数**である．

上式の両辺を部材の断面積 A で割り，$r=\sqrt{I/A}$ を**断面二次半径**とすると，**座屈応力度** σ_e（オイラー（Euler）の座屈応力度ともいう）は，

$$\sigma_e = k\frac{\pi^2 E}{(L/r)^2} = \frac{\pi^2 E}{(l/r)^2} = \frac{\pi^2 E}{\lambda^2} \tag{3.7}$$

となる．ここに，

$$l = L/\sqrt{k} = \beta L \tag{3.8}$$
$$\lambda = l/r \tag{3.9}$$

であり，l を**有効座屈長**（effective buckling length），また λ を**細長比**（slenderness ratio）という．

図 3.8 は，座屈係数 k と有効座屈長を定める係数 β とを種々な支持条件の柱に対して示したものである．

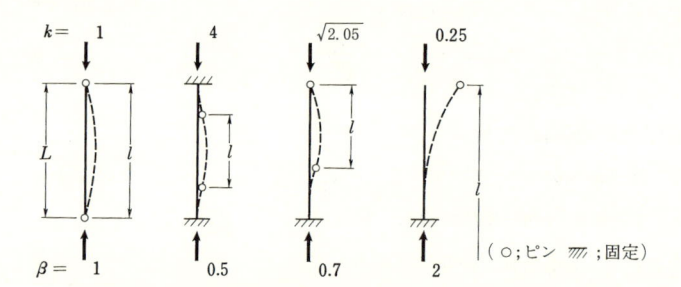

図 3.8 座屈係数 k と係数 β

さて，式（3.7）はいわゆる**オイラーの長柱公式**であり，図 3.9 に示すように，$\lambda > \lambda_{cr}$ の弾性範囲内では，曲線 a のようになる．ところが，$\lambda < \lambda_{cr}$ の範囲内では，σ_e が降伏点 σ_y をこえてしまい，式（3.7）が使用できない**非弾性座屈**を起こす．また，一般に，真直ぐな理想的な柱を製作することは困難であり，**初期たわみ**（initial deflection）を有することや，溶接による**残留応力**（residual stress）が柱断面内に存在するために（両者をあわせて**初期不整**（initial imperfection）という（4.3.F 参照））, 座屈曲線 a は，図中の

3.5 許容応力度

曲線 b のように，かなり低下することが理論や実験によって明らかにされている．

このような耐荷力曲線 σ_{cu} を安全率 ν で割ることにより，許容軸方向圧縮応力度 σ_{ca} が，得られる．すなわち，

$$\sigma_{ca} = \sigma_{cu}/\nu \tag{3.10}$$

たとえば，道路橋示方書によると，SS 400，あるいは SM 400 材（$t \leq 40\,\text{mm}$）に対する $\sigma_{ca}(\text{N/mm}^2)$ の値は，実用に供しやすいように細長比 l/r に応じて，つぎのように定めている．

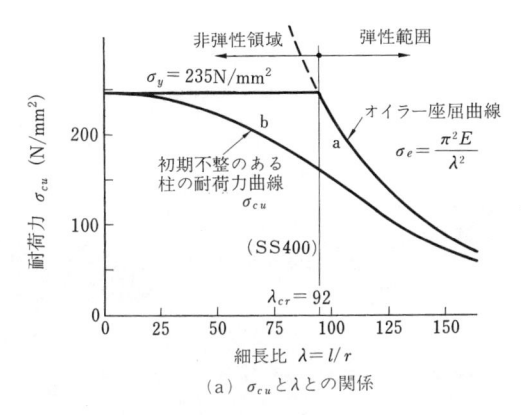

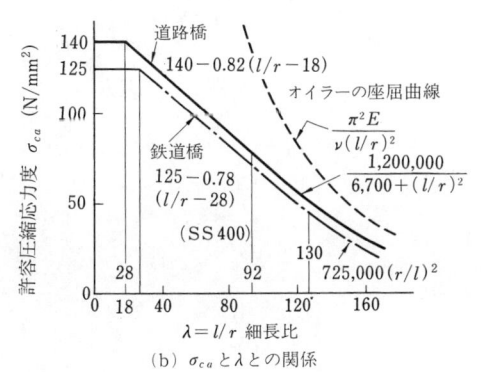

図 3.9 柱の耐荷力曲線

(a) σ_{cu} と λ との関係

(b) σ_{ca} と λ との関係

$$\left.\begin{array}{ll}\sigma_{ca} = 140 & (l/r \leq 18) \\ = 140 - 0.82(l/r - 18) & (18 < l/r < 92) \\ = \dfrac{1,200,000}{6,700 + (l/r)^2} & (l/r \geq 92)\end{array}\right\} \tag{3.11}_{1\sim3}$$

表 3.4 各種鋼材の

鋼材	降伏点 N/mm^2 以上	道路橋 (1990年) 軸方向引張力または曲げ引張（純断面）	軸方向圧縮（総断面）	曲げ圧縮*（総断面）
SS 400 SM 400 SMA 400W	235	140	140　　　$(l/r \leqq 18)$ $140 - 0.82 \, (l/r - 18)$ 　　　　　　$(18 < l/r \leqq 92)$ $\dfrac{1,200,000}{6,700 + (l/r)^2}$　$(l/r > 92)$	140　　$(l/b \leqq 4.5)$ $140 - 2.4(l/b - 4.5)$ 　　　$(4.5 < l/b \leqq 30)$
SM 490	315	185	185　　　$(l/r \leqq 16)$ $185 - 1.2 \, (l/r - 16)$ 　　　　　　$(16 < l/r \leqq 79)$ $\dfrac{1,200,000}{5,000 + (l/r)^2}$　$(l/r \geqq 79)$	185　　$(l/b \leqq 4.0)$ $185 - 3.8(l/b - 4.0)$ 　　　$(4.0 < l/b \leqq 30)$
SM 490Y SM 520 SMA 490W	355	210	210　　　$(l/r \leqq 15)$ $210 - 1.5(l/r - 15)$ 　　　　　　$(15 < l/r \leqq 75)$ $\dfrac{1,200,000}{4,400 + (l/r)^2}$　$(l/r > 75)$	210　　$(l/b \leqq 3.5)$ $210 - 4.6(l/b - 3.5)$ 　　　$(3.5 < l/b \leqq 27)$
SM 570 SMA 570W	450	255	255　　　$(l/r \leqq 18)$ $255 - 2.1(l/r - 18)$ 　　　　　　$(18 < l/r \leqq 67)$ $\dfrac{1,200,000}{3,500 + (l/r)^2}$　$(l/r > 67)$	255　　$(l/b \leqq 5.0)$ $255 - 6.6(l/b - 5.0)$ 　　　$(5.0 < l/b \leqq 25)$
HT 685**	615	315	315　　　$(l/r \leqq 21)$ $315 - 3.2(l/r - 21)$ 　　　　　　$(21 < l/r < 58)$ $\dfrac{1,200,000}{2,700 + (l/r)^2}$　$(l/r \geqq 58)$	315***
HT 785**	685	355	355　　　$(l/r \leqq 23)$ $355 - 4.1(l/r - 23)$ 　　　　　　$(23 < l/r < 54)$ $\dfrac{1,200,000}{2,300 + (l/r)^2}$　$(l/r \geqq 54)$	355***

l：有効座屈長，あるいは固定点間距離，r：断面二次半径，b：フランジ幅
* 簡単のために，$A_w/A_c \leqq 2$（上下対称断面）のものについて示した（$A_w/A_c > 2$（上下非対称断面）については，表6.3を参照）．
** 示方書規定外のもので，参考のために示した．
*** 上限値のみを示した．

3.5 許容応力度

許容応力度 (N/mm²)　　　　　　　　　　　　　　（ただし，板厚 t が40mm以下のものを示す）

せん断(腹板総断面)	軸方向引張力または曲げ引張(純断面)	軸方向圧縮(総断面)	曲げ圧縮(総断面)†	せん断(腹板総断面)
		鉄　　道　　橋（1974年）		
80	140 $\left[\dfrac{150}{1-0.7K} \leqq 140\right]^{††}$	125　　($l/r \leqq 28$) $125-0.78(l/r-28)$ 　　　　　($28 < l/r \leqq 130$) $725,000\,(r/l)^2$　($l/r > 130$) $\left[\dfrac{177}{1-K} \leqq 140\right]$	125	80 $\left[\dfrac{90}{1-0.7K} \leqq 80\right]$
105	185 $\left[\dfrac{150}{1-0.7K} \leqq 185\right]$	170　　($l/r \leqq 24$) $170-1.23(l/r-24)$ 　　　　　($24 < l/r \leqq 115$) $725,000\,(r/l)^2$　($l/r > 115$) $\left[\dfrac{177}{1-K} \leqq 185\right]$	170	110 $\left[\dfrac{90}{1-0.7K} < 110\right]$
120	210 $\left[\dfrac{150}{1-0.7K} < 210\right]$	190　　($l/r \leqq 22$) $190-1.45(l/r-22)$ 　　　　　($22 < l/r \leqq 105$) $725,000\,(r/l)^2$　($l/r > 105$) $\left[\dfrac{177}{1-K} \leqq 210\right]$	190	120 $\left[\dfrac{90}{1-0.7K} \leqq 120\right]$
145				
175				
195				

† 弱軸まわりの曲げに対して示した．
　強軸まわりに対しては，圧縮の場合の l/r の代わりに次式の等価細長比 $(l/r)_e$ を用いる．

$$(l/r)_e = F \cdot \dfrac{l}{b}$$

　I形断面の場合：$F = \sqrt{12 + 2\beta/\alpha}$
　箱形断面の場合：$F = 1.3\sqrt{3\alpha+\beta} \cdot \sqrt{\alpha/l}\ (\alpha \geqq 2) = 1.3\sqrt{6+\beta} \cdot \sqrt{b/l}\ (\alpha < 2)$
　α：フランジ厚さ (t_f) と腹板の厚さ (t_w) との比 (t_f/t_w)．
　β：腹板高さ (h) とフランジ幅 (b) との比 (h/b)．

†† ［　］内は，疲労を考えた許容応力を示す ($K = \sigma_{\min}/\sigma_{\max}$，または $\tau_{\min}/\tau_{\max}$ で，図3.16参照)．

以上は，あくまで柱の構成部材の板厚が厚く，図3.10 (a) に示すように，柱として全体座屈をおこす場合に対する許容圧縮応力度である．ところが，柱の構成部材に薄板を用いた場合は，図3.10 (b) に示すように，板が**局部座屈** (local buckling) をおこし，柱としての全体座屈と連成座屈をおこすこともある．

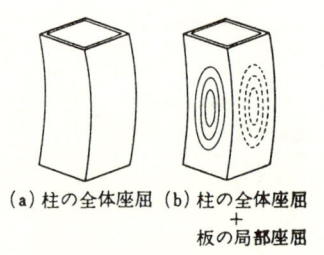

(a) 柱の全体座屈　(b) 柱の全体座屈
　　　　　　　　　　　＋
　　　　　　　　　　板の局部座屈

図 3.10　柱の座屈パターン

このような場合に対する許容軸方向圧縮度 σ_{ca} は，次式によって求められる．

$$\sigma_{ca} = \sigma_{cag}(\sigma_{cal}/\sigma_{cao}) \tag{3.12}$$

ここに，σ_{cal} は局部座屈を考慮しない許容軸方向圧縮応力度，そして σ_{cao} はその上限値である．また，σ_{cag} は，局部座屈に対する許容応力度である．これに関しては，プレートガーダー橋 (6.2.D 参照)，およびトラス橋 (7.4.C 参照) のところで詳しく述べる．

D. 許容曲げ圧縮応力度

I形断面げたに曲げモーメント M を作用させると，図3.11 (b) のIの状態にあった主げたは，IIの状態に示すように鉛直方向に w だけたわむだけである．ところが，曲げモーメントがある限界値 M_{cr} に達すると，急にIIIの状態に示すように圧縮側のフランジプレートが側方に著しい変位 v をおこして，それ以上の曲げモーメントに耐えられなくなり，$M = M_{cr}$ となる．このような現象を，**横ねじれ座屈** (lateral torsional buckling) という．

したがって，曲げモーメントが作用する場合の圧縮フランジプレートの横ねじれ座屈応

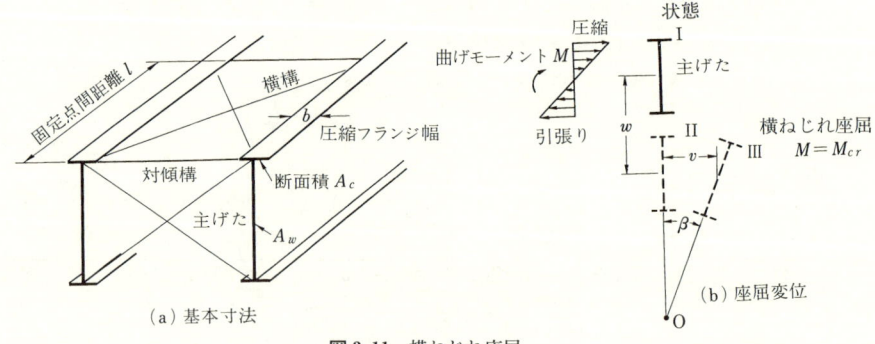

(a) 基本寸法

(b) 座屈変位

図 3.11　横ねじれ座屈

3.5 許容応力度

力度 σ_{cr} は，**横ねじれ座屈モーメント** M_{cr} によって定めることができる．すなわち，W を**断面係数**（cm³）とすると，

$$\sigma_{cr} = \frac{M_{cr}}{W} = \frac{\pi^2 E}{4\left(K\dfrac{l}{b}\right)^2} \tag{3.13}$$

で表わされる．ここに，b は圧縮フランジプレートの幅，また l は圧縮フランジプレートの座屈に対する**固定点間距離**で，図 3.11（a）に示すように，横構や対傾構の間隔をとる．そして，

$$K = \sqrt{3 + \frac{A_w}{2A_c}} \tag{3.14}$$

また，A_w：腹板の断面積，A_c：圧縮フランジプレートの断面積，であり，上下対称断面に対しては，$K \cong 2$ となる．

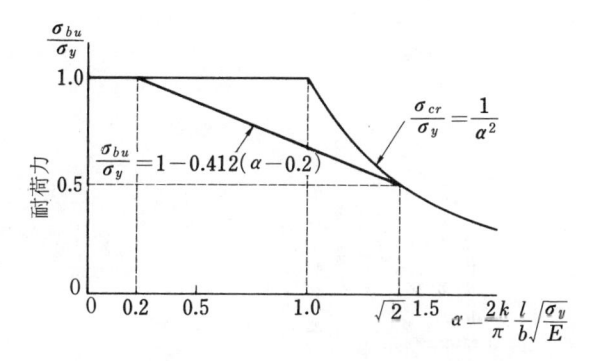

図 3.12 横ねじれ座屈に対する耐荷力曲線

図 3.12 は，**座屈パラメーター** α，すなわち

$$\alpha = \frac{2K}{\pi}\frac{l}{b}\sqrt{\frac{\sigma_y}{E}} \tag{3.15}$$

および座屈応力度と降伏点応力度との比 σ_{cr}/σ_y の関係を図示したものである．そして，**非弾性座屈**領域（$0.2 < \alpha \leqq \sqrt{2}$）では，その耐荷力を σ_{bu}/σ_y の値を，

$$\frac{\sigma_{bu}}{\sigma_y} = 1 - 0.412(\alpha - 0.2) \tag{3.16}$$

としている．

道路橋示方書によると，SS 400，あるいは SM 400（$t \leqq 40\,\text{mm}$）に対する許容曲げ圧

縮応力度 σ_{ba}(N/mm^2) は，式 (3.16) より求めた σ_{bu} を安全率 ν で割り，腹板と圧縮フランジプレートとの断面積比が $A_w/A_c \leqq 2$ （上下対称断面）のとき，つぎのように表わされる．

$$\left.\begin{array}{ll} \sigma_{ba}=140 & (l/b \leqq 4.5) \\ \phantom{\sigma_{ba}}=140-2.4\ (l/b-4.5) & \\ & (4.5 < l/b \leqq 30) \end{array}\right\} \quad (3.17)_{1\sim3}$$

なお，けたの圧縮フランジプレートが RC 床板に固定されている場合には，もちろん $\sigma_{ba}=140$N/mm^2 を採用することができる．

E. 許容せん断応力度

図 3.13 (a) は，曲げモーメント M，および，せん断力 S が同時にけたに作用する場合を示す．図中のけた要素には，曲げモーメント M による垂直応力 σ，および，せん断力 S によるせん断応力 τ が同時に作用している．すると，けた要素は，図 3.13 (b) に示すように，2 つの応力が共存する状態にある．

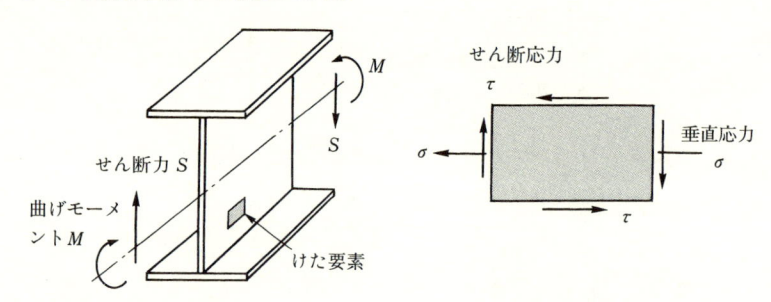

(a) 曲げとせん断とを同時に受けるけた

(b) けた要素に作用する垂直応力 σ とせん断応力 τ

図 3.13 曲げとせん断とを同時に受けるけた要素の応力状態

このように，垂直応力度 σ とせん断応力度 τ とが共存する場合において，材料が降伏するのは，**せん断ひずみエネルギー一定説**（または，von Mises の定理）によると，つぎの式を満たす場合であるといわれている．

$$\sigma_y = \sqrt{\sigma^2 + 3\tau^2} \qquad (3.18)$$

この式で $\sigma=0$ とおくと，せん断応力度 τ のみによって材料が降伏するのは，

$$\tau = \sigma_y/\sqrt{3} \qquad (3.19)$$

3.5 許容応力度

となる．したがって，許容せん断応力度 τ_a は，上式を安全率 ν で割って得られる．すなわち，

$$\tau_a = \frac{\sigma_y}{\nu\sqrt{3}} = \frac{\sigma_{ta}}{\sqrt{3}} \tag{3.20}$$

で，たとえば SS 400，あるいは SM 400 に対しては，$\tau_a = 140/\sqrt{3} \cong 80\,\text{N/mm}^2$ となる．

以上，各種鋼材の許容応力度については，表 3.4 に示すとおりである．ここで，現在，示方書に規定されている高張力鋼は，SM 570 までである．しかし，表中には，参考のために，高張力鋼 HT 685 や HT 785 の許容応力度も，示してある．

F. 荷重の組合せに対する許容応力度の割増し

すでに 2.1 で述べたように，橋梁の死荷重，活荷重，あるいは衝撃など常に作用する荷重を，主荷重という．以上に示した許容応力度は，この主荷重に対して定められたものである．

ところが，橋上に活荷重が満載し，同時に従荷重である強い風が吹いたり，あるいは大きな地震がおこるというようなことは，きわめてまれなことであり，一時的なことであるので，常時の許容応力度よりも大きい応力値を許してもよいと考えられる．

そこで，主荷重に，このような種々の従荷重が組み合わさって作用する場合に対しては，**許容応力度の割増し**が示方書で容認されている．例として，表 3.5 には，道路橋示方書で定められている許容応力度の割増し係数を示す．ただし，雪荷重，遠心荷重，あるい

表 3.5 道路橋示方書による許容応力度の割増し係数

荷　重　の　組　合　せ	割増し係数
(1) 主荷重＋主荷重に相当する特殊荷重＋温度変化の影響	1.15
(2) 主荷重＋主荷重に相当する特殊荷重＋風荷重	1.25
(3) 主荷重＋主荷重に相当する特殊荷重＋温度変化の影響＋風荷重	1.35
(4) 主荷重＋主荷重に相当する特殊荷重＋制動荷重	1.25
(5) 主荷重＋主荷重に相当する特殊荷重＋衝突荷重	
鋼部材に対して	1.70
鉄筋コンクリート部材に対して	1.50
(6) 風荷重のみ	1.20
(7) 制動荷重のみ	1.20
(8) 活荷重および衝突以外の主荷重＋地震の影響	1.50
(9) 施工時荷重	1.25

〔注〕：合成げたに対するものは，8.5.A を参照のこと．

は支点移動の影響などの主荷重に相当する特殊荷重に対しては，割増しを行なわない．

3.6 疲　　　労
A. 疲労の現象

鋼材の引張強度より低い応力度でも，その応力を多くの回数くり返して作用させると，破壊がおこる．この現象を，**鋼材の疲労**（fatigue）という．橋梁部材が活荷重によって常時**くり返し応力**を受けるときには，疲労による強度の低下を考慮する必要がある．

ヴェーラー（Wöhler）は，多年にわたり実験を行なった結果，図3.14(a)に示すように，くり返される応力の上限 σ_{max}（たとえば，活荷重応力度＋死荷重応力度：σ_{l+d}）と下限 σ_{min}（たとえば死荷重応力度：σ_d）との差，すなわち応力範囲 $S=\sigma_{max}-\sigma_{min}$ が疲労破壊に大きく関係することを明らかにした．そして，応力範囲 S とくり返し回数 N（対数目盛）との関係を，図3.14(b)に示すような **S-N 曲線**で表わした．

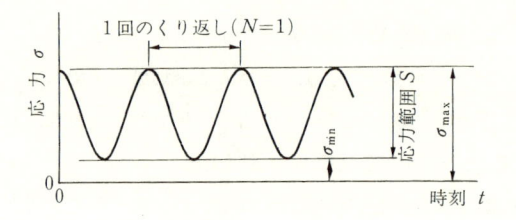

(a) 応力範囲 S とくり返し回数 N

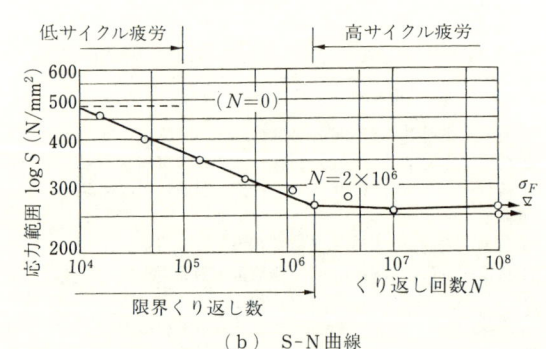

(b) S-N 曲線

図3.14 応力範囲 S と S-N 曲線

この図より，応力範囲 S が大きいとき，破壊に至る回数 N は，少ない．ところが，応力範囲を小さくすると，破壊に至るくり返し回数 N は，大きくなる．

3.6 疲　　労

一般に，**橋梁の耐用年限**（60～70年）から考えると，実用上は，$N=10^6$ 回ぐらいで十分である．しかし，安全側に見込んで，$N=2\times10^6$ 回を目標としており，このときに耐えられる応力度 σ_F を**耐久限度**，または**疲れ限度**（fatigue limit）という．

B.　疲労を考慮した許容応力度

上記の結果は，ヴェーラフ（Weyrauch）やバウシンガー（Bauschinger）によってさらに実用化された．そして，橋梁用軟鋼に対する耐久限度 σ_F は，つぎのように表わされた．

$$\sigma_F = \frac{2}{3}\sigma_U\left(1+\frac{1}{2}\frac{\sigma_{\min}}{\sigma_{\max}}\right) \tag{3.21}$$

ここに，$\sigma_g/\sigma_U=2/3$，および $\sigma_r/\sigma_g=1/2$ とみなした場合で，記号は，つぎのとおりとする．

　　σ_F：耐久限度，σ_U：極限強度
　　σ_g：基本強度，σ_r：反復強度

図 3.15 は，上式をプロットしたものであり，図中の斜線内がくり返し応力の範囲を示す．たとえば，応力の下限 $\sigma_{\min}$（死荷重応力度：σ_d）が点 A′ にある場合，この点より上方に引いた線と原点 O より角度 45° で引いた線との交点 A を下限とし，点 B を上限 $\sigma_{\max}$（活荷重応力度＋死荷重応力度：σ_{l+d}）とするような範囲でくり返し応力を受けることが可能である．このように，$\sigma_{\min}$ と $\sigma_{\max}$ との符号が同じ場合を**片振り**という．そして，$\sigma_{\min}=0\,(\sigma_d=0)$ で，図中 CD に示すような場合の耐久限度を**基本強度** σ_g という．また，下限応力が圧縮の場合で，図中 E′

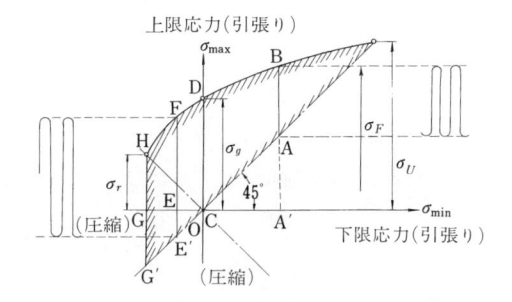

図 3.15　耐久限度の求め方

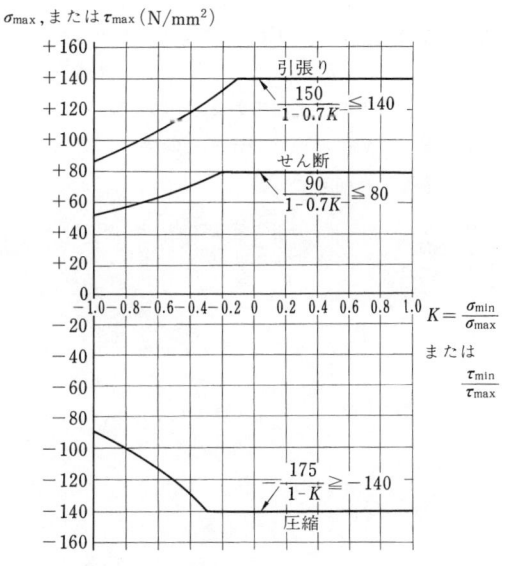

図 3.16　疲労許容応力度（鉄道橋）

であれば,EF 間が耐久限度を与える.このように,σ_{min} と σ_{max} との符号が異なる場合(これを,**交番応力**ともいう)を**両振り**といい,とくに $\sigma_{min}=-\sigma_{max}$ の両振りの場合(図中の GH)の耐久限度を**反復強度** σ_r と称している.

このような図では,設計を行なう際に不便である.そこで,横軸に $K=\sigma_{min}/\sigma_{max}$ をとり,縦軸に(耐久限度)/(安全率)を示したものが,図3.16である.すなわち,鉄道橋の疲労を考慮した際の許容応力度(1974 年の旧基準.1983 年の新基準については,4.3.H 参照)として採用されていたもので,その詳細を示したものが,表3.4 中のものである.

橋梁構造物で死荷重に比し活荷重が大きい場合や,載荷頻度が大きい場合には,鋼材の疲労について注意しなければならない.現在,鉄道橋では,疲労についての許容応力度が詳しく定められている(後述の表4.12 参照).

道路橋においても,両振り応力が生ずる場合や,鋼床板などにおいては,十分注意をはらうべきである(後述の表5.9 参照).また,高張力鋼は,母材,および,とくに溶接継手において疲労による強度の低下が著しいので,注意を要する(後述の 4.3.J 参照).

演 習 問 題

3.1 高張力鋼の軸圧縮許容応力度において,l/r の限界値が異なるのはなぜか,検討してみなさい.

3.2 付録4.に示すI形鋼が両端ピン支持され,長さが 6,000 mm,断面が $600 \times 190 \times 16$ (mm)(表の最下段)で,また材料が SS 400 である.この部材に許される引張力,および圧縮力を,それぞれ求めてみなさい.

3.3 種々の橋梁形式につき,どの部分に高張力鋼を使用したほうが経済的になるかを,考えてみなさい.

4章 接合法

4.1 概説

　鋼板や形鋼などを用いて，部材を組み立てたり，部材を添接，または連結する場合には，**高力ボルト**，あるいは**溶接**などの接合法が用いられている．ただし，部材端が自由に回転しうるようにするときは，ピン接合が用いられる．

　接合という用語は，非常に広い意味に用いられている．応力を伝える部材の継手は，もちろん接合である．しかし，応力を伝えない単に部材片を綴り合わせることも，やはり接合である．**継手**（joint）とは，部材の**添接**（splice），および**連結**（connection）の総称したものである．このうち，添接は1つの部材内の接合を，また連結は部材と部材との接合を意味する．

　金属を接合する方法には，表4.1に示すように，多くの方法がある．しかし，これらは，高力ボルトなどの機械的な接合方法と，高熱を利用して金属を局部的に溶融しながら結合する**溶接**とに大別される．溶接は，さらに圧接，融接，および，ろう接に分けられる．**圧接**は溶融状態にある金属に機械的に圧力を与えて接合する方法であり，そして**融接**は溶融状態にある金属に圧力を加えることなく金属を融合し接合する方法である．また，

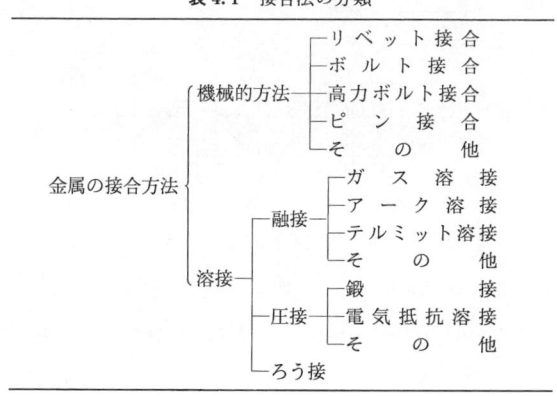

表 4.1 接合法の分類

```
                    ┌ リベット接合
                    ├ ボルト接合
         ┌ 機械的方法 ─┼ 高力ボルト接合
         │          ├ ピン接合
         │          └ その他
         │
金属の接合方法 ┤          ┌ ガス溶接
         │    ┌ 融接 ─┼ アーク溶接
         │    │     ├ テルミット溶接
         │    │     └ その他
         ├ 溶接 ┤
         │    │     ┌ 鍛接
         │    └ 圧接 ─┼ 電気抵抗溶接
         │          └ その他
         │
         └ ろう接
```

ろう接は，合金を用いる方法で，ハンダ付けなどの例があげられる．

橋梁構造物に用いる接合法には，主として**高力ボルト接合**，および**金属アーク溶接**が用いられる．そこで，以下では，これらについて述べる．

4.2 高力ボルト
A. 高力ボルト接合の種類

橋梁用の鋼材として良質な高張力鋼が，今日，多く使用されるようになった．しかし，その鋼材につり合った強いリベットをつくっても，それを赤熱してリベット締めする場合，材質が変化して安全で信頼性のあるリベット結合を得ることが困難になってきた．そして，建設現場において，リベット締めをするときに種々な設備や熟練した技術者がいること，さらに騒音が激しいことなどの理由で，近年，**高力ボルト**（**ハイテンボルト**（high strength bolt）ともいう）が現場接合において経済的に，また信頼性をもって使用されることが多くなった．

高力ボルトを用いた基本的な摩擦接合型の継手は，その一例を図4.1に示すように，**ボルト**，**ナット**，および**座金**（ワッシャー）を用いて2部材を締め付けるものである．

(a) 高力ボルト各部の名称

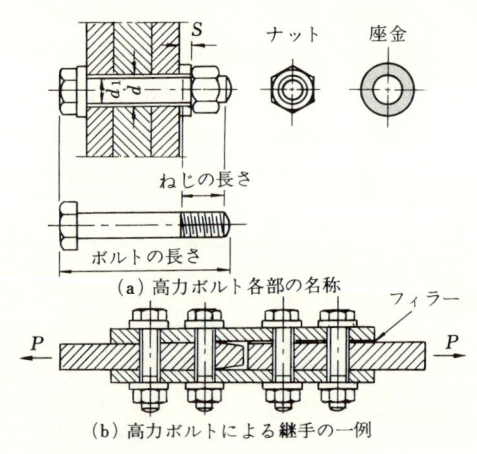

(b) 高力ボルトによる継手の一例

図4.1　基本的な摩擦接合型の高力ボルト継手

しかし，最近は，施工が容易であること，工期の短縮，施工費の低減，施工時の騒音が少ないこと，および導入軸方向力が安定していることなどの理由から，図4.2に示す**トルシア形高力ボルト**（torshear type high strenght bolt）がよく用いられるようになっ

4.2 高力ボルト

た．このボルトでは，図4.2(b)に示すように，締付け時のトルクの反力をボルト軸部先端に設けられたピンテールに取らせ，所定のトルクが作用するとピンテールが切断溝で破断し，ナットに所定のトルク，すなわちボルトに所定の軸方向力が導入される構造となっている．また，ボルトの頭側に座金を挿入しなくても，ボルトの頭部の応力状態が座金を用いる通常のボルトの場合と同程度になるような構造にもなっている．

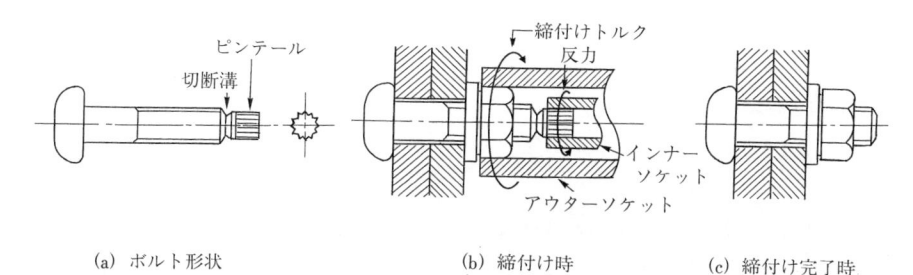

(a) ボルト形状　　(b) 締付け時　　(c) 締付け完了時

図 4.2　トルシア形高力ボルト

高力ボルト継手は，力の伝達方式から，つぎの3種類に分けることができる．

(i) **摩擦接合**（friction type）　高力ボルトによって継手材片を締め付け，部材片接触面間の摩擦抵抗により応力を伝達するもので，現在，最も広く用いられている方法である．

(ii) **支圧接合**（bearing type）　摩擦継手において滑りを生じると，高力ボルトに支圧力，および，せん断力が働く．この滑りによる変形を避けるために，高力ボルトの円筒部に突起を付けて高力ボルト孔との余裕をなくし，打込み式にしたものである．

(iii) **引張接合**（tension type）　高力ボルトに軸方向の引張力が作用して，応力を伝達するものである．橋梁構造物において，引張接合は，認められていない．しかし，十分な検討を加えれば，将来性がある接合方法である．

そこで，以下では，摩擦接合の高力ボルトにしぼって説明をする．

高力ボルトとリベットとの**荷重-ずれ**（すべり）**曲線**を比較すれば，図4.3のようになる．この図によると，ずれ限界以下では，高力ボルトのほうがリベットより良好な耐荷性状を呈している．

通常，高力ボルトの締付け方法として

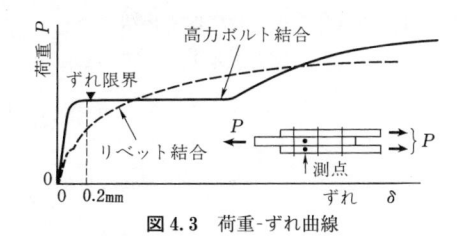

図 4.3　荷重-ずれ曲線

は，**トルクレンチ**，あるいは**インパクトレンチ**などの器具を用い，ナットを回転しながらねじによってボルトを締め付ける手法が用いられている．そのため，高力ボルトには，軸方向力による垂直応力度のほか，ねじりによるせん断応力度も生ずる．この方法による高力ボルトの軸方向力は，ナットに加えるトルクと高力ボルトに導入される軸方向力とが，一定の関係を保有することに基づいて判定する．これを，**トルク法**（torque method）という．

いま，トルク T によって導入されるボルト軸方向力 N は，d_1 を高力ボルトの径（基準寸法）とすると，

$$N = \frac{T}{kd_1} \tag{4.1}$$

で表わされる．ここに，k を**トルク係数**といい，0.110～0.160 の値をもつ．そこで，一定の軸方向力 N を与えるためには，トルク係数 k が小さいほど与えるトルクは小さくてすむ．

しかし，トルク係数 k は，種々の条件によって変化する．とくに，軸方向力 N が大きくなると，ねじ山間やナットと座金間との摩擦力の増加が，生じる．そのため，トルク係数 k は，比例的に増加しない．そこで，このようなとき，現場では，施工の面からナットの回転量でそれを判定する**ナット回転法**（turn of nut method）が用いられる．

B. 摩擦接合形高力ボルトの強さ

高力ボルトの機械的性質は，JIS B 1186 に定められている（表 3.3 参照）．それによると，高力ボルトの耐力 N は，高力ボルト材料の降伏点 σ_y（F8T：640 N/mm^2，および F10T：900 N/mm^2）を基準とし，高力ボルトの有効断面積を A_e とすると，次式で与えられる．

$$N = \alpha A_e \sigma_y \tag{4.2}$$

ここに，係数 α は，高力ボルトに軸方向力による垂直応力度と，ねじりによるせん断応力度とが共存するための低減係数であり，$\alpha = 0.85$（F8T），および 0.75（F10T）にとる．

したがって，高力ボルト 1 本の許容伝達力は，

$$\rho = \frac{1}{\nu} \mu N \tag{4.3}$$

で表わされる．ここで，μ は，**すべり係数**（すべり荷重とボルト張力との比）である．この値は，継手の摩擦面の状態によって異なる．もちろん，摩擦面の油やごみなどは，完全

4.2 高力ボルト

に清掃しなければならない．圧延肌のままでなく，ショットブラストするか，あるいは母材の表面を焼くかすれば，μ の値は，高めることができ，0.4 ぐらいにとりうる．また，ν は，安全率であり，普通，1.7 とする（式 (3.3)$_1$ 参照）．

上式をもとにして数値計算を行なった結果，道路橋に対する摩擦接合型の高力ボルト1本の許容力 ρ_a は，1摩擦面あたり，表 4.2 によって求めることができる．

表 4.2 高力ボルトの許容力
（1摩擦面あたり，単位 kN）

高力ボルトの等級 \ 呼び	M 20	M 22	M 24
F8T	31	39	45
F10T	39	48	56

高力ボルトの直径 d_1 は，20 mm，22 mm，および 24 mm のものがある．しかし，橋梁に主として用いられるものは，普通，M 22（$d_1 = 22$ mm）である．そして，母材が SS 400，および SM 400 に対しては F 8T，また SM 490，SM 490Y，SM 520，および SM 570 などに対しては F 10T を用いるのを標準とする．

高力ボルト継手には，図 4.4 に示すように，接合すべき部材片を重ねてついだ**重ね継手**（lap joint），および部材片を突き合わせて接合のための添接板を添えて継ぐ**突合わせ継手**（butt joint）がある．

突合わせ継手には，添接板を片側に当てたものと両側に当てたものとがある．しかし，両側に当てたもののほうが，力の伝わり方に無理がなく，くり返し荷重を受ける場合に適する．

なお，図 4.4 中には，一面摩擦と二面摩擦とが区分されている．後者の二面摩擦では，表 4.2 の高力ボルトの許容力の2倍の値がとれることに注意しなければならない．

なお，高力ボルトを図面に記入するとき，平面図で印○は工場で打ったもの，また印●は現場で打ったものであることを示す．そして，側面図で

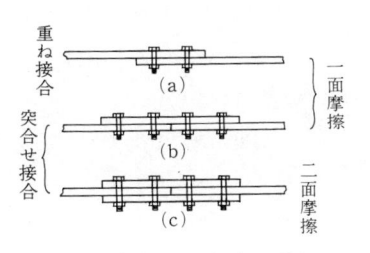

図 4.4 高力ボルト継手の種類

は，その中心を細線で示す（裏とじ込みの設計図面を参照）．

C. 高力ボルトの所要本数

高力ボルトの許容値 ρ(kN) が求められると，伝えようとする力を P(kN) とすれば，必要な高力ボルトの本数 n は，

$$n \geq \frac{P}{\rho} \tag{4.4}$$

により与えられる.

道路橋の主要部材の継手や添接の計算は,その部材の計算応力値に基づく伝達力 P_{app} (kN) 以上とし,少なくとも全強 P_s(kN) の 75% 未満であってはならない.すなわち,Max{$a:b$} を a と b との大きいほうをとるものとすれば,P は,次式で与えられる.

$$P = \mathrm{Max}\{P_{app} : 0.75 P_s\} \tag{4.5}$$

一方,鉄道橋の主要部材は,すべて全強で設計することを原則としている.そして,計算応力が小さい場合には,全強と計算力に基づくものとの平均値によることができる.しかし,主要部材における伝達力は,少なくとも全強の 75% 以上としなければならない.

ここで,**全強** P_s とは,その部材が設計上耐えられる最大の力をいい,つぎのようにして計算される.

(i) 引張部材

引張部材の全強 P_{ts} は,次式で求められる.

$$P_{ts} = \sigma_{ta} A_n \tag{4.6}$$

ここに,σ_{ta} は許容軸方向引張応力度で,たとえば SS 400,および SM 400 では 140 N/mm^2 である.また,A_n は引張部材の**純断面積**(net cross-sectional area)であり,引張力に対しては高力ボルトが有効に働かないと考える.

その計算の一例を,図 4.5 に示す.ここで,部材片の総幅 b_g から高力ボルトの孔の直径 d(高力ボルトの直径 d_1 に 3mm を加えたもの)によって失われる幅(この場合は,2d)を除いたものを純幅 b_n とし,さらに板厚 t を乗じて純断面積 A_n を求め,引張部材全体についてこれを総和する.

千鳥に高力ボルトが打たれた部材片の純幅 b_n は,考えている断面の最初の高ボルトの孔に対して全幅を引き,以下順次,つぎの w 値を各高力ボルトの孔ごとに差し引く.

$$w = d - p^2/4g \tag{4.7}$$

ここに,d:高力ボルトの孔の直径(高力ボルトの直径 d_1+3mm),p:高力ボルトのピッチ (mm),g:高力ボルトの線間距離 (mm),である.

たとえば,図 4.6 (a) に対しては,

$$\begin{aligned} b_n &= b_g - d - (d - p^2/4g) \\ &= b_g - 2d + p^2/4g \end{aligned}$$

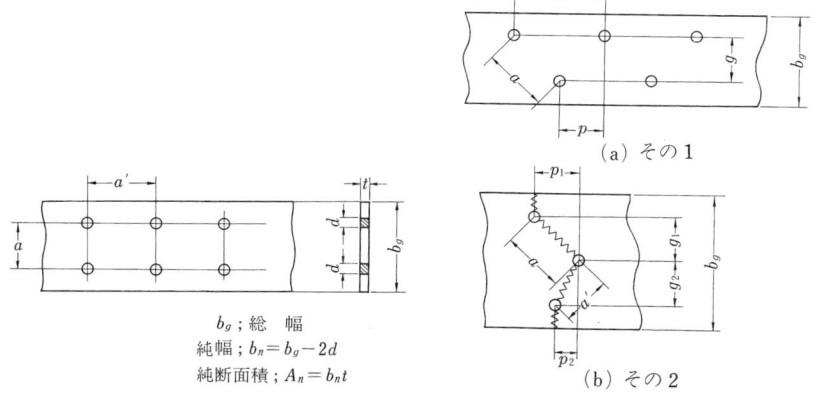

図4.5 並列継手
図4.6 千鳥継手

b_g；総 幅
純幅；$b_n = b_g - 2d$
純断面積；$A_n = b_n t$

となる．同様に，図4.6(b) に対しては，

$$b_n = b_g - d - (d - p_1^2/4g_1) - (d - p_2^2/4g_2)$$
$$= b_g - 3d + (p_1^2/4g_1 + p_2^2/4g_2)$$

となる．

(ii) 圧縮部材

圧縮部材の全強 P_{cs} は，次式で与えられる．

$$P_{cs} = \sigma_{ca} A_g \tag{4.8}$$

ここに，圧縮部材の場合，高力ボルトも協力すると考えられるので，A_g は，**総断面積**（$= b_g \times t$, gross cross-sectional area）を用いる．また，$\sigma_{ca}(\text{N/mm}^2)$ は，許容軸方向圧縮応力度である．道路橋で，たとえば SS400，または SM400 材（$t \leq 40$ mm）を使用し，局部座屈を考慮しない場合，σ_{ca} は，次式で求められる．

$$\left. \begin{array}{ll} \sigma_{ca} = 140 & (l/r \leq 18) \\ = 140 - 0.82(l/r - 18) & (18 < l/r < 92) \\ \dfrac{1,200,000}{6,700 + (l/r)^2} & (l/r \geq 92) \end{array} \right\} \tag{4.9}_{1\sim 3}$$

(l/r：細長比)

(iii) 曲げ部材

曲げ部材の全強 P_{cs}，および P_{ts} は，次式で与えられる．

$$\left.\begin{array}{l}圧縮フランジプレート：P_{cs}=\sigma_{ba}A_{g}\\ 引張フランジプレート：P_{ts}=\sigma_{ta}A_{n}\end{array}\right\} \quad (4.10)_{1\sim2}$$

ここに，σ_{ba}(N/mm^2) は，許容曲げ圧縮応力度である．たとえば，道路橋で，SS400，あるいは SM400 材（$t\leqq40$mm）を使用した上下対称断面の場合，許容曲げ圧縮応力度 σ_{ba} は，

$$\left.\begin{array}{ll}\sigma_{ba}=140 & (l/b\leqq4.5)\\ \phantom{\sigma_{ba}}=140-2.4(l/b-4.5) & (4.5<l/b\leqq30)\end{array}\right\} \quad (4.11)_{1\sim2}$$

（l：固定点間距離，b：圧縮フランジの幅）

である．

D. 高力ボルトの配置

高力ボルトで締められた部材が，図4.7に示すように，材片の引張破断，あるいは材端部のせん断破壊や割れ裂ける破断などをおこさないためには，高力ボルトの縁端距離 e を制限する必要がある．これとともに，**高ボルトの中心間隔**（図4.6の a，あるいは a'）があまり狭いと，応力集中上好ましくなく，また高力ボルト締めに困難をきたす．一方，高力ボルトの間隔があまり大きいと，鋼材の合わせ目から水が

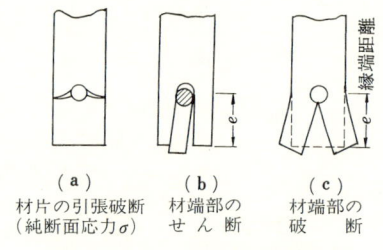

図4.7 高力ボルト継手の破壊形式
（a）材片の引張破断（純断面応力 σ）
（b）材端部のせん断
（c）材端部の破断

入って継手部の錆を早めることになり，圧縮材では，局部的な座屈の恐れもある．それゆえ，高力ボルトの最小・最大中心間隔には，以下の種々な規定が設けられている．

（ⅰ）　**高力ボルトの最小中心間隔**　　高力ボルトの最小中心間隔としては $3d$ まで小さくすることができ，標準としては表4.3の値をとる．

（ⅱ）　**高力ボルトの最大中心間隔**　　高力ボルトの最大中心間隔は，$6d$ までとし，表4.4に示す値を標準とする．

（ⅲ）　**縁端距離**　　高力ボルトの中心と板の縁端との距離 e（図4.7参照）は，表4.5によるものとする．

（ⅳ）　**山形鋼に用いる高力ボルトの径**　　応力を伝える山形鋼の場合に用いる高力ボルトの直径は，高力ボルト締めをする山形鋼の脚長の 0.26 倍以下でなければならない．ただし，重要でない部材においては，表4.6によることができる．

（ⅴ）　**その他**　　高力ボルト締めには，必ず3本以上の高力ボルトを用いる．軸方向に

4.2 高力ボルト

表 4.3 高力ボルトの最小中心間隔

高力ボルトの呼び	最小中心間隔 (mm)
M20	65
M22	75
M24	85

表 4.4 高力ボルトの最大中心間隔

高力ボルトの呼び	最大中心間隔 (mm)		
	応力の方向		応力に直角方向
M20	130		24t
M22	150	12t	ただし
M24	170		300以下

表 4.5 高力ボルトの縁端距離

高力ボルトの呼び	最小距離 (mm)		最大距離 (mm)
	せん断縁および自動ガス切断縁	圧延縁および仕上縁	
M20	32	28	8t または
M22	37	32	150mm
M24	42	37	以下

表 4.6 山形鋼に打つ高力ボルトの径

山形鋼脚長 (mm)	高力ボルトの呼び (mm)
65	M20
75	M22
90	M24

引張りを受ける高力ボルトは，使用しないようにする．

E. 高力ボルト継手設計上の一般的な注意事項

高力ボルト継手を設計する場合は，以上の各項に従うとともに，つぎのことに注意する．

① 部材の組み立てと高力ボルト締めとが，容易なところに継手を設ける．また，運搬・架設のことも考えて，その位置を決める．

② なるべく，応力に余裕のあるところに，継手を設けることが，望ましい．

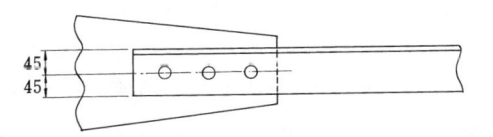

③ 継手の高力ボルトのピッチは，なるべく密にする．とくに，作用力方向の高力ボルトの数が多いと，端部の高力ボルトが中央部より大きな応力を受けるので，

図 4.8 高力ボルト継手の一例（単位：mm）

表 4.7 山形鋼の高力ボルトの打ち方（単位：mm）

脚長	200	175	150	130	125	100	90	80	75	70	65	60	50	45	40
g_1	115	100	90	80	75	65	55	45	40	40	35	30	30	25	25
g_2	80	65	65	65	65										
g_3	75	75	50	30	25										
高力ボルトの呼び径	24	24	22	22	22	22	22	22	20	20	16	14	14	10	10

高力ボルトの本数は，6本以下とする．

④　継手の高力ボルト，および添接板の重心線が，部材の重心線となるべく一致するようにし，力の偏心を裂ける．山形鋼の高力ボルトは，表4.7のように打つのを標準とする．しかし，横構に用いたときには，図4.8のように重心に近づける．

4.3　溶 接 接 合

溶接には，表4.1に示したように，種々のものがある．しかし，ここでは，主として**金属アーク溶接**（metallic arc welding）についてのみ述べる．

A.　金属アーク溶接の原理

電極を接近させると，**アーク**が生じ，高熱が発生することはすでに知られていた．1885年に，ベナードス（Benardos）は，これを溶接に応用した**炭素アーク溶接法**を発明した．この方法は，直流を用い，図4.9のように，炭素棒と**母材**（parents material）との間に電流を流してアークを発生させ，母材と同じ材質の溶加材と母材とを溶かして接合するものである．

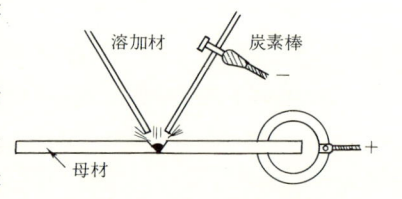

図4.9　アーク溶接の原理

1892年に，スラビアノフ（Slaviaboff）は，それまでの炭素棒と溶加材（溶接棒）との代わりに，母材と同質の金属電極棒を用いる**金属アーク溶接**を考案した．すなわち，電極棒と母材との間に回路をつくり，電極棒を母材から少し離してアークを発生させると，アークの熱のために母材の一部が溶融してプールができるとともに，電極棒の先が溶融・滴下してプールと融合する．この場合，アークの長さを適切に保ちながら静かに電極棒を移動させてゆくと，プールも電極棒の先端につれて移動し，連続した溶接が行なわれる．溶接棒は，電極であると同時に，溶加材の役目を兼ねているものであり，最初，裸棒が用いられた．しかし，現在では，溶融金属の酸化するのを防ぐために，被覆材で包まれた溶接棒が用いられている（後述の図4.11参照）．

溶接電流は，直流でもよい．しかし，今日，交流が多く用いられる．電流は，溶接棒の直径，種類，および母材の厚さなどによって異なり，普通，70～250Aである．開路端子の電圧（アークの発生する前の二次回路の電圧）は，直流の場合で40～80Vで，また交流の場合で80～120Vであり，感電の危険性を少なくしている．アークの発生時の電圧は，種々な条件によって異なり，10～65Vである．

4.3 溶接接合

図4.10は，**手溶接**のときの溶接機の配線図を示す．まず，三相交流3,300Vの電源から，トランスを通じて200Vの単相一次回路をとり，つぎに**溶接機**（これも，一種のトランス）と結線し，図示のように二次回路を配線する．

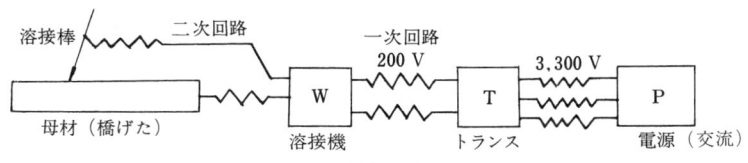

図4.10 溶接機の配線図

図4.11は，金属アーク溶接の詳細を示したものである．溶接部の最高温度は，アークのところに位置し，4,000～5,000℃ぐらいに達する．直流アーク溶接の場合は，正極の発熱量が負極の発熱量より大であるので，熱容量の大きい橋げた部を正極に，また熱容量の小さい溶接棒を負極にして，母材に十分な熱を与えて溶け込みを容易ならしめる．

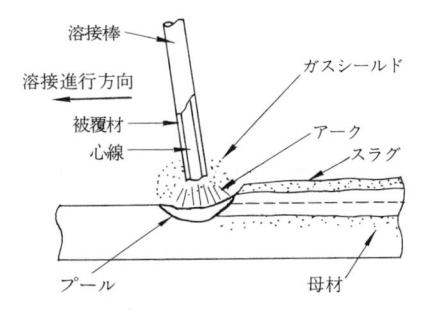

図4.11 金属アーク溶接

図4.12(a)は，溶接部の変質を示すものである．溶接部分は，**溶着金属部，融合部**，および**変質部**の3つで構成されている．すなわち，溶着金属部は溶接棒の溶融した金属が溶着した部分で，溶接直後の温度は1,400℃ぐらいに達する．そして，融合部は母材と溶着金属とが融合している部分で，また変質部は母材が溶接熱のため**焼入れ**されたような部分であり，硬く，もろくなっている．高張力鋼では，その部分が一層硬くなり，焼入れ効果が著しい．変質部の硬化がはなはだしいときは，亀裂が発生し，構造物の変形能力が失われる原因になる．

溶接部が冷却すると，図4.12(b)に示すように，母材に近い部分からまず結晶が生じ，この結晶は，しだいに中央に向かって成長し，柱状組織となって凝固する．この組織は，急冷するほど粗くなる．とくに，板が厚いとき，または温度の低いときは，溶接熱の急冷によって粗い組織となるのを防ぐため，溶接線に沿って**予熱**（後述の表4.10参照）することが望ましい．溶接を一層で行なわず，多層に分けて行なう場合，前の層には，後の層の溶接熱によって，**焼なまし**の効果が現われ，細粒組織になって靱性を増す．

以上は，手溶接について述べた．しかし，最近では，溶接棒を自動的に送り出しながら

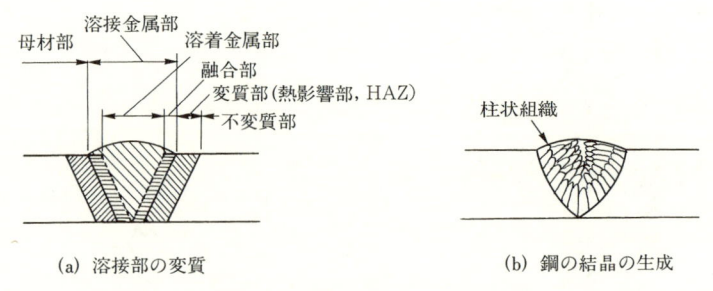

(a) 溶接部の変質   (b) 鋼の結晶の生成

図4.12 溶接部の組織の生成と変質

アークを飛ばして溶接する能率のよい**自動溶接**が多く用いられる．自動溶接のうち，わが国で最も多く用いられるのは，サブマージドアーク溶接である．その代表的なものとしては，図4.13に示す**ユニオンメルト法**がある．自動溶接は，著しく深く溶け込む．そのため，比較的薄い板では，開先（母材間のすきま）なしで溶接を行なう．ところが，厚板では，開先をとり，図示のように母材の裏面に**裏あて金**を当て，ルート（底）部分の溶接を良好ならしめる．溶接を行なう際，**コンポジション**（粉末状のフラックス）を管を通じて溶接部に散布し，その中に銅メッキをした裸の溶接棒心線を自動的

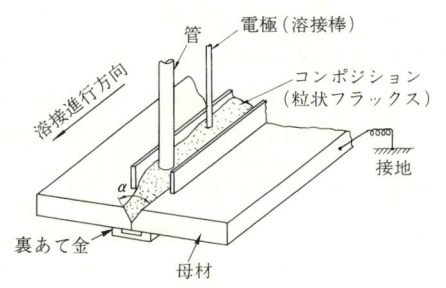

図4.13 ユニオンメルト法

に送り出して，アークを発生させながら移動する．コンポジションは，溶融して**スラッグ**（溶さい）となり，溶接金属の上を覆って溶接部の急冷を防ぐとともに，溶接中に鋼材の酸化を防ぐために炭素ガスなどを出す役目をしている．このようなアークは，コンポジションの中で発生し，外からは見えないので，**サブマージドアーク溶接**（submerged arc welding）という．

　自動溶接は，大電流が使用され，溶接速度も早く，溶け込みが深いので，相当厚い板でも一層で溶接することができる．機械を一度調節しておくと，均一な溶接を行なうことができ，変形量も，手溶接の場合より小さい．しかし，大電流と速い速度とで溶接するため，鋼材への熱影響は，大きい．とくに，イオウ（S）の偏析があると，いわゆる，**サルファークラック**が発生する．そして，溶接部分と他の部分との温度差が大きいから，溶接時に母材を前もって**予熱**する（後述の表4.10参照）などの配慮をする必要がある．また，

4.3 溶接接合

自動溶接では，開先の仕上げが不正確であったり，湿気，油，錆，あるいは黒皮があると，手溶接の場合よりも，**ブローホール**（気泡）などの欠陥が生じやすい．

合成げたのずれ止めに用いられる**スタッド**（stud）は，通常，直径 19 mm か，22 mm のものを用い，けたの上フランジプレートに溶植する．この溶植を，**スタッド溶接**という．すなわち，図 4.14 に示すように，溶植しようとするスタッドを溶植銃の先端に差し込み，フェルールとよばれる耐熱陶管（これは，消耗品）でスタッドの端部を囲み，溶植個所に押し付ける．そして，溶植機のスイッチを引けば，スタッドが母材からわずか離れて，その間にアークが発生して溶融し，その後，自動的にスタッドが押し付けられて，溶植が完了するようになっている．スタッド溶接の電流が大きいので，60 キロ鋼級の母材の場合は，予熱することが望ましい（後述の表 4.10 参照）．

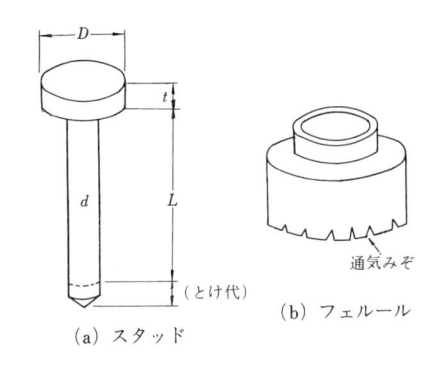

(a) スタッド　　(b) フェルール

図 4.14　スタッド溶接

B. 溶接継手の種類

溶接継手は，**グルーブ溶接継手**，**すみ肉溶接継手**，および**せん溶接継手**の 3 種類に分けることができる．各継手について述べる前に，図 4.15 を参照にして，溶接部の名称について説明すると，以下のとおりである．

開　先：母材の端面をガス切断，または機械仕上げをした隙間

ルート：溶接断面の底の部分の間隔

のど厚：溶接断面のルートを通る線に沿った溶接の最小厚さ

余　盛：溶接断面において余分に盛られた金属の部分

脚　長（**サイズ**）：すみ肉溶接において母材と溶着金属とが融合している部分の長さ

(ⅰ) **グルーブ溶接継手**（groove weld joint）　両方の母材の間の開先のみぞ（groove）に溶着金属をおく溶接で，のど厚（図 4.15 中の a の寸法）の方向は，少な

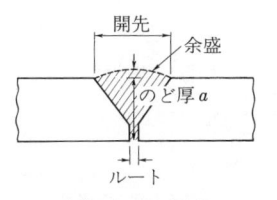

(a) グルーブ溶接

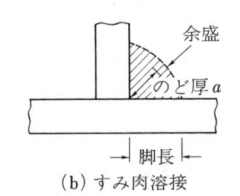

(b) すみ肉溶接

図 4.15　溶接各部の名称

くとも一方の母材の面と直角をなくしている継手である．そのため，**突合せ溶接**（butt weld）ともいう．この溶接継手では，接合面が十分に溶着するよう，板厚に応じて開先を適当な形状にする．その形状からグルーブ溶接を分類すると，V形，X形，レ形（特殊なものに部分溶け込み溶接がある），およびK形などになる．橋梁では，普通，V形，およびX形が用いられる．これらを，図4.16に示す．

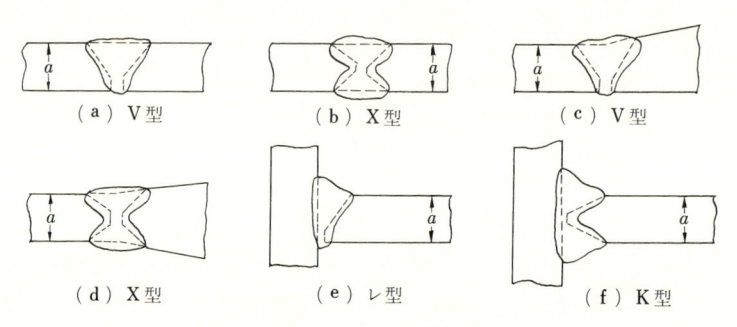

（a）V型　　（b）X型　　（c）V型
（d）X型　　（e）レ型　　（f）K型

図4.16　グルーブ溶接の種類

V形グルーブ溶接は，板厚5～16mmの溶接に用いる．**裏あて金**を使用しないときは，ルート部の溶接の溶け込み不十分，スラグの巻き込み，あるいは亀裂などが生じやすいので，裏の第一層目の溶接部分を全部つり取って，その部分の再溶接を行う．

X形グルーブ溶接は，板厚10～30mmの溶接に用いる．ルートの部分は，裏はつりして裏溶接する．形状には，等X形と不等X形とがある．

そのほか，レ形は，板厚15mmまでで，他の溶接のむずかしいときに用いられる．なお，これらの溶接においては，**余盛**が下層に対し一種の熱処理になるから，余盛を行なってからその部分を平に削成すると，よい組織のみが残り，良好な溶接継手をつくることができる．

（ii）　すみ肉溶接継手（fillet weld joint）　　図4.17に示すように，**重ね継手，T継手**，または**十字継手**において，両母材の隅角部に溶着金属をおいて接合する継手である．一般に，のど厚方向は，母材の面と45°か，45°に近い角度とする．図4.18もまた，すみ肉溶接を示すもので，溶接線と力の方向からつぎの3種類に分けられる．

　側面すみ肉溶接継手：力の方向に平行なもの．
　前面すみ肉溶接継手：力の方向に直角なもの．
　斜方すみ肉溶接継手：両者の中間．

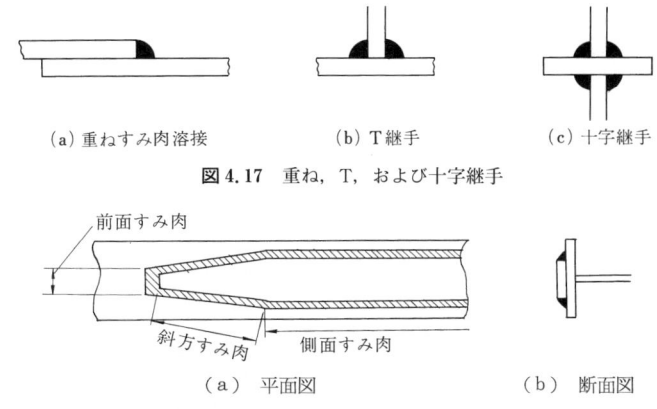

(a) 重ねすみ肉溶接　　　　(b) T継手　　　　(c) 十字継手

図 4.17 重ね，T，および十字継手

前面すみ肉
斜方すみ肉　側面すみ肉

（a）平面図　　　　（b）断面図

図 4.18 前面，側方，および斜方すみ肉溶接

すみ肉溶接継手では，X線検査が難しいうえに，グルーブ溶接継手のように裏溶接ができないから，両母材をよく密着させて，ルートの部分を十分に溶け込むようにしなければならない．

図 4.19 に示す T 継手においては，両母材の角度が直角から著しく離れると，角度の小さいほうのすみ肉 a におけるルートの溶け込みが困難になる．そこで，角度の大きいほうのすみ肉 b は，のど厚不足になりやすいので，角度を $\alpha > 60°$ とする．そして，60°以下のときは，同図(b)ように，グルーブ溶接とするのがよい．

(a) 角度のゆるい場合　$\alpha > 60°$　すみ肉溶接

(b) 角度のきつい場合　$\alpha = 20° \sim 60°$　グルーブ溶接

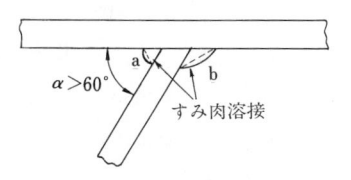

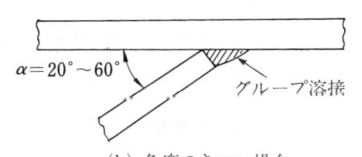

図 4.19 角度をもつ溶接

(iii) せん溶接継手（plug weld joint）　図 4.20 に示すように，母材を重ねて，一方の母材にみぞ（丸い孔か，両端に半円をもつ長い孔）をあけ，孔と母材との周囲の隅角部を溶接し，さらに孔を溶接で埋めて接合する継手である．したがって，すみ肉継手の一種とみなすことができる．しかし，せん溶接は，スラグを巻き込みやすく，溶け込みも不十分になりがちで，信頼性のある溶接とは考えられない．ただ，幅の広い材片を重ね合わせるとき，部材の密着をはかる目的で使用されるにす

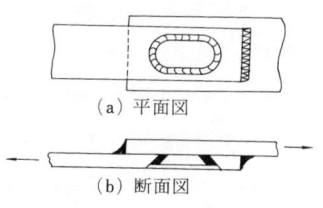

（a）平面図

（b）断面図

図 4.20 せん溶接

ぎない．この場合，せん溶接部の強度は，普通，計算に入れない．

C. 溶接継手のその他の分類

以上では，溶着金属のおき方による溶接継手の分類を示した．その他，溶接継手は，以下のように分類することができる．

（i） 溶接の表面形状による分類　図 4.21 のように，**平溶接**，**とつ溶接**，および，**へこみ溶接**に分類できる．一般には，平溶接が用いられる．とくに，くり返し応力を受けるところでは，余盛はかえって悪く，平溶接，または，へこみ溶接になるようにグラインダーで削成して，応力の流れを円滑にする．

（ii） 連続性による分類　**連続溶接**と**断続溶接**とに分類される．そして，**断続溶接**は，**並列溶接**と**千鳥溶接**とに分けることができる．また，この種の断続溶接は，溶接の始点と終点とが急冷するので，良好な溶接は得られず，亀裂などが生じやすい．そこで，建築構造物のように雨水が非溶接部に侵入する恐れがなく，また静的応力が主である場合で，溶接経費を節約するときだけに用いられる．しかし，橋梁構造物のように活荷重により，くり返し応力を受けるものには，一般に，断続溶接を用いない．

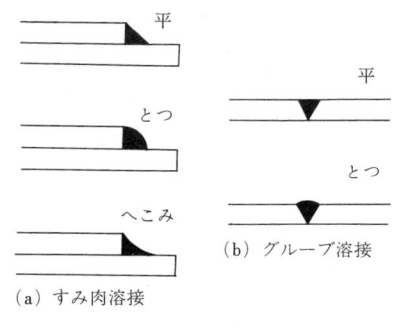

図 4.21　肉溶接の表面形状

（iii） 溶接の作業姿勢による分類　**下向溶接**，**立向溶接**，**横向溶接**，および**上向溶接**がある．下向溶接が，一番作業しやすく，信頼できる溶接を行なうことができ，また作業能率もよい．けたを製作する場合は，けたを**回転枠**に入れ，枠を回転して，つねに下向溶接が行なえるようにする．

（iv） 溶接記号　その主なものを，表 4.8 に示す．

D. 溶接用鋼材と溶接性

溶接構造用鋼材については，3.1 で概述した．しかし，溶接接合は，部材片を単に機械的に接合する高力ボルト接合とは異なり，高熱のもとで冶金的に結合するのであるから，高力ボルト接合の場合よりも使用鋼材の特性に十分な注意を要する．

とくに，厚板になるほど鋼の組織が粗大になっており，溶接の際の母材の急熱・急冷による変質の影響が，大である．そして，溶接による収縮応力によって，多軸応力状態が，

4.3 溶接接合

表4.8 溶接記号

溶接の種類		記　号	記　載　例（実形と図示）
グルーブ溶接	V形	∨　角度60°	
	X形	╳　交角90°	
すみ肉溶接	連続	△　直角二等辺三角形の中点で垂直線を横切るときは小脚の先に寸法を大きく脚のあきにカッコで書く．不等脚の場合は小脚と大脚の寸法を書く．	
その他	全周溶接	○	

生ずる．普通のリムド鋼では，鋼塊中に PやSなどの偏析を生じており（図3.2参照），その他に**気泡**も含んだりする．また，自動溶接の場合は，大電流を用いるために母材が深く溶け込むので，Sなどの偏析があると，いわゆるサルファークラックを起こしやすい．このような欠陥を，**切欠**（notch）という．そして，このような欠切が存在すると，常温で十分に延性のある鋼材は，低温時に衝撃的な外力を加えると，もろくなって，ぜい性破断する性質がある．これを，**切欠ぜい性**という．

　溶接構造用鋼材は，十分な強度と延性とを有するだけでなく，同時に母材の切欠ぜい性の少ないものでなければならない．しかし，溶接継手部の切欠ぜい性は，母材より顕著に現われる．しかも，溶接接合の構造物では，高力ボルト接合の構造物に比べて全体として剛であるから，部分的に発生した割れが構造物全体に発展し，破壊を促す危険性があることに注意しなければならない．

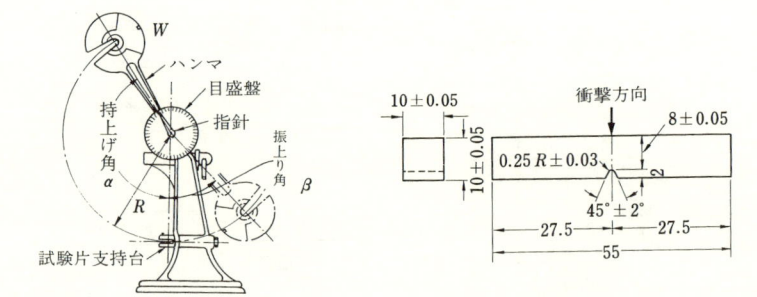

図中:
- W, ハンマ, 目盛盤, 指針, 持上げ角 α, 振上り角 β, R, 試験片支持台
- 吸収エネルギー $E = WR(\cos\beta - \cos\alpha)$ (N·m)
- （a）シャルピーの衝撃試験機

- 衝撃方向, 10 ± 0.05, 8 ± 0.05, $0.25R\pm0.03$, $45°\pm2°$, 27.5, 27.5, 55
- （b）Vノッチ試験片（JIS 4号試験片，単位：mm）

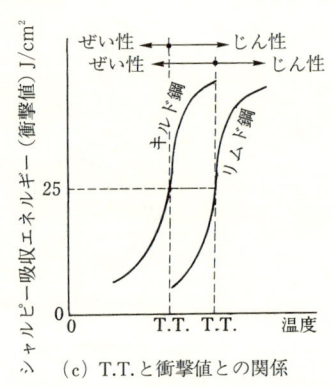

- 縦軸：シャルピー吸収エネルギー（衝撃値）J/cm²
- ぜい性／じん性，キルド鋼，リムド鋼，25, T.T., T.T., 温度
- （c）T.T.と衝撃値との関係

図4.22　シャルピー試験と遷移温度

　切欠ぜい性の判定には，図4.22（a）に示すように，**シャルピー試験**が行なわれる．すなわち，図4.22（b）に示すように，Vノッチを付けたテストピースに対して，種々な温度のもとでシャルピーの衝撃試験を行う．そして，図4.22（c）に示すように，どのような温度範囲で，折損時の**シャルピーの吸収エネルギー**（衝撃値）が減少し，その破壊面が**じん性**（ductile）から**ぜい性**（brittle）に移るかを調べる．そのときの温度を，**遷移温度**（T.T.：transition temperature）といっている．

　Vノッチ試験片のシャルピー試験では，図4.22（c）に示したように，シャルピー吸収エネルギーが $25\,\text{J/cm}^2$ のときの温度がよく用いられる．

　橋梁用鋼材では，0℃におけるシャルピー吸収エネルギー値が $34\,\text{J/cm}^2$（Vノッチを付けた試験片の断面積が $0.8\,\text{cm}^2$ であるので，これは $27\,\text{J}$ となる）以上あることを要求して

4.3 溶接接合

いる（前掲の表 3.2 の衝撃試験欄を参照）．C が多くなると，遷移温度は高くなる．ところが，Mn はこれを下げるので，Mn/C の値が大となるほど切欠ぜい性が少なくなる．しかし，P や S は，含有量が大となると，ぜい性をおこしやすい．

リムド鋼は，遷移温度が高く，S の偏析によるサルファークラックもおこりやすい．そこで，寒冷地で厚板を用いるときには，**セミキルド鋼**か，あるいは**キルド鋼**を用いるのがよい．道路橋示方書では，板厚の最大値を使用鋼材に応じて，表 4.9 に示すように定めている．

表 4.9 板厚による鋼種の選定法

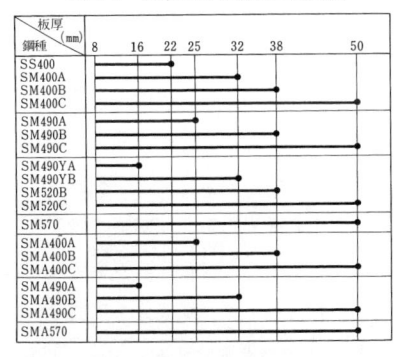

上表中の鋼材の最後につけた記号 A，B，および C は，シャルピー吸収エネルギーの値が異なることを意味する．また，リムド鋼を用いてグルーブ溶接をするとき，サルファープリントをとり，著しいサルファーバンドのあるものは，使用しないほうがよい．

溶接部が硬化すると，溶接部の内部応力を変形で吸収することができず，割れが，発生しやすくなる．このような割れの発生をおこさない条件としては，熱影響部の最高硬度が**ビッカース硬度*** $H_V \leq 350$ となるようにする．熱影響部は，**炭素当量** C_{eq} (carbon equivalent)，および**溶接われ感受性組成**（P_{CM}）が大きいほど，急冷によって硬くなり，硬度が大になる．ここで，炭素当量 C_{eq} というのは，合金元素の効果を炭素に換算した値を示し，

$$C_{eq}=C+\frac{1}{6}Mn+\frac{1}{24}Si+\frac{1}{40}Ni+\frac{1}{5}Cr+\frac{1}{4}Mo+\frac{1}{14}V+\frac{1}{13}(Cu)(\%)$$

で与えられる．また，溶接われ感受性組成 P_{CM} は，次式で与えられる**．

$$P_{CM}=C+\frac{S_i}{30}+\frac{M_n}{20}+\frac{C_u}{20}+\frac{N_i}{60}+\frac{C_r}{20}+\frac{M_o}{15}+\frac{V}{10}+5B(\%)$$

すなわち，この C_{eq}，あるいは P_{CM} の値の大きい高張力鋼ほど，また厚さが厚いほど，急冷しやすい．そこで，これを防ぐためには，溶接しようとする鋼材を予熱する必要がある（後述の表 4.10 参照）．

E. 溶 接 棒

重要な橋梁構造物の溶接には，優良な鋼材，および溶接技術のほかに，優秀な溶接棒を

---
* ダイヤモンド四角錐圧子を鋼材に押し付けて，そのクボミより鋼のかたさを知る方法．
** 日本道路協会：道路橋示方書・同解説　I 共通編，II 鋼橋編，丸善，平成 8 年 12 月

用いる必要がある．溶接棒の規格には，JIS G 3523 の軟鋼用溶接棒心線，および JIS Z 3211 の軟鋼用被覆アーク溶接棒，ならびに JIS Z 3212 の高張力鋼用被覆アーク溶接棒などがある．

溶接棒は，**心線と被覆剤**とから成っている．このうち，心線用の鋼材は，一般鋼材よりも Si, P, および S が少なく，Mn を比較的多く含むきわめて優秀な鋼材である．また，被覆剤は，各種の薬品で構成されており，イルミナイト系，高セルローズ系，高酸化チタン系，高酸化鉄系，および低水素系などのものがある．その役目は，つぎのとおりである．

① 溶接の際，アークの発生，持続性，および集中性をよくする．
② 発生するガスでアークを包み，あるものはスラッグを生じて溶着金属を保護し，空気中の酸素，および窒素の侵入を防ぐ．
③ 生成スラッグは，溶着金属の表面を覆い，溶着金属の急冷を防ぐ．
④ 被覆材に適当な成分を添加し，これを溶着金属中に合金させることができる．
⑤ 溶接棒の溶解速度，および母材の溶け込みを，被覆剤成分の変化により調整できる．

溶接棒は，吸湿したものを使用しない．さもないと，気泡の発生，その他の欠陥が生じやすいので，溶接棒は，十分に乾燥して使用しなければならない．

溶接棒の直径は 3.2～8 mm で，また長さは 350～500 mm である．溶接棒は，太いほど電流，および電圧ともに大となる．その太さは，十分な溶け込みを得ることと，母材が過熱されないことを考慮して選択する．通常，直径は，4～5 mm のものが使用される．

溶接性という言葉が，よく用いられている．これは，その材料が溶接しやすいか否かというだけでなく，母材と溶接棒とを組み合わせて考えるべき性質をいう．したがって，溶接性とは，構造物に使用される部材と良好な性質を有する継手とが，溶接によってつくられうる能力を表わすものである．

F. 溶 接 法

溶接によって構造物を所定の形状に加工・組立するときには，適正な電圧電流のもとで，適切な溶接順序で施工しなければならない．溶接部分は，十分に清掃し，錆，油，および湿気などを除去する．

グルーブ溶接の場合は，両端に**タブ**（耳板）を仮付けして，溶接の始点・終点の溶け込み不良の溶着鋼ができないようにする．溶接後，タブは切断し，本部材のグルーブ溶接部が，良好な溶着金属で構成されるようにする．

4.3 溶接接合

すみ肉溶接によって，けたに組み立てるとき，すみ肉溶接部分には，仮付けを行なう．仮付けは，溶接の量も少なく，急冷するために，割れ，あるいは気泡などの欠陥が生じやすいので，重要な部分におかないほうがよい．

本溶接は，**溶接ひずみ**（または**初期たわみ**），および**残留応力**（これら2者をあわせて，**初期不整**という）をで

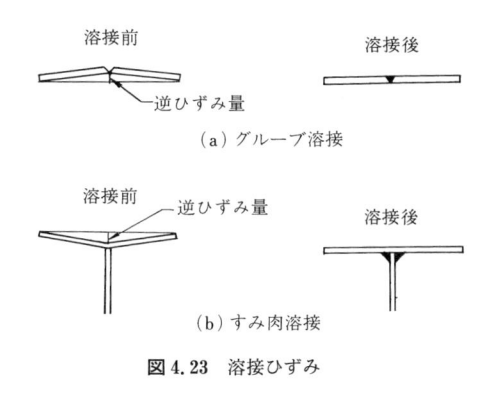

図4.23 溶接ひずみ
(a) グルーブ溶接
(b) すみ肉溶接

きるだけ小さくするような製作工法などを考えて溶接順序を決定し，溶接姿勢，板厚，および継手形状などから溶接棒の種類と棒径とを決定してから行なう．

溶接による初期たわみは，部材にあらかじめ，逆ひずみを付けることによって防ぐことができる．その量は，経験に基づくことが多い．いずれにしても，ひずみの発生が避けがたいので，発生したひずみは，図4.23に示すように，加熱するか，またはプレスで除去する．

しかしながら，溶接によって組み立てられた構造部材内には，溶接中の高い温度の影響のために，残留応力が必ず発生する．図4.24は，その一例を示したものである．この図から，溶接部近傍では，母材の降伏点 σ_y にも達する引張残留応力 σ_{rt} が発生する．これら

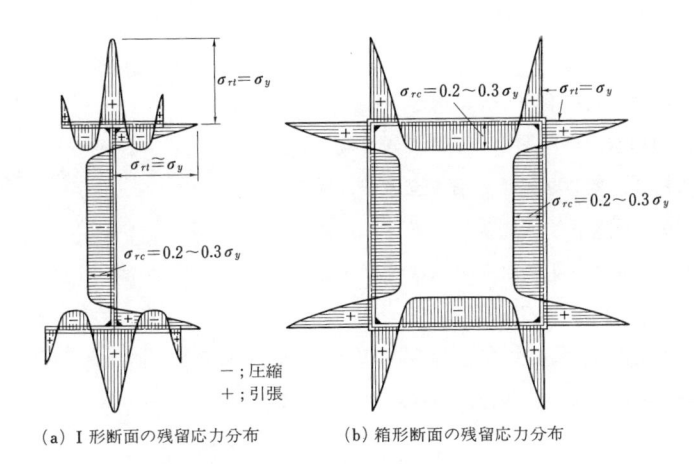

(a) I 形断面の残留応力分布
(b) 箱形断面の残留応力分布

－；圧縮
＋；引張

図4.24 溶接による残留応力分布の一例

の引張力とつり合うために，他の部分には，かなり大きい圧縮残留応力 $\sigma_{rc}=(0.2\sim0.3)$ σ_y が作用し，しかも広範囲に分布している．これらは，すでに図 3.9 で示したように，柱の耐荷力を著しく低める原因となる．また，薄板で構成された板の局部座屈強度を，低減させる原因ともなる．これらの取扱い方については，プレートガーダー橋（6.2.C，およびD参照）やトラス橋（7.4.C参照）の部材の設計のところで示す．

以上に述べた初期不整をできるだけ少なくするため，つぎのような種々な溶接方法が考えられている．

① 溶接部の拘束をできるだけ少なくし，収縮変形をおこしても，有害な変形を残さないようにする．
② 溶接の熱を，なるべく均等に分布するようにする．
③ 先の溶接による変形を，つぎの溶接によって消すようにする．
④ 平行な溶接は，同じ方向に，できれば同時に溶接してねじれを防ぐ．
⑤ 中心から対称に，しかも周囲に向かって溶接していく．

これらの溶接法を，図 4.25 に例示する．ここで，**前進法**の場合，手溶接は，長さの短い場合にしか用いられず，**対称法**，**後退法**，**交互法**，あるいは**飛石法**などが適用される．

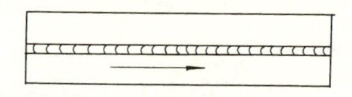

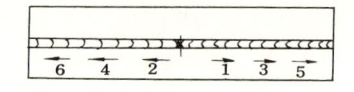

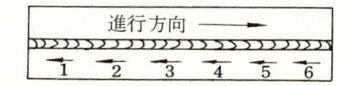

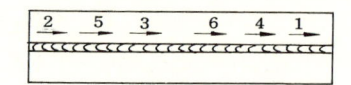

（a）前進法
（b）対称法
（c）後退法
（d）交互法
（e）飛石法
図 4.25 溶 接 法

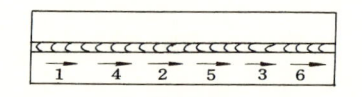

本溶接中のアークの長さは，溶接棒の直径ぐらいがよい．アークは，長すぎると不安定となり，また短かすぎると短絡したり，熱量不足で，溶け込み不良となる．そして，溶接を始める前の電圧は，交流の場合 80～120 V ぐらい，また直流の場合 40～80 V ぐらいである．一方，溶接電流は，板厚，棒径，および，その種類によって異なり，100～250 A ぐらいである．

溶接の際，溶接棒の先の動かし方を，**運棒法**という．運棒は，母材に十分な溶け込みを

与え,スラッグを表面に浮き上がらせる目的で行なうものである.棒を真直ぐに動かす**ストリング運棒法**は第1層に,また前後左右に動かす**ウィービング運棒法**は2層目以後に用いられる.

溶接は,**下向溶接**で行なうのが最も容易で確実な方法である.また,溶接棒の使用量も,最小で,作業時間も少ない.そこで,**回転枠**を使用して,けたの溶接を,できるだけ下向溶接で行なう.

厚板を低い気温の下で溶接するときは,**予熱**を必要とすることがある.予熱を行なうと,冷却速度が遅くなるため,熱応力や収縮応力を減少させ,熱影響部の硬化,および亀裂発生などを少なくできる.表4.10は,予熱温度の標準を示したものである.

表**4.10** 予熱温度の標準

鋼　種	板厚(mm) $t<25$	$25\leq t<38$	$38\leq t\leq 50$
SS 400 SM 400	予熱なし	予熱なし 40°C〜60°C	40°C〜60°C
SMA 400 W SM 490	予熱なし	40°C〜60°C	80°C〜100°C
SMA 490 W SM 490 Y SM 520 SM 570 SMA 570 W	40°C〜60°C	80°C〜100°C	80°C〜100°C

溶接線が交差するときは,交点の前後40〜60cmを残して溶接を行ない,つぎの直角方向の溶接を行なった後,先に残した部分の溶接を行なう.

また,**応力集中**の原因となる溶接を,できるだけ避ける必要がある.したがって,溶接法の選択が設計上問題となる.たとえば,側面すみ肉溶接の端部などでは,応力集中が大である.さらに,施工上の問題として,アンダーカット,オーバーラップ,余盛の過大,溶け込み不良,およびスラッグの巻込みなどがある(後述の図4.26参照).部材内に応力集中箇所があると,静的強度に差異が出ないものでも,くり返し応力を受けたときは,きわめて低い応力で疲労破断する.このような応力集中を生ぜしめないためには,応力の流れをできるだけ乱さないことが大切であり,そのために表面をグラインダーで平滑に仕上げる.また,すみ肉溶接では,回し溶接などを行なう.残留応力が著しく大きいときは,**低温焼なまし**を行なって,応力除去をすることもある.

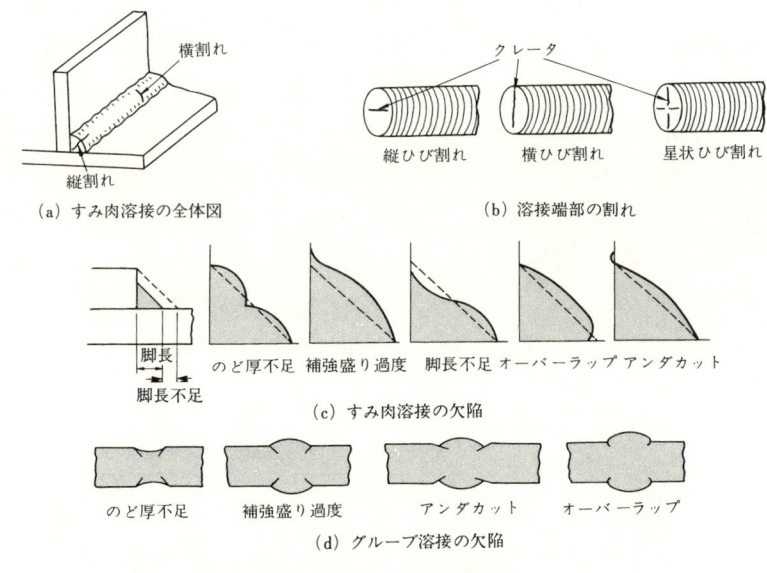

(a) すみ肉溶接の全体図 — 横割れ、縦割れ

(b) 溶接端部の割れ — クレータ、縦ひび割れ、横ひび割れ、星状ひび割れ

(c) すみ肉溶接の欠陥 — 脚長、脚長不足、のど厚不足、補強盛り過度、脚長不足、オーバーラップ、アンダカット

(d) グルーブ溶接の欠陥 — のど厚不足、補強盛り過度、アンダカット、オーバーラップ

図 4.26 溶接部の欠陥

G. 溶接部の検査

溶接設計，および施工の適正な条件をすべて満たすことは，容易でない．そのため，溶接部には，ときとして種々な欠陥が生ずる．

すなわち，脚長の過不足のほか，図 4.26 に示すように，**割れ，ブローホール（気泡）**，スラッグの巻き込み，溶け込み不良，オーバーラップ，あるいはアンダーカットなどを，生ずる．これらは，外観の検査からほぼ知ることができるので，スラッグを完全に取り除いて検査する．割れは，溶接の始端・終端や，溶着金属と母材との境目の変質部などの急冷するところに発生しやすい．

主要部材で，とくに大きい応力が生ずるグルーブ溶接継手部では，**X 線検査**を行なう．そのため，図 4.27 のように，溶接部の一方にフィルムをおき，反対側から X 線を照射する．気泡や割れなどの欠陥があると，X 線の吸収が少ないから，フィルムは，強く感光し，他の部分よりも黒く撮影される．

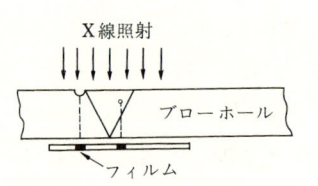

図 4.27 溶接部の X 線検査（X 線照射、ブローホール、フィルム）

道路橋示方書においては，重要なグルーブ溶接継手の全延長の 20% を撮影するのを標

準としている．その際，放射線透過試験は，JIS Z 2341 の金属材料の放射線透過試験方法によって行なう．そして，試験の結果は，3級以上に合格しなければならない．

小さい気泡などは，いくぶん多くあってもあまり危険性はない．しかしながら，割れは，数が少なくても危険である．そのため，このような欠陥が現われたときは，必ず手直しをしなければならない．

最近では，X線検査のほかに，アイソトープ，超音波，あるいは磁気などによる検査が行なわれることも多い．

H. 溶接継手の設計

（i）のど厚と有効長　グルーブ溶接の場合は，母材の厚さ（両母材の厚さが異なるときは，薄いほうの厚さ），またすみ肉溶接の場合は**サイズ**をもとにして，のど厚を決め，これを用いて溶接継手の設計を行なう．

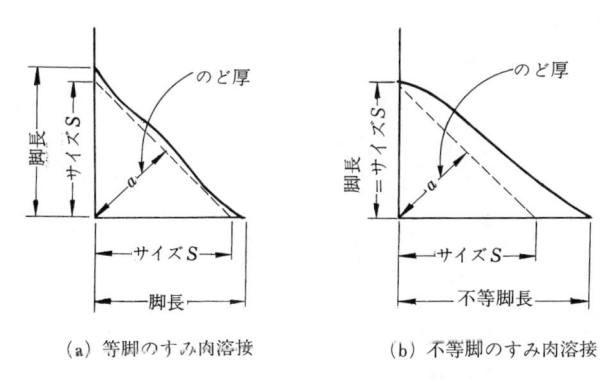

(a) 等脚のすみ肉溶接　　(b) 不等脚のすみ肉溶接

図 4.28　のど厚とサイズとの関係

特殊な場合には，すみ肉が不等脚となることがある．しかし，一般に，サイズは，図 4.28 に示すように，溶接断面に描かれた最大の直角二等辺三角形の辺の長さである．また，すみ肉ののど厚は，$a=$サイズ$\times 0.707$ である．すみ肉溶接は，力の作用方向にかかわらず，のど厚断面に作用するせん断力によって抵抗させるものとして設計する．応力を伝えるすみ肉溶接のサイズは，図 4.29 によるほか，次式によって設計する．

$$\sqrt{2\times t_{max}} \leqq S < t_{min} \tag{4.12}$$

ここに，S：サイズ (mm)，t_{max}：厚いほうの母材の厚さ (mm)，t_{min}：薄いほうの母材の厚さ (mm)，である．また，すみ肉のサイズの最小値は，6 mm とする．

一方，溶接の始端と終端とが溶け込み不良のために断面寸法も小さくなりやすいので，

強度計算には，のど厚の2倍を差し引いたものを**有効長** l とする．

グループ溶接で始端，および終端をタブ（耳板）の上にもってゆき，あとでこれを取り除いた場合には，板の全幅を有効長 l とすることができる．すみ肉溶接の場合，**有効長** l は，サイズの6倍以上で，40 mm 以下であってはならない．

図 4.29 サイズの規定

(ii) 応力度の計算と照査

a. 継手に引張力，圧縮力，または，せん断力が作用する場合

i) グループ溶接の場合

軸方向引張力，または圧縮力が作用する場合（図4.30(a)）:

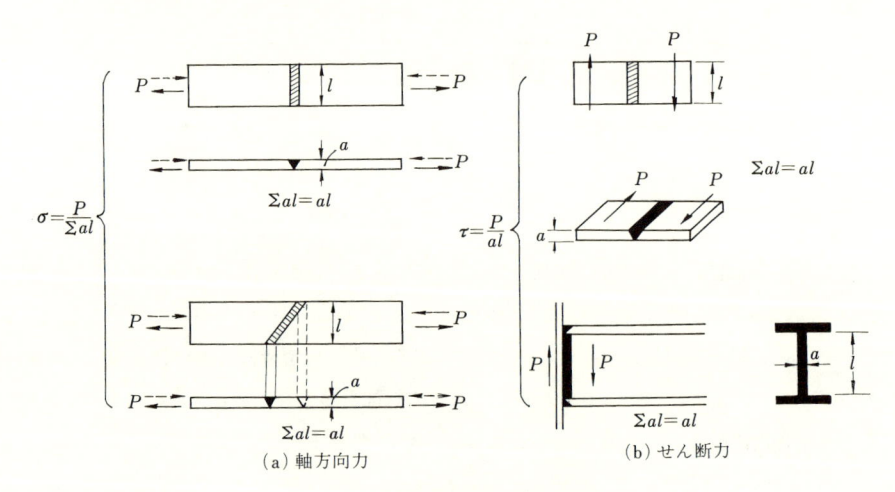

(a) 軸方向力

(b) せん断力

図 4.30 グループ溶接部の応力計算法

$$\sigma = \frac{P}{\Sigma al} \leq \sigma_a \tag{4.13}$$

4.3 溶接接合

せん断力が作用する場合（図 4.30 (b)）：

$$\tau = \frac{P}{\Sigma al} \leq \tau_a \tag{4.14}$$

ii) すみ肉溶接の場合（図 4.31）：

軸方向引張力と圧縮力，あるいは，せん断力が作用する場合に対しては，次式で応力照査をする．

$$\tau = \frac{P}{\Sigma al} \leq \tau_a \tag{4.15}$$

ここに，σ：溶接部の軸方向引張応力度，または圧縮応力度（N/mm^2），τ：溶接部のせん断応力度（N/mm^2），P：作用力（軸方向引張力・圧縮力，または，せん断力）（N），a：溶接金属ののど厚（mm），l：有効長，σ_a：許容軸方向引張，または圧縮応力度（N/mm^2），τ_a：溶接部の許容せん断応力度（N/mm^2），であり，表 4.11 を参照にされたい．

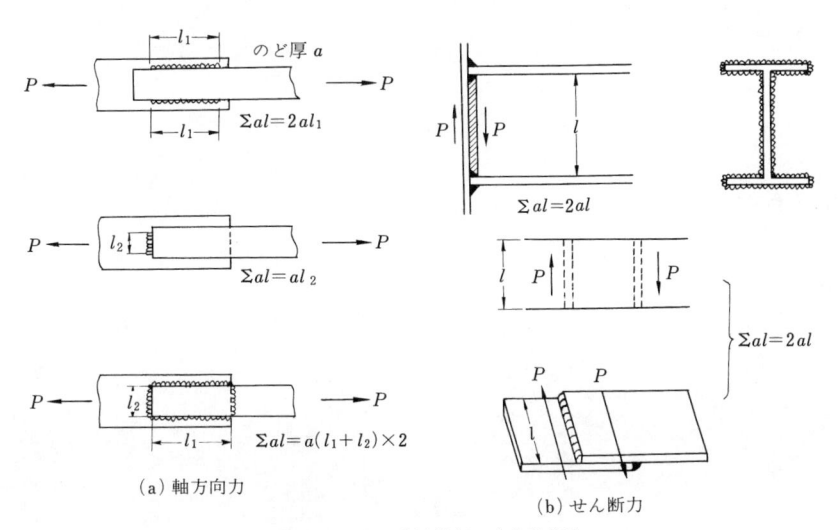

図 4.31 すみ肉溶接部の応力計算法

b. 曲げモーメントを受ける継手の場合

曲げモーメントが作用するグルーブ溶接，および，すみ肉溶接では，以下の応力照査のもとに設計する．

i) **グループ溶接による場合**（図 4.32）：

$$\sigma = \frac{M}{I}z \leq \sigma_a \tag{4.16}$$

ここに，σ：溶接部の垂直応力度（N/mm^2）

M：作用曲げモーメント（N・mm）

I：溶着金属の断面（のど厚）のなす断面二次モーメント（mm^4）で，図 4.32 (b) の場合は，以下のように表わされる．

$$I = \frac{1}{12}a_2 l_1{}^3 + 2ba_1\left(\frac{l_1+a_1}{2}\right)^2 \tag{4.17}$$

z：中立軸から着目する溶接部までの縁距離（mm）

σ_a：溶接部の許容軸方向引張・圧縮応力度（N/mm^2），（表 4.11 参照）

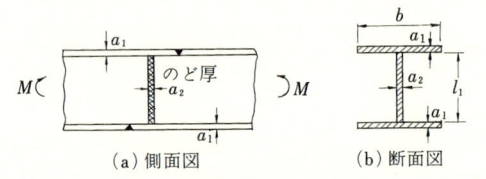

図 4.32　曲げを受けるグループ溶接

ii) **すみ肉溶接による場合**（図 4.33）：

$$\tau_b = \frac{M}{I}z \leq \tau_a \tag{4.18}$$

ここに，τ_b：溶接部のせん断応力度（N/mm^2）．すみ肉であるので，せん断でもつ．

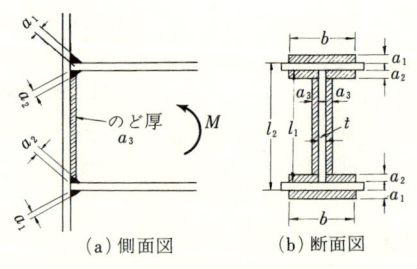

図 4.33　曲げを受けるすみ肉溶接

M：作用曲げモーメント（N・mm）

I：のど厚断面積を接合部で発展したものに関する断面二次モーメント（mm^4）

で，図 4.33 (b) の場合は，つぎのようになる．

$$I = 2\frac{1}{12} \times a_3(l_1 - 2a_2)^3 + 2(b-t)a_2\left(\frac{l_1-a_2}{2}\right)^2 + 2 \times ba_1\left(\frac{l_2+a_1}{2}\right)^2 \qquad (4.19)$$

z：中立軸から着目する溶接部までの縁距離（mm）

τ_a：溶接部の許容せん断応力度（N/mm²），（表 4.11 参照）

e. 曲げモーメントとせん断力とを同時に受ける場合

この場合は，前記（i），および（ii）によるほか，以下のように，σ と τ_s，あるいは τ_b と τ_s との組合せ応力度についても検算しなければならない．

i) グルーブ溶接の場合：

$$\left(\frac{\sigma}{\sigma_a}\right)^2 + \left(\frac{\tau_s}{\tau_a}\right)^2 \leq 1.2 \qquad (4.20)$$

ここに，σ：曲げモーメント，および軸方向力による溶接部の縁応力度（N/mm²），τ_s：σ と同時に作用するせん断力による溶接部のせん断応力度（N/mm²），σ_a，τ_a：それぞれ溶接部の許容応力度，である（表 4.11 参照）．

上記の式は，**せん断ひずみエネルギー一定説**に基づき（式 (3.18) 参照），相関式

$$\sqrt{\sigma^2 + 3\tau^2} \leq \sigma_a \qquad (4.21)$$

より，その右辺を $1.1\sigma_a$ とし，$\tau_a = 1/\sqrt{3} \times \sigma_a$ とおいて得られたものである．

ii) すみ肉溶接の場合：

$$\left(\frac{\tau_b}{\tau_a}\right)^2 + \left(\frac{\tau_s}{\tau_a}\right)^2 \leq 1.0 \qquad (4.22)$$

ここに，τ_b：曲げモーメント，および軸方向力による溶接部のせん断応力度（N/mm²），τ_s：τ_b と同時に作用するせん断力による溶接部のせん断応力度（N/mm²），τ_a：

表 4.11 溶接部の許容応力度（N/mm²） ($t \leq 40$ mm)

溶接の種類		鋼種 応力度の種類	SS 400 SM 400 SMA 400 W	SM 490	SM 490 Y SM 520 SMA 490 W	SM 570 SMA 570 W
工場溶接	全断面溶け込みグルーブ溶接	圧縮応力度 引張応力度 せん断応力度	140 140 80	185 185 105	210 210 120	255 255 145
	すみ肉溶接，部分溶け込みグルーブ溶接	せん断応力度	80	105	120	145
現場溶接		原則として工場溶接と同じ値とする．				

許容せん断応力度（N/mm²）で，表 4.11 参照），である．

ところで，式（4.20）や（4.22）は，σ と τ_s，または σ_b と τ_s との**相関曲線**（interaction curve）を示すものであり，図 4.34 に示すようにプロットすることができる．そして，上述の応力の組み合せが斜線内に入っていれば，安全であることを示している．すなわち，式（4.20）の場合，$\tau_s=0\sim35.8\,\mathrm{N/mm^2}$（$\cong 0.45\tau_a$）であれば，$\sigma=\sigma_a$ にとることができる．また，$\tau \geqq 35.8\,\mathrm{N/mm^2}$ では，図示のように，楕円で表わされた曲線に沿って σ が減少し，$\tau=\tau_a$ に至ると，$\sigma \leqq 62.6\,\mathrm{N/mm^2}$（$\cong 0.45\sigma_a$）でなければならないことを示している．

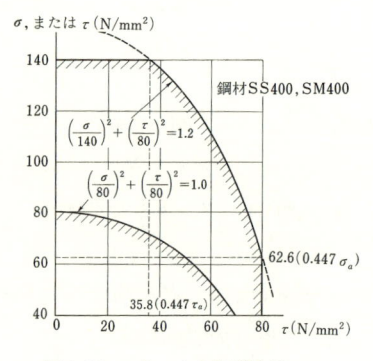

図 4.34 σ と τ との相関曲線

(iii) 溶接部の許容応力 道路橋では，一般に死荷重が大であり，かつ設計荷重と同じ大きさの荷重状態がおきることはまれであるので，特別の場合を除いて，疲労について考えなくてもよい．表 4.11 は，道路橋の**溶接部の許容応力度**を示す．

鉄道橋では，設計荷重に近い活荷重が激しくくり返して作用し，応力の変動が大であるので，疲労について考慮しなければならない．グルーブ継手よりもすみ肉継手のほうが応力の集中が生じやすいので，**疲労強度**が，低い．

表 4.12 は（90〜91 ページに後掲），1983 年改正された鉄道橋に対する溶接継手の疲労許容応力度範囲とその照査法とを示す．この表によると，まず各種の溶接継手に対して，応力の種類，および鋼材の区分に応じた基本疲労許容応力度範囲が与えられる．つぎに，これに平均応力度と荷重とに関する補正を行なって，疲労許容応力度範囲を求める．そして，最大応力度（$\sigma_{\max}$, $\tau_{\max}$）と最小応力度（$\sigma_{\min}$, $\tau_{\min}$）との差が，疲労許容応力度範囲に入ることを照査するようになっている．

I. 溶接継手の疲労設計法

最近，道路橋においても，溶接継手部の疲労が，問題となってきている．これらに対する一連の研究が行なわれており，疲労設計指針*としてまとめられているので，以下でその概要を，紹介する．

---

* 日本鋼構造協会編：鋼構造物の疲労設計指針・同解説　指針・解説／設計例／資料編，技報堂出版，1993 年 4 月．

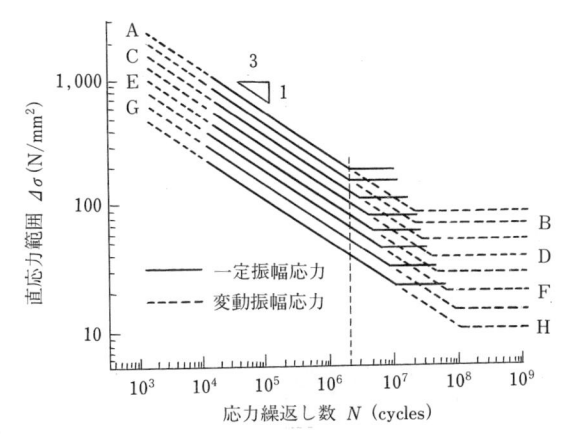

図 4.35 疲労設計曲線（直応力を受ける継手）*

まず，図 4.35 は，各種の継手に対する S-N 曲線（母材の疲労に対しては，図 3.14(b) 参照）を示したものである．同図中の記号 A～H は，継手の種類によって異なる強度等級分類を表わす記号である．そして，同図において，実線は図 3.14(a) に示したように応力範囲 $\Delta\sigma$ が一定の場合に対応し，また点線は応力範囲がランダムに異なる実際的な場合に対応する．つぎに，表 4.13 には，各強度等級に対する $N=2\times10^6$ 回の応力繰返し数に対応する基本許容応力範囲 ($\Delta\sigma_f$)，ならびに一定振幅応力，および変動振幅応力に対する応力範囲の打切り限界 ($\Delta\sigma_{ce}$，および $\Delta\sigma_{ve}$) を示す．一定振幅応力に対する応力範囲

表 4.13 基本許容応力範囲（直応力を受ける継手の例）* ($m=3$)

名称	強度等級 2×10^6 回基本許容応力範囲 $\Delta\sigma_f(\text{N/mm}^2)$	応力範囲の打切り限界 (N/mm²) 一定振幅応力 $\Delta\sigma_{ce}(N)$**	変動振幅応力 $\Delta\sigma_{ve}(N)$**
A	190	190 (2.0×10^6)	88 (2.0×10^7)
B	155	155 (2.0×10^6)	72 (2.0×10^7)
C	125	115 (2.6×10^6)	53 (2.6×10^7)
D	100	84 (3.4×10^6)	39 (3.4×10^7)
E	80	62 (4.4×10^6)	29 (4.4×10^7)
F	65	46 (5.6×10^6)	21 (5.6×10^7)
G	50	32 (7.7×10^6)	15 (7.7×10^7)
H	40	23 (1.0×10^7)	11 (1.0×10^8)

〔注〕**：( ) 内の N の値は，同欄に示す応力範囲の値に対する応力繰返し数のおおよその値であり，参考値にすぎない．

表 4.12 JR 鉄道橋の

疲労の検査は，次式で与えられる疲労許容応力範囲によって行う．

$$\sigma_{\max}-\sigma_{\min} \leq \sigma_{fa}$$
$$\tau_{\max}-\tau_{\min} \leq \tau_{fa}$$

ここに，$\sigma_{\max}$, $\sigma_{\min}$：それぞれ引張りを正号，圧縮を負号として垂直方向応力度の代数的な最大値，および最小値

$\tau_{\max}$, $\tau_{\min}$：それぞれ絶対値の大きい方の応力方向を正号，逆方向を負号としたせん断応力度の代数的な最大値，および最小値

$\sigma_{\max}-\sigma_{\min}$：計算作用応力範囲

$\tau_{\max}-\tau_{\min}$：計算作用応力範囲

σ_{fa}, τ_{fa}：それぞれ疲労許容応力範囲で，下記の式で与えられる．

$$\sigma_{fa}=\beta\gamma\sigma_{f0}$$
$$\tau_{fa}=\beta\gamma\tau_{f0}$$

σ_{f0}, τ_{f0}：それぞれ表 A に規定する繰返し数 200 万回の基本疲労許容応力範囲（非破壊確率 95%）

β は，平均応力に関するパラメータである．ただし，引張応力の成分の大きい継手（安全両振り以上）では $\beta=1$ とし，平均応力の影響を無視している．応力範囲に占める圧縮成分の割合が大きくなるのに伴って（完全両振り以下），亀裂進展速度が遅くなることを考え，β を 1 以上に漸増させている．

γ は荷重に関するパラメータで，部材の影響線の基線長，線路等級，および単線複線などの区分によって異なる繰返し数の影響を考えたものである．

表 A　基本疲労許容応力範囲

継手区分	基本疲労許容応力範囲 (N/mm^2)
A	150
B	125
C	105
D	80
S_1	90
S_2	80
S_3	64

表 B　係数

継手区分	応力の種類	係数
A	引張り	0.8
A	圧縮	0.9

〔注〕　1) 等級分類に応じた継手の種類は，表 C による．
　　　2) 表 A の基本疲労許容応力範囲を適用するための放射線の合格基準は引張継手に対しては，JIS Z 3104 の 1 級，圧縮継手に対しては，2 級以上を標準とする．
　　　　表 A の基本疲労許容応力範囲に，表 B の係数を乗じた値を許容応力範囲とする場合の合格基準は，3 級以上を標準とする．

4.3 溶接接合

疲労設計に関する基準

表C　溶接継手の分類

継手の種類	応力の種類	鋼種の区分 SS 400 / SM 400 / SMA 400 / SM 490 / SM 490Y / SMA 490 / SM 520	鋼種の区分 SM 570 / SMA 570	備考
1. 応力に直角な方向の開先溶接の母材および溶着金属で表面を平らに仕上げたもの．ただし，応力が圧縮領域で変動する場合は仕上げなくてもよい．	引張・圧縮	A		1, 2, 3
2. 応力方向に平行な連続溶接のある母材．	引張・圧縮	A	B	4
3. 腹板とフランジ，重ね合せたフランジプレート相互を連結する連続溶接および応力に平行な開先溶接に接する母材．	引張・圧縮	A	B	E：この継手の対象区間 $E = R + 100\text{ mm}$
4. トラスの切抜きガセットでフィレット部に接する応力方向に連続する溶接のある母材．	引張・圧縮	$\dfrac{R}{D} \geq \dfrac{1}{3}$: B ; $\dfrac{1}{5} \leq \dfrac{R}{D} < \dfrac{1}{3}$: B	C	5, 6
5. 補剛材取付溶接の溶接趾端を仕上げた場合の母材．	引張・圧縮	B		
6. フランジにガセットを開先溶接で取付け，端部を仕上げた場合の母材．	引張・圧縮	$\dfrac{R}{D} \geq \dfrac{1}{5}$: B ; $\dfrac{1}{10} \leq \dfrac{R}{D} < \dfrac{1}{5}$: C	—	7, 8, 9
7. 補剛材の取付く溶接の趾端を仕上げない場合の母材．	引張・圧縮	C	C / D	
8. ダイヤフラムを取付けた場合の母材．	引張・圧縮	C	C / D	
9. 重ね継手に大きな不等脚サイズの前面すみ肉溶接を行い，仕上げた場合の母材．	引張・圧縮	C		10 イ K溶接, 11
10. 応力方向に直角なK溶接または大きなすみ肉溶接のある母材．	引張・圧縮	C	C / D	ロ すみ肉溶接
11. 腹板にガセットをすみ肉溶接で取付け，端部を仕上げた場合の母材．	引張・圧縮	C		12, ハ すみ肉溶接
12. 重ね継手にすみ肉溶接を行い，仕上げない場合の母材．	引張・圧縮	D	—	
13. 腹板にガセットをすみ肉溶接で取付け，端部を仕上げない場合およびスタッドを溶接した場合の母材．	引張・圧縮	D	—	13, 14
14. 溶接線の方向にせん断力が作用する開先溶接，腹板とフランジの連結，またはフランジ材片を互いに連結する連続側面すみ肉．	せん断	S_1		15 部分溶込み, 16 すみ肉
15. 前面すみ肉（のど断面）．	せん断	S_2	S_3	
16. 側面すみ肉（のど断面）．	せん断	S_2		

の打切り限界は，変動振幅応力の応力範囲成分のすべてがそれ以下であれば，疲労照査の必要がない限界値である．ところが，変動振幅応力の応力範囲成分の一つでも一定振幅応力に対する応力範囲の打切り限界を超える場合には，疲労損傷に寄与しない応力範囲の限界値として，変動振幅応力に対する応力範囲の打切り限界を用いるものとしている．

さらに，図 4.35 で例示した**疲労設計曲線**は，① 直応力を受ける継手② 直応力を受けるケーブル，および高力ボルト，ならびに ③ せん断応力を受ける継手の場合も含めて，次式で表すことができる．

$$\Delta\sigma^m \cdot N = C_0 \ (\Delta\sigma \geq \Delta\sigma_{ce}, \text{ あるいは } \Delta\sigma_{ve}) \\ N = \infty \ (\Delta\sigma < \Delta\sigma_{ce}, \text{ あるいは } \Delta\sigma_{ve}) \Bigr\} \quad (4.23)_{1,2}$$

$$\Delta\tau^m \cdot N = D_0 \ (\Delta\tau \geq \Delta\tau_{ce}, \text{ あるいは } \Delta\tau_{ve}) \\ N = \infty \ (\Delta\tau < \Delta\tau_{ce}, \text{ あるいは } \Delta\tau_{ve}) \Bigr\} \quad (4.24)_{1,2}$$

$$C_0 = 2 \times 10^6 \cdot \Delta\sigma_f^m \\ D_0 = 2 \times 10^6 \cdot \Delta\tau_f^m \ (\Delta\sigma_f, \Delta\tau_f: 2 \times 10^6 \text{ 回基本許容応力範囲}) \Bigr\} \quad (4.25)_{1,2}$$

ここに，m は，疲労設計曲線の傾きを表わす指数である．そして，それぞれの継手に対しては，以下の式 (4.26) で与えられる．

表 4.14 継手の強度分類（横突合せ溶接継手の一例） （$\Delta\sigma_f: \text{N/mm}^2$）

継手の種類		強度等級 ($\Delta\sigma_f$)	備 考
1. 余盛削除した継手		B (155)	1., 2., 3.(1) 3.(2),(4) 3.(3)
2. 止端仕上げした継手		C (125)	
3. 非仕上げ継手	(1) 両面溶接	D (100)	※ 完全溶込み溶接で溶接部が健全であることを前提とする． ※ 継手部にテーパが付く場合には，その勾配を 1/5 以下とする． ※ 深さ 0.5mm 以上のアンダーカットは，除去する． ※ (1., 2.) 仕上げは，アンダーカットが残らないように行う．仕上げの方向は，応力の方向と平行とする．
	(2) 良好な形状の裏波を有する片面溶接	D (100)	
	(3) 裏当て金付き片面溶接	F (65)	
	(4) 裏面の形状を確かめることのできない片面溶接	F (65)	

$$\left.\begin{array}{l} m=3 \quad (直応力を受ける継手) \\ m=5 \quad (直応力を受けるケーブル，および高力ボルト) \\ m=5 \quad (せん断応力を受ける継手) \end{array}\right\} \quad (4.26)_{1\sim3}$$

ここで，強度等級分類の一例として，横突合せ溶接継手の場合を，表 4.14 に示す．その他の継手，ケーブル，および高力ボルトの強度等級分類については，前掲の疲労設計指針を参照されたい．

そして，ケーブルの場合は，次式の補正係数 C_R を基本許容応力範囲に乗ずることによって許容応力範囲が求められる．

$$C_R = (1-R)/(1-0.9R) \tag{4.27}$$

ここに，

$$R = \sigma_{\min}/\sigma_{\max} \quad (引張りを正とする) \tag{4.28}$$

継手に対しても，平均応力が圧縮領域，すなわち $R<-1$ にある場合は，次式の C_R を基本許容応力範囲に乗ずることによって許容応力範囲が求められる．

$$C_R = 1.3(1-R)/(1.6-R) \quad (R \leq -1) \tag{4.29}$$

ただし，$\sigma_{\max}$，および $\sigma_{\min}$ ともに圧縮の場合，C_R は，以下のようにとる．

$$C_R = 1.3 \quad (\sigma_{\max}, および \sigma_{\min} < 0) \tag{4.30}$$

また，継手の種類によっては，板厚が増すに伴って疲労強度が低下する．その場合，板厚が 25 mm を超える継手については，補正係数 C_t を基本許容応力範囲に乗ずることによって，許容応力範囲を求めることになっている．

最後に，前掲の疲労設計指針で示されている簡便で，今後，橋梁構造物の耐用年限を伸ばす上で役立つ応力照査式を示すと，以下のとおりである．

$$\left.\begin{array}{l} \gamma_b \cdot \gamma_w \cdot \gamma_i \cdot \varDelta\sigma_{\max} \leq \varDelta\sigma_{ce} \cdot C_R \cdot C_t \\ \gamma_b \cdot \gamma_w \cdot \gamma_i \cdot \varDelta\tau_{\max} \leq \varDelta\tau_{ce} \end{array}\right\} \quad (4.31)_{1,2}$$

ここに，

$\varDelta\sigma_{\max}$，および $\varDelta\tau_{\max}$：設計寿命中に予想される最大の応力範囲

γ_b：対象とする部材，あるいは継手部の疲労損傷が橋梁構造物全体の崩壊を引き起こす場合（いわゆる non-redundant 部材）には，1.10 とする．また，橋梁構造物の強度，あるいは機能に影響を及ぼす場合には，その程度により，1.00 ～ 1.10 が提案されている．対象とする部材や継手部に疲労損傷が生じても橋梁構造物の強度上，および機能上特に問題が生じない場合には，0.80 が提案

されている.

γ_w：橋梁構造物の重要度により，0.80〜1.10 が，提案されている．

γ_i：維持管理のための検査が定期的に行われる場合には，その程度に応じ 0.90〜1.00 とする．また，検査ができない場合には，1.10 が提案されている．

ただし，γ_b，τ_w および τ_i の積の上限は 1.25，また下限は 0.80 とされている．

しかし，式 (4.31) に示したように，最大の応力範囲 $\Delta\sigma_{\max}$，あるいは $\Delta\tau_{\max}$ を用いるのでなく，変動振幅応力範囲を用いるもう少し精度の良好な疲労照査は，次式で与えられる累積損傷度 D を用いて行なうことができる．

$$D=\sum\frac{n_i}{N_i}\leq 1/(\gamma_b\cdot\gamma_m\cdot\gamma_i)^m \tag{4.32}$$

ここに，

n_i：ある応力範囲レベル $\Delta\sigma_i$，あるいは $\Delta\tau_i$ の頻度

N_i：式 (4.23)，あるいは式 (4.24) より求められる $\Delta\sigma_i$，もしくは $\Delta\tau_i$ に対応する疲労寿命

J. 溶接継手設計上の注意事項

溶接構造物は，高力ボルト構造物に比べて構造の簡易化を図れるから，使用鋼材量が軽減される．設計にあたっては，高力ボルト結合の構造詳細にとらわれず，溶接独自の設計を行なうべきである．高力ボルト結合では，機械的に結合されているに過ぎないので，高力ボルトの滑りやスプリング作用がある．しかし，溶接のほうは，このような持性がなく，剛結されているために残留応力が生じやすく，**切欠感度**が大である．したがって，局部的な**割れ**が構造物全体に成長してゆく危険がある．これを避けるためには，材料の適正な使用はもちろん，設計・施工のときに**応力集中**の箇所を少なくすること，また現場継手に高力ボルトを使用することが望ましい．

以下，設計にあたって注意すべき事項を述べると，つぎのようである．

① 設計図には，断面寸法，材質，開先形状寸法，および仕上箇所などを記入することはもちろん，必要に応じて，溶接順序，および X 線検査箇所などを記入する．

② 溶接量を，できるだけ少なくするようにする．すなわち，溶接箇所，および溶接延長を少なくすることは，ひずみや残留応力を少なくし，工数を節約することになるからである．

③ グルーブ溶接のほうが，すみ肉溶接よりも応力の伝達に無理がない．また，確実な

溶接ができ，X線検査も容易であるので，なるべくグルーブ溶接を，用いる．
④ すみ肉溶接は，原則として等脚である．しかし，前面すみ肉は，不等脚として応力の流れをよくする．
⑤ 断面の急変は避け，また応力集中箇所には丸味を付ける．
⑥ 継手の形状は，できるだけ対称にする．対称にできないときは，部材の重心線と継手の重心線とを一致させるようにする．
⑦ 剛に接合され，溶接による収縮を拘束するような構造は，避ける．
⑧ カバープレートの設計にあたっては，溶接部の延びは母材より少ないので，カバープレートを幾枚も重ねない．フランジプレートは，板厚，または幅を変え，フランジプレートの断面積を変化させるようにする．
⑨ 同一箇所に，溶接と高力ボルトとを混用するのは，避ける．

演 習 問 題

4.1 $P=1,000$ kN の引張力を受ける板の現場突合わせ継手を，二面摩擦の高力ボルト，および V 形のグルーブ溶接によって設計してみなさい．

4.2 高力ボルトが引張り接合に用いられるようになったとき，有利となる構造について，考えてみなさい．

5章　床版および床組

5.1　概　　説

　道路橋の最小幅員は，5.5m（2車線の幅員＝2.75m×2（図2.1参照））である．そして，街路橋では種々の**幅員**をもち，それらは**道路構造令**で規定されている．また，高速道路の**幅員**は，高速自動車国道などの構造基準に示されている．

　橋面には，路面排水を目的として，横断勾配と縦断勾配とをつける．**横断勾配**は，車道で2％ぐらいの2次の**放物線**とし，歩車道の区別のある場合，歩道に1％ぐらいの直線勾配をつける．

　縦断勾配と取付け道路の勾配との間には，図5.1に示す関係がある．縦断勾配は，架橋地点の状況や橋長などにより，0.5～2％ぐらいにする．そして，橋面は，2次の放物線で変化させる．

橋面の縦断勾配：$n(\%)$
取付け道路の勾配：$2n(\%)$
$y = 4\delta x(L-x)/L^2$

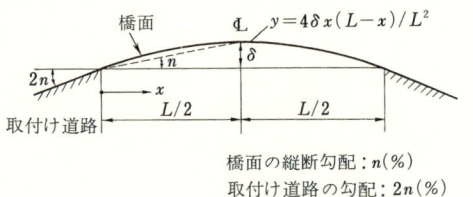

図5.1　橋面の縦断勾配

　上路橋においては，通常，並列主げたが用いられ，主げたの数を少なくし，主げた間隔をできるだけ大きくとったほうが経済的である．しかし，床版の強度・剛度の制限のために，主げた間隔をあまり広くとりすぎると床版厚が増し，床版の重量が大になる．その場合は，縦げた，および床げたなどの床組を設けて，床版のスパンを短くする．これらのことは，下路橋の場合も同様である．

　一般に，床版には図5.2(a)に示す**鉄筋コンクリート床版（RC床版）**が用いられ，そのスパンは2.0～3.0mぐらいである．床版の厚さは一定とし，横断勾配に対しては支持げたの上に**ハンチ**をつけて対処する．RC床版

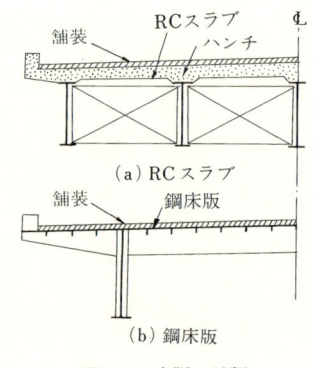

(a) RCスラブ
(b) 鋼床版

図5.2　床版の種類

の欠点は，重量（4.5～6.0kN/m²）が大きいことである．そのために，軽量コンクリートや PC 床版などが用いられる場合もある．

また，スパンが大きくなると，橋床の自重が橋梁の経済性に大きな影響をもつので，いわゆる軽床構造とした図 5.2(b) に示す**鋼床版**（1.0～1.5kN/m²）が，用いられる．いずれの場合も，図 5.2 に示すように，床版上には，5～8cm のアスファルト系の**舗装**を施すのが普通である．

鉄道橋の橋床には，**開床と閉床**とがあり，開床が一般的である．この開床は，主げた，または縦げた上に直接軌道を敷設したものである．橋梁上の軌道は，枕木，レール，ガードレール，枕木つなぎ材，張り板，および歩み板などから成る．この場合は，とくに良質の橋梁用の枕木を使用する．枕木は，フックボルトによって，けたのフランジプレートに取り付ける．張り板は，交通の多い高架橋で，汚水や油類などの落下を防ぐために設ける．しかし，騒音が激しいから，市街地には，適さない．このような場合は，合成げたなどの閉床とすることが多い．

その他の床版としては，図 5.3 に示す I 形鋼格子床版を用いた**グリッド床**がある．これは，I 形鋼を並べ，それに孔をあけ，鉄筋を通して互いに結合し，コンクリートを詰め込んだものである．そのため，重量も 2.0～3.0kN/m² と軽量なので，つり橋などの長大橋の橋床として使用されている．また，図 5.4 に示すように，鋼材を格子状に組み，中埋めコンクリートを用いない開床の**グレーチング**（grating）なども種々考案されており，可

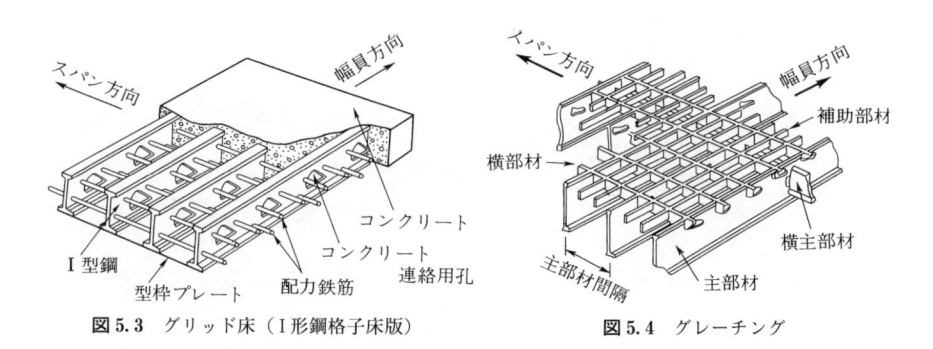

図 5.3 グリッド床（I 形鋼格子床版）　　　　　**図 5.4** グレーチング

動橋や耐風安定性が要求されるつり橋の橋床の一部に用いられる．

本章では，これらの床版のうち，道路橋で使用される機会の多い RC 床版，および鋼床版，ならびに床組などの構造と設計法とを一括して述べる．

5.2 鉄筋コンクリート床版

A. 解析理論

RC 床版は，図 5.5 に示すように，力学的に**はり** (beam) 2 次元的に広げた**平板***(plate) とみなすことができる．そして，RC 床版上に載荷する自動車荷重を直接，あるいは床組を通じて，主げたや主構に伝達する役目をもっている．RC 床版には，2 方向に鉄筋が入れてある．通常，橋軸直角方向のものを**主鉄筋**，また橋軸方向のものを**配力鉄筋**という．

さて，図 5.5(a) に示すように，はりに作用する線荷重 $p(x)$ とたわみ $w(x)$ との関係は，はりの曲げ剛度を EI とすれば，

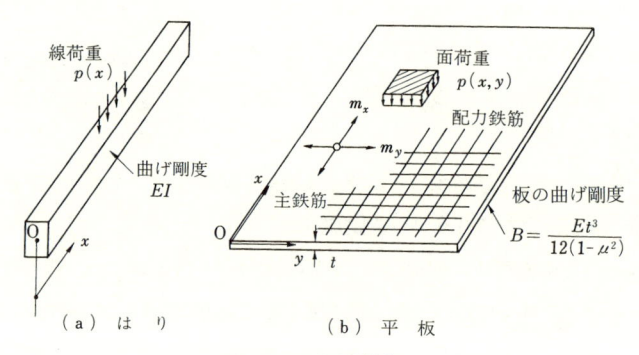

図 5.5 はりと平板

$$\frac{d^4w}{dx^4} = \frac{p(x)}{EI} \tag{5.1}$$

で与えられる．ところが，図 5.5(b) に示すように，**平板の理論**によると，2 次元的な拡がりをもっているために，たわみ $w(x, y)$ と面荷重 $p(x, y)$ との関係は，

$$\frac{\partial^4 w}{\partial x^4} + 2\frac{\partial^4 w}{\partial x^2 \partial y^2} + \frac{\partial^4 w}{\partial y^4} = \frac{p(x, y)}{B} \tag{5.2}$$

で表わされる．ここに，$B = Et^3/12(1-\mu^2)$ は，**板の曲げ剛度**であり，はりの曲げ剛度 EI に相当するものである．そして，t は平板の厚さ，また μ はポアソン比である．

はりの曲げモーメントが $M = -EI(d^2w/dx^2)$ で与えられるのと同様に，平板の x 軸，

---

* S. P. Timoshenko：Theory of Plate and Shell, 2 nd., ed. (1959), Kogakusha, 丹羽義次，成岡昌夫，山田善一，白石成人：構造力学Ⅲ, (1970), 丸善

およびy軸方向に応力を生じせしめる曲げモーメントm_x，およびm_y（単位長さあたり）は，それぞれ

$$\left. \begin{array}{l} m_x = -B\left(\dfrac{\partial^2 w}{\partial x^2} + \mu \dfrac{\partial^2 w}{\partial y^2}\right) \\ m_y = -B\left(\dfrac{\partial^2 w}{\partial y^2} + \mu \dfrac{\partial^2 w}{\partial x^2}\right) \end{array} \right\} \qquad (5.3)_{1\sim 2}$$

より計算される．

ところで，RC床版は，図5.6のように，主げた（または，縦げた）で支持されている．これらを剛支承と考えると，図示のように，**単純版**，**連続版**，および**片持版**にモデル化することができる．そして，床版のスパンLは，図示のようにとることができる．

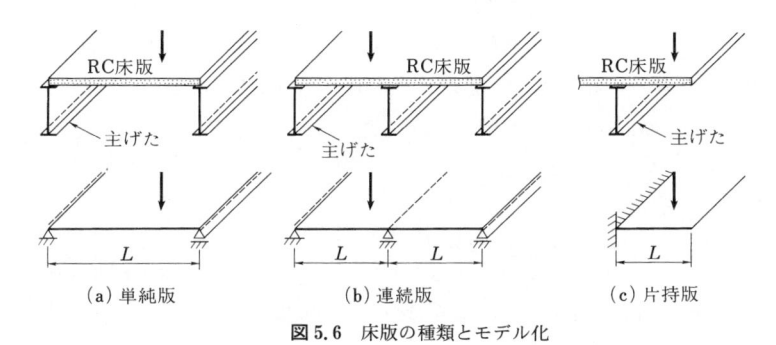

図5.6 床版の種類とモデル化

B. 床版の設計曲げモーメント

(i) 床版の支間の取り方

床版の支間Lとしては，図5.6に示したように，単純版，および連続版に対し，原則として支持げた間の中心間隔をとる．ところが，道路橋示方書によると，単純版に対しては，図5.7に示すように，とるものとしている．また，片持版に対しては，死荷重に対する支間とT荷重に対する支間との取り方を区分しており，図5.8によるものとしている．

単純版の支間＝
支持げたの中心間隔，
あるいは純支間＋
床版厚（支間中央）
のうち，小さい方の値

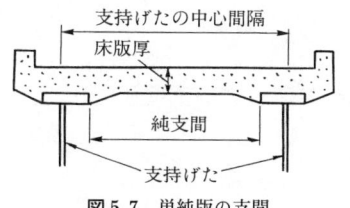

図5.7 単純版の支間

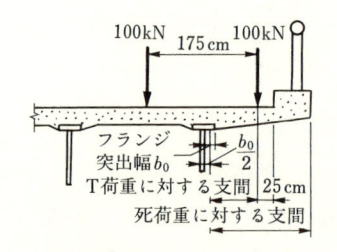

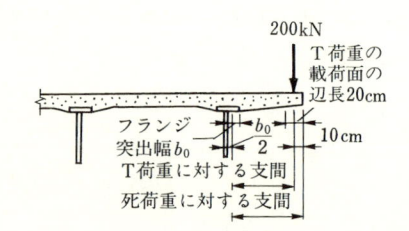

(a) 主鉄筋が車両進行方向に直角な場合 (b) 主鉄筋が車両進行方向に平行な場合

図 5.8 片持版の支間

(ii) 死荷重モーメント

図 5.9 に示すように，単純支持された平板に死荷重 $w(=\gamma d$ (式 (2.1) 参照)，γ：単位重量，d：床版の厚さ) が作用するときの曲げモーメント m_x，および m_y（各方向単位長さあたり）は，解析結果によると，それぞれ次式で与えられる．

$$m_x = \frac{wL^2}{8} \frac{(l_x/l_y)^2}{1+(l_x/l_y)^4}\left\{1-\frac{5}{6}\frac{(l_x/l_y)^2}{1+(l_x/l_y)^4}\right\}$$
$$m_y = \frac{wL^2}{8} \frac{(l_x/l_y)^4}{1+(l_x/l_y)^4}\left\{1-\frac{5}{6}\frac{(l_x/l_y)^2}{1+(l_x/l_y)^4}\right\} \quad (5.4)_{1\sim 2}$$

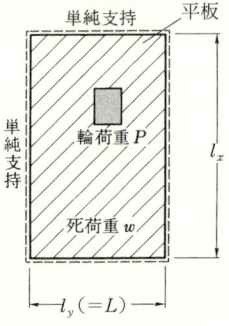

図 5.9 載荷状態（平面図）

ここで，一般の橋梁を対象としてスパン比 l_x/l_y が大であるとみなすと，$m_x=0$ で，また $m_y=wL^2/8$ となる．このことから，死荷重に対しては，スパン L で，奥行き 1m の単純ばりの曲げモーメントと同じ結果が得られることがわかる．

そこで，連続版や片持版に対しても，図 5.10 に示すように，はりとみなして曲げモーメントが算定される．表 5.1 には，道路橋示方書で採用されている曲げモーメント M_d の値を示す．

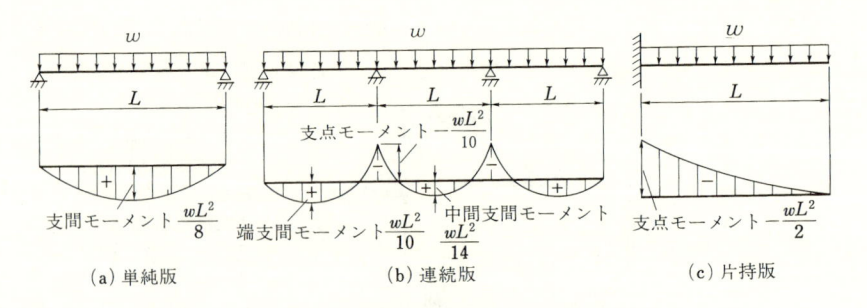

(a) 単純版　　(b) 連続版　　(c) 片持版

支間モーメント $\frac{wL^2}{8}$　　端支間モーメント $\frac{wL^2}{10}$　　中間支間モーメント $\frac{wL^2}{14}$　　支点モーメント $-\frac{wL^2}{10}$　　支点モーメント $-\frac{wL^2}{2}$

図 5.10 死荷重による床版の曲げモーメント図

5.2 鉄筋コンクリート床版

表 5.1 等分布死荷重による床版の単位幅（1m）あたりの設計曲げモーメント M_d

（単位：kN・m/m）

版の区分	曲げモーメントの種類		主鉄筋方向の曲げモーメント	配力鉄筋方向の曲げモーメント
単純版	支間曲げモーメント		$+wL^2/8$	無視してよい．
片持版	支点曲げモーメント		$-wL^2/2$	
連続版	支間曲げモーメント	端支間	$+wL^2/10$	
		中間支間	$+wL^2/14$	
	支点曲げモーメント	2支間の場合	$-wL^2/8$	
		3支間以上の場合	$-wL^2/10$	

〔注〕 L：上記の (i) に示した死荷重に対する床版の支間 (m)
　　　 w：等分布死荷重 (kN/m²)

(iii) 活荷重モーメント

活荷重としては，T荷重を用い，輪荷重 P（図 2.2 の T 荷重の片側荷重）を図 5.9 中に示したように作用させる．この荷重による平板の曲げモーメント m_x，および m_y は，式 (5.4) のような簡単な形で表わすのがむずかしい．

そこで，道路橋示方書では，電子計算機を活用し，ぼう大な計算結果をできるだけ設計に使いやすいようにまとめた算定公式を与えている．

表 5.2 T 荷重による床版の単位幅（1m）あたりの設計曲げモーメント M_{l+i}（衝撃を含む）

（単位：kN・m/m）

版の区分	曲げモーメントの種類		適用範囲 (m) / 曲げモーメントの方向 床版の支間の方向	車両進行方向に直角の場合	
				主鉄筋方向の曲げモーメント	配力鉄筋方向の曲げモーメント
単純版	支間曲げモーメント		$0 < L \leq 4$	$+(0.12L+0.07)P$	$+(0.10L+0.04)P$
片持版	支点		$0 < L \leq 1.5$	$-\dfrac{PL}{(1.30L+0.25)}$	―
	先端付近			―	$+(0.15L+0.13)P$
連続版	支間曲げモーメント	中間支間	$0 < L \leq 4$	$+$（単純版の 80%）	$+$（単純版の 80%）
		端支間			
	支点曲げモーメント	中間支点		$-$（単純版の 80%）	

〔注〕 L：T荷重に対する床版の支間 (m)，(上述の (i) 参照)
　　　 P：図 2.2 に示した T 荷重（自動車荷重）の片側荷重（100 kN）

すなわち，B活荷重を用いて床版を設計する橋梁においては，T活荷重による床版の単位幅（1m）あたりの設計曲げモーメント（衝撃も含む）は，表5.2によって算出する．そして，床版の支間も車両進行方向に直角にとる場合の単純版，および連続版の設計曲げモーメントは，表5.2で算出した曲げモーメントに，さらに表5.3の割増し係数を乗じて求めるものとする．

また，A活荷重を用いて床版を設計する橋梁においては，表5.2で算出した設計曲げモーメントの値を20%低減した値としてよい．

表5.3 床版の支間方向が車両進行方向に直角の場合の単純版，および連続版の主鉄筋方向の曲げモーメントの割増し係数

支間 L (m)	$L \leqq 2.5$	$2.5 < L \leqq 4.0$
割増し係数	1.0	$1.0 + (L-2.5)/12$

〔注〕 L：T荷重に対する床版の支間（m）（上述の(i)参照）

(iv) 設計曲げモーメント

以上によって，死荷重モーメント M_d（表5.1参照），および活荷重モーメント M_{l+i}（表5.2～5.3参照）が計算されるので，設計曲げモーメント M（単位 kN・m/m）は，

$$M = M_d + M_{l+i} \tag{5.5}$$

で与えられる．

なお，コンクリート床版に**ハンチ**（図5.2(a)参照）をつける場合，その傾斜は，1:3より緩くつけるのが望ましい．しかし，図5.11に示すように，ハンチが1:3より急な場合，1:3のところまでが，床版として有効な厚さとみなす．

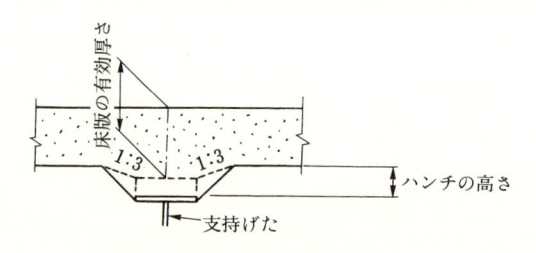

図5.11 ハンチ部の床版の有効厚さ

C. 床版の厚さ

RC床版に有害な**ひび割れ**が発生する危険性をできるだけ小さくするために，車道部分の床版の最小全厚は，表5.4に示す値を標準値とし，16cmを下まわってはならないことにしている（歩道部分の最小全厚は，14cm）．

ただし，片持版の最小全厚 d_0 を決める際のスパン L の取り方は，図5.12によるものとしている．

5.2 鉄筋コンクリート床版

表5.4 車道部分の床版の最小全厚 d_0（cm）

版の区分		床版の支間の方向	
		車両進行方向の直角	車両進行方向に平行
単純版		$4L+11$	$6.5L+13$
連続版		$3L+11$	$5L+13$
片持版	$0<L\leqq 0.25$	$28L+16$	$28L+16$
	$L>0.25$	$8L+21$	

〔注〕 L：T荷重に対する床版の支間（m）

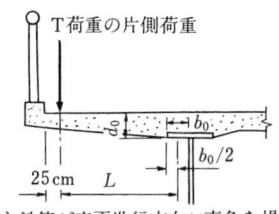

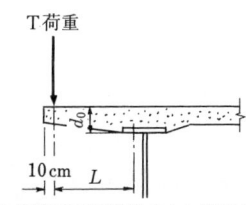

図5.12 片持版の最小全厚 d_0

(a) 主鉄筋が車両進行方向に直角な場合　(b) 主鉄筋が車両進行方向に平行な場合

さらに，大型車の交通量が多いときや，RC床版の支持の仕方によって，表5.4の最小全厚 d_0 は，次式で修正し，それを実際に設計に用いる床版厚 d としている．

$$d = k_1 k_2 d_0 \tag{5.6}$$

表5.5 修正係数 k_1

1方向あたりの大型車の計画交通量（台／日）	係数 k_1
500 未満	1.10
500 以上 1,000 未満	1.15
1,000 以上 2,000 未満	1.20
2,000 以上	1.25

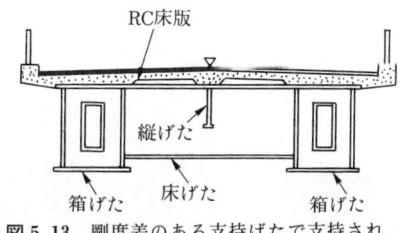

図5.13 剛度差のある支持げたで支持されたRC床版の例

ここに，係数 k_1 は，表5.5に示すように，自動車の交通量による修正係数である．また，係数 k_2 は，RC床版の支持の仕方による修正係数で，

$$k_2 = 0.9\sqrt{M/M_0} \geqq 1.0 \tag{5.7}$$

によって与えている．上式中の M_0 は，同程度の剛度を有する支持げたで支持されたRC床版の作用曲げモーメントである．しかしながら，図5.13に一例を示したように，両端

の支持げた(箱げた)と中間の支持げた(縦げた)との剛度に著しい差異があれば,RC床版に付加曲げモーメント ΔM(計算方法の詳細は,ここで省略)が生じるので,実際にRC床版に作用する曲げモーメント M は,i を衝撃係数(式(2.4)参照)とすると,$M = M_0 + \Delta M(1+i)$ となる.このような現象を考慮したものが,式(5.7)である.

D. コンクリートの品質など

床版に用いるコンクリートの圧縮強さ σ_{ck}(材齢 28 日強度)は,$\sigma = 24 \mathrm{N/mm^2}$ 以上のものを使用する.そして,許容曲げ圧縮応力度は,$\sigma_{ck}/3$ とし,$10 \mathrm{N/mm^2}$ をこえてはならない.また,RC床版の設計計算を行う際の鋼とコンクリートとのヤング係数比 $n = E_s/E_c$ としては,$n = 15$ を用いる.

E. 使用鉄筋

鉄筋には,異形鉄筋 SD 295A,および 295B を用いる。そして,普通,直径が,13, 16, あるいは 19mm のものを使用する.それらの許容引張応力度は $\sigma_{ta} = 140 \mathrm{N/mm^2}$ で,また許容圧縮応力度 σ_{ca} は $180 \mathrm{N/mm^2}$ としている.

F. RC床版の設計と配筋

RC床版の設計法の要点を説明する前に,鉄筋の配筋の仕方を示す.

(a) 死荷重による曲げモーメント図
(図5.10(b)参照)

(b) 折曲げ主鉄筋

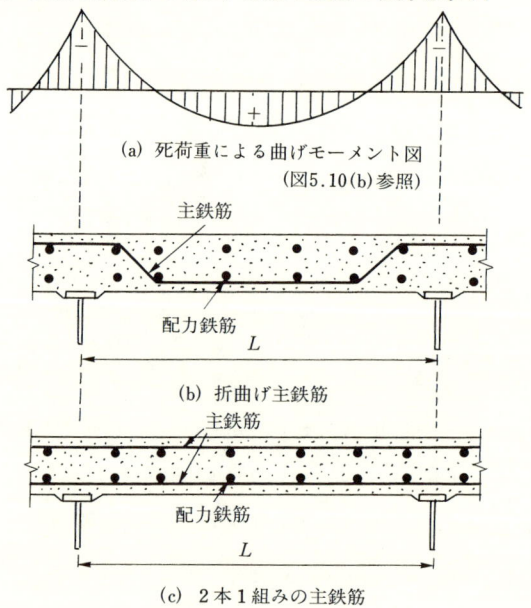

(c) 2本1組みの主鉄筋

図5.14 鉄筋の配筋方法

5.2 鉄筋コンクリート床版

まず，図5.14(a)は，一例として連続床版の死荷重による曲げモーメント図を示す．この図で，曲げモーメントが正の区間には床版が引張になる下側に主鉄筋を入れ，また曲げモーメントが負の区間には床版が引張になる上側に主鉄筋を入れるべきである．すると，一本の主鉄筋を折り曲げて，図5.14(b)に示すように，主鉄筋を配筋するのが合理的である．ところが，床版には活荷重（T荷重）も作用し，必ずしも図5.14(a)の曲げモーメント図を呈するとはかぎらない．そこで，道路橋示方書の場合，床版の支間の中央部の引張主鉄筋量の80%，および支点上の引張主鉄筋の50%以上は，それぞれ折曲げずに連続させて配筋することとしている．そのために，一般に，図5.14(c)に示す折り曲げない2本1組みの主鉄筋を，上記の折曲げ鉄筋と交互に配置されるように配筋している．

図5.15は，連続版において主鉄筋を折曲げる位置を示す．

つぎに，図5.16(a)は，連続床版における配筋の一例を平面図として示したものである．ここで，主鉄筋の奥行き（橋軸方向）1mあたりの主鉄筋が，図5.16(b)に示すように配筋されているものとする．

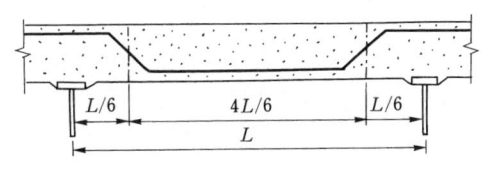

図5.15 連続版における主鉄筋の折曲げ位置

すると，このRC床版の主鉄筋の設計計算は，式(5.5)の設計曲げモーメント M(kN·m/m で，奥行き1mあたりであることを意味する）のもとで，**複鉄筋ばり**（図5.16(b)

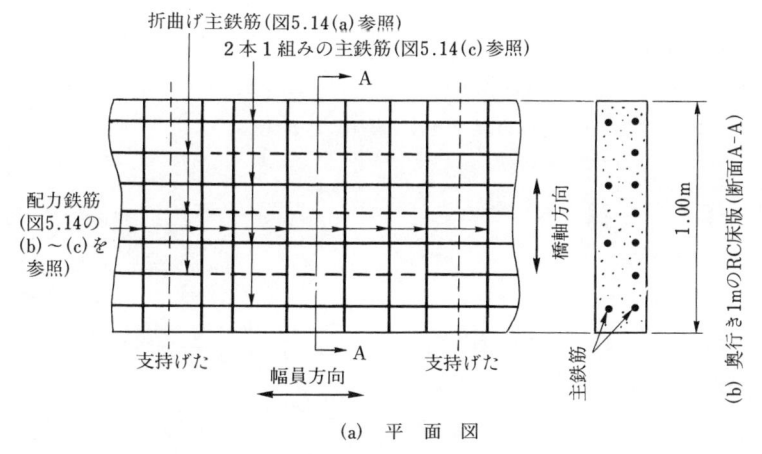

図5.16 連続版における配筋法（平面図と断面）

(a) 平　面　図

のように，断面の上下に鉄筋を入れる）とみなし，鉄筋やコンクリートの応力照査を行なうことができる．その詳細は，後述のトラス橋の設計例（16.1.B）を参照にされたい．

その際，主鉄筋の中心間隔は10〜30cmにとり，また鉄筋のかぶりは3cm以上を確保するようにする．

一方，配力鉄筋も，図5.14や図5.16に示したように配筋する．また，その設計法も表5.2に示した設計曲げモーメントを用い，主鉄筋と同様に行う．そのとき，道路橋示方書によると，床版内の配力鉄筋量を算出するための係数が，表5.6のように定められている．

表 5.6 床版の配力鉄筋量を算出する係数

床版の支間が車両進行方向に直角な場合		床版の支間が車両進行方向に平行な場合	
連続版および単純版	歩道のない片持版	連続版および単純版	片持版

〔注〕：$L(m)$は，床版のスパンである．

最後に，けた端部の車道部分の床版は，剛な端床げたなどで支持するのがよい．そのような構造にできない場合は，ハンチ高さの分だけ床版を増厚し，その部分に一般部の床版の必要鉄筋量の2倍の鉄筋を配筋するようにする．

G. 設計計算例

トラス橋（10.1.B参照），あるいは合成げた（10.2.B参照）の設計計算例で詳しく示してある．また，裏面とじ込みの設計図も，参照にされたい．

5.3 床　　組

A. 床組の構造

床組は，橋床を支え，橋床に作用する荷重を主げたに伝える役目をもつ．そして，一般に，**縦げた**と**床げた**とを，格子状に組む場合が多い．図5.17は，トラス橋の床組の例を示したものである．

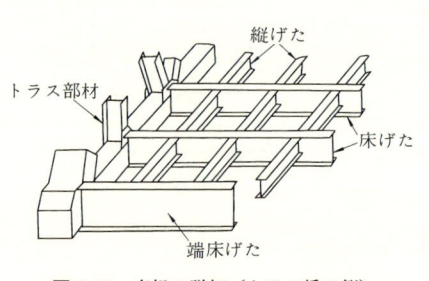

図 5.17 床組の詳細（トラス橋の例）

5.3 床組

ここで，縦げたは，直接橋床を支えているので，衝撃の影響が大である．また，床げたは，そのスパンの割に，大きな曲げモーメントとせん断力とを受けるから，けた高をできるだけ大にし，剛なものにする必要がある．通常，床げたの高さは，スパンの 1/8 以上とするのがよい．

道路橋の縦げた間隔は 2～3m 前後，また床げた間隔は 4～7m である．縦げたには，I 形鋼や I 形断面の溶接げたが用いられる．縦げたを床げたに取り付ける場合は，縦げたを床げたの上に重ねる場合と，前者と後者との天端をそろえて連結板で剛結する場合とがある．

鉄道橋で，上路橋の場合には，床組を設けない．しかし，下路橋では，床組を設ける．縦げたは，普通，1 軌道に対し 2 本用い，その間隔を軌間より大きく，1.7m ぐらいとする．縦げたの高さはスパンの 1/10 以上，また床げたの高さはスパンの 1/7 以上とするのがよい．

床げた，および縦げたの上フランジプレートには，図 5.18 に示すように，**スラブ止め**を設けて，RC 床版と結合する．これは，けたの圧縮フランジプレートの強度の低下を防ぐことと，RC 床版とけたとのたわみの性質が相違したり，また RC 床版の収縮，および温度変化のために，床版とけたとが分離するのを防ぐためである．スラブ止めを強固にし，ジベルを用いたものは，**合成構造**となる（8 章参照）．

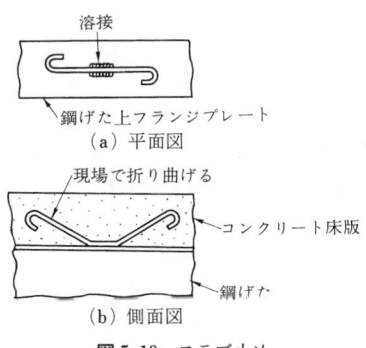

図 5.18 スラブ止め

B. 縦げた，および床げたの設計

(i) 縦げたの設計

図 5.19 (a) は，トラス橋（図 5.17 参照）の縦げたの例を示したものである．ここで，両端は，高力ボルトでせん断力に対してのみ継いでいる．すると，縦げたは，床げた中心間隔をスパン L にとり，両端が単純支持されたけたとみなすことができる．

したがって，縦げたは，図 5.19 (b) に示すように，縦げたに作用する死荷重，および T 荷重を受ける両端単純支持されたけたにモデル化して，曲げモーメントやせん断力が解析され，次章のプレートガーダーの設計方法にもとづいて設計することができる（詳細は，設計例 (10.1.B) を参照）．

(a) 縦げたのスパン

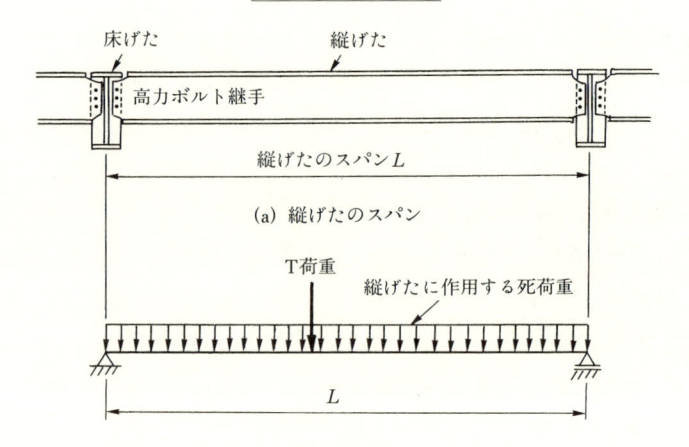

(b) 解析モデル

図 5.19 縦げたのスパンと解析モデル

縦げたが床げた上を連続する場合も，曲げモーメントやせん断力は，上述の方法で求める．ただし，単純げたとみなして算出した曲げモーメントを M_0 とすれ

表 5.7 連続縦げたの曲げモーメント M (kN·m)

端 支 間	$0.9 M_0$
中 間 支 間	$0.8 M_0$
中 間 支 点	$-0.7 M_0$

ば，支間，および曲げ剛性がほぼ同一の連続縦げたの活荷重による最大曲げモーメント M は，表 5.7 に示すように，低減してもよいとしている．

(ii) 床げたの設計

図 5.20 (a) も，トラス橋（図 5.17 参照）の床げたの例を示したものである．ここで，床版のスパン L を図示のようにとり，図 5.20 (b) に示す解析モデルに置換すると，床げたは，上述の縦げたと同様に設計することができる．

C. 縦げた，および床げたの設計計算例

縦げた，および床げたの具体的な設計計算例は，トラス橋の設計例（10.1.B）のところに示されているので，参照にされたい．

5.4 鋼 床 版

A. 鋼床版の構造

鋼床版（steel deck）は，橋床をとくに軽くする必要のある場合や，主げたのスパンがかなり大となったとき用いられる．I げた橋や箱げた橋で，しかもこれらが連続げた形式

5.3 床組

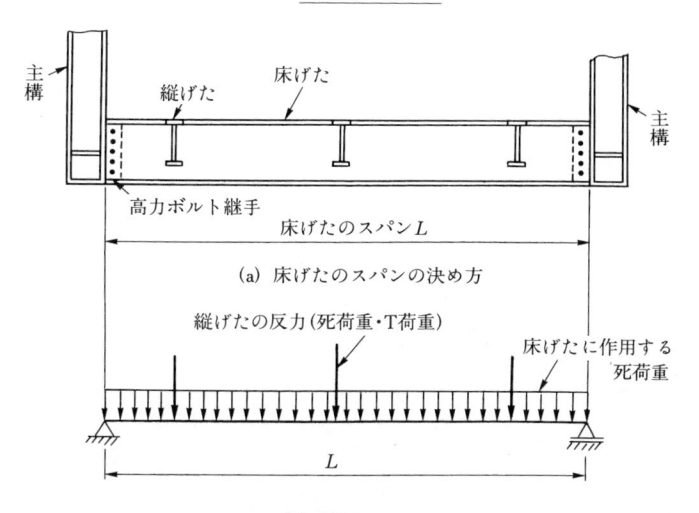

(a) 床げたのスパンの決め方

(b) 解析モデル

図 5.20 床げたのスパンと解析モデル

となったときの床版として使うと効果的であり，図 5.21 に示すように，**デッキプレート** (deck plate) と，これを補強・補剛する**縦リブ** (longitudinal rib)，および**横リブ** (transverse rib) で構成された構造になっている．ただし，鋼床版を防食するために，**舗装**については，細心の注意を払わなければならない．

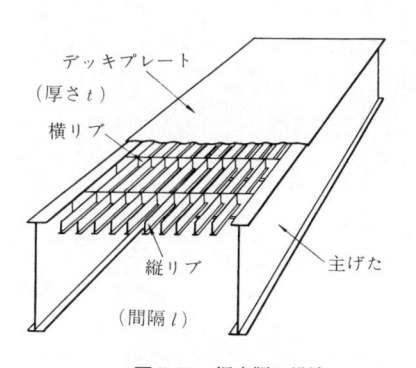

図 5.21 鋼床版の構造

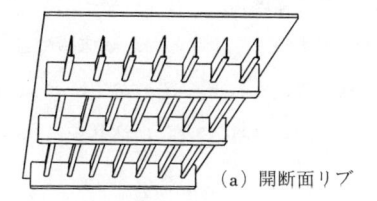

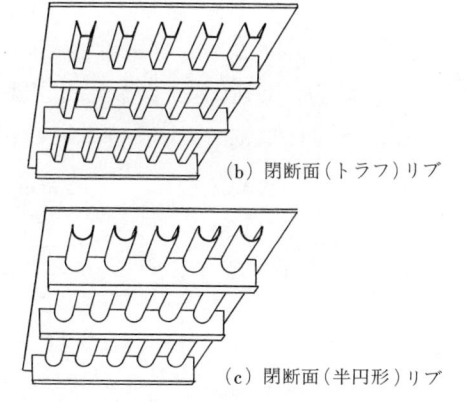

(a) 開断面リブ

(b) 閉断面（トラフ）リブ

(c) 閉断面（半円形）リブ

図 5.22 鋼床版の種類

縦リブは，普通30~40cmの間隔とし，図5.22 (a) に示す最小板厚8mmの**開断面** (open section) のものが用いられる．ところが，同図 (b)，および (c) のような**閉断面** (closed section) のものもあり，現在，同図 (b) に示す最小板厚6mmの**トラフリブ**（U形鋼ともいう，JIS II 08-198）とよばれるものが多く用いられている（トラフリブの寸法については，付録4.を参照）．このような閉断面の縦リブは，ねじり抵抗が大であるため荷重の横分配がよいこと，またデッキプレートと片側すみ肉溶接するために，デッキプレートの変形が少ないなどの利点がある．しかし，図5.23に示すように，縦リブ，および横リブの十字すみ肉溶接と縦リブの連続すみ肉溶接とを十分に注意して行なう必要があるとともに，現場継手がやや面倒になる．横リブの間隔は，通常，縦リブ間隔の数倍としている．

B. 解　析　法

鋼床版の縦リブ，および横リブに発生する曲げモーメントは，通常，鋼床版を**直交異方性板理論**，または**板格子理論**によって求める．すなわち，鋼床版では，縦リブ，および横リブの中立軸まわりの曲げ剛度が異なり，それぞれ B_x，および B_y となる．そのため，たわみ $w(x,y)$ に関する基礎式は，式 (5.2) の代わりに，次式のように表わされる．

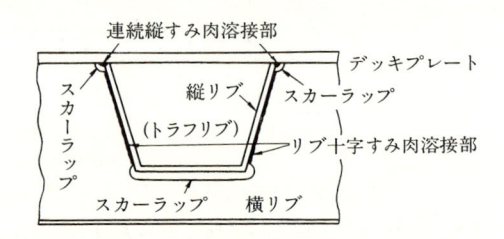

図5.23 リブ十字すみ肉溶接と連続縦すみ肉溶接

$$B_x \frac{\partial^4 w}{\partial x^4} + 2H \frac{\partial^4 w}{\partial x^2 \partial y^2} + B_y \frac{\partial^4 w}{\partial y^4} = p(x,y) \tag{5.8}$$

ここに，$H = \kappa \sqrt{B_x B_y}$ で，パラメーター κ は，$\kappa = 0~1.0$ の値をもつ．また，x 軸方向，および y 軸方向（後述の図5.24参照）に応力を発生せしめる曲げモーメント m_x，および m_y は，それぞれ式 (5.3) の代わりに，

$$\left. \begin{array}{l} m_x = -B_x \left(\dfrac{\partial^2 w}{\partial x^2} + \mu_x \dfrac{\partial^2 w}{\partial y^2} \right) \\[2mm] m_y = -B_y \left(\dfrac{\partial^2 w}{\partial y^2} + \mu_y \dfrac{\partial^2 w}{\partial x^2} \right) \end{array} \right\} \tag{5.9}_{1\sim2}$$

で与えられる．それらについては，**ペリカン・エスリンガー**（Pelikan-sslinger）**の解法**などを用いると，迅速に求められる*．

---

* 小西一朗：鋼橋，設計編 I，（昭51），丸善

C. 設　計　法

(i) デッキプレート

車道部のデッキプレートの厚さ t は，次式によって求められる．しかし，少なくとも厚さ t は，12mm 以上としなければならない．

$$t = 0.035\, l \tag{5.10}$$

ここに，t：デッキプレートの厚さ（cm），l：縦リブの間隔（cm，図5.21参照）

この式を用いてデッキプレートの厚さ t を定めた場合，後輪荷重が縦リブや横リブの間のデッキプレート上に載荷したときのデッキプレートの応力度は，検算する必要がない．上記の公式は，舗装に損傷を与えないよう，縦リブの間の板のたわみの制限より求められた式である．

(ii) 縦リブ，および横リブの設計

図5.24は，鋼床版の一例を示したものである．ここで，リブの応力を求めて設計を行うべき着目点としては，通常，縦リブに対して点 A（負の曲げモーメント m_x が卓越），および点 B（正の曲げモーメント m_x が卓越）で，また横リブに対してスパン中央の点 C（最大曲げモーメント m_y の発生点）である．

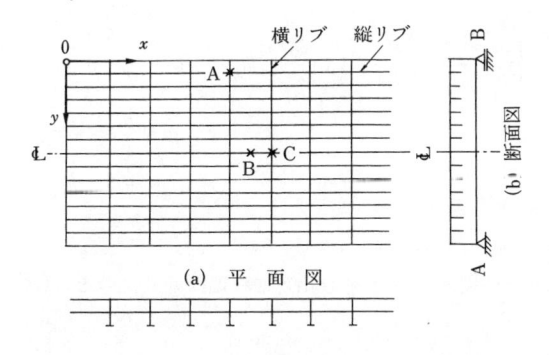

図5.24 リブを設計する際の着目点

これらのリブを設計するにあたって，まず，T 荷重に対する縦リブの衝撃係数 i は 0.4 とし，また横リブの衝撃係数 i は，そのスパンを L とすると，式(2.4) より求める．

つぎに，これらの着目点に対する曲げモーメント m_x，および m_y の値を上述の直交性異方性板理論など（式(5.9)）を用いて算出する．その際，交通量の多い橋梁では，断面力の割増しを行わなければならない．すなわち，B 活荷重によって設計する橋梁の横リブ

の設計に用いる断面力は，次式で求められる割増し係数 k を乗ずる．ただし，A 活荷重によって設計する橋梁の横リブの設計に用いる断面力は，上記によって算出した断面力を 20% 低減してもよい．

$$\left.\begin{array}{ll} k = k_0 & (L \leq 4) \\ k = k_0 - (k_0 - 1) \times (L-4)/6 & (4 < L \leq 10) \\ k = 1.0 & (L > 10) \end{array}\right\} \quad (5.11)_{1\sim3}$$

ここに，

$$\left.\begin{array}{ll} k_0 = 1.0 & (B \leq 2) \\ k_0 = 1.0 + 0.2 \times (B-2) & (2 < B \leq 3) \\ k_0 = 1.2 & (B > 3) \end{array}\right\} \quad (5.12)_{1\sim3}$$

また，L：横リブの支間 (m)，B：横リブ間隔（縦リブの支間）(m)，である．

さらに，リブの応力度は，縦リブのフランジ，または横リブのフランジとしてのデッキプレートの**有効幅** λ（9 章で詳しく述べる）を用いて算定する．すなわち，

$$\left.\begin{array}{ll} \lambda = b & \left(\dfrac{b}{l} \leq 0.02\right) \\ \lambda = \left\{1.06 - 3.2\left(\dfrac{b}{l}\right) + 4.5\left(\dfrac{b}{l}\right)^2\right\}b & \left(0.02 < \dfrac{b}{l} < 0.30\right) \\ \lambda = 0.15 l & \left(0.30 \leq \dfrac{b}{l}\right) \end{array}\right\} \quad (5.13)_{1\sim3}$$

ここに，

λ：デッキプレートの片側有効幅（cm）

$2b$：縦リブ，または横リブの間隔（cm）で，閉断面リブのときは，図 5.25 に示すようにとる．

l：表 5.8 に示す等価支間長（cm）

そのときの許容応力度は，疲労を考慮して，表 5.9 のように決められている．

一方，鋼床版は，以上の床版作用のほかに，主げたの上フランジプレートとしても挙動する．すなわち，鋼床版そのものは，図 5.24 の支点 A，および点 B で剛支持されているものとして設計された．ところが，実際には，主げたで弾性支持されている．したがって，鋼床版は，その主げたのフランジとしての役目も担っている．そのため，プレートガーダー橋のところ（6.2.D 参照）で述べるように，主げたとしての応力度も考慮しなけれ

5.4 鋼床板

表5.8 床版,または床組作用に対するデッキプレートの有効幅

部材	片側有効幅		摘 要
	記号	等価支間長 l	
縦リブ	λ_L	$0.6L$	(縦リブ図)
横リブ(単純支持)	λ_L	L	(横リブ図)

〔注〕:横リブで連続支持,または張出し部に対するものは省略した.

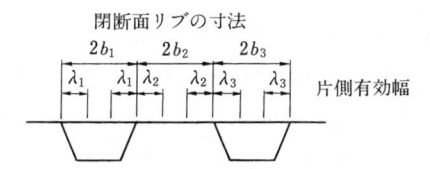

図5.25 閉断面リブの寸法と有効幅

表5.9 T荷重1台載荷に対する縦リブの許容曲げ引張・圧縮応力度(N/mm²)　　($t \leqq 40$mm)

鋼種 / 種類	SS 400 SM 400 SMA 400 W	SM 490	SM 490 Y SM 520 SMA 490 W	SM 570 SMA 570 W
母材	140	160	160	160
工場溶接 仕上げした全断面溶け込みグループ溶接部	140	160	160	160
工場溶接 仕上げしない全断面溶け込みグループ溶接部	100	100	100	100
工場溶接 リブ十字すみ肉溶接部*	90	90	90	90
工場溶接 連続縦すみ肉溶接部**	110	110	110	110
現場溶接	原則として上記の値の80%とする			

〔注〕* 応力方向に連続した母材上にある応力方向に直角なすみ肉溶接
　　** 応力方向に連続した肉溶接

ばならない.このように**主げた作用**,および**床組作用**により,縦リブに生ずる応力の合計は,かなり大きくなる.しかし,応力照査の際は,割り増しされた許容応力度が,表5.10のように認められている.

表 5.10　主げたと床版作用とを同時に考えた場合の
　　　　　許容応力度　　　　　　　　($t \leqq 40$mm)

鋼材の種類	許容応力度 (N/mm^2)
SM400, SMA400W, SS400	195
SM490	260
SM490Y, SM520, SMA490W	295
SM570, SMA570W	355

5.5　高欄，橋面排水，および伸縮継手

A.　高　　欄

床版の端部で路面より少し高くした部分を**地覆**（coping）といい，これに**高欄**（hand rail）を取り付ける．通常，高欄は，鋳物，パイプ，あるいは山形鋼などでつくられる．そして，図 5.26 に示すように，その高さは，路面から 110 cm 程度とする．

高欄は，その頂上に 2.5 kN/m の**推力**が水平に働くものとして設計する．高欄の柱は，床版に埋め込むか，ブラケットを設けてボルトにより結び付ける．

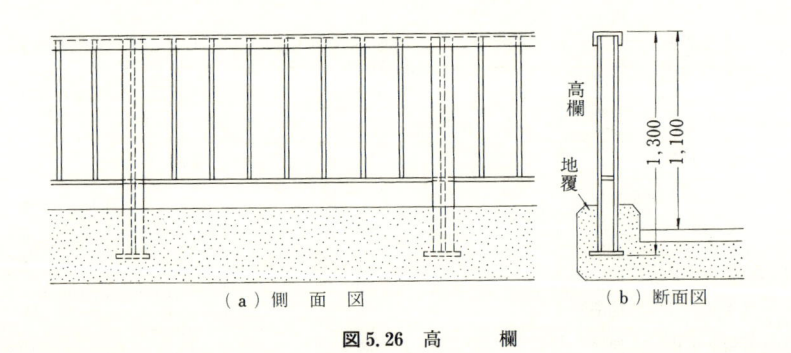

図 5.26　高　　欄

B.　橋面排水

橋面排水は，地覆に沿って約 15 m 間隔，および橋面の 4 隅に排水マスを設け，排水管により橋台，ならびに橋脚を通じて排水する．

C.　伸縮継手

橋面が橋台と接続する部分には，たとえば図 5.27 に例示するような**伸縮継手**（expansion joint）を設ける．都市内高速道路橋の場合は，床版端に横げたを設け，床版を少し

張り出した部分に伸縮継手をおく．伸縮継手の固定端は，比較的簡単な構造である．しかし，可動端は，その移動量が大きくなれば，複雑な構造となる．その平滑性が自動車の走行性を左右し，破損したときの修理が困難であるので，設計にあたっては，橋面の平滑性と強度とを十分に考慮のうえ，とくに入念な設計と施工とが必要である．

最近では，伸縮継手の損傷事例が多く，図 5.27 の鋼製のもの以外に**埋設ジョイント**（アスファルト舗装で変形をとる）や床版遊間部にシールゴムなどの目地を設けた**突合せジョイント**，あるいは**ゴムジョイント**を用いた荷重支持式のものなど種々なものが開発されている*．

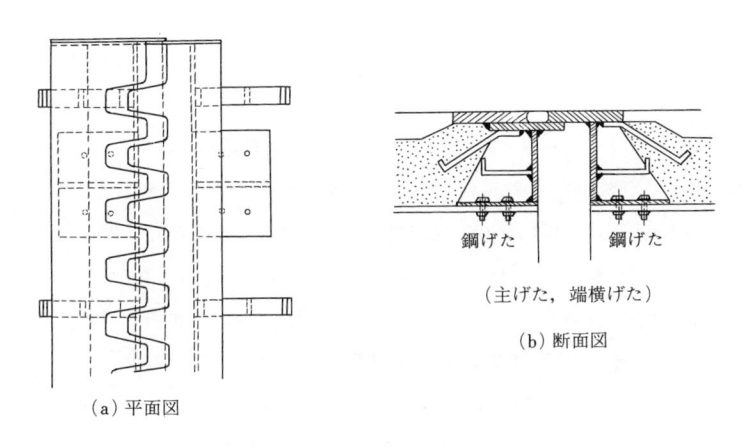

図 5.27 伸縮継手の一例（鋼製フィンガージョイント）

演 習 問 題

5.1 並列主げた橋において，けた間隔，2m，3m，および 4m のそれぞれの場合につき，RC 床版の縁げたよりの片持版としての適当なスパンを，算出してみなさい．

5.2 鋼床版の縦リブ応力度については，輪過重による局部応力の値と，けたフランジプレートとしての応力度との重ね合わせを，普通，行っている．この場合，どの箇所の応力度について照査が必要となるか，検討してみなさい．

---

* 日本橋梁建設協会：鋼橋伸縮装置設計の手引き，平成 7 年 7 月

6章　プレートガーダー橋

6.1　概　　説

　プレートガーダー橋（plate girder bridge）の基本的なものは，鋼板を溶接結合して曲げやせん断に強いI形断面に組み立てた**主げた**（main girder）を2本以上用いた**けた橋**である．橋梁としては，構造が簡単で，設計，製作，および架設も容易であり，トラス橋とともに耐荷力も大である．

　現在，上路橋でガーダー形式のものは，ほとんど溶接構造が採用されている．そして，一般構造用鋼材（SS400）や溶接性のよい溶接用鋼材（SM400，SM490，SM490Y，SM520，およびSM570）を用いたり，軽床構造の採用などと相まって，スパン40m以上のものでも，プレートガーダー橋が経済的に製作されるようになってきている．なお，スパンの短い橋梁では，主げたに既製のI形鋼やH形鋼（付録4．参照）を用いたものがあり，これらをそれぞれ**I形げた橋**，および**H形げた橋**とよんでいる．

　プレートガーダーは，図6.1に示すように，鋼板を溶接して組み立てられる．道路橋では，RC床版と主げたとをずれ止めで結合し，両者を一体として働かせる合成げた（8章参照）とすることが多い．

　プレートガーダーの断面は，図6.1(a)に示すように，**フランジプレート**（突縁，flange plate）と**ウエブプレート**（腹板，web plate）とから成っている．そして，なるべく1枚のフランジプレートを用い，幅，および厚さを変化させるのがよい．それでもフランジプレートの断面が不足する場合には，図6.1(b)に示すように，**カバープレート**（cover plate）で補強する．とくに，長大スパンの2本主げた橋などでは，フランジ断面が大きくなり，数枚のカバープレートを要した例がある．しかし，現在，板厚100mmまでの厚板が，認められている．

　腹板は，その高さに比べて板厚が小さいので，**座屈**をおこしやすい．そこで，図6.2の

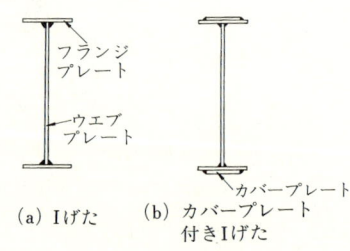

図6.1　主げた断面
(a) Iげた
(b) カバープレート付きIげた

6.1 概　　説

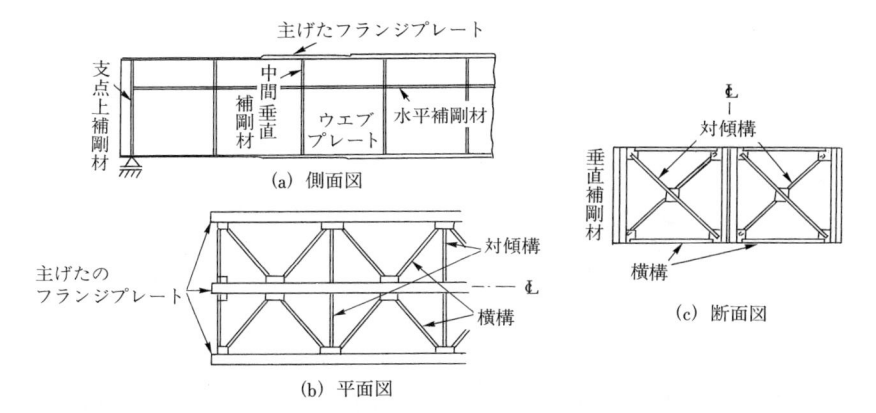

図 6.2 一般的なプレートガーダー橋の構成

(a) 側面図 — 支点上補剛材, 主げたフランジプレート, 中間垂直補剛材, ウェブプレート, 水平補剛材

(b) 平面図 — 主げたのフランジプレート, 対傾構, 横構

(c) 断面図 — 垂直補剛材, 対傾構, 横構

ように，幅の狭い平鋼からなる**補剛材**（stiffener）を腹板の片側，あるいは両側に溶接し，座屈を，防止する．しかし，景観上の配慮から，けた外側には補剛材を取り付けず，内側のみに補剛材を取り付けることが多い．

(a) 従来の鋼げた（3主げた）　⇒　少数主げた化による合理化　(b) 合理化げた（2主げた）

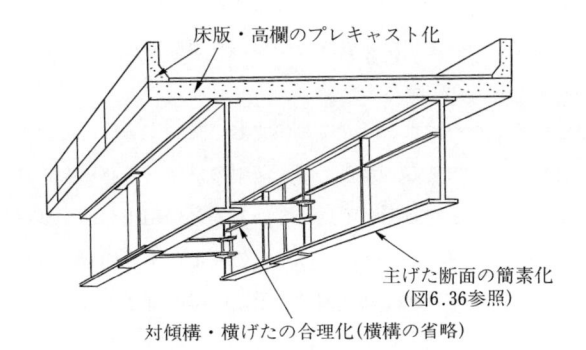

(c) 合理化げたのイメージ図 — 床版・高欄のプレキャスト化，主げた断面の簡素化（図6.36参照），対傾構・横げたの合理化(横構の省略)

図 6.3 2主げたを用いた鋼げたの合理化設計

道路橋では，以上のようなプレートガーダーを橋梁の幅員に応じて2本以上数本並列し，その間を**横構**と**対傾構**とで連結し，橋床にRC床版をおく．主げたの間隔が大きいときや，下路橋においては，床げたと縦げたとを設ける．2本主げたのけた橋で，その間隔が大なるときは，床組をトラス形式とする．

最近，後述するように（図6.36参照），鋼橋の製作，および現場施工の省力化が促進されるようになり，少数主げた化を図ったいわゆる**合理化げた**の設計が薦められている．図6.3は，その一例を示したものである．すなわち，同図(a)に示すように，従来の3本主げたのプレートガーダーは，同図(b)の2本主げたの合理化げたにするのがよいとされている．そして，同図(c)のイメージ図に示すように，床版や高欄にはできるだけプレキャスト化されたものを使って急速施工し，主げた断面もできるだけ簡素化する（図6.36参照）ようにしている．また，旧来より用いられてきた対傾構や横げたは，簡単な横繋ぎ材形式のものに置き替え，横構も省略することとしている．

このほか，プレートガーダー橋には，合成げた橋，箱げた橋，および格子げた橋などがある．このうち合成げた橋については，本書の8章において詳述されている．本章では，この種のI形の主げたを有する非合成のプレートガーダー橋の設計法を主体として述べる．

6.2 断面の設計

橋梁を設計する場合は，最も合理的な作業手順によるべきである．プレートガーダー橋では，一般に図6.4に示すフローチャートにしたがって上から順番に設計を進めてゆく．

したがって，このフローの途中から設計を始めようとしても，それまでのデータが欠落しているので，以降の設計ができなくなる．

そのような整然たるフローによる設計においても，設計完了後でないと，正確な値が決められないこともしばしばある．たとえば，図中のフィードバック①は，フランジ断面を設計して応力照査をしたとき断面が不足している場合に相当し，くり返し計算を行う必要がある．そして，フィードバック②は，けた高の仮定が不適切であるためのくり返し計算である．また，フィードバック③は，鋼重の仮定の不的確さによるものである．

このように，橋梁の設計には，必ずくり返し計算が必要である．そのため，最初は精度の粗い設計計算（有効数字4けたぐらい）を行っておき，すべての設計が収束したときに清算をするのが得策である．

6.2　断面の設計

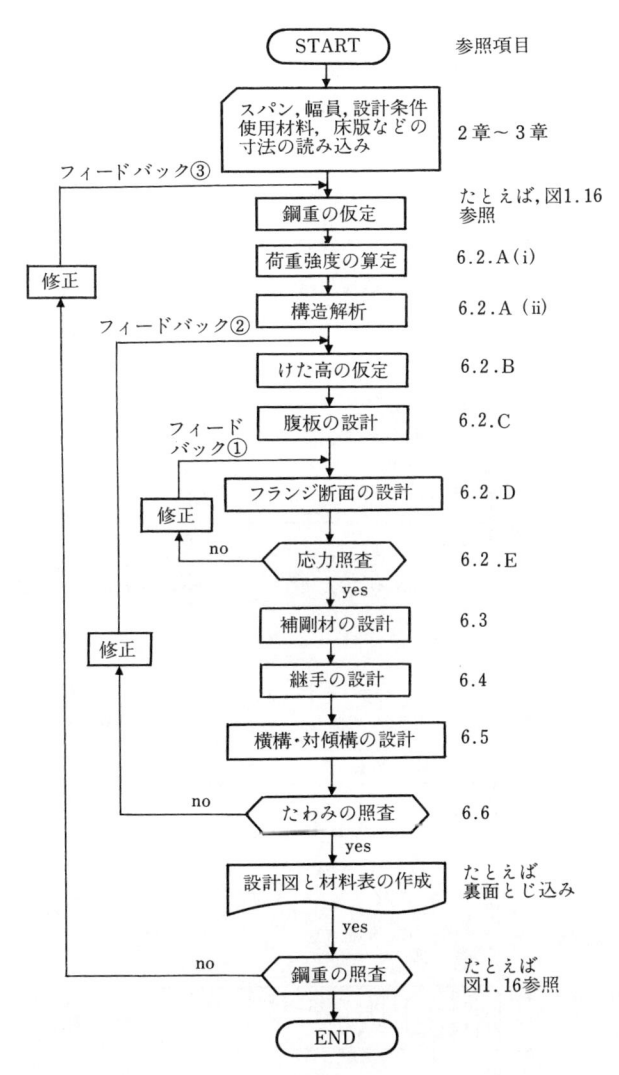

図6.4　プレートガーダー橋の設計手順のフローチャート

A. 主げたに作用する曲げモーメント，および，せん断力

プレートガーダー橋は，**曲げモーメント**（bending moment），および，**せん断力**（shearing force）に対して抵抗する橋梁であるので，これらの断面力をもとにして設計する．

(i) **主げたに作用する荷重**

　主げたの曲げモーメントやせん断力を求めるには，まず主げたに作用する荷重を明らかにしておかなければならない．これらの荷重のうち，**死荷重** w は①床版，②床組，および③主げたの自重であり，上記の①，および②はそれらの設計がすんでいれば（5章参照），既知のものである．ところが，③の主げたの自重は，これから断面を決定しようとするものであり，まだ未知なものである．しかし，過去の例などを参照にして，推定することができる（図1.16参照）．一方，活荷重は，道路橋の場合，**L荷重**（図2.3，および表2.2～2.3参照）を，また鉄道橋の場合，**KS荷重**（図2.6参照）を載荷する．

　たとえば，まず最も簡単な場合として，図6.5(a)に示すように，幅員 B の RC 床版が

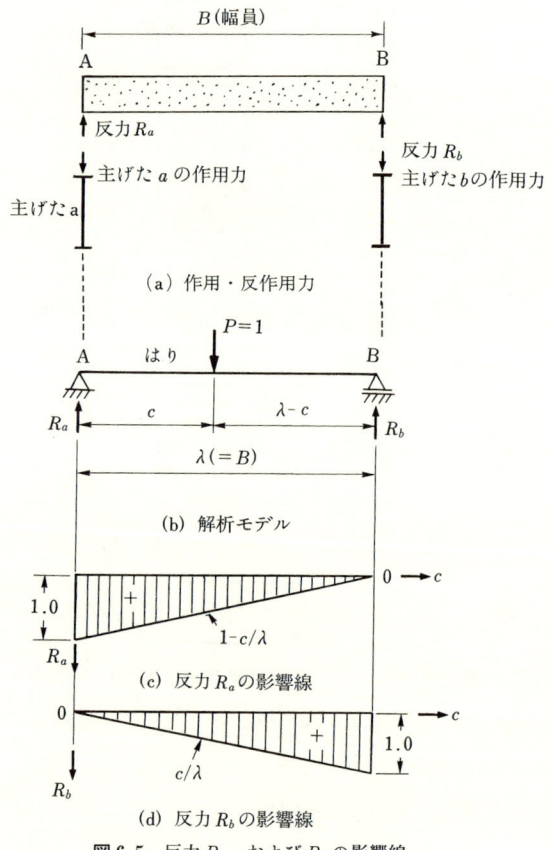

図6.5　反力 R_a，および R_b の影響線

6.2 断面の設計

2本の主げたa，およびbに支持された場合に対する各主げたの作用荷重を，求める．これらの主げたの作用荷重は，それぞれの主げたの反作用（反力 R_a，および R_b）と等しいという作用・反作用の法則を用いると，主げたの反力として算出される．

ところが，主げたには死荷重や活荷重が作用し，しかもそれらは等分布荷重や線荷重として作用する．これらを一括して算出するためには，影響線という考え方を導入する．すなわち，図6.5(b)に示すように，RC床版を両端A，およびBで単純支持されたはりとみなし，荷重 $P=1$ が左端より c の距離の所に載荷したときの反力 R_a，および R_b の影響線を求めると，次式で表される．

反力 R_a の影響線：

反力 R_b の影響線：

$$\left. \begin{array}{l} R_a = 1 - c/\lambda \\ \\ R_b = c/\lambda \end{array} \right\} \quad (6.1)_{1\sim2}$$

すると，反力 R_a，および R_b の影響線は，図6.5(c)に示すように描くことができる．

このような影響線を用いた主げたの作用荷重の求め方を，主げたaについて例示したものが図6.6である．同図(a)が荷重状態で，同図(b)が影響線である．図中の線死荷重 W に対しては影響線縦距が η であるから，これに対する反力は $W\eta$ である．また，死荷

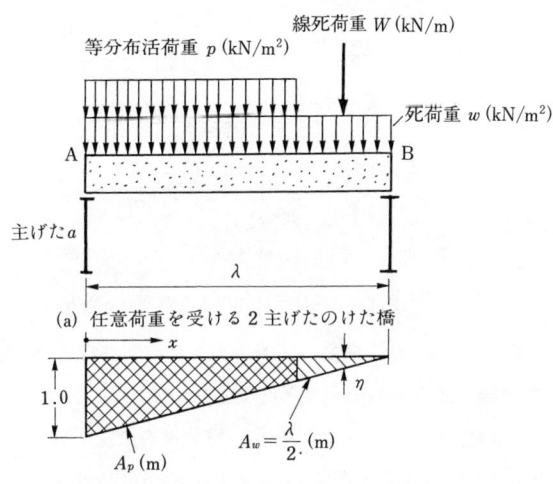

(a) 任意荷重を受ける2主げたのけた橋

(b) 反力 R_a の影響線の縦距 η と面積 A_w，および A_p

図6.6 任意荷重を受けるときの主げたAの作用力（反力）

重 w は分布しているので，反力は，$w\int_0^\lambda \eta\,dx = wA_w$ となり，結局，影響線の全面積 A_w に w を乗じて求められる．同様に，等分布活荷重 p がある区間のみに載荷していれば，その区間の影響線の面積 A_p を求め，それに p を乗ずることによって活荷重の反力 pA_p が求められる．このようにして，最終的な主げた a の反力（作用力）は，$W\eta + wA_w + pA_p$ として算出することができる．

ところで，ある主げた 1 本あたりに作用する荷重は，一般に**荷重分配曲線**を用いて求める．しかし，実用的には，つぎの**慣用計算法**によることができる．そこで，図 6.7 に示すように，もう少し一般な 3 主げたの道路橋について考える．

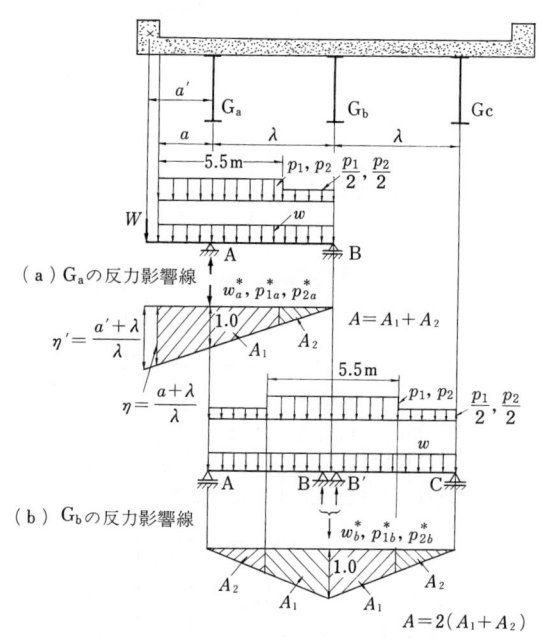

図 6.7 主げたに作用する荷重の求め方

まず，主げた G_a に対しては，同図 (a) のような片持部を有する単純ばり AB を考え，点 A の反力の**影響線**を描く．いま，死荷重強度を $w(\text{kN/m}^2)$，および $W(\text{kN/m})$，L 荷重（幅員 5.5 m に全載，他は半載）の等分布荷重強度を $p_1(\text{kN/m}^2)$，および $p_2(\text{kN/m}^2)$ とすれば，主げた G_a に作用する荷重 $w_a^*(\text{kN/m})$，$p_{1a}^*(\text{kN/m})$，および $p_{2a}^*(\text{kN/m})$

---

* 小西一朗，横尾義貫，成岡昌夫，丹羽義次：構造力学 I，(1968)，丸善

は，それぞれ図示の影響線縦距 η, η' と面積 A_1, A_2 とを利用すれば，

$$\left.\begin{array}{l}\text{死荷重：} w_a{}^* = wA + W\eta' \\ \text{活荷重：} p_{1a}{}^* = p_1(A_1 + A_2/2) \\ \phantom{\text{活荷重：}} p_{2a}{}^* = p_2(A_1 + A_2/2)\end{array}\right\} \quad (6.2)_{1\sim3}$$

になる．

つぎに，主げた G_b に対しては，図 6.7 (b) において，同様に，2 つの単純ばり AB，および B′C を考えると，

$$\left.\begin{array}{l}\text{死荷重：} w_b{}^* = wA \\ \text{活荷重：} p_{1b}{}^* = p_1(2A_1 + A_2) \\ \phantom{\text{活荷重：}} p_{2b}{}^* = p_2(2A_1 + A_2)\end{array}\right\} \quad (6.3)_{1\sim3}$$

なる式によって主げた G_b に作用する荷重 $w_b{}^*$(kN/m)，$p_{1b}{}^*$(kN/m)，および $p_{2b}{}^*$(kN/m) が与えられる．

(ii) 主げたの曲げモーメント，およびせん断力

死荷重は，等分布満載する静荷重であるので，**はりの理論**で曲げモーメントやせん断力を求めうる．しかし，活荷重は，移動荷重であるため，その載荷位置を決めることが煩雑であり，上述の作用荷重と同様に，**影響線**を利用して断面力を算出したほうが便利である*．

図 6.8 (a) は，そのための解析モデルを示したもので，単位の集中荷重 $P=1$ が，左端より距離 c の所に載荷している．すると，この単純ばりの任意点 m，および n におけるせん断力，ならびに曲げモーメントの影響線は，以下のようにして求められる．

せん断力の影響線：

$$\left.\begin{array}{ll}S_m = -R_b = -c/L & (\text{荷重 } P=1 \text{ が点 A と点 m の間にあるとき}) \\ S_m = R_a = 1 - c/L & (\text{荷重 } P=1 \text{ が点 m と点 B の間にあるとき})\end{array}\right\} \quad (6.4)_{1\sim2}$$

曲げモーメントの影響線：

$$\left.\begin{array}{ll}M_n = R_b b = bc/L & (\text{荷重 } P=1 \text{ が点 A と点 n の間にあるとき}) \\ M_n = R_a a = a(1 - c/L) & (\text{荷重 } P=1 \text{ が点 n と点 B の間にあるとき})\end{array}\right\} \quad (6.5)_{1\sim2}$$

これらの影響線を図化したものが，それぞれ図 6.8 (b)，および (c) に示されている．

このような影響線を用いて，単純プレートガーダー橋の最大せん断力，および最大曲げモーメントが求められる．

まず，せん断力は，図 6.9 (a) に示すように，左支点 A のすぐ右側の着目点 m で最大

図中ラベル:

$P=1$、A、m、n、B、R_a、R_b、c、$L-c$、a、b、L

(a) 単位荷重 $P=1$ の載荷状態と
着目点 m,および n
λ：三角形分布する影響線の長さ

$-c/L$、-1.0、1.0、$1-c/L$、S_m

(b) 着目点 m のせん断力の
影響線 S_m

bc/L、$a(1-c/L)$、a、b、M_n

(c) 着目点 n の曲げモーメント
の影響線 M_n

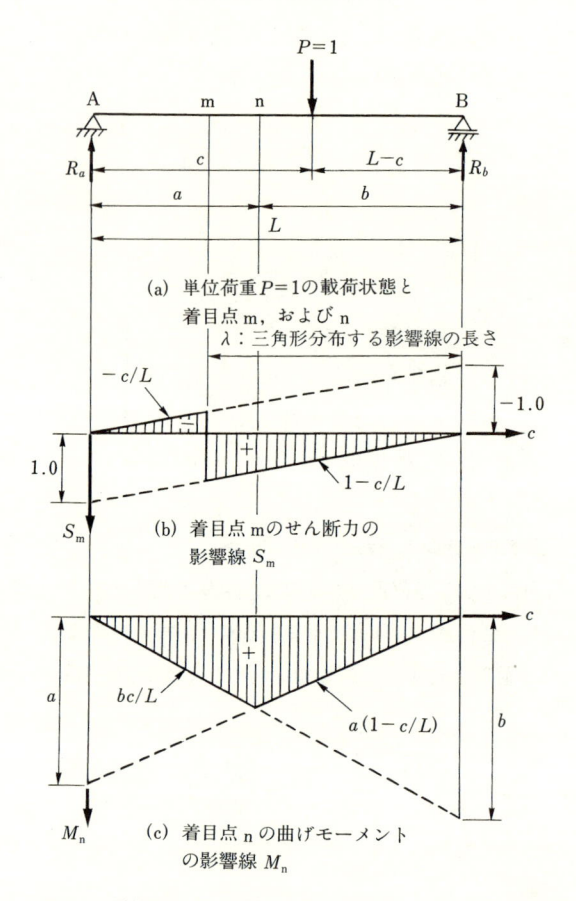

図 6.8 単純げたのせん断力，および曲げモーメントの影響線

となる．そこで，同図 (b) に示すように，上述の (i) で述べた主げたに作用する荷重 w^*，p_1^*，および p_2^* を載荷する（主げた G_a，および G_b を区分する添字 a，および b は，簡便のために省略）．すると，影響線の面積 A_w，A_{p_1}，および A_{p_2} を用いて，最大せん断力 $S_{m,\max}$ は，次式で算出される（図 6.9 (b) 参照．ただし，この場合：$\lambda=L$ とおく）．

$$S_{m,\max} = w^* A_w + (p_1^* A_{p_1} + p_2^* A_{p_2})(1+i)$$

$$= \frac{w^*(2\lambda-L)}{2} + \left\{p_1^* D \frac{\lambda}{L}\left(1-\frac{1}{2}\frac{D}{\lambda}\right) + \frac{p_2^* \lambda}{2}\frac{\lambda}{L}\right\}(1+i) \quad (6.6)$$

ここに，係数 i は，式 (2.4) で与えられる衝撃係数である．

6.2 断面の設計

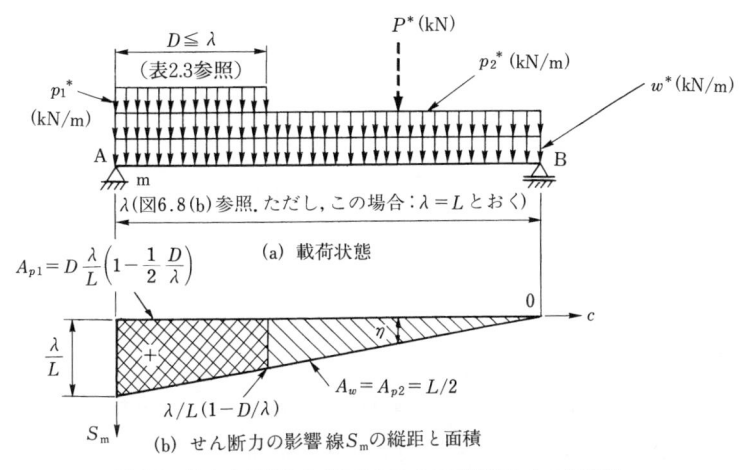

図 6.9 最大せん断力を求めるための載荷状態とその影響線

(a) 載荷状態

$A_{p1} = D\dfrac{\lambda}{L}\left(1 - \dfrac{1}{2}\dfrac{D}{\lambda}\right)$

$A_w = A_{p2} = L/2$

$\lambda/L(1 - D/\lambda)$

(b) せん断力の影響線 S_m の縦距と面積

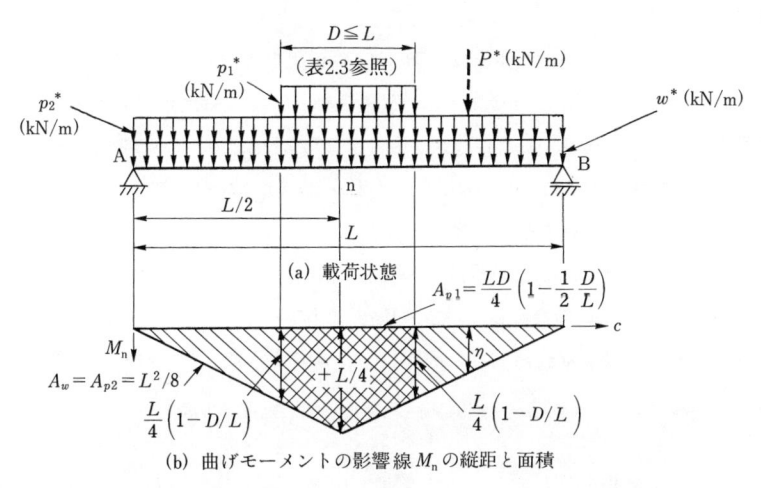

図 6.10 最大曲げモーメントを求めるための載荷状態とその影響線

(a) 載荷状態

$A_{p1} = \dfrac{LD}{4}\left(1 - \dfrac{1}{2}\dfrac{D}{L}\right)$

$A_w = A_{p2} = L^2/8$

$\dfrac{L}{4}(1 - D/L)$ $\dfrac{L}{4}(1 - D/L)$

(b) 曲げモーメントの影響線 M_n の縦距と面積

つぎに，曲げモーメントは，スパン中央の着目点 n で最大となることは明らかである．そこで，全く同様にして図 6.10(a) に示すように，荷重 w^*, p_1^*, および p_2^* を載荷する．すると，同図 (b) の影響線の面積 A_w, A_{p1}, および A_{p2} を用いて，最大曲げモーメント $M_{n,\max}$ は，次式によって求められる（一般の場合については，演習問題 6.2 参照）．

$$M_{n,\max} = w^* A_w + (p_1^* A_{p1} + p_2^* A_{p2})(1+i)$$
$$= \frac{w^* L^2}{8} + \left\{ \frac{p_1^* DL}{4}\left(1 - \frac{1}{2}\frac{D}{L}\right) + \frac{p_2^* L^2}{8} \right\}(1+i) \tag{6.7}$$

さらに，前章で示した床組部材である縦げたや床げた，あるいは図6.8や図6.9でスパンが短く$D>L$のとき，L荷重p_1^*やp_2^*よりもT荷重の影響が大きいこともある．このT荷重による荷重強度を図6.9や図6.10中で集中荷重P^*とすると，T荷重に対するせん断力や曲げモーメントは，これらの図中に示す影響線の縦距η（それぞれ，せん断力に対して$\eta_{\max}=1.0$，および曲げに対して$\eta_{\max}=L/4$）を用い，$P^*\eta$として算出することができる．

鉄道橋の図2.6に示したKS荷重の場合にも，影響線を用いて計算する．ところが，連行荷重の場合には，スパン中央点より少しずれた点で**絶対最大曲げモーメント**が生ずることになるので，注意を要する．表6.1は，KS-18活荷重に対する断面力を示す．

B. けた高

プレートガーダー橋の**けた高**とは，図6.11に示すように，上下フランジの重心間の距離と定義されている．このけた高hは，外的条件として架設地点における取付け道路との関係や，橋下高の制限，および図6.4中に示したように，たわみの制限（6.6.C参照）などを考慮して決めなければならない．しかし，このような制約のないときには，以下に示す**経済的けた高**をとることができる．

経済的けた高hとは，鋼材の重量W（鋼げた断面積×スパン×単位重量）を求める式をけた高hの関数として表わしておき，Wを最小ならしめる条件式$dW/dh=0$より求められる．すると，最適な経済的けた高hは，つぎのように表わされる（演習問題6.1と

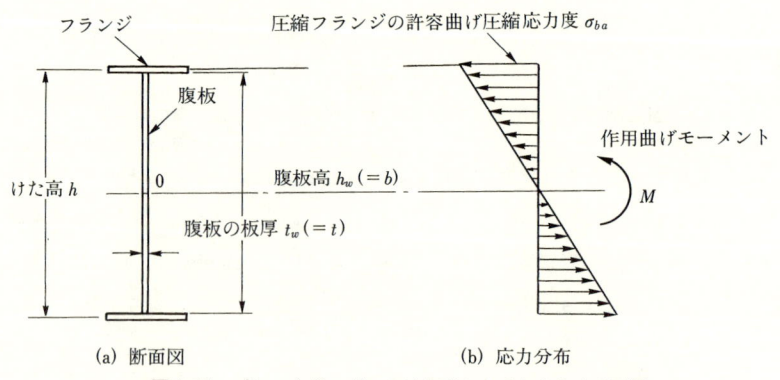

図6.11 プレートガーダーのけた高hとそれを決める要因

6.2 断面の設計

した）.

$$h = \beta \sqrt{\frac{M}{\sigma_{ba} t_w}} \qquad (6.8)$$

ここに，M：作用曲げモーメント（N・mm），σ_{ba}：許容曲げ圧縮応力度（N/mm^2），t_w：腹板の厚さ（mm），である．また，係数 β は，0.9～1.1 ぐらいの値をとる．

そのほか，プレートガーダー橋のたわみを制限するためには，けた高 h とスパン L との比 h/L をある程度以上に抑えておく必要がある（6.6.C 参照）．

一般に，単純げた橋のけた高は，過去の多くの実例や最適設計法によると，

$$\left. \begin{array}{l} 道路橋の場合： h = L/15 \sim L/20 \\ 鉄道橋の場合： h = L/10 \sim L/15 \end{array} \right\} \qquad (6.9)_{1\sim2}$$

程度の値が適当とされている．

C. 腹　　板

腹板の板厚は，許される範囲で薄くしたほうが経済的である．しかし，あまり薄くすると，図 6.12 に示すように，けた端部はせん断力によるせん断座屈，また中央部分は曲げモーメントによる曲げ座屈をおこしやすくなる．このような**板の座屈**の現象を防ぐため，通常，図示のように，上下フランジプレートの間に**補剛材**を入れて補剛する．

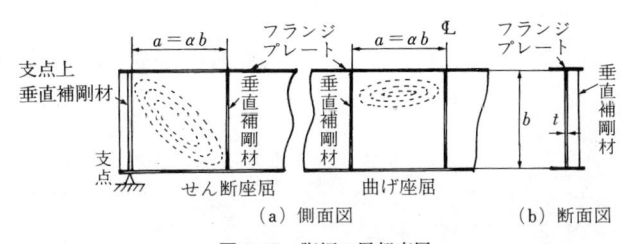

図 6.12 腹板の局部座屈

（i）板の座屈*

上で示したように，フランジプレートや補剛材のところで板が単純支持されているものとして，以下では，板の座屈解析を行なう．図 6.13 は，x 軸方向に一様な圧縮応力度 σ を受ける厚さ t，また幅 b の板を示したものである．

---

* S. P. Timoshenko：Theory of Elastic Stability, 2nd ed. (1959), Kōgakusha, 橘　善雄，小松定夫共訳（A. Hawranek, O. Steinhardt 著）：鋼橋の理論と計算（1964），山海堂，渡辺昇：橋梁工学，（1974），朝倉書店

表 6.1 せん断力，橋脚反力，および曲げモーメント表*
活荷重 KS-18（1レールあたり）

(点Eは，絶対最大曲げモーメントのおこる点)

l(m)	せん断力（×10kN）					橋脚反力 (×10kN)	曲げモーメント（×10kN·m）					e(m)	l(m)
	S_A	S_a	S_b	S_c	S_d		M_a	M_b	M_c	M_d	M_e		
1.0	11.00	9.625	8.250	6.875	5.500	11.00	1.203	2.063	2.578	2.750	2.750	0	1.0
1.5	11.00	9.625	8.250	6.875	5.500	11.00	1.805	3.094	3.867	4.125	4.125	0	1.5
2.0	11.25	9.625	8.250	6.875	5.500	13.50	2.406	4.125	5.156	5.500	5.500	0	2.0
2.5	**13.20**	**10.45**	**8.250**	**6.875**	**5.500**	**16.20**	**3.266**	**5.156**	**6.445**	**6.875**	**6.875**	**0**	**2.5**
3.0	14.67	11.92	9.167	6.875	5.500	18.00	4.469	6.875	7.734	8.250	8.250	0	3.0
3.5	15.71	12.96	10.21	7.464	5.500	20.57	5.672	8.938	9.797	10.13	10.13	0	3.5
4.0	16.88	13.75	11.00	8.250	5.625	22.61	6.875	11.00	12.38	13.50	13.50	0	4.0
4.5	18.00	14.63	11.61	8.861	6.111	24.60	8.227	13.06	14.98	16.88	16.88	0	4.5
5.0	**19.80**	**15.53**	**12.15**	**9.350**	**6.600**	**26.19**	**9.703**	**15.19**	**18.56**	**20.25**	**20.25**	**0**	**5.0**
5.5	21.27	16.77	12.89	9.750	7.000	27.68	11.53	17.72	22.78	23.63	23.63	0.375	5.5
6.0	22.50	18.00	13.50	10.13	7.333	29.55	13.50	20.25	27.00	27.00	27.84	0.375	6.0
6.5	23.54	19.04	14.54	10.64	7.615	31.32	15.47	23.36	31.22	31.50	32.28	0.375	6.5
7.0	24.49	19.93	15.43	11.09	7.857	32.83	17.44	27.00	35.44	36.00	36.72	0.375	7.0
7.5	**25.56**	**20.70**	**16.20**	**11.61**	**8.067**	**34.14**	**19.41**	**30.63**	**39.66**	**40.50**	**41.18**	**0.375**	**7.5**
8.0	26.49	21.43	16.88	12.15	8.250	35.81	21.43	34.43	43.88	45.23	45.63	0.375	8.0
8.5	27.39	22.26	17.47	12.63	8.412	37.50	23.65	38.22	48.09	50.29	50.35	0.117	8.5
9.0	28.40	22.99	18.00	13.05	8.556	39.00	25.86	42.08	52.69	55.35	55.41	0.117	9.0
9.5	29.43	23.68	18.58	13.43	8.684	40.78	28.12	46.01	57.44	60.41	60.47	0.117	9.5
10.0	**30.36**	**24.36**	**19.17**	**13.79**	**8.800**	**42.57**	**30.45**	**50.40**	**62.18**	**65.48**	**65.53**	**0.117**	**10.0**
10.5	31.24	25.20	19.70	14.13	9.064	44.19	33.08	54.90	67.01	70.65	70.66	0.281	10.5
11.0	32.24	25.96	20.21	14.43	9.368	45.69	35.70	59.40	72.46	76.13	76.46	0.281	11.0
11.5	33.18	26.66	20.54	14.71	9.646	47.33	38.33	63.90	77.91	82.09	82.26	0.281	11.5
12.0	24.05	27.30	21.08	15.11	9.900	48.96	40.95	68.40	84.04	88.65	88.68	0.077	12.0
12.5	**35.09**	**28.10**	**21.63**	**15.49**	**10.13**	**50.55**	**43.90**	**73.46**	**90.19**	**95.21**	**95.28**	**0.077**	**12.5**

6.2 断面の設計

13.0	36.05	28.83	22.14	15.84	10.35	52.18	46.86	78.53	96.34	101.8	101.8	0.077	13.0
13.5	36.93	29.52	22.61	16.16	10.55	53.83	49.81	83.59	102.5	108.3	108.4	0.077	13.5
14.0	37.78	30.26	23.05	16.48	10.74	55.42	52.95	88.65	108.6	114.9	114.9	0.077	14.0
14.5	38.63	31.02	23.61	16.89	10.93	56.95	56.23	94.28	114.9	121.5	121.5	0.454	14.5
15.0	**39.47**	**31.74**	**24.14**	**17.27**	**11.19**	**58.47**	**59.51**	**99.90**	**121.8**	**128.0**	**128.8**	**0.454**	**15.0**
15.5	40.30	32.41	24.63	17.63	11.43	60.16	62.79	105.5	129.4	135.3	136.1	0.454	15.5
16.0	41.12	33.06	25.09	17.96	11.66	61.96	66.12	111.5	136.9	143.3	143.6	0.454	16.0
16.5	41.95	33.71	25.66	18.28	11.88	63.74	69.52	117.6	144.5	151.3	151.4	0.049	16.5
17.0	42.76	34.35	26.19	18.62	12.08	65.65	72.99	123.8	152.0	159.4	159.4	0.049	17.0
17.5	**43.58**	**34.99**	**26.70**	**19.00**	**12.29**	**67.65**	**76.53**	**130.1**	**159.7**	**167.4**	**167.4**	**0.049**	**17.5**
18.0	44.39	35.62	27.18	19.36	12.55	69.59	80.15	136.5	167.5	175.5	176.2	0.428	18.0
18.5	45.19	36.25	27.64	19.71	12.80	71.46	83.84	143.0	175.3	184.3	185.6	0.428	18.5
19.0	46.07	36.88	28.10	20.03	13.03	73.27	87.59	149.7	183.3	193.7	193.8	0.428	19.0
19.5	47.01	37.50	28.56	20.40	13.26	75.09	91.60	156.4	191.4	203.3	203.3	0.029	19.5
20.0	**47.99**	**38.11**	**29.01**	**20.78**	**13.47**	**76.91**	**95.93**	**163.2**	**199.6**	**212.9**	**212.9**	**0.029**	**20.0**
20.5	49.05	38.71	29.47	21.15	13.67	78.67	100.4	170.2	208.0	222.4	224.4	0.029	20.5
21.0	50.06	39.32	29.92	21.50	13.86	80.39	105.0	177.2	216.9	232.0	232.6	0.037	21.0
21.5	51.10	39.94	30.37	21.83	14.12	82.06	110.0	184.4	226.3	241.6	241.6	0.102	21.5
22.0	52.23	40.66	30.83	22.15	14.36	82.74	115.0	191.6	235.8	251.3	251.4	0.167	22.0
22.5	**53.30**	**41.35**	**31.27**	**22.47**	**14.59**	**85.43**	**120.0**	**199.0**	**245.4**	**261.5**	**261.8**	**0.280**	**22.5**
23.0	54.33	42.13	31.72	22.79	14.81	87.08	125.4	206.5	255.2	272.2	272.3	0.215	23.0
23.5	55.31	42.93	32.17	23.11	15.02	88.69	130.9	215.3	265.0	282.9	283.3	0.149	23.5
24.0	56.25	43.69	32.62	23.43	15.23	90.26	136.4	224.3	275.0	283.7	293.8	0.083	24.0
24.5	57.28	44.47	33.06	23.74	15.48	91.80	141.9	233.5	285.1	304.7	304.7	0.029	24.5
25.0	**58.26**	**45.33**	**33.50**	**24.06**	**15.73**	**93.31**	**147.4**	**243.3**	**296.1**	**315.9**	**316.0**	**0.460**	**25.0**
25.5	59.21	46.15	34.03	24.37	15.96	94.79	152.9	253.2	307.5	327.2	327.7	0.394	25.5
26.0	60.23	46.94	34.55	24.69	16.19	96.24	158.6	263.0	319.0	339.2	339.5	0.327	26.0
26.5	61.22	47.71	35.07	25.00	16.41	97.71	164.4	272.9	330.4	351.2	351.4	0.260	26.5
27.0	62.17	48.44	35.67	25.31	16.62	99.19	170.2	282.7	342.1	363.4	363.5	0.193	27.0
27.5	**63.16**	**49.16**	**39.25**	**25.62**	**16.82**	**100.6**	**176.1**	**292.6**	**354.6**	**375.6**	**375.7**	**0.126**	**27.5**
28.0	64.11	49.94	36.80	25.93	17.03	102.1	182.3	302.4	367.9	387.9	387.9	0.058	28.0
28.5	65.07	50.69	37.37	26.24	17.23	103.5	188.4	312.8	379.8	400.4	400.4	0.010	28.5
29.0	66.03	51.41	38.00	26.55	17.44	104.9	194.6	323.2	393.4	412.9	412.9	0.078	29.0
29.5	67.02	52.17	38.62	26.86	17.64	106.2	200.7	333.6	407.4	425.5	425.5	0.146	29.5
30.0	**67.98**	**52.94**	**39.21**	**27.17**	**17.84**	**107.6**	**207.2**	**344.0**	**422.0**	**438.5**	**439.1**	**0.797**	**30.0**

〔注〕* 橋梁研究会編：鋼橋設計資料（付解説），(1371)，技報堂

129

(a) 板の局部座屈　　　　　(b) 棒の座屈

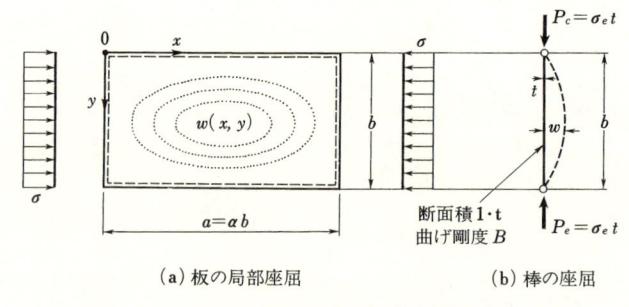

図 6.13 板　の　座　屈

この板が，図示のように，座屈をおこすときの座屈変位 $w(x, y)$ に関する微分方程式は，式 (3.5) を拡張し，板の基礎式 (5.2) を用いると，次式のように与えられる．

$$\frac{\partial^4 w}{\partial x^4} + 2\frac{\partial^4 w}{\partial x^2 \partial y^2} + \frac{\partial^4 w}{\partial y^4} + \frac{\sigma t}{B}\frac{\partial^2 w}{\partial x^2} = 0 \tag{6.10}$$

この方程式を解けば，座屈応力度 σ_{cr} が，次式のように与えられる．

$$\sigma_{cr} = k_\sigma \sigma_e \tag{6.11}$$

ここに，係数 k_σ は座屈係数であり，そして σ_e，および B は

$$\sigma_e = \frac{\pi^2 B}{b^2 t} \tag{6.12}$$

$$B = \frac{Et^3}{12(1-\mu^2)} \fallingdotseq \frac{Et^3}{11} \quad \text{(板の曲げ剛度)} \tag{6.13}$$

である．また，σ_e は厚さ t，幅 1 cm で，曲げ剛度 B の図 6.13 (b) に示す両端ピンの棒の**オイラー**（Euler）**の座屈応力度**に相当するものである（式 (3.7) 参照）．

一方，せん断応力を受ける周辺単純支持板（$\alpha = a/b$: 縦横比（aspect ratio））の座屈応力度 τ_{cr} も，式 (6.11) と同様に，k_τ を座屈係数とすると，

$$\tau_{cr} = k_\tau \sigma_e \tag{6.14}$$

で与えられる．

(ii) 座屈係数の値

プレートガーダーを設計する際に必要な図 6.14 に示す**板の座屈係数**について一括して示すと，以下のようである．

等分布圧縮（**純圧縮**）応力を受ける場合；

6.2 断面の設計

周辺単純支持板（図6.14(a)で$\phi=1$）：

$$k_\sigma = 4.0 \quad (6.15)$$

3辺単純支持で，1辺自由（図6.14(c)）：

$$k_\sigma = 0.43 \quad (6.16)$$

純曲げ応力を受ける場合（図6.14(a)で$\phi=-1$）：

$$k_\sigma = 23.9 \quad (6.17)$$

純せん断応力を受ける場合（図6.14(b)）：

$$\left. \begin{array}{l} k_\tau = 5.34 + \dfrac{4.00}{\alpha^2} : (\alpha \geqq 1) \\ = 4.00 + \dfrac{5.34}{\alpha^2} : (\alpha < 1) \end{array} \right\} \quad (6.18)_{1\sim 2}$$

（$\alpha = a/b$：縦横比）

(iii) 腹板の厚さ

板厚の薄い橋梁部材の設計原則は，3.5節で述べたように，σ_{cao}を許容軸方向圧縮応力度の上限値，またτ_aを許容せん断応力度とすれば，

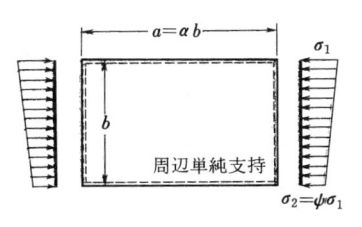

$$\left. \begin{array}{l} \text{圧縮応力に対して：} \dfrac{R^2 \sigma_{cr}}{\nu_B \sigma_{cao}} \geqq 1 \\ \text{せん断応力に対して：} \dfrac{\tau_{cr}}{\nu_B \tau_a} \geqq 1 \end{array} \right\} \quad (6.19)_{1\sim 2}$$

(a) 不等圧縮を受ける周辺単純支持板

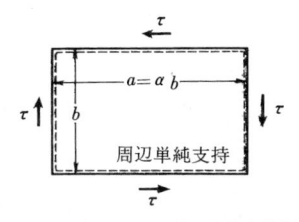

(b) せん断を受ける周辺単純支持板

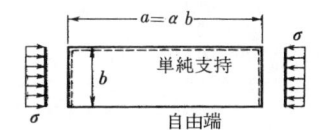

(c) 圧縮を受ける3辺単純支持1辺自由端を有する板

図6.14 種々な板の座屈

でなければならない．ここで，安全率ν_Bは，座屈したのちの**余剰耐荷力**（post buckling strength）を考え，以下のようにとることができる（見かけ上のことであり，実際の安全率ν_Bは，1.7を確保している）．

$$\left. \begin{array}{l} \text{純圧縮応力：} \nu_B = 1.7 \\ \text{純曲げ応力：} \nu_B = 1.4 \\ \text{純せん断応力：} \nu_B = 1.25 \end{array} \right\} \quad (6.20)_{1\sim 3}$$

また，$R(=\sqrt{\sigma_y/\sigma_{cr}}$，$\sigma_y$：降伏点）は，図4.23～4.24に示したように，残留応力や初期たわみなどの初期不整を考慮した低減係数（**座屈パラメーター**）であり，次式で与えられる．

$$\left.\begin{array}{l}\text{純圧縮応力}: R=0.7 \\ \text{純曲げ応力}: R=1.0\end{array}\right\} \qquad (6.21)_{1\sim2}$$

さて，支間中央部分で曲げが支配的なプレートガーダーの場合には，式(6.11)～式(6.13)，式(6.17)，式(6.20)$_2$，および式(6.21)$_2$ を使って，式(6.19)$_1$ から腹板の厚さ t と高さ b との関係式を求めると，つぎのように表わされる．

$$t \geq \frac{b}{425}\sqrt{\frac{1.4\sigma_{cao}}{23.9}} \qquad (6.22)$$

道路橋の腹板の厚さ t は，このような解析を行なって，表 6.2 のように定めている．なお，式(6.22)より，$t \propto \sqrt{\sigma}$ であるから，計算応力度が許容応力度に比べて著しく小さい場合には，表 6.2 の分母の値を $\sqrt{許容応力度/計算応力度}$ 倍（ただし，1.2 倍以下）することができる．

表 6.2 プレートガーダーの所要腹板厚 t (cm)（以上）

水平補剛材 \ 鋼種	SS400 SM400 SMA400W	SM490	SM490Y SM520 SMA490W	SM570 SMA570W
水平補剛材のないとき	$\dfrac{b}{152}$	$\dfrac{b}{130}$	$\dfrac{b}{123}$	$\dfrac{b}{110}$
水平補剛材を1段用いるとき	$\dfrac{b}{256}$	$\dfrac{b}{220}$	$\dfrac{b}{209}$	$\dfrac{b}{188}$
水平補剛材を2段用いるとき	$\dfrac{b}{310}$	$\dfrac{b}{310}$	$\dfrac{b}{294}$	$\dfrac{b}{262}$

〔注〕 b：上下両フランジプレートの純間隔（cm）
　　　水平補剛材の位置は，図 6.29 を参照のこと．

鉄道橋では，SS400 材で水平補剛材を入れないときは，

$$D/t \leq 155 \qquad (6.23)$$

にとっている．ここに，D，および t は，それぞれ腹板の高さ，および厚さである．

なお，腹板の最小厚は，道路橋で 8mm，また鉄道橋で 9mm としている．

D. フランジプレートの断面

(i) フランジプレートの所要断面積

簡単のために，まず上下対称なプレートガーダー断面を考える．図 6.15 において，フ

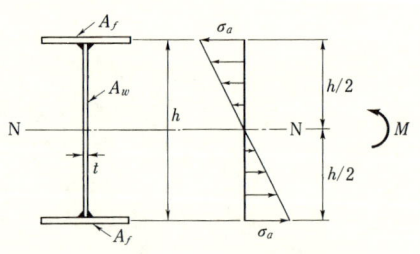

(a) Iげた断面　　(b) 応力分布

図 6.15　Iげたの応力分布

6.2 断面の設計

ランジプレートの断面積を A_f, 上下フランジプレートの重心間距離を h, 腹板の厚さを t_w とし,また曲げモーメント M によるフランジプレートの平均応力度を σ_a とする.

このとき,作用曲げモーメント M と内力のなすモーメントとは,つり合っていなければならないから,

$$M = 2\left(\sigma_a A_f \frac{h}{2} + \frac{1}{2}\sigma_a \frac{t_w h}{2}\frac{h}{3}\right) \tag{6.24}$$

が成立する.この式をフランジプレートの断面積 A_f について解くと,

$$A_f = \frac{M}{\sigma_a h} - \frac{h t_w}{6} \tag{6.25}$$

が得られる.上式で, σ_a を曲げに対する許容応力度とみなせば,フランジプレートの所要断面積は,容易に求めることができる.たとえば,SM490($t \leqq 40$ mm)に対しては,表3.4 より,

$$\left.\begin{array}{l}\sigma_{ta} = 185 \quad (\text{N/mm}^2) \\ \sigma_{ba} = 185 \quad (\text{N/mm}^2) \quad (l/b \leqq 4.0) \\ \quad = 185 - 3.8(l/b - 4.0) \quad (\text{N/mm}^2) \quad (4.0 < l/b \leqq 30) \\ (l: \text{フランジプレートの固定点間距離}, \ b: \text{フランジプレートの幅}) \\ \hfill (\text{図 3.11 (a) 参照})\end{array}\right\} \tag{6.26}_{1\sim3}$$

となる.しかし,コンクリート床版を有する場合,フランジプレートが横ねじれ座屈に対して拘束されているので,許容曲げ圧縮応力度は, $\sigma_{ba} = 185 \text{ N/mm}^2$ となり,許容引張応力度 σ_{ta} と同じ値にとることができる.そのため,上下フランジプレートは,同じ断面積のものが使用できる.

上下フランジプレートが異なる図 6.16 のような場合に対しては,それぞれ上下フランジプレートの断面積を A_c, および A_t, また平均応力度を σ_c, および σ_t とすれば,次式が成り立つ.

$$\left.\begin{array}{l}-A_c z_c + h t_w e + A_t z_t = 0, \ (\text{中立軸 N/N のまわりの断面一次モーメント}=0) \\ A_c \sigma_c z_c + \dfrac{\sigma_c z_c t_w}{2}\dfrac{2}{3}z_c + A_t \sigma_t z_t + \dfrac{\sigma_t z_t t_w}{2}\dfrac{2}{3}z_t = M\end{array}\right\}$$

$$\tag{6.27}_{1\sim2}$$

ここで,総距離 z_c, z_t, および図心の偏心 e としては,図中の値を入れて整理する.す

ると，上式からA_c，およびA_tに関する連立方程式が得られ，それらの結果から，

$$\left. \begin{array}{l} A_c = \dfrac{M}{\sigma_c h} - \dfrac{h t_w}{6} \dfrac{2\sigma_c - \sigma_t}{\sigma_c} \\[2mm] A_t = \dfrac{M}{\sigma_t h} - \dfrac{h t_w}{6} \dfrac{2\sigma_t - \sigma_c}{\sigma_t} \end{array} \right\} \qquad (6.28)_{1\sim 2}$$

が，得られる．

上下非対称な断面を有する非合成のプレートガーダーにおいては，式(6.28)中の応力度を$\sigma_c = \sigma_{ba}$，および$\sigma_t = \sigma_{ta}$（許容引張応力度で，表3.4参照）にとることができる．ただし，許容曲げ圧縮応力度σ_{ba}は，表3.4に示した以外の条件$A_w/A_c > 2$（A_w：腹板の断面積，A_c：圧縮フランジの断面積）にあるとき，表6.3に示すようにとらなければならない．

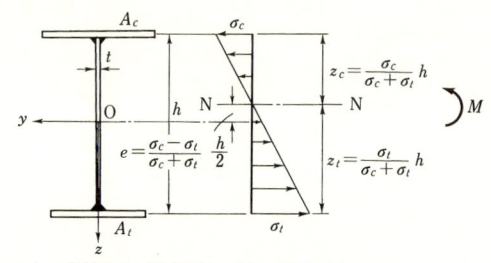

(a) 非対称Iげた断面　(b) 応力分布

図6.16 上下非対称Iげたの応力分布

表6.3 $A_w/A_c > 2$の断面に対する許容曲げ圧縮応力度σ_{ba}（N/mm²）（$t \leqq 40$mm）

鋼　　材	許容曲げ圧縮応力度（N/mm²）
SS 400 SM 400 SMA 400 W	140　　$(l/b \leqq 9/K)$ $140 - 1.2(K\dfrac{l}{b} - 9)$　$(9/K < l/b \leqq 30)$
SM 490 MM 490	185　　$(l/b \leqq 8/K)$ $185 - 1.9(K\dfrac{l}{b} - 8)$　$(8/K < l/b \leqq 30)$
SM 490 Y SM 520 SMA 490 W	210　　$(l/b \leqq 7/K)$ $210 - 2.3(K\dfrac{l}{b} - 7)$　$(7/K < l/b \leqq 27)$
SM 570 SM 570 W	255　　$(l/b < 10/K)$ $255 - 3.3(K\dfrac{l}{b} - 10)$　$(10/K < l/b \leqq 25)$

〔注〕　l：圧縮フランジの固定点間距離（cm）（図3.11(a)参照）
　　　b：圧縮フランジの幅（cm）（図3.11(a)参照）
　　　K：式(3.14)参照

なお，式(6.28)の合成げたの断面設計への応用法については，8章で述べる．

6.2 断面の設計

(ii) フランジプレートの幅と厚さ

以上によって断面積がわかると，それに応じたフランジプレートの幅 b，および厚さ t を決めることができる．その際，フランジプレートは，図6.17に示すように，なるべく1枚とするほうがよい．

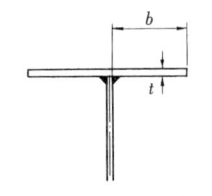

その際，圧縮フランジプレートは，C.項で述べたように，板の**局部座屈**を考えて，その板厚を決めなければならない．圧縮フランジプレートの解析モデルは，図6.14(c)である（**自由突出板**ともいう）．そして，純圧縮を受けるから，$k_\sigma=0.43$，$\nu_B=1.7$，および $R=0.7$ として式 $(6.19)_1$ を式(6.11)～式(6.13)を用いて書き替えると，

$$t \geq \frac{b}{425 \times 0.7}\sqrt{\frac{1.7\sigma_{cao}}{0.43}} \tag{6.29}$$

が，得られる．表6.4は，圧縮フランジプレートの板厚 t の最小値を示したものである．

図6.17 フランジプレートの断面

表6.4 圧縮フランジプレートの板厚 t（以上）

鋼　種	板　厚
SS 400 SM 400 SMA 400 W	$\dfrac{b}{12.8}$
SM 490	$\dfrac{b}{11.2}$
SM 520 SM 490 Y SMA 490 W	$\dfrac{b}{10.5}$
SM 570 SMA 570 W	$\dfrac{b}{9.5}$

圧縮フランジプレートの応力度が余っている場合は，

$$\text{表6.4の値以上で，かつ } t \geq \frac{b}{16} \tag{6.30}$$

の範囲で板厚 t を決めることができる．しかし，局部座屈に対する許容応力度（N/mm^2）が，各鋼種に対して，

$$\sigma_{cal}=23{,}000\left(\frac{t}{b}\right)^2 \tag{6.31}$$

に減少することを注意しなければならない．

一方，引張フランジプレートの板厚 t は，鋼種にかかわらず，

$$t \geq \frac{b}{16} \tag{6.32}$$

としている．

(iii) フランジプレートの鋼種の選定

溶接の際，フランジプレートの板厚が厚くなると，溶接箇所の**ぜい性**になる傾向が大となるため，良質の材料を用いなければならない．厚板に対する鋼種の選定は，すでに示した表4.9によって行なう．

(iv) 特殊なフランジプレート

板厚が厚くなると，**予熱**の問題などが生じてくるので，鋼板を重ね合わせた**カバープレート**を用いるほうが，有利な場合がある．このような場合は，図 6.18 に示すようなカバープレートを用いる．カバープレート端は，図 6.19 に示す前面すみ肉溶接と，側面すみ肉溶接とが用いられる．カバープレート端では，けたとしての断面が急に変化し，溶接のため母材も変質して**疲労強度**が低下するので，端部に 30 cm 以上の余長をとる．また，引張り側のフランジプレートの両端は，その箇所における内側フランジプレートに作用する縁応力度が，許容応力度の 90％ となるところまで延長するように定められている．2 主げたのフランジプレートなどで，カバープレートが数枚になるときには，溶接にあたり特別な配慮を要する．

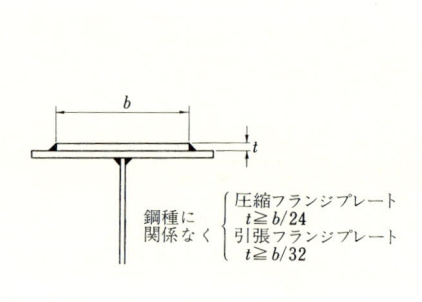

図 6.18 カバープレートの板幅と板厚

圧縮フランジプレート
$t \geqq b/24$
引張フランジプレート
$t \geqq b/32$
鋼種に関係なく

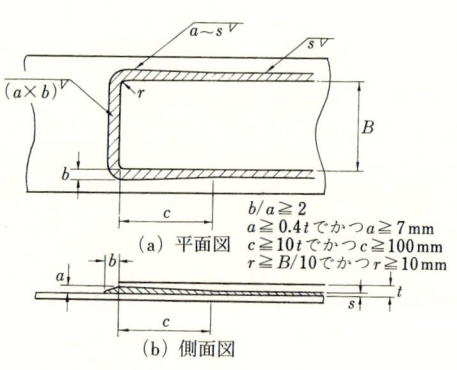

図 6.19 カバープレートの詳細

(a) 平面図
(b) 側面図

$b/a \geqq 2$
$a \geqq 0.4t$ でかつ $a \geqq 7\,\mathrm{mm}$
$c \geqq 10t$ でかつ $c \leqq 100\,\mathrm{mm}$
$r \geqq B/10$ でかつ $r \geqq 10\,\mathrm{mm}$

フランジプレートの断面の特殊なものとしては，図 6.20 のように，Dörnen の特許である山形鋼を用いたものがある．その特徴は，フランジプレートの板縁で溶接しているので，溶接の量が少なく，急冷しない．温度は，カバープレート内で一様に上昇する．補剛材溶接の際のカバープレートのひずみが，避けられる．また，フランジプレートの断面が，大となる，などの特徴がある．

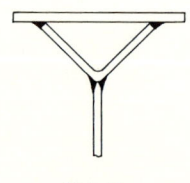

図 6.20 特殊なフランジ

(v) 腹板とフランジプレートとの溶接

フランジプレートと腹板との溶接は，通常，図 6.21 (a) に示すように，すみ肉溶接（許容せん断応力度 τ_a は，表 4.11 参照）とする．そして，つぎの式によって，のど厚 a を設計することができる．

6.2 断面の設計

$$\tau = \frac{SQ}{I\Sigma a} \leqq \tau_a \tag{6.33}$$

ここに，τ：溶接部におけるせん断応力度（N/mm^2），S：継手に作用するせん断力（N），I：継手におけるけたの断面二次モーメント（mm^4），Q：溶接線の外側にある断面の中立軸のまわりの断面一次モーメント（mm^3），Σa：のど厚（mm），である．

プレートガーダーでは，一般に，上式から求めたせん断応力度 τ の計算値が小さい．しかし，フランジプレートの断面が大きいときは，その熱容量が大きく，あまり小さいサイズの溶接をすると，急冷のために亀裂を生じる原因となる．したがって，力を伝えるすみ肉のサイズ S(mm) は，式（4.12）により決めるものとし，6mm 以上としている．

カバープレートとフランジプレートとのすみ肉溶接も，同様である．ところが，力を伝える溶接であるので，サイズは，6mm 以上としている．フランジプレートと腹板との溶接法として特別なものに，図6.21(b)，および(c)が，用いられることがある．同図(c)は，溶接の急冷による悪影響が避けられ，X線の検査も可能である．

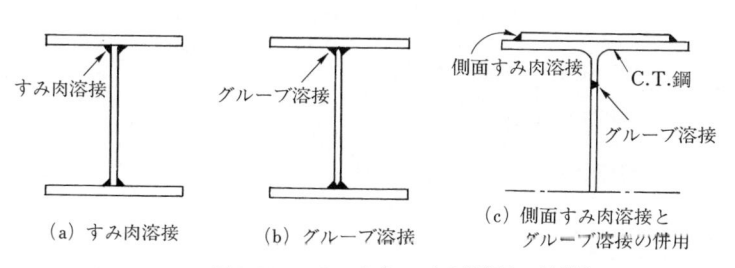

図 6.21 フランジプレートと腹板との溶接法

E. 応力照査

腹板の高さと板厚，あるいはフランジプレートの幅と厚さを決定したあと，作用曲げモーメントやせん断力のもとで，その断面が安全であることを，確認しなければならない．

曲げモーメント M に対しては，次式によって圧縮縁，ならびに引張縁の垂直応力度 σ_c，および σ_t を求め，それらが定められた許容応力度 σ_{ba}（曲げ圧縮），あるいは σ_{ta}（曲げ引張）以内にあることを照査する（表3.4参照）．すなわち，**はりの理論**（beam theory）を用いて，次式によって応力照査が，行なわれる．

$$\left.\begin{array}{l}\sigma_c = \dfrac{M}{I}z_c \leqq \sigma_{ba} \\[2mm] \sigma_t = \dfrac{M}{I}z_t \leqq \sigma_{ta}\end{array}\right\} \quad (6.34)_{1\sim 2}$$

ここに，I はけた断面の中立軸 N-N に関する**断面二次モーメント**で，また z_c，および z_t はそれぞれ中立軸から圧縮縁，および引張縁までの距離である．そして，図 6.22 に示す断面に対しては，以下のようにして求める．

$$\left.\begin{array}{l}\text{断面積}: A = b_u t_u + t_w h_w + b_l t_l = A_u + A_w + A_l \\[2mm] \text{原点 O のまわりの}\textbf{断面一次モーメント}: \\[2mm] \quad Q = -A_u \times \dfrac{1}{2}(h_w + t_u) + A_l \times \dfrac{1}{2}(h_w + t_l) \\[2mm] \text{中立軸 (N-N) の位置}: e = \dfrac{Q}{A} \\[2mm] \text{原点 O まわりの断面二次モーメント}: \\[2mm] \quad \bar{I} = A_u\left\{\dfrac{1}{2}(h_w + t_w)\right\}^2 + \dfrac{t_w h_w^3}{12} + A_l\left\{\dfrac{1}{2}(h_w + t_l)\right\}^2 \\[2mm] \text{中立軸 (N-N) まわりの断面二次モーメント}: \\[2mm] \quad I = \bar{I} - Ae^2 \\[2mm] \text{縁距離}: z_c = -\left(\dfrac{h_w}{2} + t_u + e\right),\ z_t = \dfrac{h_w}{2} + t_l - e\end{array}\right\} \quad (6.35)_{1\sim 7}$$

たとえば，図 6.22 中に示した実際の数値に対する計算過程は，表 6.5 に示すようにして行なうと便利である．この表より，所要の断面諸量は，以下のように求められる．

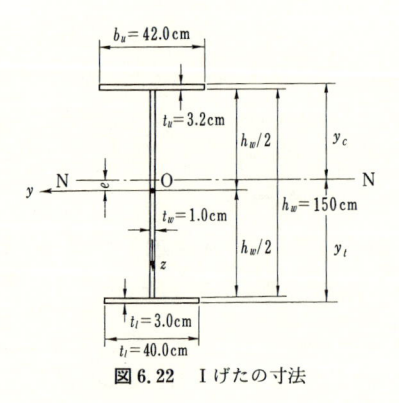

図 6.22 I げたの寸法

表6.5 断面定数の数値計算例

部　　材	$A(\text{cm}^2)$	$z(\text{cm})$	$Q=Az(\text{cm}^3)$	$I=Az^2$(or $t_w h_w^3/12$, cm^4)
1-Flg. pl. 420×32	134.4	-76.6	$-10,295$	788,600
1-Web pl. $1,500\times10$	150.0	—	—	281,250
1-Flg. pl. 400×30	120.0	76.5	9,180	702,227
合　　計	404.4		$-1,115$	1,772,077

$e = Q/A = -1,115/404.4 = -2.76\,\text{cm}$

$I = \bar{I} - Ae^2 = 1,772,077 - 404.4 \times 2.76^2 = 1,769,003\,\text{cm}^4$

$z_c = -(75.0 + 3.2 - 2.76) = -75.44\,\text{cm}$, $z_t = 75.0 + 3.0 + 2.76 = 80.76\,\text{cm}$

つぎに，せん断応力度 τ_b の最大値は，けたの中立軸のところに発生する．この値は，近似的に，つぎの式によって求めることができる（9.2.A 参照）．

$$\tau_b = \frac{S}{A_w} \leqq \tau_a \tag{6.36}$$

ここに，S：作用せん断力（N）

　　　　$A_w = t_w h_w$：腹板のみの断面積（mm^2）

　　　　τ_a：許容せん断応力度（たとえば，SM490 の場合，$\tau_a = 105\text{N}/\text{mm}^2$）

なお，曲げモーメントとせん断力とが，同時に作用する断面で，垂直応力度 σ_b（式 (6.34) の σ_c や σ_t）とせん断応力度 τ_b とがともに $0.45\,\sigma_a$（式 (6.34) の σ_{ba} や σ_{ta}），および $0.45\,\tau_a$ を超える場合は，曲げモーメント，および，せん断力がそれぞれ最大となる荷重状態について，次式が満足されることを確かめておく必要がある（図4.34 参照）．

$$\left(\frac{\sigma_b}{\sigma_a}\right)^2 + \left(\frac{\tau_b}{\tau_a}\right)^2 \leqq 1.2 \tag{6.37}$$

6.3　補　剛　材

プレートガーダーが終局限界状態に至っても，腹板の座屈が局部的なものに留まっており，けたの**全体座屈**に至らないように，設計を行なう必要がある．そのために，腹板が薄いプレートガーダーでは，垂直補剛材と水平補剛材とを設ける．それらの設計法について述べると，以下のとおりである．

A. 垂直補剛材

（i）垂直補剛材の間隔

図 6.23 (a) に示すように，けた中間部の垂直補剛材の間隔 a は，腹板の曲げ座屈とせん断座屈とを考慮して決めなければならない．すなわち，図 6.23 (c) に示すように，曲げ応力度 σ とせん断応力度 τ とが同時に作用する場合には，σ と τ とを組み合わせ，つぎのような座屈に関する**相関関係式**（たとえば，図 4.34 参照）が有効であるものとする．

$$\left(\frac{\sigma}{\sigma_{cr}}\right)^2 + \left(\frac{\tau}{\tau_{cr}}\right)^2 \leq \frac{1}{\nu_B^2} \tag{6.38}$$

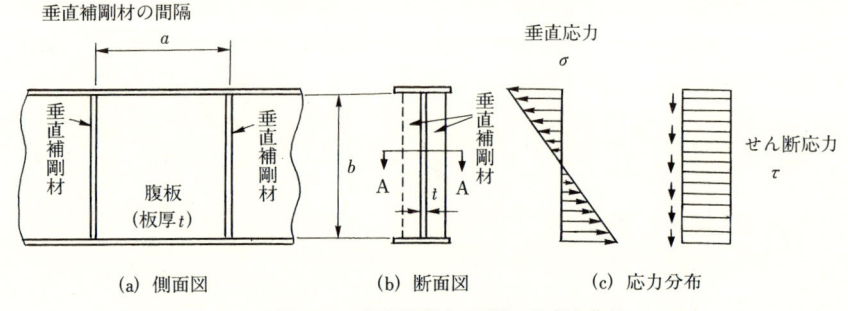

図 6.23 垂直補剛材の間隔 a と応力分布

そこで，式 (6.11)〜式 (6.14) を用いて，上式を書き替えれば，

$$\left(\frac{b}{100t}\right)^4 \left\{\left(\frac{\sigma}{18k_\sigma}\right)^2 + \left(\frac{\tau}{18k_\tau}\right)^2\right\} \leq \frac{1}{\nu_B^2} \tag{6.39}$$

となる．

まず，道路橋で水平補剛材のない場合，係数 k_σ は式 (6.17)，また係数 k_τ は式 (6.18) で与えられる．そこで，けた端部寄りのせん断力が支配的になる場合の安全率 ν_B として式 (6.20)$_3$ を採用すると，次式が得られる．

$$\left. \begin{array}{l} \left(\dfrac{b}{100t}\right)^4 \left\{\left(\dfrac{\sigma}{345}\right)^2 + \left[\dfrac{\tau}{77+58(b/a)^2}\right]^2\right\} \leq 1 \quad (a/b > 1) \\[2ex] \left(\dfrac{b}{100t}\right)^4 \left\{\left(\dfrac{\sigma}{345}\right)^2 + \left[\dfrac{\tau}{58+77(b/a)^2}\right]^2\right\} \leq 1 \quad (a/b \leq 1) \end{array} \right\} \tag{6.40}_{1\sim 2}$$

ここに，a：垂直補剛材の間隔（cm）
　　　　b：上下フランジプレートの純間隔（cm）　　　　（図 6.23 参照）
　　　　t：腹板の厚さ（cm）

6.3 補剛材

σ：腹板の縁圧縮応力度（N/mm²），（式（6.34）参照）

τ：腹板のせん断応力度（N/mm²），（式（6.36）参照）

であり，**縦横比**を $a/b \leq 1.5$ としている．なお，上下フランジプレートの純間隔 b（図 6.23(b) 参照）が表 6.6 に示す値以下の場合には，垂直補剛材を省略することができる．

表6.6 垂直補剛材を省略しうるフランジプレート純間隔 b の最大値

鋼　　種	SS 400 SM 400 SMA 400 W	SM490	SM 490 Y SM 520 SMA 490 W	SM 570 SMA 570 W
上下両フランジプレートの純間隔	$70t$	$60t$	$57t$	$50t$

つぎに，後述の図 6.29 に示すように，水平補剛材を設けた場合についても，垂直補剛材の間隔 a を照査する式が同様に導かれており，次式が与えられる．

水平補剛材を 1 段用いる場合：

$$\left.\begin{array}{l}\left(\dfrac{b}{100t}\right)^4\left[\left(\dfrac{\sigma}{900}\right)^2+\left\{\dfrac{\tau}{120+58(b/a)^2}\right\}^2\right]\leq 1 \quad \left(\dfrac{a}{b}>0.80\right) \\ \left(\dfrac{b}{100t}\right)^4\left[\left(\dfrac{\sigma}{900}\right)^2+\left\{\dfrac{\tau}{90+77(b/a)^2}\right\}^2\right]\leq 1 \quad \left(\dfrac{a}{b}\leq 0.80\right)\end{array}\right\} \quad (6.41)_{1\sim 2}$$

水平補剛材を 2 段用いる場合：

$$\left.\begin{array}{l}\left(\dfrac{b}{100t}\right)^4\left[\left(\dfrac{\sigma}{3,000}\right)^2+\left\{\dfrac{\tau}{187+58(b/a)^2}\right\}^2\right]\leq 1 \quad \left(\dfrac{a}{b}>0.64\right) \\ \left(\dfrac{b}{100t}\right)^4\left[\left(\dfrac{\sigma}{3,000}\right)^2+\left\{\dfrac{\tau}{140+77(b/a)^2}\right\}^2\right]\leq 1 \quad \left(\dfrac{a}{b}\leq 0.64\right)\end{array}\right\} \quad (6.42)_{1\sim 2}$$

鉄道橋における中間補剛材の間隔 d は，t を腹板厚，また τ(N/mm²) を腹板のせん断応力度の平均値とすれば，水平補剛材がない場合，次式で求めるものとしている．

$$d \leq 940 \dfrac{t_w}{\sqrt{\tau}} \quad (6.43)$$

(ii) 補剛材の所要剛度

補剛材の寸法は，補剛材で区切られた板パネルの周辺が理論上の仮定を満足するように単純支持辺，すなわち座屈の節となるように，十分な剛度を補剛材に持たせるように決める必要がある．

道路橋では，垂直補剛材の断面二次モーメント I_v を次式で求めた値以上としている．

$$I_v \geq \frac{bt^3}{11}\gamma_{v,\text{req}} \tag{6.44}$$

ここに，**必要剛比** $\gamma_{v,\text{req}}$ は，

$$\gamma_{v,\text{req}} = 8.0\left(\frac{b}{a}\right)^2 \tag{6.45}$$

で，また a：垂直補剛材間隔（cm）
　　　　b：補剛される板の全幅で，この場合は，上下フランジプレートの純間隔（cm）
　　　　t：補剛される板の厚さ（cm）
である（図 6.23 (b) 参照）．

(iii) 補剛材の断面

垂直補剛材（vertical stiffener）には，普通，平鋼を用いる．そのほか，T 形鋼が用いられる場合もある．中間補剛材は，図 6.24 (a) に示すように，片側のみに設けられることが多い．しかし，床げたや対傾構など荷重が集中するところでは，同図 (b) に示すように，腹板の両側に取り付ける．

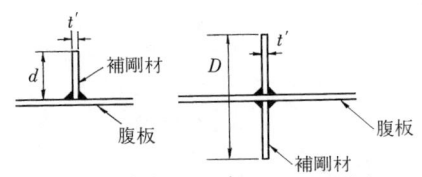

補剛材の断面二次モーメント I は，図 6.24 (a)〜(b) に示したように，腹板の片側だけに設けるとき板の表面に関して $I_v = t'd^3/3$，また両側に設けるとき腹板の中立軸に関して $I_v = t'D^3/12$ であるので，式 (6.44) を満足するように設計する．その際，垂直補剛材の幅（d，または $D/2$）は腹板高の 1/30 に 50 mm を加えた値以上とし，また板厚 t' はその幅の 1/13 以上としている．なお，鋼材は，腹板の鋼種にかかわらず，SM 400 材を用いてよい．

図 6.24 垂直補剛材の断面（図 6.23 (b) の断面 A-A）
(a) 片側に設ける場合 (b) 両側に設ける場合

補剛材と腹板との溶接はすみ肉連続溶接とし，またサイズは 4〜5 mm とする．補剛材の端部は，図 6.25 に示すように，圧縮フランジプレート側で溶接する．しかし，引張フランジプレート側は，図 6.26 に示すように，溶接しない．その理由は，作用応力と直角方向に溶接線を設けた引張フランジプレートが疲労に対して弱くなるからである．

また，補剛材の両端は，図 6.25 や図 6.26 中に示したように，フランジプレートと腹板との溶接線が重ならないようにするために切り取る．この部分を，**スカーラップ**（scallop）という．

(a) 3角形のスカーラップ　(b) 円形のスカーラップ

図 6.25　圧縮フランジとの取り合い

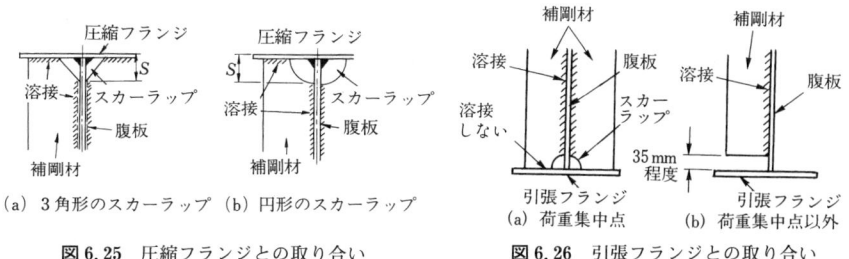

(a) 荷重集中点　(b) 荷重集中点以外

図 6.26　引張フランジとの取り合い

(iv)　荷重集中点の垂直補剛材

図 6.27 (a) に示すように，支点，あるいは床げた，縦げた，ならびに対傾構などの取付け部に設ける垂直補剛材は，中間の垂直補剛材のような剛度部材と異なり，強度が必要な部材である．そのため，腹板の一部が，補剛材と協力する柱部材とみなして設計する．

その際，図 6.28 に示すように，補剛材と腹板の厚さの 24 倍の範囲を有効断面積（ただし，補剛材の断面積の 1.7 倍を超えない）とし，けた高 h の約半分を有効座屈長 $l=h/2$ にとり，集中荷重 R を受ける柱として設計する（図 6.27 (b) 参照）．

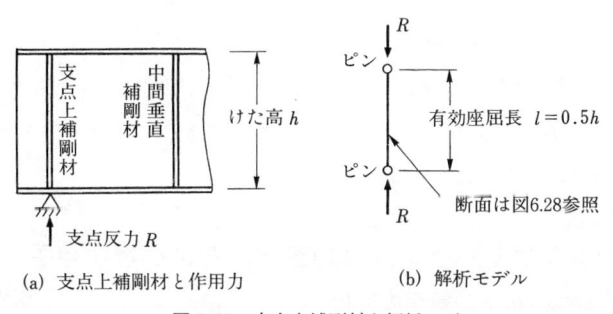

(a) 支点上補剛材と作用力　(b) 解析モデル

図 6.27　支点上補剛材と解析モデル

B.　水平補剛材

プレートガーダーの支間が大きいときには，けた高も大きくなる．そこで，腹板をできるだけ薄くするために，**水平補剛材**を設ける（表 6.2 参照）．

図 6.29 は，**水平補剛材の取付け位置**を示す．また，水平補剛材の断面二次モ

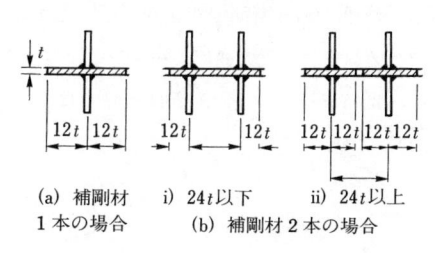

(a) 補剛材 1 本の場合
i) $24t$ 以下　(b) 補剛材 2 本の場合
ii) $24t$ 以上

図 6.28　荷重集中点の垂直補剛材の有効断面

(a) 水平補剛材のない場合
(b) 水平補剛材を1段用いた場合　$b_1 = 0.2b$
(c) 水平補剛材を2段用いた場合　$b_1 = 0.14b$　$b_2 = 0.36b$

図 6.29　水平補剛材の取付け位置とその寸法

ーメント I_h は,

$$I_h \geq \frac{bt^3}{11}\gamma_{h,\text{req}} \tag{6.46}$$

とする．その際，**必要剛比** $\gamma_{h,\text{req}}$ の値は，

$$\gamma_{h,\text{req}} = 30.0\left(\frac{a}{b}\right) \tag{6.47}$$

によって計算する．ここに，記号は，式 (6.45) のものに準じる．また，水平補剛材の断面二次モーメント I_h は，図 6.29 (b)～(c) を参照にすると，$I_h = t'd^3/3$ であるので，式 (6.46) が満足されるように設計する．

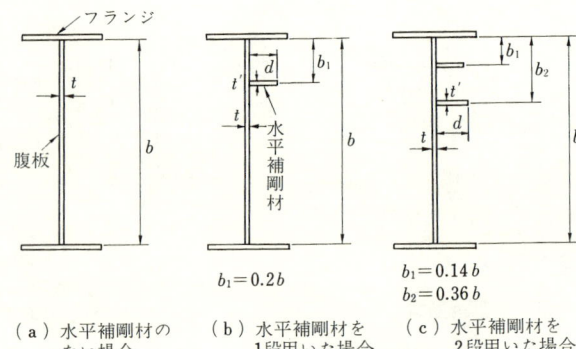

6.4　フランジプレートの断面の変化，および現場継手

A.　フランジプレートの断面の変化

　プレートガーダーの断面は，曲げモーメントに応じてフランジプレートの幅や厚さを加減，普通，2～4 断面で変化させる．このような場合，図 6.30 に示すように，けたの抵抗モーメントは，**最大曲げモーメント**より大きくなるように設計しなければならない．ここで，**抵抗モーメント** M_r とは，けたに許される最大曲げモーメントのことであり，式 (6.34) より，

$$M_r' = \frac{I}{z_c}\sigma_{ba}, \text{ あるいは } M_r'' = \frac{I}{z_t}\sigma_{ta} \tag{6.48}_{1\sim 2}$$

として求められたもののうち，小さいほうの値をとる．

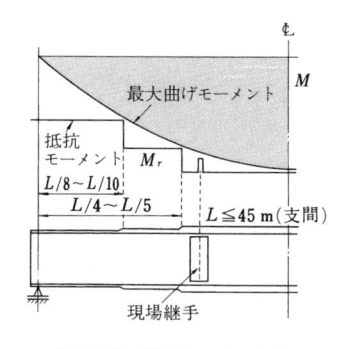

図 6.30 抵抗モーメントと現場継手

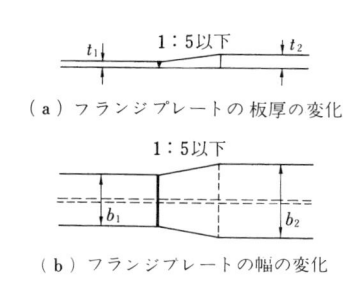

図 6.31 フランジプレート断面の変化法

すなわち，Min $\{a:b\}$ を a と b とのうち小さいほうをとるものとすれば，抵抗モーメント M_r は，次式で与えられる．

$$M_r = \mathrm{Min}\{M_r': M_r''\} \tag{6.49}$$

フランジプレートの断面が変化する部分では，図 6.31 に示すように，板厚や幅を 1/5 以下の傾斜（テーパー，taper）を付け，応力の流れが急変するのを防ぐようにしなければならない．

B. 現場継手

一般に，鋼部材は，特別の場合を除き，鋼材の市場品の寸法，製作，運搬，および架設の関係から，1つのブロックが 15～20 m ぐらいの長さで，しかも重量が 300 kN 以下になるように工場で製作のうえ運搬し，現場で高力ボルト結合をして組み立てる．

このような**現場継手**の位置は，なるべく断面に余裕のあるところが望ましい．また，引張側フランジプレートでは，高力ボルトの孔による**断面欠損**を考慮しなければならない．しかし，式 (6.34) によって再計算する代わりに，次式によって応力照査を行なうことができる．

$$\left. \begin{array}{l} \sigma_c = \dfrac{M}{I} z_c \leqq \sigma_{ba} \\[6pt] \sigma_t = \dfrac{M}{I} \dfrac{b_g}{b_n} z_t \leqq \sigma_{ta} \end{array} \right\} \tag{6.50}_{1\sim2}$$

ここに，b_g：フランジプレートの総幅
b_n：高力ボルト孔を控除したフランジプレートの純幅

である．したがって，現場継手の位置における抵抗モーメント M_r''' は，

$$M_r''' = \frac{I}{z_t}\sigma_{ta}\frac{b_n}{b_g} \tag{6.51}$$

となる．そして，図 6.30 中に示すように，元の抵抗モーメント M_r が，継手の位置で，b_n/b_g だけ低下する．

(i) フランジプレートの継手

フランジプレートの継手は，道路橋の場合，計算応力度 σ_c，および σ_t に基づいて設計を行なう．しかし，その際，次式で示される**全強** P_s の少なくとも 75% 以上の力に対し，安全であるように設計しなければならない（式 (4.5) 参照）．

$$\left.\begin{array}{l}\text{圧縮フランジプレート：} P_{cs} = A_g\sigma_{ba} \\ \text{引張フランジプレート：} P_{ts} = A_n\sigma_{ta}\end{array}\right\} \tag{6.52}_{1\sim2}$$

その際，所要高力ボルトの本数，および配置などの詳細は，4.2 参照されたい．合成げたにおけるフランジプレートの継手の一例を，図 6.32 に示す．

(a) 上フランジプレートの現場継手

(b) 下フランジプレートの現場継手

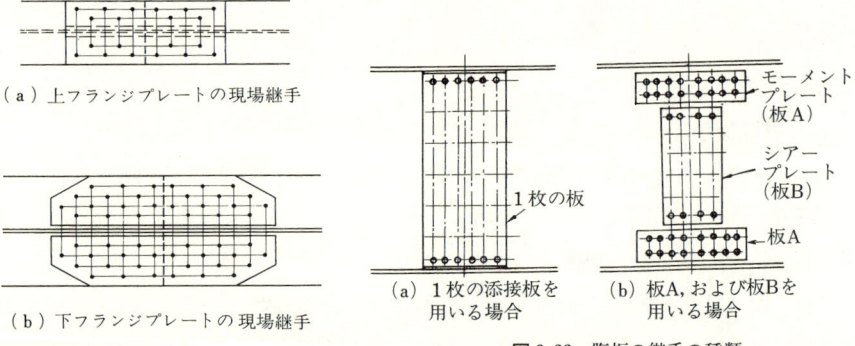

図 6.32 フランジプレートの現場継手の一例

(a) 1枚の添接板を用いる場合

(b) 板A，および板Bを用いる場合

図 6.33 腹板の継手の種類

(ii) 曲げモーメントを受ける腹板の継手

腹板の継手の例を，図 6.33 に示す．すなわち，同図 (a) は腹板に 1 枚の**添接板**を設けたもの，また (b) は添接板を 3 枚に分けたものである．ここで，板 A を**モーメントプレート**，また板 B を**シアープレート**という．

高力ボルトを使用した腹板の継手は，図 6.34 を参照にして，次式を満足するように設計することができる．

6.4 フランジプレートの断面の変化，および現場継手

$$\rho_i = \frac{P_i}{n_i} \leqq \rho_a \tag{6.53}$$

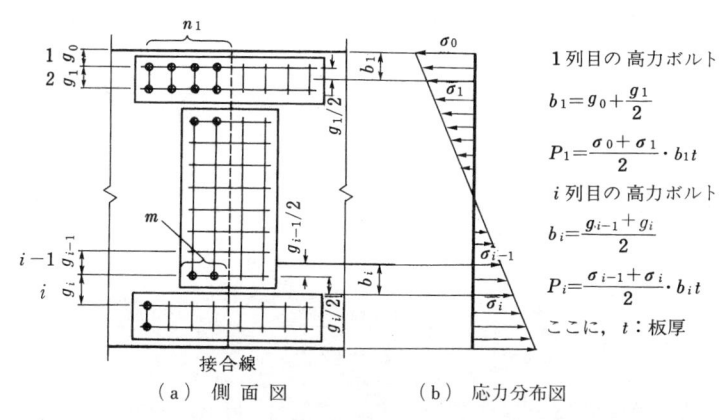

1列目の高力ボルト
$b_1 = g_0 + \dfrac{g_1}{2}$
$P_1 = \dfrac{\sigma_0 + \sigma_1}{2} \cdot b_1 t$

i 列目の高力ボルト
$b_i = \dfrac{g_{i-1} + g_i}{2}$
$P_i = \dfrac{\sigma_{i-1} + \sigma_i}{2} \cdot b_i t$

ここに，t：板厚

（a）側面図　　　（b）応力分布図

図 6.34　腹板継手に作用する高力ボルト力

ここに，ρ_i：i 列目の高力ボルト 1 本に作用する力
　　　　P_i：i 列目の接合線の片側にある高力ボルト群に作用する力
　　　　n_i：i 列目の接合線の片側にある高力ボルト群の高力ボルト数
　　　　ρ_a：高力ボルト 1 本あたりの許容力（表 4.2 参照）

(iii)　**曲げモーメントとせん断力とによる高力ボルトの応力**

いま，n を腹板添接板の片側にある高力ボルトの総数，また S をプレートガーダーの継手断面に作用する最大せん断力とすれば，高力ボルトに作用する垂直力は，S/n になる．それゆえ，図 6.35 に示すように，高力ボルトには，合成力 ρ_R として $\sqrt{\rho_n^2 + (S/n)^2}$ が作用する．したがって，高力ボルトは，次式で照査することができる．

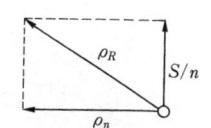

図 6.35　曲げとせん断とによる合力

$$\rho_R = \sqrt{\rho_n^2 + (S/n)^2} \leqq \rho_a \tag{6.54}$$

添接板は腹板の両側に配置し，また接合線の片側高力ボルトは 2 列以上とする．高力ボルトの列が 4 列以上になれば，前述のように，モーメントプレートとシアープレートとに分ける．この場合，前者は主としてモーメントに，また後者は主としてシアーに抵抗するために，このように名付けられた．そして，それぞれに打たれた高力ボルトには水平力と

垂直力とが作用するので，その合力が，高力ボルト値以下でなければならない．

C. 省力化設計による合理化げた

本章の概説でも示したように，従来の鋼橋は，部材の応力状態に応じて板厚や板幅を小刻に変化させる設計法が採用されてきた．

しかしながら，近年の熟年技術者の不足と人件費の増加に伴い，このような設計法を踏襲すると，かえって不経済なものが，でき上ってしまう．

そこで，工場製作の省力化を図った**合理化げた**の設計が促進されるようになり，ガイド

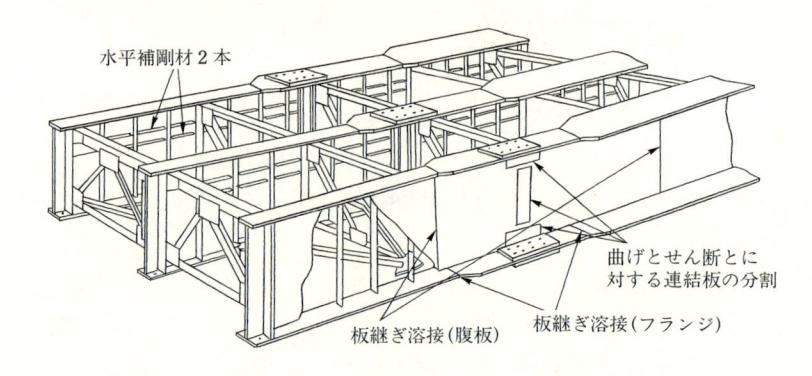

(a) 従来設計（製作工程が複雑）

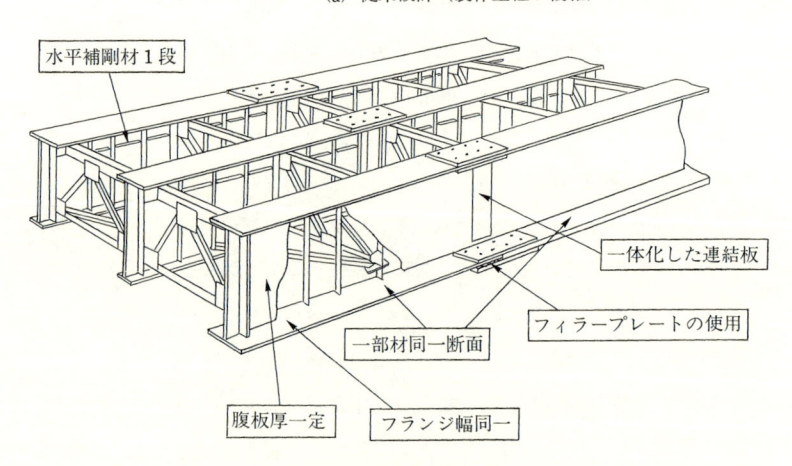

(b) 省力化設計（製作工程の簡素化）

図 6.36　従来設計と省力化設計とによるけた橋の比較

ライン*も示されるようになった．

このガイドラインの要点を示したものが，図6.36である．すなわち，同図(a)中に示すように，①腹板やフランジの板継ぎ溶接，②水平補剛材の本数，および③曲げとせん断とに対する連結板を，同図(b)の□内に示すように省力化を図り，コストダウンしようとするものである（**省力化設計**）．

これから建設されようとする鋼橋は，それらの基本原理と，このガイドラインとに従って設計されてゆくであろう．

6.5 横構，および対傾構

横構（lateral bracing），および**対傾構**（sway bracing）は，主げた相互間の位置を保ち，**風荷重**や**地震荷重**のような**横力**に抵抗し，偏心荷重による主げたのねじれを防ぐために設けられる．そのために，対傾構の間隔は，6.0m以内に設ける．

横力 w のうち**風荷重**は，道路橋の場合，橋軸方向 1m につき，表6.7〜表6.8，および図6.37のように定められている．

表6.7　プレートガーダーの風荷重　　　（kN/m）

断面形状	風荷重
$1 \leq B/D < 8$	$\{4.0 - 0.2(B/D)\}D \geq 6.0$
$8 \leq B/D$	$2.4D \geq 6.0$

ここに，B：橋の総幅（m），（図6.37参照）
　　　　D：橋の総高（m），（表6.8参照）

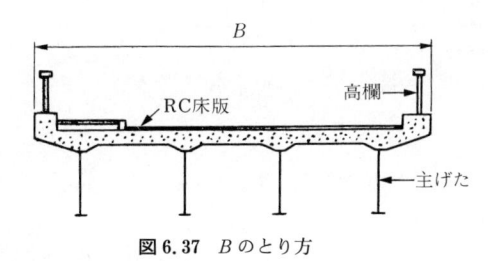

図6.37　Bのとり方

また，**地震荷重** w' は，2.6で述べたように，

---

* 建設省：鋼道路橋設計ガイドライン（案），平成7年5月

表 6.8　プレートガーダーの D のとり方

橋梁用防護柵	壁型剛性防護柵	壁型剛性防護柵以外
D のとり方	(壁高欄, D)	(高欄, $0.4\mathrm{m}$, D)

$$w' = (死荷重強度) \times (設計水平震度) \tag{6.55}$$

で与えられる．

A. 横　構

(i) 横構の組み方

プレートガーダーでは，横構を，普通，フランジプレートの面近くに設ける．そして，上フランジプレート近傍で連結するものを**上横構**，また下フランジプレート近傍で連結するものを**下横構**という．RC 床版を持つ場合は，上横構を省くことができる．

図 6.38 は，道路橋における横構の組み方を示したものである．一般に，2本，あるいは 3 本の主げたの場合には，主げたの間の全面に横構を組む．しかし，主げた本数が多い場合には，端部の主げた間のみに横構を取り付け，中間の主げたの間に横構を設けない．

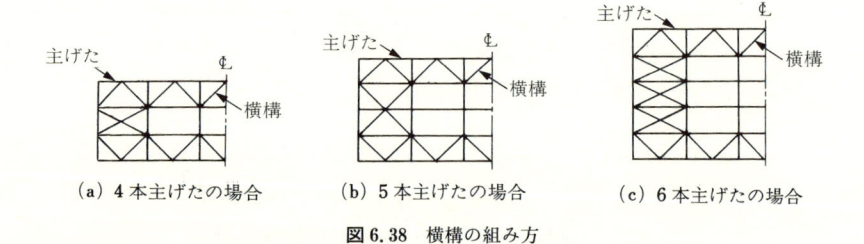

(a) 4 本主げたの場合　(b) 5 本主げたの場合　(c) 6 本主げたの場合

図 6.38　横構の組み方

鉄道橋の場合には，列車の制動荷重により床げたが曲げられるのを防ぐために，下横構の一部分と縦げたとを連結した**制動トラス**（または，**ブレーキトラス**（breaking truss））を，図 6.39 に示すように，組むことがある．

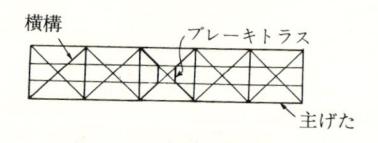

図 6.39　制動トラス

6.5 横構，および対傾構

(ii) 部材力の算定

横構は，二次部材であるから，次章のトラス橋の主部材のように，厳密に取り扱う必要がない．

図 6.40 (a) は，主げた 2 本の場合のワレントラス形の横構を例示したものである．この場合は，横力の作用方向によって同一腹材でも部材力が変わってくる．たとえば，部材 $\overline{ab}$ についての最大部材力 D_{ab} は，横力が下向きに作用する場合，図示の**影響線**から，

$$\left.\begin{array}{l} 引張力： D_{ab} = + \dfrac{w(l-a)e}{2l\sin\theta} \\[2mm] 圧縮力： D_{ab} = - \dfrac{wae}{2l\sin\theta} \end{array}\right\} \qquad (6.56)_{1\sim 2}$$

となる．また，横力が上向きに作用する場合についても，同様に計算できる．したがって，部材 $\overline{ab}$ は，以上のいずれの部材力についても安全なように設計しなければならない．

図 6.40 (b) に示すダブルワレントラス形の横構では，トラスを同図中に示すように，2

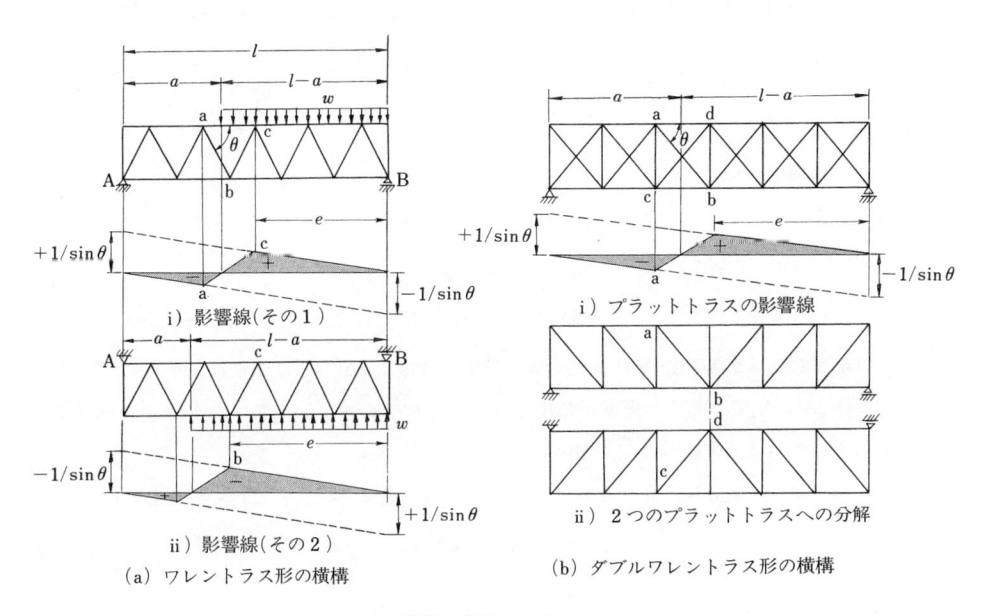

図 6.40 横構の部材力の求め方（その 1）

(a) ワレントラス形の横構
 i) 影響線（その 1）
 ii) 影響線（その 2）

(b) ダブルワレントラス形の横構
 i) プラットトラスの影響線
 ii) 2 つのプラットトラスへの分解

個のプラットトラスに分解し、斜材をつねに引張部材と考える場合と、格間せん断力の1/2を各斜材に分担させ、一方を引張部材、他方を圧縮部材と考える場合とがある。

まず、前者の方法では、図6.40 (b) において、下向きの

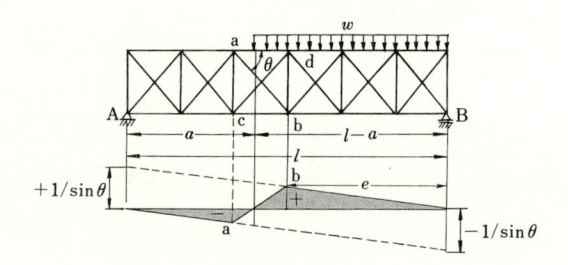

図 6.41 横構の部材力の求め方（その 2）

横力に対して部材 $\overline{cd}$ が圧縮力に抵抗できないものとすれば、

$$D_{\substack{ab\\cd}} = +\frac{w(l-a)e}{2l\sin\theta} \tag{6.57}$$

となる。また、上向きの横力に対しては、部材 $\overline{ab}$ が圧縮に抵抗できないと考えると、上式と同じ結果が得られる。

つぎに、格間のせん断力の1/2を分担させる方法では、図6.41において、

$$D_{\substack{ab\\cd}} = \pm\frac{w(l-a)e}{4l\sin\theta} \tag{6.58}_{1\sim 2}$$

となる。

(iii) 横構部材の設計

以上のようにして部材力 D が算定されると、所要総断面積 A_g、および純断面積 A_n は、

$$\left.\begin{array}{l}圧縮部材: A_g \geqq D/\sigma_{ca} \\ 引張部材: A_n \geqq D/\sigma_{ta}\end{array}\right\} \tag{6.59}_{1\sim 2}$$

より算出される。形鋼の断面積などについては、付録4. を参照にされたい。また、部材の細長比 l/r に制限があり、道路橋の場合は、圧縮材で $l/r<150$、また引張材で $l/r<240$ と定められている（後述の表7.1参照）。

そして、断面の設計後、念のために、以下の応力照査を、行なっておく必要もある。

$$\left.\begin{array}{l}圧縮部材: \sigma_c = D/A_g \leqq \sigma_{ca} \\ 引張部材: \sigma_t = D/A_n \leqq \sigma_{ta}\end{array}\right\} \tag{6.60}_{1\sim 2}$$

とくに、図6.42に示すように、山形鋼やT形鋼を横構圧縮部材として使用した場合には、部材の重心の偏心による曲げモーメントが付加することを考慮して、次式によって応

力照査を行なう．

$$\sigma_c = \frac{D}{A_g} \leq \sigma_{ca}\left(0.5 + \frac{l/r_y}{1,000}\right) \qquad (6.61)$$

ここに，　l：有効座屈長であり，横構の骨組長をとる（cm）

r_y：山形鋼重心軸 y-y まわりの断面二次半径（cm）

σ_{ca}：l/r_y を用いて計算した許容圧縮応力度（N/mm²）で，風荷重の場合は 20%，また地震荷重の場合は 50% の割り増しが許される．

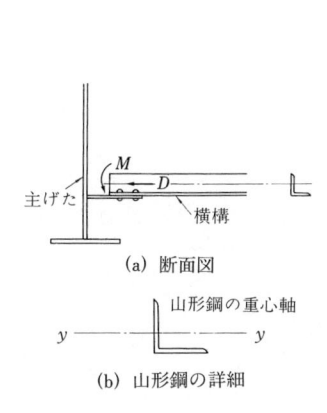

図 6.42　偏心圧縮を受ける形鋼 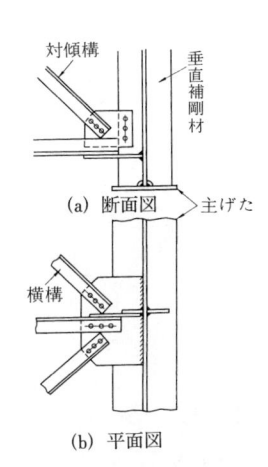　　　図 6.43　横構・対傾構の取付け方法

図 6.43 には，横構，および対傾構の取付け点近傍の構造細部を示す．

B. 対傾構

対傾構は，橋端部に設ける（端対傾構）ほか，中間部で 6 m 以内の間隔に設ける（中間対傾構）．**端対傾構**は，支間に作用する横力を支承に伝える役目を果たすものであるから，以下のように計算するのがよい．すなわち，w を横力，L をけたのスパン，また寸法 b，および h を図 6.44 のようにとれば，反力 V，および H は，

$$V = \frac{wL}{2}\frac{h}{b}, \quad H = \frac{wL}{2} \qquad (6.62)_{1\sim 2}$$

である．したがって，

$$\left.\begin{array}{l} D = +\dfrac{wL}{2\cos\theta} \\[2mm] \text{または} \\[2mm] D = \pm\dfrac{wL}{4\cos\theta} \end{array}\right\} \qquad (6.63)_{1\sim 2}$$

となる．**中間対傾構**は，計算によらず，横構と同様に，部材の細長比 l/r が許されうる最小断面を用いて設計されることが多い．

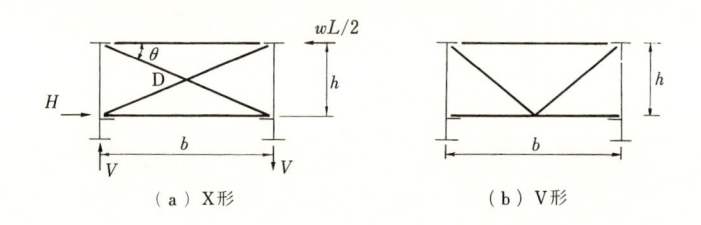

図 6.44 対傾構の組み方（支点上は，逆V形）

6.6 た わ み

A. たわみの計算

道路橋で，スパン L の単純プレートガーダー橋の最大たわみ $\delta_{\max}$ は，図 6.45(a) に示すように，スパン中央の着目点 $L/2$ に起こる．そこで，集中荷重 $P=1$ をスパン中央に載荷し，同図(b)に示すように，プレートガーダー橋の任意点 x のところにおけるたわみ，すなわち相反作用の定理より，スパン中央の着目点 $L/2$ に関するたわみの影響線

$$\delta = \frac{L^3}{48EI}\left\{3\left(\frac{x}{L}\right)-4\left(\frac{x}{L}\right)^3\right\} \quad (x\leq L/2) \qquad (6.64)$$

を，描く．ここに，E：ヤング係数（式 $(3.1)_1$ 参照，I：けたの断面二次モーメント（変断面のとき，長さにわたる平均値，あるいは最大断面二次モーメントの 0.9 倍の値を用いることが多い），である．

すると，同図(c)に示すように等分布荷重 q^*（死荷重 w^* や等分布活荷重 p_2^*）を満載し，載荷長 $D\leqq L$ のとき，等分布活荷重 p_1^* をスパン中央に対称に $D/2$ の区間に載荷する場合に最大たわみ $\delta_{\max}$ がおこる．この最大たわみ $\delta_{\max}$ は，同図(c)の荷重強度 q^*,

および $p_1{}^*$ に，それぞれ対応する同図 (b) の影響線の面積 A，および A_{p1} を乗じると，

$$\delta_{\max} = \frac{5q^*L^4}{384EI} + \frac{p_1{}^*DL^3}{48EI}\left\{1 - \frac{1}{2}\left(\frac{D}{L}\right)^2 + \frac{1}{8}\left(\frac{D}{L}\right)^3\right\} \tag{6.65}$$

で与えられる．

B. 死荷重によるたわみとそり

死荷重 w^* によるたわみ δ_d は，上式おいて $q^*=w^*$，および $p_1{}^*=0$ とおけば，

$$\delta_d = \frac{5w^*L^4}{384EI} \tag{6.66}$$

で与えられる．このたわみが大きいと，橋面の所要の縦断勾配（図 5.1 参照）が確保され

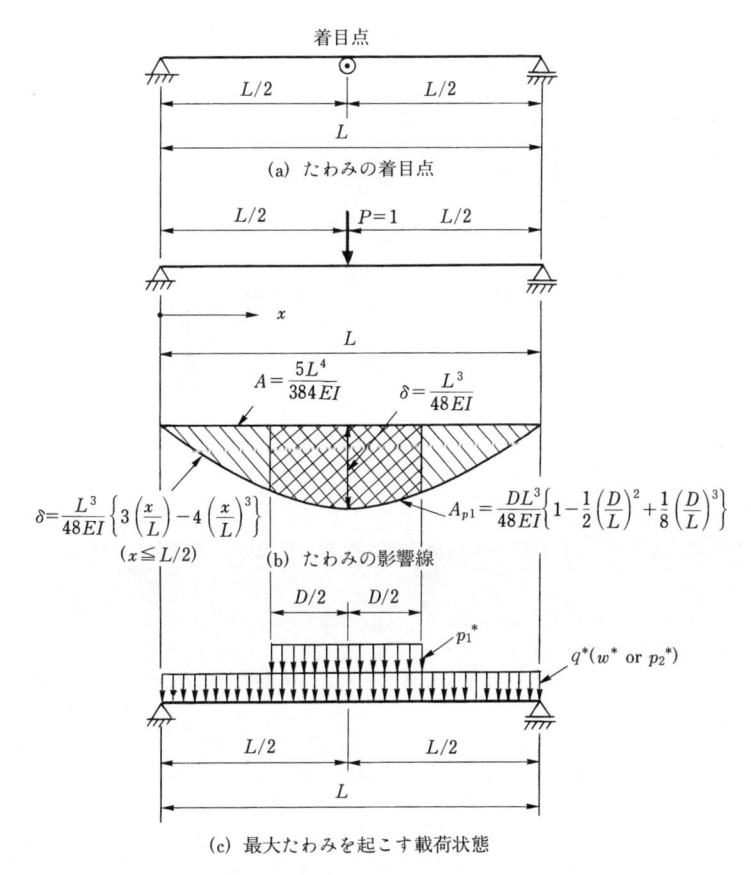

図 6.45 単純プレートガーダー橋のたわみ

ないこともあるので,けたをあらかじめ上方に上げこして製作する.この上げこすことを,**そり**(camber)という.

道路橋で支間が25m以上の場合は,そりを付ける.鉄道橋においては,とくに死荷重によるたわみが大きい場合や,支間が40m以上の場合,そりを付けることになっている.

C. たわみの制限

プレートガーダー各部の応力度が許容応力度以内におさまったとしても,**たわみ**(deflection)が大きいと,床版や床組に付加応力が発生したり,人の歩行性や車輛の走行性が悪くなったり,また振動しやすくなるので,けたに所要の剛性を持たす必要がある.

このような理由により,**たわみの制限**が設けられている.すなわち,活荷重(衝撃を含まない)に対する最大たわみδ_l(式(6.65)において,$q^*=p_2^*$とおき,p_1^*も考慮して算定)は,スパンL(m)に応じて,つぎのように定められている.

道路橋:

$$\left.\begin{array}{l}\delta_l \leqq \dfrac{L}{2,000} \quad (L \leqq 10\mathrm{m}) \\[6pt] \delta_l \leqq \dfrac{L}{20,000/L} \quad (10\mathrm{m} < L \leqq 40\mathrm{m}) \\[6pt] \delta_l \leqq \dfrac{L}{500} \quad (L > 40\mathrm{m})\end{array}\right\} \quad (6.67)_{1\sim3}$$

鉄道橋:

$$\delta_l \leqq \frac{L}{800} \tag{6.68}$$

ところで,活荷重のうち等分布活荷重p_2^*による単純げたの最大たわみδは,

$$\delta = \frac{5}{384} \frac{p_2^* L^4}{EI} \tag{6.69}$$

である.このとき,フランジの縁応力度σは,$M = p_2^* L^2/8$であるから,つぎのようになる.

$$\sigma = \frac{M}{I}\frac{h}{2} = \frac{p_2^* L^2}{8}\frac{h}{2I} \tag{6.70}$$

したがって,たわみδは,

演 習 問 題

$$\delta = \frac{5}{24} \frac{\sigma L^2}{Eh}$$

と書ける．そこで，これを整理すると，

$$\frac{h}{L} = \frac{5}{24} \left(\frac{L}{\delta}\right) \left(\frac{\sigma}{E}\right) \tag{6.71}$$

が得られ，これが 6.2.B の**けた高**を決めるための目安となる．たとえば，道路橋において，平均応力度を $\sigma = 100\text{N/mm}^2$，$\delta/L = 1/500$，また $E = 2.0 \times 10^5 \text{N/mm}^2$ とすれば，

$$\frac{h}{L} = \frac{5 \times 500 \times 100}{24 \times 2.0 \times 10^5} \cong \frac{1}{19}$$

となり，けた高 h は，支間 L の約 1/19 以上でなければならないことを意味している．

演 習 問 題

6.1 6.2.B の経済的なけた高を求める式を，誘導してみなさい．

6.2 道路橋で，あるプレートガーダー橋の断面力の影響線を描いたところ，図 6.46 に示すように，影響線の長さ λ の途中の着目点 C の影響線の縦距が η で，両端 A，および B で 0 となる三角形分布を呈する影響線が得られた．いま，区間 D 内に部分的に作用する等分布活荷重 p_1^* に対する影響線の面積が最大となる載荷位置 x，

(a) 三角形分布する影響線の長さ λ と着目点

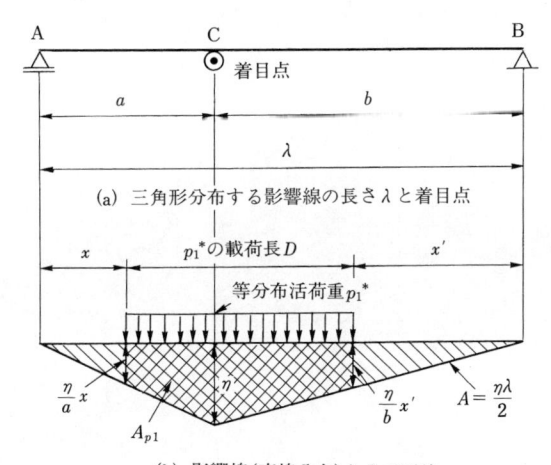

(b) 影響線(直線分布)とその面積

図 6.46 載荷長さ D の等分布活荷重 p_1^* に対する影響線の面積を最大ならしめる位置とその影響線面積 A_{p1}

およびの x',ならびに,そのときの影響線の面積 A_{p1} を,求めてみなさい.

6.3 曲げモーメント 1,000 kN·m,および,せん断力 300 kN を受けるプレートガーダー断面を求め,継手を高力ボルトで設計してみなさい.ただし,$\sigma_{ba}=125\,\text{N/mm}^2$,$\sigma_{ta}=140\,\text{N/mm}^2$,および $\tau_a=80\,\text{N/mm}^2$ とする.

7章 トラス橋

7.1 概　　説

　何本かの細長い部材を図7.1に示すように三角形状に組み，格点をピン結合した骨組橋梁構造物を，**トラス橋**（truss bridge）という．**トラス**（**主構**という（main truss））は，構造が簡単で，設計・製作も容易であり，強度も剛度も大である．鋼橋では，スパンが50m程度以上になると，プレートガーダー橋よりもトラス橋のほうが有利になる．最

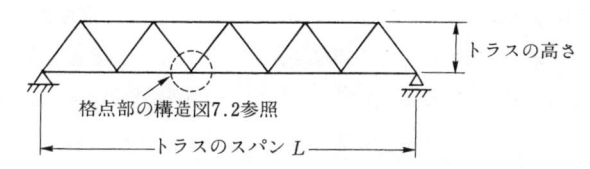

図7.1　代表的なトラス

近では，ゲルバーげたや連続げた形式の橋梁のスパンが延びてきた．しかし，トラス橋は，50〜300mの比較的長いスパンに対して適した橋梁形式である．ところが，下路トラス橋の場合は交通の快適性に欠ける点があり，またトラス橋は市街地で景観上好ましくなく，大河川，海峡部や山間部などの開けた場所に適している（口絵写真—4, 5, 6, および7参照）．

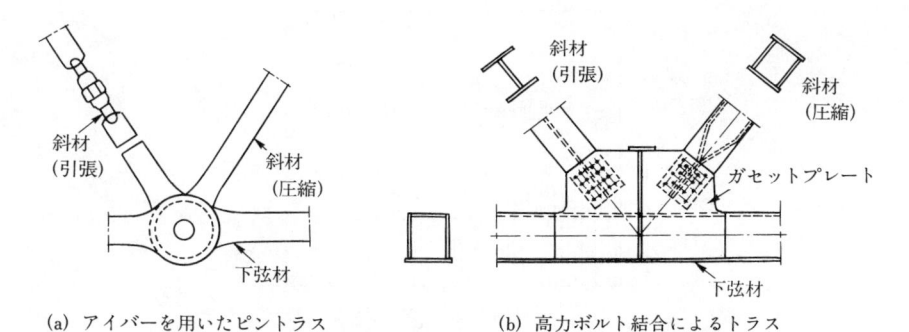

(a) アイバーを用いたピントラス　　　(b) 高力ボルト結合によるトラス

図7.2　トラスの格点構造の一例（図7.1の○で囲んだ部分の構造）

トラス橋を構成する部材の交わる点を，**格点**（panel point）という．計算上，格点は，すべて**ヒンジ**（hinge）と仮定する．トラス橋の発達の初期においては，この仮定に合うよう，格点を，図7.2(a)に示すように，ピン構造とした**ピントラス**が用いられた．しかし，ピントラス橋は，橋梁全体の剛度が小で，振動しやすく，ピン孔がしだいに卵形に拡大されてくる，1部材の損傷によってトラス橋全体の安定性が失われる，などの理由により，今日，用いられていない．その代り，図7.2(b)に示すように，格点を高力ボルトで連結したトラス橋が，主として用いられている．

このようなトラス橋は，剛度が大であり，格点部の損傷によって寿命が左右されない，床げたと横構との取付けが簡単である，また製作・架設（施工）が容易である，などの長所をもっている．その欠点とするところは，格点構造がヒンジであるという仮定と違うことや，架設のときに多くの高力ボルト締めを必要とすることである．とくに，格点部分が剛に連結されているために，部材の回転が格点のところで拘束されるので，部材端部で曲げモーメントが，発生する．この模様を，図7.3に示す．すると，部材nには，軸方向力 N_n による垂直応力度 σ_{ni}^N（**一次応力**，primary stress）のほか，部材端部に作用する曲げモーメント M_{ni}，および M_{nk} による曲げ応力度 σ_{ni}^M，ならびに σ_{nk}^M（**二次応力**（secon-

(a) 部材nの諸定数と軸方向力 N_n

(b) 発生曲げモーメント M_{ni}，および M_{nk}

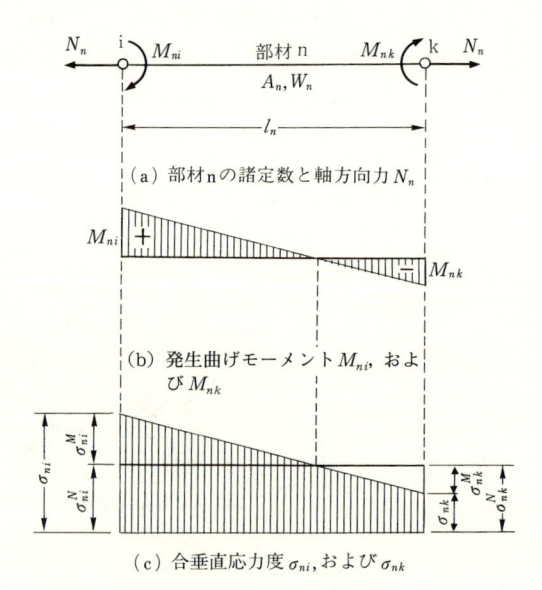

(c) 合垂直応力度 σ_{ni}，および σ_{nk}

図7.3 トラスに生じる1次応力と2次応力

7.1 概　　要

dary stress)) が発生する．すなわち，A_n を部材 n の断面積，また W_n を部材 n のモーメント面に関する断面係数 (I/z) とすれば，一次応力度 σ_{ni}^N は

$$\sigma_{ni}^N = \frac{N_n}{A_n} \tag{7.1}$$

となり，また二次応力度 σ_{ni}^M は

$$\sigma_{ni}^M = \frac{M_{ni}}{W_n} \tag{7.2}$$

となる．したがって，トラス部材 n の点 i に発生する合応力度 σ_{ni} は，次式で与えられる．

$$\sigma_{ni} = \sigma_{ni}^N + \sigma_{ni}^M \tag{7.3}$$

しかしながら，実橋について二次応力と一次応力との比を計算した例を示したものが，図7.4である．この図によると，二次応力は，それほど大きくはない．したがって，これらの二次応力の値は，許容応力度を定めるときに，ある程度考えられているものとみなし，通常，計算しない．

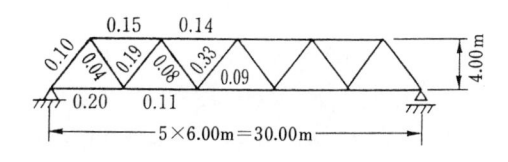

図7.4　二次応力と一次応力との比の計算例

このほか，軸方向力の偏心による二次応力ができるだけ少ないような構造とするために，トラス橋は，部材の重心線を連ねたもので組み立てるようにする．これを，**骨組線** (skelton) という．

トラス橋の部材は，上下にある**弦材**（chord member）と，これを結ぶ**腹材**（web member）とから成っている．弦材のうち上側のものを**上弦材**（upper chord member），また下側のものを**下弦材**（lower chord member）という．腹材のうち斜めのものを**斜材**（diagonal member），垂直のものを**垂直材**（vertical member）と称し，とくに圧縮力を受けるものを**支柱**（post），また引張力を受けるものを**つり材**（hanger）とよぶ．そして，トラス橋の端部の部材を，**端柱**（end post）という．さらに，上下両弦のうち床組が取り付けられる側の弦を**載荷弦**，それと反対側の弦を**不載荷弦**という．

図7.5には，道路下路トラス橋の一例を示す．単純トラス橋は，原則として**主構**をある間隔で2面並べ，相対する格点間に**床げた**を取り付け，それに**縦げた**を渡して**床組**を形成するようにし，その上にRC床版をおき，舗装する．

鉛直荷重に対する部材の配置は，以上で十分である．しかし，トラス橋の場合，風荷重

や地震荷重などの水平力も作用するので，上下の弦材面内には，**横構**（lateral bracing）を組む．とくに，上弦材側のものを**上横構**（upper lateral bracing），また下弦材側のものを**下横構**（lower lateral bracing）という．さらに，トラス橋の横断面は長方形であるので，横荷重による断面変形を防ぐために，橋端部には**橋門構**（portal bracing），また中間の垂直材の位置には**対傾構**（sway bracing）を設ける．下路トラス橋の場合，対傾構は，**建築限界**

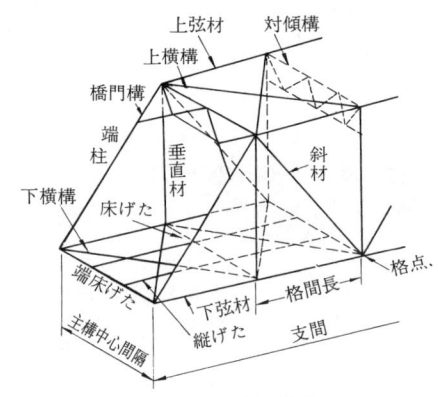

図 7.5 トラス橋の構成

（付録 2.～3. 参照）を侵さないよう設けなければならないから，上弦材側にのみ入れる．しかし，上路橋においては，上下弦材の全高にわたり対傾構を組む．

トラスの高さがとくに低く，対傾構や上横構が，まったく取り付けられないものがある．このようなトラスを，**ポニートラス**（pony truss）という（後述の図 7.41 参照）．ポニートラス橋では，軸方向圧縮力によって，上弦材が側方に座屈しないような配慮をしなければならない．

7.2 トラスの種類

トラスを弦の形と腹材の配列形式とから分類すれば，つぎのようなものがある．

A. 弦の形による分類*

（i）**直弦トラス**（parallel chord truss）　図 7.6 に示すように，上下両弦材が平行となっているトラスであり，端柱が垂直の場合と傾斜している場合とがある．直弦トラスは，設計，製作，および架設などの点で，つぎに述べる曲弦トラスよりもすぐれている．

（ii）**曲弦トラス**（curved chord truss）　図 7.7 のように，トラスの高さを曲げモーメントに応じて端部を低く，中央部を高くしたトラスである．上弦材の格点を 2 次の放物線上に乗せれば，合理的なものとなる．スパンが 55～60 m 以上になると，曲弦トラスのほうが，直弦トラスよりも経済的になる．しかし，設計，製作，および架設などが複雑となるので，最近では，60～70 m のトラス橋でも直弦トラスが用いられる例が多い．

＊図 7.6～7.11 中太線で示したものは圧縮部材，また細線は引張部材を意味する．

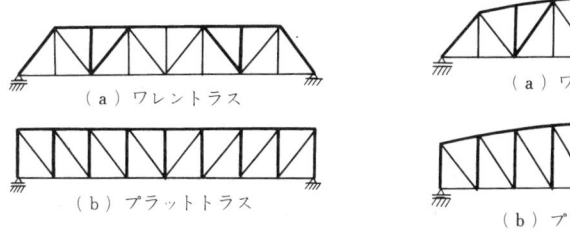

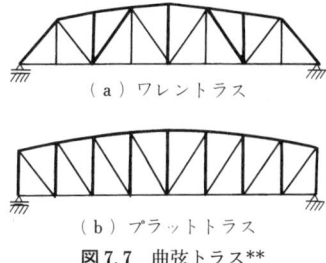

図7.6 直弦トラス**　　　　　　　　　図7.7 曲弦トラス**

B. 腹材の配列による分類

(i) **ワレントラス**（Warren truss）　図7.8に示すように，二等辺三角形を骨組としたトラスである．ワレントラスの旧式のものとしては，図7.9に示すように，垂直材を入れたものがある．しかし，斜材だけのトラスのほうが景観上すぐれているので，最近では，垂直材のないワレントラス橋が多く使用されるようになった**．

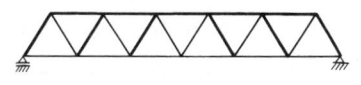

図7.8 ワレントラス** 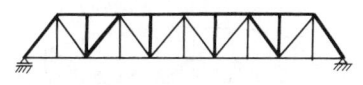　　　　　　図7.9 垂直材を有するワレントラス**

(ii) **プラットトラス**（Pratt truss）　図7.10に示すように，腹材は垂直材と斜材とから成り，斜材は中央に向かって下向きになったトラスである．斜材は主として引張力を受け，また垂直材は圧縮力を受ける．鋼橋に適し，鉄道橋によく用いられる形式である．

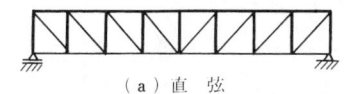

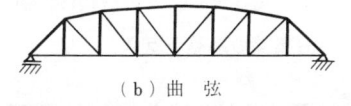

図7.10 プラットトラス**

(iii) **ハウトラス**（Howe truss）　図7.11に示すように，腹材は垂直材と斜材とから成り，斜材は中央に向かって上向きになったトラスである．斜材は主として軸方向圧縮力，また垂直材は軸方向引張力を受ける．ハウトラスは，鋼橋に用いられず，木造トラス（一部分に鋼材を使用）として用いられる．木橋では，斜

図7.11 ハウトラス**

** ドイツではウェブが斜材のみから成るものを Streben-Fachwerk，またウェブが斜材と垂直材とから成るものを Stander-Fachwerk といい，景観上からトラスを2種類に分類している．

材を引張材とするよりも，圧縮材とするほうが格点構造が製作しやすいからである．斜材は，圧縮力のほかに引張力も受ける．そのため，スパン中央付近では，主斜材と反対方向の斜材（鋼棒）も入れ，引張力に抵抗させる．このような部材を，**対材**（counter member）という．

(iv) **Kトラス**（K-truss）　図 7.12 に示すように，腹材を K 形に組んだトラスである．この形式は，高さのわりに格間長が短く，斜材に適切な傾斜角を持たせることができ，長柱となりがちな腹材の座屈長を短縮することができる．しかし，景観がよくないので，K トラスは，長大トラス橋の主構の一部分か，横構としてのみ応用される．

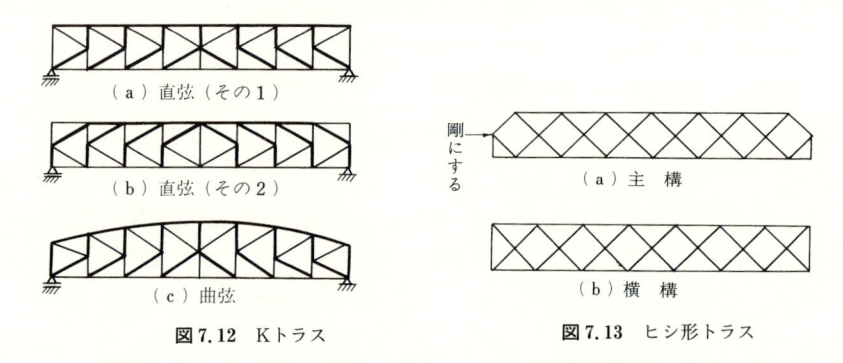

(a) 直弦（その 1）
(b) 直弦（その 2）
(c) 曲弦

図 7.12　K トラス

(a) 主構
(b) 横構

図 7.13　ヒシ形トラス

(v) **ヒシ形トラス**（rhombic truss）　図 7.13 に示す**ダブルワレントラス**であり，ヒシ形トラスともいう．主構として用いるときには，不安定構造物であるので，端部格点を剛にする必要がある．この形式は，横構としてよく利用される．

(vi) **分格間のあるトラス**　スパンが大きくなると，それに応じてトラスの高さも高

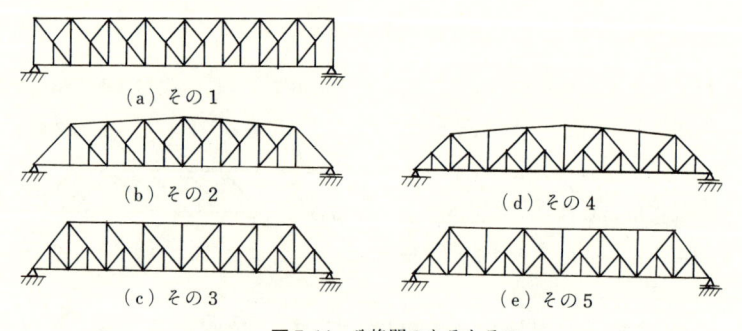

(a) その 1
(b) その 2
(c) その 3
(d) その 4
(e) その 5

図 7.14　分格間のあるトラス

くなり，それに伴って斜材の格間長も長くなる．普通，中小スパンのトラス橋では，格間長として 10m ぐらいが限度で，それ以上に長くなると，中間に適当な部材を入れて主要部材の格間長を半分に減らす．図 7.14 には，その代表的なものを示す．ここで，平行弦のものを**バルチモアトラス**，また曲弦のものを**ペチットトラス**とよんでおり，鉄道橋に若干の実例がある．

7.3 トラスの部材力の解析

　トラスに荷重が作用するとき，通常，これを立体的な構造物として取り扱わない．すなわち，主トラスは**平面構造物**であり，外力はその平面内に働くと仮定して**部材力**を求める．その際，理論上の仮定としては，①部材が真直ぐであり，②格点をヒンジと仮定し，また③外力が格点に集中して作用するものとする．しかし，実際のトラス橋では，以上のような仮定は厳密に成立せず，そのため一次応力のほか，二次応力も生ずる．**二次応力**のうち最も影響が大きいものは，格点がヒンジと仮定しているにもかかわらず，実際に高力ボルトで格点を剛結しているために生ずる応力である．しかし，このような二次応力は，トラス橋に限ったことではなく，多くの橋梁構造物に生ずるものである．そのため，長大トラス橋を除けば，二次応力を計算せず，それらは，材料の許容応力を定めるときの安全率の中に見込まれるものとみなしている（7.1 参照）．

　静定トラスは，力のつり合い条件式 $\Sigma M=0$，$\Sigma H=0$，および $\Sigma V=0$ より，3 つの反力すべてを求めることができる．いま，トラスの格点が j 個ある場合，つり合い条件式 $\Sigma H=0$，および $\Sigma V=0$ が各格点について 2 個成立するから，トラス全体の条件式は，$2j$ 個となる．ところが，このような $2j$ 個のつり合い条件式を解くとき，それらの中には，上述のようにして求められた 3 つの反力が含まれている．そのため，トラス全体のつり合い条件式は，結局，$(2j-3)$ となる．一方，部材数が m 個あるとき，未知量は，明らかに m 個の部材力である．それゆえ，トラスの静定，不静定，あるいは不安定の判定条件式は，

$$\left.\begin{array}{l} m=2j-3 : \textbf{静　定} \\ m>2j-3 : \textbf{不静定} \\ m<2j-3 : \textbf{不安定} \end{array}\right\} \quad (7.4)_{1\sim3}$$

（m：部材数，j：格点数）

となる．

　たとえば，図 7.15 には，それらの具体例を示した．すなわち，同図 (a) は式 $(7.4)_1$

を満足する静定トラスの例である．そして，同図 (b) は，式 (7.4)$_2$ に示すように，静定トラスよりも部材数が1本多い不静定トラスである．また，同図 (c) は，部材数が1本少ない不安定トラスで，このトラスをいくら連ないでも不安定である（図7.13のヒシ形トラス参照）．

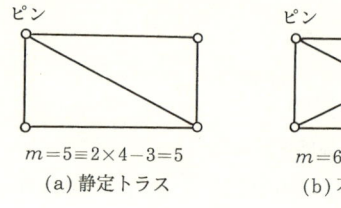

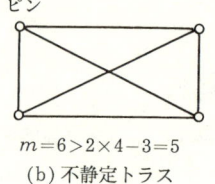

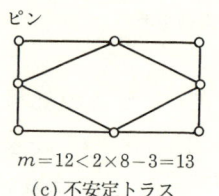

```
         ピン                    ピン                         ピン

   m≡5=2×4-3=5          m=6>2×4-3=5              m=12<2×8-3=13
    (a) 静定トラス          (b) 不静定トラス           (c) 不安定トラス
```

図 7.15 各種のトラスの例

トラスの部材力を求めるには，通常，**断面法*** が用いられる．この方法は，仮想の切断面によってトラスを切断し，そのいずれか片側（たとえば，左側）に働く外力（荷重，および反力），ならびに内力（仮想断面によって切断された部材の部材力）に関し，つり合い条件式を立て，未知部材力を求めるものである．この場合，つり合い条件式が必ず3個あるから，切断された部材が3個の場合は，断面法で部材力を容易に決定することができる．そして，最初，部材力の正負の符号は不明であるので，すべての部材は引張力を受ける正の値と仮定して計算し，結果が負の場合は圧縮力を受けているとみなせばよい．また，未知量が，ただ1つになるような特別の点をみつける．そして，その点に関する力のつり合条件式 $\Sigma M=0$ を立て，部材力を，求める（後で示す）．

(i) 直弦トラスの影響線

図 7.16 に示すワレントラスの部材力 U_m，D_m，L_m，および D_{m+1} の**影響線**を，求める．いま，図示のように，切断面 t~t を入れて，点 m についてのモーメントのつり合い条件式 $\Sigma M=0$ を立てると，内力 D_m，および L_m が点 m を通るので，荷重 $P=1$ が切断面より右にあるときは，切断面 t~t の左側の反力 A と内力 U_m のみが残る．すると，Ax_m が点 m の曲げモーメント M_m を表わすことから，点 m まわりの曲げモーメントのつり合い条件式 $\Sigma M=0$ は，

$$\Sigma M = M_m + U_m h = 0$$

$$\therefore U_m = -\frac{M_m}{h} \tag{7.5}$$

---

* 小西一郎，横尾義貫，成岡昌夫，丹羽義次：構造力学 I, (1968)，丸善

7.3 トラスの部材力の解析

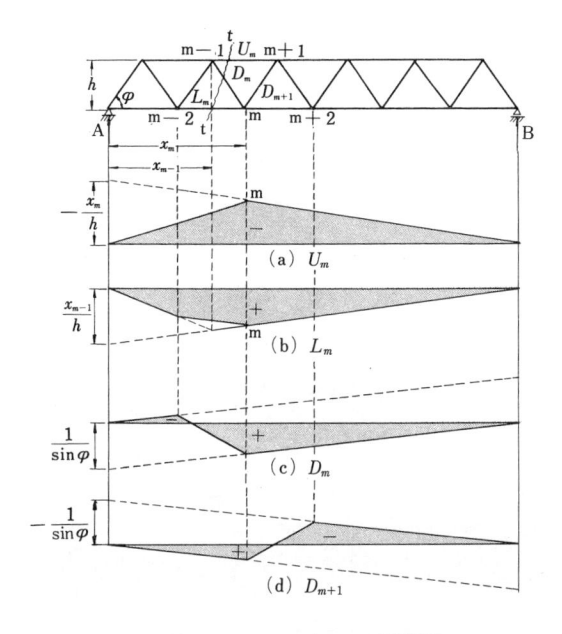

図 7.16 ワレントラスの影響線

となる．したがって，上弦材の部材力 U_m の影響線は，単純げたの点 m の曲げモーメントの影響線 M_m（図 6.7 (b) 参照）をトラスの高さ h で割り，符号を逆にすればよい．

部材力 L_m の影響線も，同様にして求められる．すなわち，点 (m−1) まわりの曲げモーメントのつり合い式を $\Sigma M=0$ をたてれば，

$$\Sigma M = M_{m-1} - L_m h = 0$$
$$\therefore L_m = \frac{M_{m-1}}{h} \tag{7.6}$$

となる．したがって，下弦材の部材力 L_m の影響線は，単純げたの点 (m−1) の曲げモーメントの影響線 M_{m-1}（図 6.7 (b) 参照）をトラスの高さ h で割ればよい．ところが，影響線が図 7.16 中に示すように途中で折れるのは，点 (m−2) と点 m との間で荷重が**間接荷重**として作用するからである．

斜材の部材力 D_m の影響線は，切断面 t～t に作用するせん断力 S_m と斜材 D_m（傾斜角 φ）の鉛直成分 $-D_m \sin\varphi$ との鉛直力のつり合い条件式 $\Sigma V=0$ を立てれば，

$$\Sigma V = S_m - D_m \sin\varphi = 0$$

$$\therefore\ D_m = \frac{S_m}{\sin\varphi} \tag{7.7}$$

となるので，点 m のせん断力の影響線 S_m（図 6.7 (b) 参照．ただし，間接荷重になる区間に留意すること．）を，あらかじめ $\sin\varphi$ で割っておけばよい．

垂直材を有するワレントラス，およびプラットトラスについては，それぞれ図 7.17

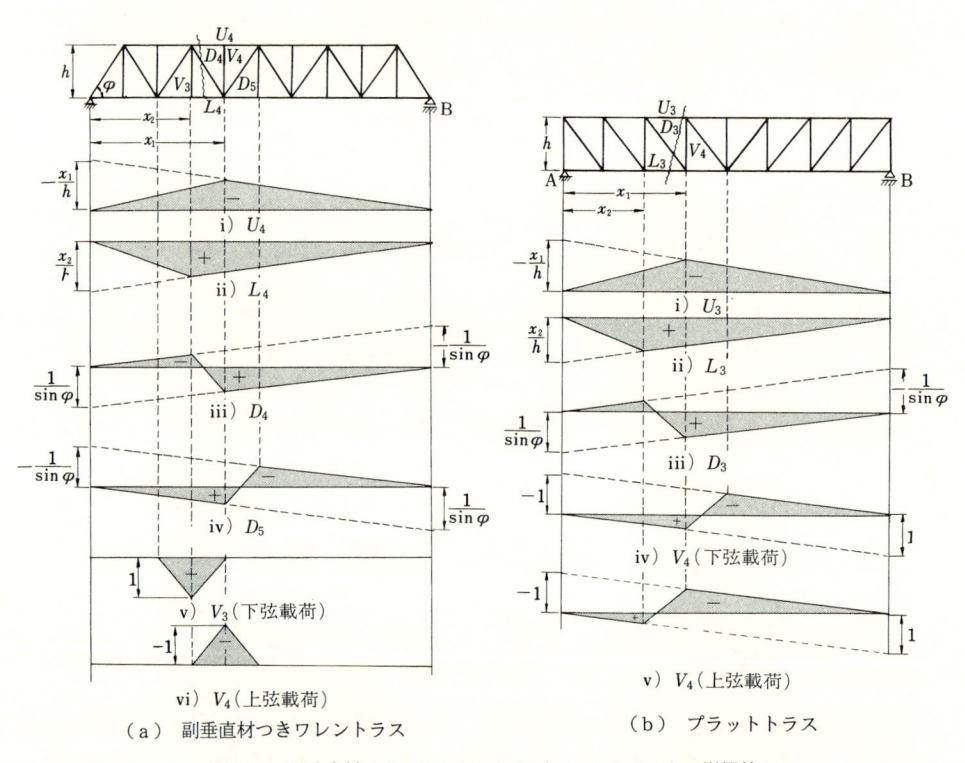

図 7.17 副垂直材つきワレントラスとプラットトラスとの影響線

(a) 副垂直材つきワレントラス
(b) プラットトラス

(a), ならびに (b) に部材力の影響線を示す.

(ii) 曲弦トラスの影響線

曲弦トラスの場合，図 7.18 (a) より，弦材の部材力 U_m，および L_m は，つぎのようになる．

$$U_m = -\frac{M_m}{h_m \sin\beta_m}, \quad L_m = \frac{M_{m-1}}{h_{m-1}} \qquad (7.8)_{1\sim2}$$

部材力 D_m については，部材力 U_m と L_m との交点 i を求め，その点に関する曲げモーメントのつり合い条件式のつり合い式 $\Sigma M=0$ を求めれば，

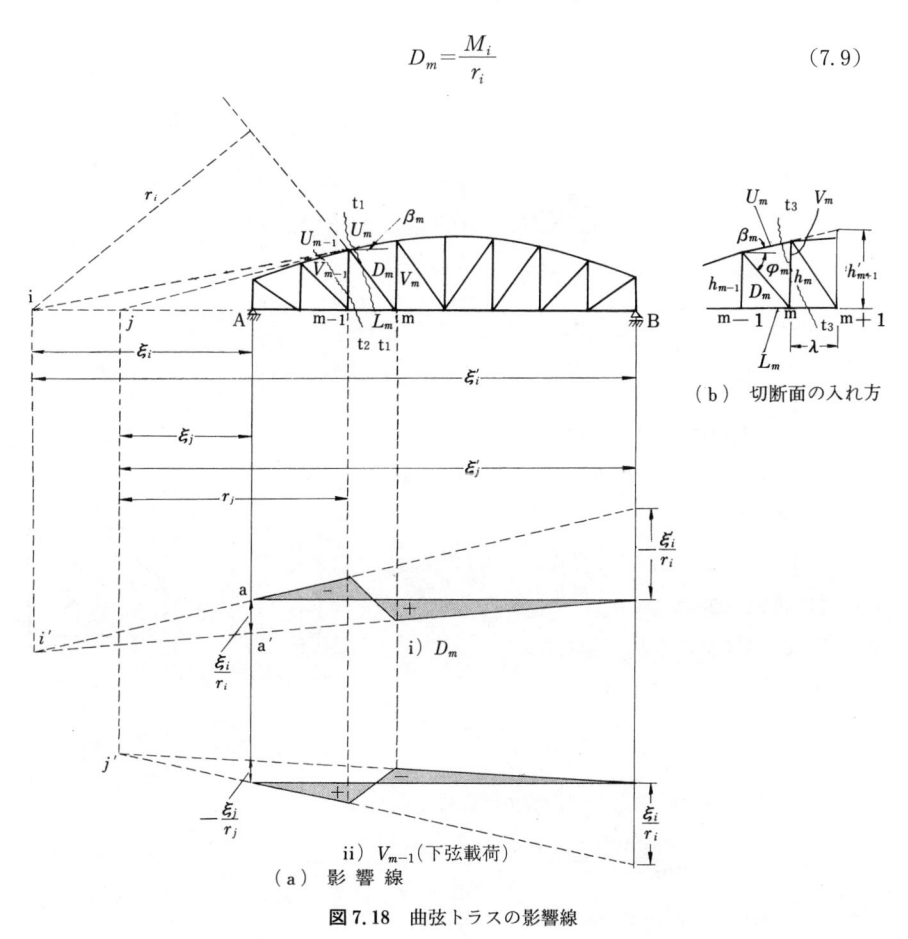

$$D_m = \frac{M_i}{r_i} \qquad (7.9)$$

図 7.18 曲弦トラスの影響線

になる.部材力 V_{m-1} については,部材 U_{m-1} と L_m との交点 j を求め,同様に $\Sigma M=0$ を立てれば,

$$V_{m-1}=-\frac{M_j}{r_j} \tag{7.10}$$

となる.しかし,交点 i,あるいは j が図上で求まらないときは,図 7.18 (b) において,

$$U_m=-\frac{M_m}{h_m}\sec\beta_m,\ L_m=\frac{M_{m-1}}{h_{m-1}} \tag{7.11}_{1\sim2}$$

を求めておく.ついで,力のつり合い条件式 $\Sigma H=0$ より,部材力 D_m を,求める.すなわち,

$$D_m=\left(\frac{M_m}{h_m}-\frac{M_{m-1}}{h_{m-1}}\right)\sec\varphi_m \tag{7.12}$$

また,下弦載荷の場合,点 (m+1) を原点にとり,切断面 $t_3\sim t_3$ で切断すると,力のつり合い条件式 $\Sigma V=0$ は,

$$V_m\lambda+M_{m+1}+U_m h'_{m+1}\cos\beta_m=0$$

となる.これより,部材力 V_m を求めると,

$$V_m=\frac{1}{\lambda}\left(M_m\frac{h'_{m+1}}{h_m}-M_{m+1}\right) \tag{7.13}$$

になる.

(iii) 分格間のあるトラスの影響

一例として,K トラスに格点荷重が作用した場合について述べる.

図 7.19 (a) において,まず断面法により切断面 $t_1\sim t_1$ で切断し,点 (m-1) でモーメントのつり合い条件式 $\Sigma M=0$ を立てると,部材力 U_m は,

$$U_m h+M_{m-1}=0$$

$$\therefore\ U_m=-\frac{M_{m-1}}{h} \tag{7.14}$$

となる.同様に,部材力 L_m は,次式のようになる.

$$L_m=\frac{M_{m-1}}{h} \tag{7.15}$$

つぎに,**格点法**を用いて,図 7.19 (b) に示すよう

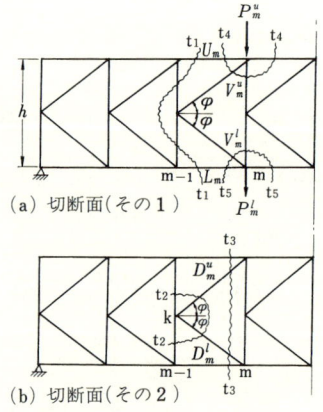

図 7.19 K トラスの部材力の求め方

に，格点kまわりを切断面$t_2\sim t_2$で切断し，力のつり合い条件式$\Sigma H=0$を立てると，次式が得られる．

$$D_m^u \cos\varphi + D_m^l \cos\varphi = 0$$
$$\therefore\quad D_m^u = -D_m^l \tag{7.16}$$

さらに，同図中の切断面$t_3\sim t_3$で切断し，せん断力S_mと左側の2つの部材との力のつり合い条件式$\Sigma V=0$を立てれば，

$$D_m^u \sin\varphi - D_m^l \sin\varphi + S_m = 0$$
$$\left.\begin{aligned}\therefore\quad D_m^u &= -\frac{1}{2}\frac{S_m}{\sin\varphi} \\ D_m^l &= \frac{1}{2}\frac{S_m}{\sin\varphi}\end{aligned}\right\} \tag{7.17}_{1\sim 2}$$

となる．また，部材力V_m^u，およびV_m^lについては，同様に，図7.19 (a)の切断面$t_4\sim t_4$，および切断面$t_5\sim t_5$で切断し，力のつり合い条件式$\Sigma V=0$を立てると，

$$-P_m^u - V_m^u - D_m^u \sin\varphi = 0, \quad \text{および} \quad -P_m^l - V_m^l - D_m^l \sin\varphi = 0$$
$$\therefore\quad V_m^u = \frac{1}{2}S_m - P_m^u, \quad \text{および} \quad V_m^l = \frac{1}{2}S_m - P_m^l \tag{7.18}_{1\sim 2}$$

が得られる．

7.4 トラス橋の設計

A. 概 説

トラス橋は，通常，主構を2面並べる．上路トラスの場合，**トラスの間隔**は，道路幅員より狭くする．下路トラスの場合で車道だけのときは，その幅員の両側にそれぞれ0.25mを加えたものと地覆高欄のためそれぞれ約0.3m，およびトラス弦材の幅（橋門構の端柱の幅）とを加えたものとする．歩車道の区別があるときは，車道の両側にそれぞれ0.25mとトラス弦材の幅とを加えたものとし，歩道をトラス面の外側に設ける．下路橋の場合，橋門構のところでは，**建築限界**（付録2.～3. 参照）を侵さないように注意しなければならない．また，トラスの中心間隔は，風などの横力に対し転倒しないように決めなければならない．

トラスの高さHとスパンLとの比H/Lは，一般に，

$$\frac{H}{L} = \frac{1}{6} \sim \frac{1}{8} \tag{7.19}$$

ぐらいが適切である．橋梁の幅員が広い場合は，それだけスパンに対する高さの比が大となる．また，連続トラス橋では，スパンに対する高さの比が小となる．

つぎに，格間（panel）の数を定めるには，通常，左右対称にするため偶数に割り付け，**斜材の傾斜角** φ が水平に対し，

$$\varphi = 45 \sim 60° \tag{7.20}$$

ぐらいの角度になるようにする．したがって，スパンが大きいトラス橋では，トラスの高さも大となり，**格間長**（panel length）も大きくなる．通常，格間長 λ は，

$$\lambda = 6 \sim 10\,\mathrm{m} \tag{7.21}$$

ぐらいにする．格間長が長すぎると，縦げたや圧縮部材の長さが長くなって不利になる．

そして，格点部には，床げたを設ける．これと直角に設ける縦げたは，単純げた，または連続げたとして設計する（5.3参照）．格間長があまり大になると，格間を分割するトラス形式が，用いられる．

トラス橋の格点は，ピン構造でなく，剛結されていることによって各部材に**二次応力**が生じる．これを少なくするためには，格間長 λ に比べて**部材断面の高さ** h を小さくする．通常，道路橋では，h/λ の値を

$$\frac{h}{\lambda} = \frac{1}{15} \sim \frac{1}{20} \tag{7.22}$$

ぐらいにするとよい．

また，トラスの各部材の重心線は，トラスの<u>骨組線</u>と一致させ，格点に集まる各部材の重心線がその格点で交わるようにしなければならない．<u>上弦材の重心位置</u>が弦材によって違うときは，その平均位置をトラスの骨組線とする．これは，偏心による**二次応力**を最小にするためであって，やむをえず偏心が生ずるときも，それをなるべく小さくするように工夫しなければならない．

さらに，たわみが大きいと，二次応力も大きくなるので，厳しいたわみ制限が，設けられている．

B. 部材力の計算

トラス橋の主荷重（死荷重＋活荷重＋衝撃）による部材力は，上述の**影響線**を用いて行なう．図 7.20 には，参考のために，道路橋に対する死荷重強度 w^*，および等分布活荷重強度 $p_1{}^*$，ならびに $p_2{}^*$ を求めるための荷重分配を示した（6.2.A 参照）．ここに，死荷重強度 w，および等分布活荷重強度 p_1，ならびに p_2 は，2.3.A を参照にされたい．この

7.4 トラス橋の設計

ようにして求められた**死荷重** w^*（床版・床組・主構）は，トラスのスパン全体にわたり等分布するものと考える．また，**活荷重** p_1^*，および p_2^* は，影響線を利用して，着目する部材に最大応力が生ずるように載荷する．**衝撃係数** i（式（2.4）参照）を求める際，弦材，および端柱では，全スパンを用いて計算する．しかし，斜材では，スパンの 75% をとるものとする．

たとえば，図 7.21（b）〜(c) には，ワレントラスの斜材 D_m について引張力を最大，または圧縮力を最大とする荷重の載荷方法を示す．もちろん，死荷重 w^* は，いずれの場合もトラス全長にわたって載荷する．そのため，死荷重による部材力は，影響線の全面積を A_w とすると，$w^* A_w$ で算出される．そし

図 7.20 トラスの荷重分配

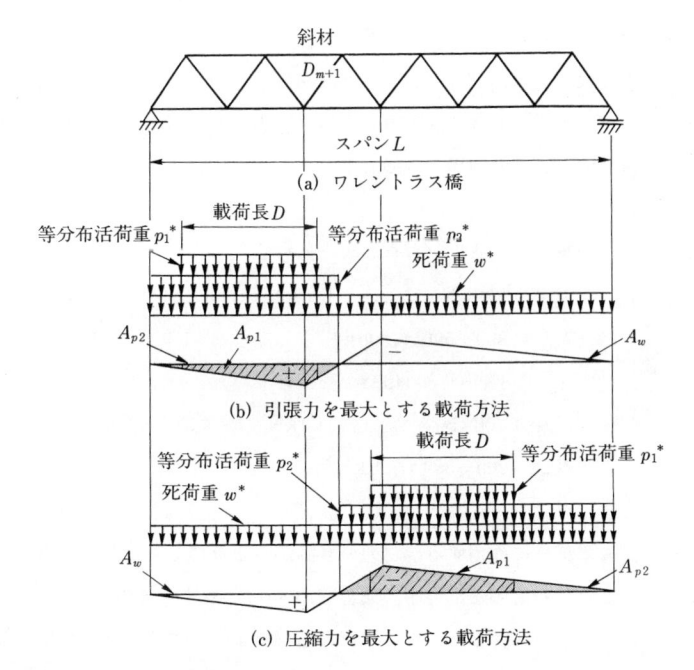

図 7.21 ワレントラス橋の斜材 D_m の引張力，あるいは圧縮力を最大とする載荷方法

て，等分布活荷重$p_2{}^*$に対しては，それぞれ引張，および圧縮になるように載荷する．そのときの影響線の面積をA_{p2}とすれば，$p_2{}^*$による部材力は，$p_2{}^*A_{p2}$で与えられる．また，載荷区間D（表2.2参照）に載荷すべき等分布活荷重$p_1{}^*$は，6.2.A（ただし，演習問題6.2）にしたがって影響線の面積A_{p1}が最も大きくなるように載荷させる．このようにして，$p_1{}^*$による部材力も，$p_1{}^*A_{p1}$として求められる．

主荷重応力を組み合わせる場合，死荷重応力と活荷重応力とが同符号のとき，問題はなく，単純トラス橋の弦材はこの場合に相当する．しかし，腹材では，死荷重応力と活荷重応力との符号が異なる場合がある．これを，**相反応力**（reciprocal stress）という．そして，死荷重による部材力をN_d，また活荷重（衝撃を含む）による部材力を$N_{l+i}=N_l(1+i)$とするとき，設計に用いる部材力Nは，両者が同符号の場合，

$$N = N_d + N_{l+i} \tag{7.23}$$

，また異符号の場合，

$$\text{道路橋}: \left.\begin{array}{l} N = N_d + 1.3 N_{l+i} \quad (|N_d| \geq 0.3|N_{l+i}| \text{ のとき}) \\ N = N_{l+i} \quad (|N_d| < 0.3|N_{l+i}| \text{ のとき}) \end{array}\right\} \tag{7.24}_{1\sim2}$$

$$\text{鉄道橋}: N = 0.9 N_d + N_{l+i} \tag{7.25}$$

で求める．このような活荷重の割り増し，または死荷重の割り引きをする理由は，死荷重が不明確なこと，相反部材における活荷重の増加の影響が大であること，また活荷重のわずかな増加によって応力の符号が異なってくる場合も考えられること，などによるためである．

道路橋についての計算例を示すと，つぎのようになる．

例1： $N_d = +800\,\text{kN}$, $N_{l+i} = +500\,\text{kN}$, および $-400\,\text{kN}$
$N_{\max} = 800 + 500 = 1300\,\text{kN}$
$N_{\min} = 800 - 1.3 \times 400 = 280\,\text{kN}$

例2： $N_d = +200\,\text{kN}$, $N_{l+i} = +500\,\text{kN}$, および $-800\,\text{kN}$
$N_{\max} = 200 + 500 = 700\,\text{kN}$
$N_{\min} = -800\,\text{kN}$

例2のように，ある部材に作用する部材力の合計が引張りになったり，圧縮になったりすることがある．これに対応する応力を，**交番応力**（repeated stress）という．

鉄道橋のように，くり返し交番応力が1列車の通過によって生ずるときには，部材の疲労を考慮して許容応力度を決める必要がある（表4.12参照）．

道路橋では，通常，死荷重が大であるために，交番応力の生ずる機会が少ない．たとえ生じたとしても，その値が小さく，また頻繁におこらないので，交番応力の影響を，考慮しなくてもよい．

C. 部材断面

部材断面の基本的なものを，図7.22に示す．弦材は，箱断面とする．そして，引張力を受ける斜材は，I形断面とする．また，弦材は，部材力に応じて格間ごとに断面を変える．しかし，高さを一定とし，板厚を変化させることにより，重心の位置が，あまり変化しないようにする．

トラス部材としては，計算上の強度が十分であっても，細長い部材を使用すると，剛度が不足するから，あまり細長い部材を使用しないよう定められている．すなわち，道路橋，および鉄道橋の示方書においては，表7.1のように**細長比の最大限**を定めている．

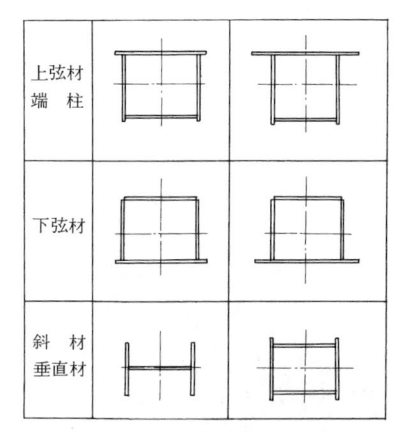

図7.22 トラス部材断面の形状

表7.1 部材細長比 l/r の最大限

区　分	道路橋	鉄道橋
圧　縮　材	120 (150)	100 (120)
引　張　材	200 (240)	200

〔注〕：( ) の値は，横構，あるいは対傾構などの二次部材に対するものである．

その際，トラス部材の有効座屈長 l としては，以下のように定めている．まず，弦材の有効座屈長 l は，部材の骨組長をとる．つぎに，腹材の有効座屈長 l は，ガセットプレートにより連結された場合，連結高力ボルト群の重心間距離をとる．ただし，骨組長の0.8倍を下まわらないものとする．そして，横構や対傾構などの部材で両面にガセットプレートを設けないで直結する場合は，骨組長の0.9倍をとる．また，図7.23に示す斜材 D が支材 T によって十分に連結されているとき，支持点間を有効座屈長 l としてよい．さらに，図7.24（a）の部材 $\overline{aa}$ のように，部材 $\overline{ab}$，および $\overline{ba}$ で異なる圧縮力が作用し，トラス面内に支材がない場合，部材 $\overline{aa}$ の有効座屈長 l は，

$$l = \left(0.75 + 0.25 \frac{P_2}{P_1}\right) L \quad (P_1 \geqq P_2) \tag{7.26}$$

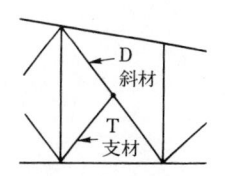

図7.23 支材のある斜材の有効座屈長 l

で与えられる．また，図7.24 (b) のKトラスの垂直材 $\overline{aa}$ のように部材 $\overline{ab}$，および $\overline{ba}$ で異なる符号の軸方向力が作用し，トラス面内に支材がないとき，部材 $\overline{aa}$ のトラス面外に対する有効座屈長 l は，P_1 として圧縮力の絶対値を，また P_2 として引張力の絶対値をとると，次式で与えられる．

$$\left.\begin{array}{ll} l = \left(0.75 - 0.25\dfrac{P_2}{P_1}\right)L & (P_1 \geqq P_2) \\ l = 0.5L & (P_1 < P_2) \end{array}\right\} \quad (7.27)_{1\sim2}$$

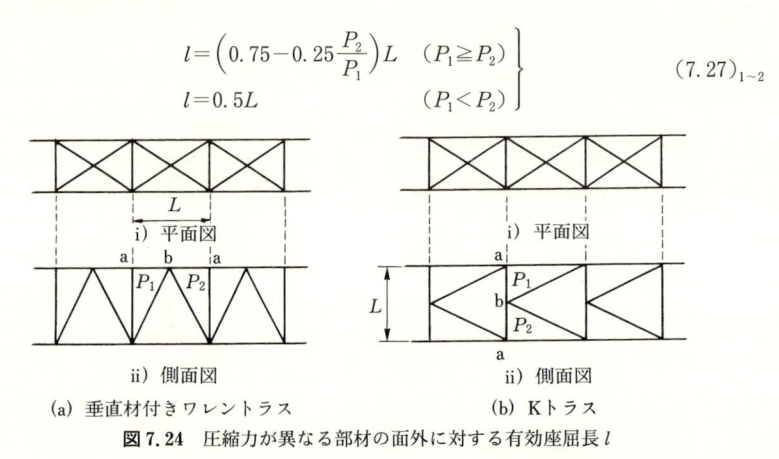

(a) 垂直材付きワレントラス　　　　(b) Kトラス

図7.24 圧縮力が異なる部材の面外に対する有効座屈長 l

また，部材断面の寸法を決める場合は，弦材，腹板，および床げたなどを相互に連結しなければならないので，図7.25に示すように，その関連性を十分に注意しなければならない．

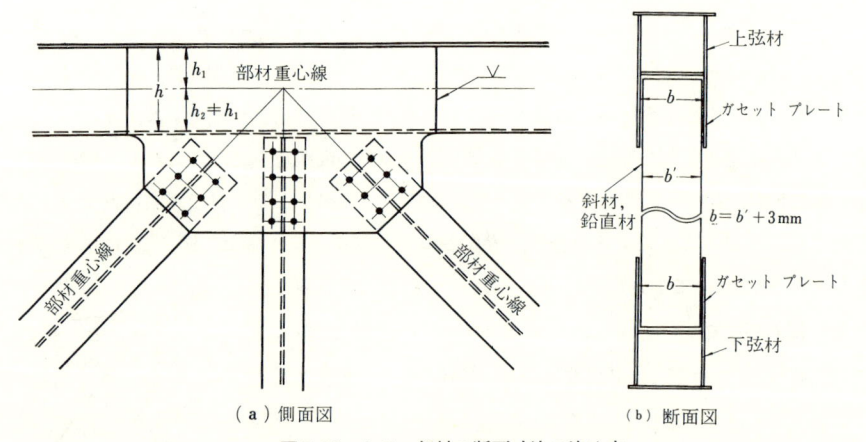

図7.25 トラス部材の断面寸法の決め方

（ⅰ）上弦材，および端柱　　単純トラスでは軸方向圧縮部材となり，主荷重による最

大部材力を N (N), また許容圧縮応力度を σ_{ca} とすると, 部材の所要**総断面積** A_g (mm²) は,

$$A_g \geqq \frac{N}{\sigma_{ca}} \tag{7.28}$$

より求められる. 許容圧縮応力度 σ_{ca} (N/mm²) は, たとえば普通鋼 SM400 ($t \leqq 40$ mm) で, 局部座屈を考えない場合, 次式で計算される.

$$\left. \begin{array}{ll} \sigma_{ca} = 140 & (l/r \leqq 18) \\ = 140 - 0.82(l/r - 18) & (18 < l/r \leqq 92) \\ = \dfrac{1,200,000}{6,700 + (l/r)^2} & (l/r > 92) \end{array} \right\} \tag{7.29}_{1 \sim 3}$$

ここに, l/r: 細長比, l: 有効座屈長, r: 断面二次半径であり, 弦材の**有効座屈長**は, 骨組長をとる.

部材の高さ h は, 道路橋で格間長の 1/15～1/20, また鉄道橋で 1/10～1/15 ぐらいとする. しかし, 高張力鋼を用いると, もう少し低くすることができる. そして, 鉛直軸まわりの断面二次半径 r_z は, 水平軸まわりの断面二次半径 r_y よりも大きくする. これは, トラス面内の座屈に対するガセット(添接板)の拘束が大きいのに反し, トラス面外の座屈に対するガセットの拘束が小さいからで, $r_z > r_y$ としている.

このようにして断面の形と寸法(幅と高さ)とが定められたならば, $(0.3～0.4)h$ とみなした断面二次半径 r の概算値より, 許容圧縮応力度 σ_{ca} を求め, 所要総断面積 A_g を算出する. つぎに, この A_g によって断面を設計し, その断面に関する正確な r を用いて σ_{ca} を再計算して, 作用応力度 σ_c が, この許容応力度以下, すなわち

$$\sigma_c = \frac{N}{A_g} \leqq \sigma_{ca} \tag{7.30}$$

になることを照査する.

トラス部材を構成するとき, あまり薄い板を使うと, **局部座屈**をおこすので, 注意しなければならない. 図 7.26 の**自由突出板**の場合, すでに式 (6.29) で示したように, 板厚 t' は, σ_{cao} を許容圧縮応力度の上限値とすれば,

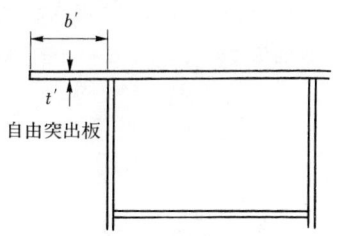

図 7.26 自由突出板の寸法

$$t' \geqq \frac{b'}{425 \times 0.7} \sqrt{\frac{1.7 \sigma_{cao}}{0.43}} \tag{7.31}$$

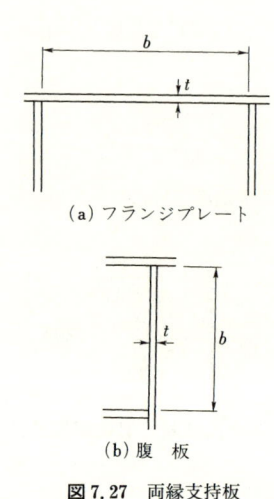

図 7.27 両縁支持板
(a) フランジプレート
(b) 腹板

表 7.2 板の局部座屈を考慮しないでよい板厚 t, および t' (以上)

鋼種	自由突出板 t'	両縁支持板 t
SS400 SM400 SMA400W	$\dfrac{b'}{12.8}\quad\left(\dfrac{b'}{16}\right)^*$	$\dfrac{b}{38.7}\quad\left(\dfrac{b}{56}\right)^*$
SM490	$\dfrac{b'}{11.2}\quad\left(\dfrac{b'}{16}\right)$	$\dfrac{b}{33.7}\quad\left(\dfrac{b}{48}\right)$
SM490Y SM520 SMA490W	$\dfrac{b'}{10.5}\quad\left(\dfrac{b'}{16}\right)$	$\dfrac{b}{31.6}\quad\left(\dfrac{b}{46}\right)$
SM570 SMA570W	$\dfrac{b'}{9.5}\quad\left(\dfrac{b'}{16}\right)$	$\dfrac{b}{28.7}\quad\left(\dfrac{b}{40}\right)$

* ( ) 内は, 道路橋示方書で許している限界.

表 7.3 板厚の低減と局部座屈に対する許容応力度 σ_{cal}(N/mm^2) ($t \leqq 40$mm)

板の種類	板厚	σ_{cal} の公式
自由突出板	表 7.2 の値未満 $b'/16$ まで	$23{,}000\left(\dfrac{t'}{b'}\right)^2$
両縁支持板	表 7.2 の値未満 $b/16$ まで	$210{,}000\left(\dfrac{t}{b}\right)^2$

でなければならない. また, 図 7.27 に示すように, **両縁支持板**の場合, 式 (6.19) より, 式 (6.11)～式(6.13) を用いて, 安全率を $\nu_B=1.7$, 座屈パラメーターを $R=0.7$, および座屈係数を $k_\sigma=4.0$ とすると, 板厚 t は,

$$t \geqq \frac{b}{425 \times 0.7}\sqrt{\frac{1.7\sigma_{cao}}{4.0}} \tag{7.32}$$

で与えられる.

表 7.2 は, これらの結果をまとめたものである.

一方, 作用応力度が小さい場合, 必ずしも表 7.2 の板厚を守る必要はなく, 表 7.3 に示すように, 板厚を低減してもよい. ただし, その際の許容圧縮応力度は, 同表の σ_{cal} の公式より求めるものとする. そして, 局部座屈を考慮しない圧縮部材としての許容圧縮応力度 σ_{cag} (たとえば, 式 (7.29)) との連成を考え, 最終的な許容圧縮応力度 σ_{ca} は, 次式

で算定する．

$$\sigma_{ca} = \sigma_{cag}\left(\frac{\sigma_{cal}}{\sigma_{cao}}\right) \tag{7.33}$$

(ii) 下弦材 単純トラスの下弦材は，軸方向引張部材（図7.22参照）となる．高力ボルト構造の場合，部材力を N（N），また許容軸方向引張応力度を σ_{ta} とすると，**所要純断面積** A_n（mm^2）は，

$$A_n \geqq \frac{N}{\sigma_{ta}} \tag{7.34}$$

で設計できる．あるいは，断面をあらかじめ決めておき，引張応力度 σ_t が，

$$\sigma_t = \frac{N}{A_n} \leqq \sigma_{ta} \tag{7.35}$$

になることを照査すればよい．

(iii) 腹材 図7.22に示したように，圧縮材では箱形断面，また引張材ではI形断面，あるいはH形鋼などが用いられる．他の部材への取付けの関係で，その高さは，弦材のガセット内側の距離よりも3mmぐらい小さくする（図7.25参照）．

断面の設計は，(i)，および(ii)に準じて行なう．その際，**有効座屈長**は，連結ボルト群の重心間距離をとるものとする．ただし，骨組長の0.8倍を，下らないものとする．

D. ダイアフラム

箱形断面の部材に種々な断面力が作用すると，断面は，ヒシ形に変形する可能性がある．これを防ぐために，部材の横断面内には，隔板を取り付ける．これを，**ダイアフラム**（diaphragm）という．連結部のように，部材力がとくに集中して作用するところや，図7.28に示すように連結するガセットの間，あるいは継手の両側（後述の図7.30参照）には，必ずダイアフラムを設けるものとする．

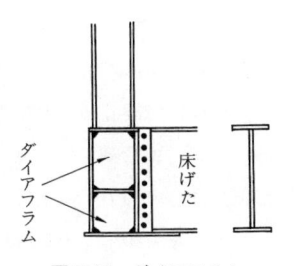

図7.28 ダイアフラム

E. 部材の継手

とくに長大なトラス橋を除き，普通のトラス橋では，腹材の長さは入手しうる材料の長さ以下であるので，途中で継ぐ必要はない．しかし，弦材は，図7.29のように2格間ぐらいに区切って，

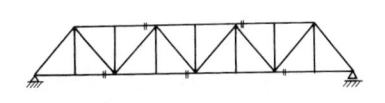

図7.29 継手の位置

格点の近くで，部材力が小さくなる側で継ぐのが普通である．弦材を格点で継ぐと，ガセットが，継手に利用でき，材料の節約になる．しかし，構造が複雑になり，また架設工事も面倒になる．

主要部材を接合する際，鉄道橋では全強により，また道路橋では計算部材力以上で，かつ全強の 75% 以上の力に対して設計するのを原則とする（4.2.C 参照）．継手は，図 7.30 (a)～(b) のように，板を添えて接合する．これを，**添接** (splice) という．溶接箱形断面の部材を現場において高力ボルトで結合するときは，図 7.30 (c) のように，下側のプレートに高力ボルトを挿入しうる孔，すなわち**ハンドホール**（hand hole）をあけておき，高力ボルト締めの作業が可能なようにする．

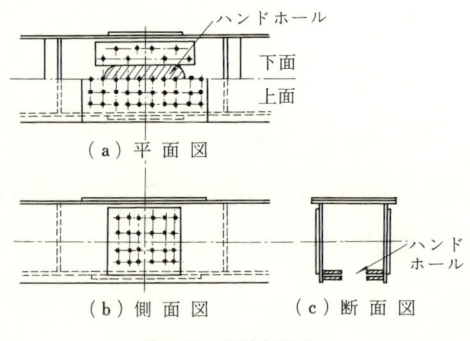

図 7.30　弦材の添接

7.5　格点構造

トラス橋の各部材は，格点のところで**ガセット**（gusset）を用いて連結する．この連結部の計算は，部材力をもとにして行なう．しかし，少なくとも，全強の 75% 以上の力に対して安全なようにする（4.2.C 参照）．

部材の連結は，偏心があると，曲げモーメントが生ずるので，なるべく対称にし，偏心のないように設計し，少なくとも 1 群で 3 本の高力ボルトを使用する．たとえば，図 7.31 のように，山形鋼をガセットに連結するときなどは，高力ボルトを同図 (a) のように山形鋼の固有の高力ボルト線に打たず，同図 (b) のように，山形鋼の脚の中心線に打つほうが偏心を少なくできる（4.2.E 参照）．

また，力の作用方向に高力ボルトの本数が多くなると，それらに作用する力は，均一とならず，端部の高力ボルトに集中する．そのため，高力ボルトは，6 列以下になるように配列し，しかもコンパ

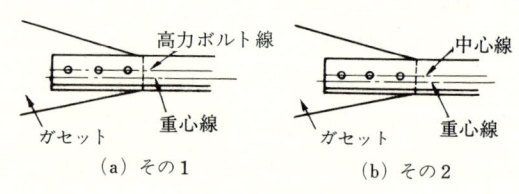

図 7.31　形鋼の連結例

7.5 格点構造

クトに配列する.

　ガセットは，格点に設けられるものである．その大きさは，高力ボルトが打てる必要最小限の大きさでなければならない．大きすぎると，二次応力が増すからである．ガセットの厚さ t は，次式で求めたものより大とする．ただし，道路橋では 9 mm 以上，また鉄道橋では 11 mm 以上としている.

$$\left.\begin{array}{l}\text{道路橋}: t=\dfrac{2P}{b} \\ \text{鉄道橋}: t=\dfrac{2.2P}{b}\end{array}\right\} \qquad (7.36)_{1\sim 2}$$

　ここに，図 7.32 を参照にして，t：ガセットの厚さ (mm)，P：ガセットに連結される部材の最大作用力 (kN)，b：部材のガセット面に接する部分の幅 (mm)，である．

図 7.32 ガセットとフィレット

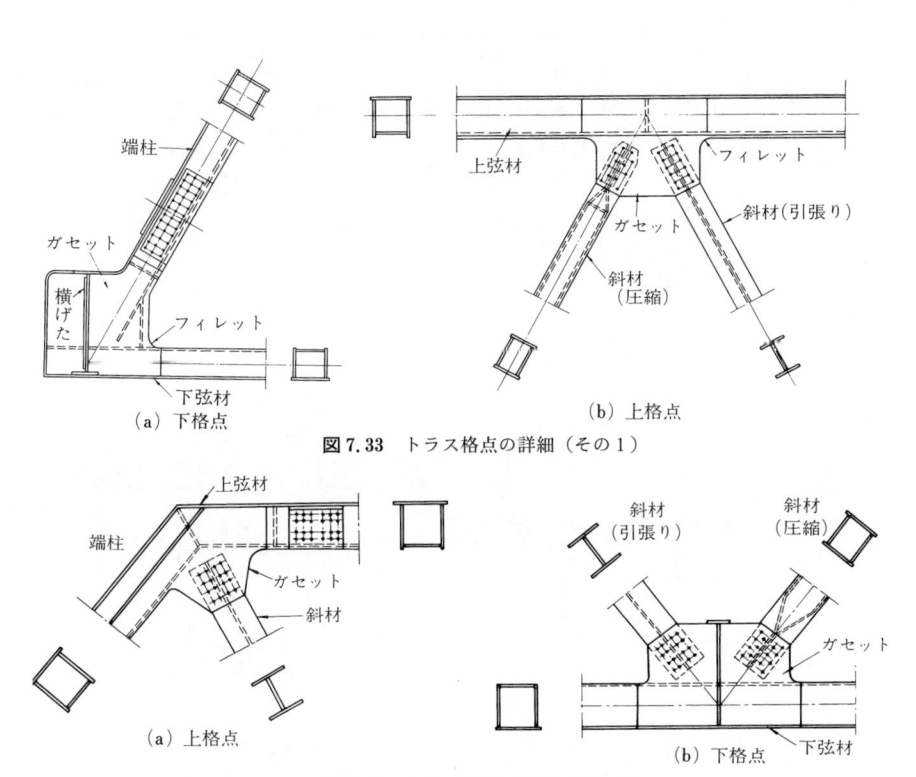

図 7.33 トラス格点の詳細（その 1）
(a) 下格点　(b) 上格点

図 7.34 トラス格点の詳細（その 2）
(a) 上格点　(b) 下格点

溶接構造では，弦材の腹板を格点で大きくして，ガセットと兼用にする．隅角部は，応力集中を避けるために，丸味のある**フィレット**（fillet）を付ける．その際，フィレットの半径 r_f は，弦材の高さを h とすれば，$r_f \geqq h/5$ としている（図 7.32 参照）．

図 7.33，および 7.34 には，**格点構造**の一例を示す．前にも述べたように，各部材の重心線は，一致させるようにする．ところが，弦材では，部材断面が格間ごとに変わるので，それらの重心の平均値を**骨組線**とする．そして，格点に集まる部材の重心線は，その格点で交わるようにしなければならない．また，箱断面の斜材は，格点において開断面となるように加工し，高力ボルトの締め付けを容易に行なえるようにする．

7.6 対　風　構

風荷重（表 7.4，および図 7.35 参照）や**地震荷重**などに抵抗するためには，**対風構**（wind

表 7.4 標準的な 2 主構トラスの風荷重　　　　　　(kN/m)

弦　材		風　荷　重
載　荷　弦	活荷重載荷時	$1.5 + 1.5D + 1.25\sqrt{\lambda h} \geqq 6.0$
	活荷重無載荷時	$3.0D + 2.5\sqrt{\lambda h} \geqq 6.0$
無載荷弦	活荷重載荷時	$1.25\sqrt{\lambda h} \geqq 3.0$
	活荷重無載荷時	$2.5\sqrt{\lambda h} \geqq 3.0$

ただし，$7 \leqq \lambda/h \leqq 40$
ここに，D：橋床の総高 (m)．ただし，橋軸直角水平方向からみて弦材と重なる部分の高さは含めない（図 7.35 参照）．
　　　　h：弦材の高さ (m)
　　　　λ：下弦材中央から上弦材中心までの主構高さ (m)

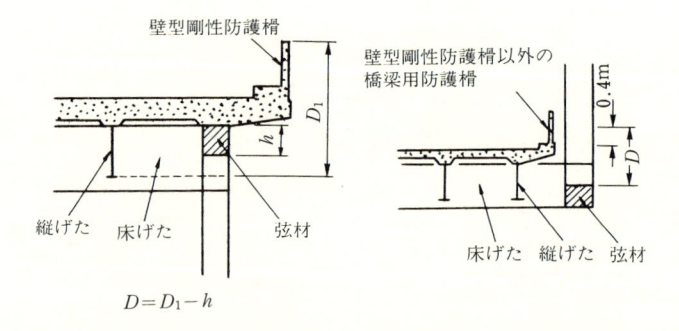

(a) 上路トラスの場合　　　　(b) 下路トラスの場合

図 7.35　2 主構トラスの D のとり方

7.6 対 風 構

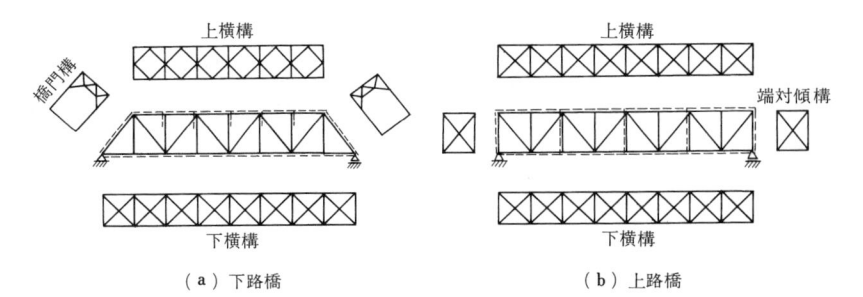

図 7.36 対 風 構

(a) 下路橋 　　(b) 上路橋

bracing)を設ける．これは，横構，橋門構，および対傾構などで構成される．図 7.36 に示すように，下弦材に作用する水平荷重は下横構によって抵抗させ，また上弦材に作用する水平荷重は上横構によって受け持たせ，橋門構や端対傾構を通じて支承に伝える．

以上のほかに，トラス全体の断面変形を防ぐために，中間の格点のところには，対傾構が設けられる．

断面の設計法については，プレートガーダー橋 (6.5.A 参照) に詳しく述べた．ここでは，部材力の求め方のみを以下に示す．

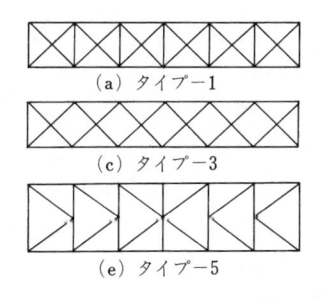

図 7.37 横構の組み方

(a) タイプ-1　(b) タイプ-2　(c) タイプ-3　(d) タイプ-4　(e) タイプ-5　(f) タイプ-6

(i) 横構(lateral bracing)　主構の間隔などにより異なり，定まった形式のものはなく，図 7.37 (a)，または (b) が普通よく使われる．すなわち，(b) のほうが景観がよく，また上下弦材の有効座屈長が小さい．中間対傾構のないときは図 7.37 の (c)，または (d) を使い，

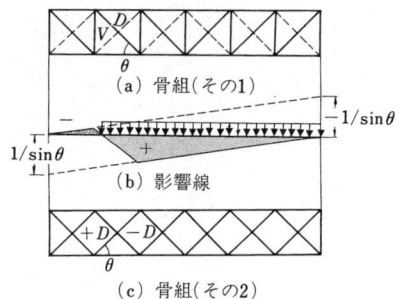

図 7.38 横構の影響線

(a) 骨組 (その1)
(b) 影響線
(c) 骨組 (その2)

また主構の間隔が大なるときは (e), または (f) が用いられる.

横構の斜材は, 通常, 1本の山形鋼, またはT断面とし, 引張材として設計する. この場合は, 図7.38 (a) のように, プラットトラスと考え, 同図 (b) の影響線を用いれば,

$$\left.\begin{array}{l} D = \dfrac{S}{\sin\theta} \\ V = -S \end{array}\right\} \qquad (7.37)_{1\sim 2}$$

である. しかし, 図7.38 (c) において, 斜材の断面が大きく, 引張部材, または圧縮部材とみなして設計するときは, 格間せん断力の半分をとり,

$$D = \pm \dfrac{S}{2\sin\theta} \qquad (7.38)$$

とすることもできる.

このほか, 横構の斜材には, その両側の主構弦材 (部材力 N_1, および N_2) から,

$$D = \dfrac{N_1 + N_2}{100 \sin\theta} \qquad (7.39)$$

なる部材力が, そして支材には,

$$V = \dfrac{N_1 + N_2}{100} \qquad (7.40)$$

なる部材力が伝わるので, 注意しなければならない. また, 主構の弦材には, 同時に横構の弦材としての応力が付加されるので, 注意しなければならない.

鉄道トラス橋で, 列車が橋梁の上で制動停止したり, また始動発進する場合は, 橋軸方向の力が作用する. そのため, 床組の適当な部分に設けるトラスを, **制動トラス** (または, **ブレーキトラス** (brake truss)) という (図6.37参照).

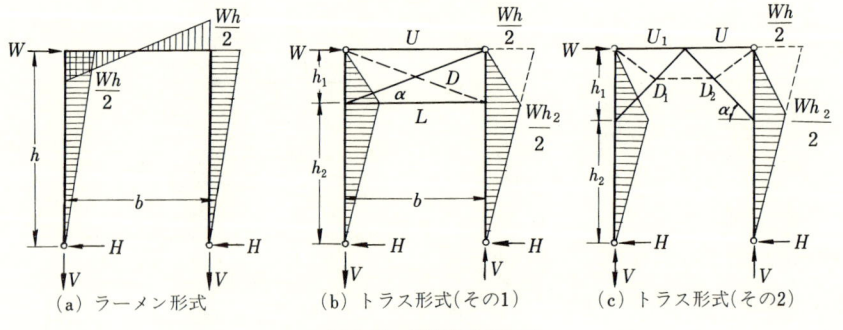

図7.39 橋門構と部材力

7.6 対風構

(ii) 橋門構,および対傾構 下路トラスの橋端に設けるものを,**橋門構**という.

橋門構には,図7.39に示す形式のものが用いられる.これらの橋門構は,上端で上横構の水平反力 W を受ける.図7.39(a)は,2ヒンジラーメンとして計算する.そして,同図(b)は,斜材が引張材となる場合だけを有効と考えて計算する.この場合,部材力は,図中の記号を用いると,

$$U=-\frac{W(h+h_1)}{2h_1}, \quad L=\frac{Wh}{2h_1}, \quad D=\frac{Wh}{b\sin\alpha} \qquad (7.41)_{1\sim3}$$

になる.また,図7.39(c)の場合,部材力は,次式のように表わされる.

$$U_1=-\frac{W(h+h_1)}{2h_1}, \quad U_2=\frac{Wh_2}{2h_1}, \quad D_1=-D_2=\frac{Wh}{b\sin\alpha} \qquad (7.42)_{1\sim3}$$

以上は,橋門構の下端をヒンジとみなしたときで,端柱が床げたに剛結された場合,固定端を有するラーメンとなる.しかし,たわみの反曲点が柱の下端 $h/3$ 付近にあるものとみなして,その点にヒンジを考えれば,上述の方法を,近似的に用いることができる.

トラスの端柱には,主構としての軸方向圧縮力のはかに,風荷重による反力 V,および曲げモーメント M が働くことに注意しなければならない(図7.39参照).

上路トラスの**端対傾構**や**中間対傾構**は,普通,図7.40(a)に示すように,斜材が交差する形式のものを用いる.この場合,対傾構の間隔内の横荷重を斜材でもたす.ところが,斜材は,引張材となる場合だけを有効と考えて設計する.しかし,横断面形状が保持できるように,十分な剛度を,もたさなければならない.下路トラスの中間対傾構には,図7.40(b)のようなものが用いられる.これを,**ス**

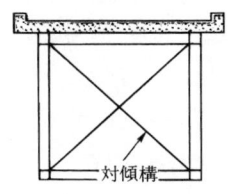

(a) 上路橋の対傾構

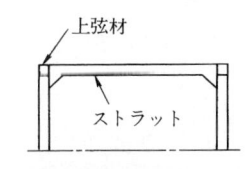

(b) 下路橋のストラット

図7.40 対傾構とストラット

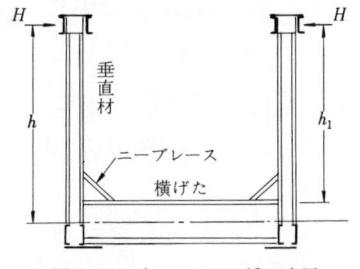

図7.41 ポニートラス橋の座屈

トラット (strut) という．ストラットは，その両側の弦材力 N_1，および N_2 による分担力

$$V = \frac{N_1 + N_2}{100} \tag{7.43}$$

に抵抗できるように設計する．

(iii) ポニートラス橋　ポニートラス (pony truss) 橋は，背が低いため，上横構も橋門構もないもので，最近，あまり用いられない．上弦材の側方座屈をおこしやすいので，これを簡単に照査するため，図 7.41 に示すように，つぎの水平力が作用するものとして，垂直材，および床げたの強度を確かめる．

$$道路橋：H = \frac{P}{100} \tag{7.44}$$

$$鉄道橋：H = 0.25A + 3{,}000 \tag{7.45}$$

ここに，H：格点荷重 (N/m)，P：上弦材中の最大軸方向圧縮力 (N)，である．また，A：上弦材中の最大総断面積 (mm^2)，である．

7.7　たわみとそり

(i) たわみの計算

トラスのたわみは，仮想仕事の原理より容易に求められる．いま，図 7.42 (a) と (b) との 2 つの系の間で仮想仕事を考えれば，

$$\overline{P}\delta = \Sigma \overline{N} \Delta l \tag{7.46}$$

が得られる．ここに，

　δ：実際荷重状態のたわみ

　Δl：部材の伸び，あるいは縮み $= Nl/EA$

　　（N：部材力，l：部材長，A：断面積）

　$\overline{P}$：仮想荷重

　$\overline{N}$：$\overline{P} = 1$ のときの部材力

したがって，たわみ δ は，

$$\delta = \Sigma \frac{N\overline{N}}{EA} l \tag{7.47}$$

より算定される．

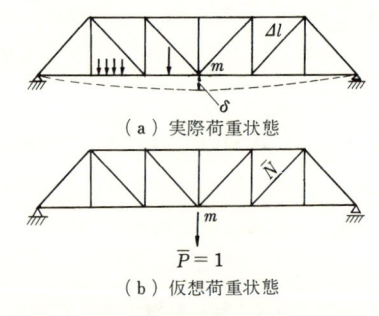

図7.42　たわみの計算法
(a) 実際荷重状態
(b) 仮想荷重状態

7.7 たわみとそり

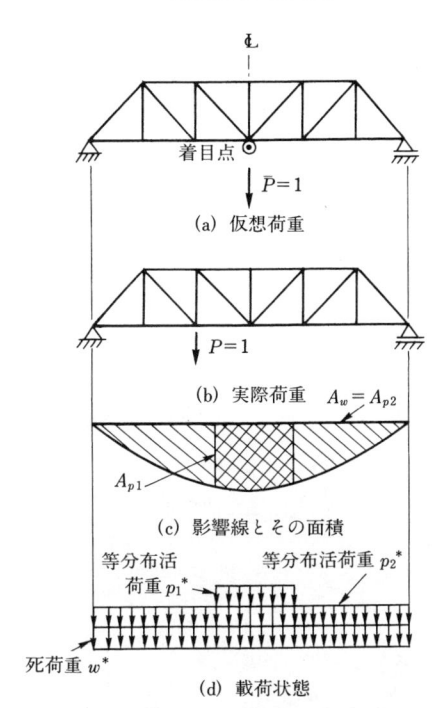

図7.43 たわみの影響線と載荷状態

(a) 仮想荷重 $\overline{P}=1$
着目点
(b) 実際荷重 $P=1$
(c) 影響線とその面積 $A_w = A_{p2}$, A_{p1}
(d) 載荷状態 等分布活荷重 p_1^*, 等分布活荷重 p_2^*, 死荷重 w^*

通常，トラス橋のたわみは，図7.43に示すように，影響線を描いて求めるのが効率的である．すなわち，まず同図（a）に示すように，単純トラス橋の着目点（この場合，スパン中央）に仮想荷重 $\overline{P}=1$ を作用させて，トラスすべての部材力を求めておく（部材の影響線を用いる）．つぎに，同図（b）に示すように，単位の実荷重を各格点に作用させて，同様に部材力を算出する．そして，式(7.47)にしたがう計算を各格点について行ない，同図（c）に示す影響を描く．さらに，道路橋の場合であれば，死荷重 w^*，および等分布活荷重 p_1^*，ならびに p_2^* に対する影

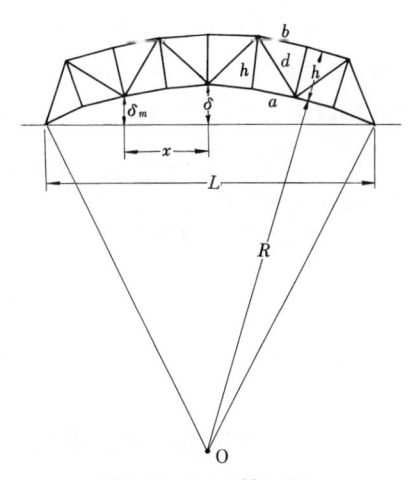

図7.44 トラス橋のそり

響線の面積 A_w, A_{p1}, および A_{p2} を求める．すると，死荷重によるたわみ δ は w^*A_w, また活荷重に対するたわみ δ_l は $p_1{}^*A_{p1}+p_2{}^*A_{p2}$ として算定することができる．なお，A_{p1} については，図 6.45 (b) 中に示した A_{p1} を用いてもよい．

(ii) そ り

トラス橋の支間が大きくなると，たわみも大きくなるから，主構には，**そり**（camber）を付けて製作する．そりとは，トラス橋を所定の高さより上げこして製作することである．その量は，道路橋では死荷重によるたわみ，また鉄道橋では死荷重と等分布活荷重の 1/3 によるたわみに等しくする．

そりを付けるためには，下弦材を設計どおりの長さにとり，それが1つの円弧の上にのるようにする．もちろん，上弦材の長さは，設計上の長さより大きくする．

図 7.44 において，下弦材の長さを a，上弦材の長さを b，斜材の長さを d，スパン L の中央のそりを δ，任意格点のそりを δ_m，また曲率半径を R とすると，つぎの関係がある．

$$\left.\begin{array}{l} R=\left(\dfrac{L^2}{4}+\delta^2\right)\dfrac{1}{2\delta}\cong\dfrac{L^2}{8\delta} \\ \delta_m=\delta-(R-\sqrt{R^2-x^2}) \\ b=\left(1+\dfrac{h}{R}\right)a,\ d=\sqrt{ab+h^2} \end{array}\right\} \qquad (7.48)_{1\sim 4}$$

(iii) たわみの制限

トラス橋のたわみが大きいと，二次応力も大きくなるので，**たわみの制限**をしている．

道路橋では，活荷重（衝撃を含まない）に対し部材の総断面積を用いて計算し，活荷重によるたわみを δ_l，またスパンを L とすると，以下のように定めている．

$$\delta_l \leqq \frac{L}{600} \qquad (7.49)$$

一方，鉄道橋では，活荷重（衝撃を含まない）によるたわみ δ_l に対し，

$$\delta_l \leqq \frac{L}{1,000} \qquad (7.50)$$

としている．

7.8 トラス橋の設計計算例

道路橋溶接トラスの設計例を，10 章で示した．ここで，その項目のみを示せば，

A．設計条件および設計概要　　D．二次部材の設計
B．床組の設計　　　　　　　　E．沓の設計
C．主構の設計　　　　　　　　F．たわみの計算

である．

また，裏表紙とじ込みに**設計図**を入れてあるので，参考にされたい．

演 習 問 題

7.1 図 7.45 に示す単純プラットトラス橋（道路橋）の部材力 U, L, D_1, D_2, V_1, および V_2 を求め，それらの部材を設計してみなさい．ただし，死荷重強度 $w^*=27\mathrm{kN/m}$，A活荷重強度として，弦材に対し $p_1^*=30\mathrm{kN/m}(D=6\mathrm{m})$，また斜材に対し $p_1^*=36\mathrm{kN/m}(D=6\mathrm{m})$，および $p_2^*=10\mathrm{kN/m}$ が作用するものとする．

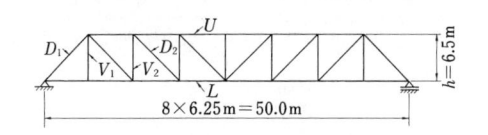

図 7.45 単純プラットトラス橋の例

7.2 ワレントラス橋の交番応力について，考えてみなさい．

8章 合成げた橋

8.1 概　説

　2本以上の構造部材を曲げに対して効果的に使用する方法としては，**重ねばり**，あるいは**合成ばり**として利用する方法がある．いま，簡単な場合として，幅 b，および高さ h で，スパン L の長方形ばり2本を使った場合を，図8.1に例示する．重ねばりでは，単にはりを2段重ねて使ったものであるから，上下のはりの間に，**ずれ**が生ずる．したがって，図8.1(a)のように，2段のはりには，それぞれ別個に圧縮応力度 σ_c と引張応力度 σ_t とが生じる．そして，たとえば集中荷重 P がスパン中央に載荷する場合，曲げモーメントが $M=PL/4$ で，断面二次モーメントが $I=2\times bh^3/12$ であるから，応力度 $\sigma_{c,t}$ は，

$$\sigma_{c,t} = \frac{\dfrac{PL}{4}}{2\times\dfrac{bh^3}{12}}\frac{h}{2} = \frac{3}{4}\frac{PL}{bh^2} \tag{8.1}$$

となることが明らかである．

　これに反し，合成ばりは，図8.1(b)に示すように，上下のはりの間にずれが生じないように接着材や**ずれ止め**で結合したものである．このようにすると，上下2本のはりが幅 b で，高さ $2h$ の1本のはりとして共同作用をする．そして，応力分布は，上縁で圧縮応

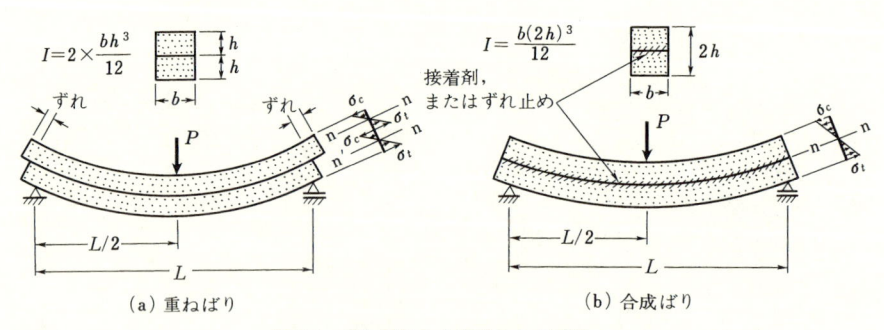

図8.1　重ねばりと合成ばりとの原理

力度 σ_c を，また下縁で引張応力度 σ_t を生じ，はり全体として単純な三角形分布を呈するようになる．すなわち，断面二次モーメントとして，$I=b(2h)^3/12$ が期待できるから，それらの応力度 $\sigma_{c,t}$ は，

$$\sigma_{c,t} = \frac{\dfrac{PL}{4}}{\dfrac{b(2h)^3}{12}} h = \frac{3}{8}\frac{PL}{bh^2} \tag{8.2}$$

で与えられる．

このように，はりを重ねばり，あるいは合成ばりとして使用すると，効果的であることがわかる．表 8.1 には，はり 1 段を使用した場合を基準とし，重ねばりと合成ばり（いずれも，はり 2 段を使用）との応力特性，および，たわ

表 8.1 重ねばりと合成ばりとの力学特性の比較

項目	はり1段の場合	重ねばり	合成ばり
応力度	1	1/2	1/4
たわみ	1	1/2	1/8

み特性を比較したものを示す．合成ばりは，はり 1 段のものよりも応力度を 1/4 に，また，たわみを 1/8 に減らすことができ，著しく効率的な使用方法であることがわかる．

合成げた橋*（composite girder bridge）とは，このような特性を巧みに利用するため，鉄筋コンクリート床版（RC 床版）と鋼げたとを**ずれ止め**（(shear connector)，あるいは**ジベル**（Dübel）ということもある）で結合し，両者が一体となって働くようにした橋梁をいう．しかも，すでに古くから用いられている RC の T 形ばりの考え方と同様に，合成げた橋は，圧縮側に圧縮に強いコンクリートを，引張側に引張りに強い鋼材を用いることによって，その特性をより合理的に活用したものである．鋼げたの上フランジプレートは，床版と鋼げたとの間のせん断力に抵抗できるずれ止めを取り付けられる寸法があれば十分である．したがって，鋼げた断面は，上フランジプレートの断面を小さくした上下非対称断面となる．しかし，合成桁橋は，プレートガーダー橋と同様に，耐荷力も大きく，また剛度も大きい橋梁である．

このように合成げた橋では，RC 床版をけたの一部分と考えているために，従来のプレートガーダー橋に比し，20％ 以上の鋼材の節約が可能である．また，けた高が低くできることも，大きい利点である．したがって，現在，上路プレートガーダー橋の多くは，合成げた橋として設計されている．一般に，合成げた橋の鋼げたの高さはスパンの 1/20 ぐ

---

* 島田静雄，熊沢周明：合成桁の理論と設計，(昭 48)，山海堂
　渡辺　昇：橋梁工学，(1974)，朝倉書店

らいですみ，またスパンは50mぐらいまで使用される．しかし，ずれ止めの工費が増加することや，良質のコンクリートを使用しなければならないことを，忘れてはならない．

合成げた橋の架設の際，表8.2(a)に示すように，コンクリートの型枠を鋼げたで支えてコンクリートを打ち，死荷重をすべて鋼げたで受け持たすようにし，活荷重に対してのみ合成げたとして働くようにしたものを，**活荷重合成げた**という．一方，表8.2(b)に示すように，**支保工**（仮支点）を組んだり，架設用のトラスを設けて鋼げたを支え，コンクリート硬化後にこれを取り外すと，死荷重と活荷重とに対しても合成げたとして働くので，これを，**死活荷重合成げた**という．後者の場合は，支保工などに相当の工費を要す

表8.2 活荷重合成げたと死活荷重合成げたとの相違

合成げたの種類 項 目		(a) 活荷重合成げた	(b) 死活荷重合成げた
架設終了後の鋼げたの支持方法		RC床版／鋼げた	RC床版／鋼げた／仮支点
作用荷重と曲げモーメント	i) コンクリート打設前の鋼げたの曲げモーメント (M_s)	死荷重w^*／M_s	$M_s=0$
	ii) 仮支点の撤去による合成げたの曲げモーメント (M_p)	$M_p=0$	仮支点の反力P／M_p
	iii) 活荷重による合成げたの曲げモーメント (M_v)	活荷重 p_1^* p_2^*／M_v	活荷重 p_1^* p_2^*／M_v
完成時の応力分布	RC床版 V—V S—S	V—V S—S ／M_v／M_s （図8.8参照）	—V M_p+M_v （式(8.9)参照）

る．また，地盤の悪いところでは，支保工の沈下のために，死荷重に対して完全な合成作用が期待できないことになる．

これに対して活荷重合成げたとして設計すると，支保工などの建設費は，省かれる．また，合成げたのスパンが大きくなると，上フランジプレートの断面が，やや大きくなる．しかし，上フランジプレートは，ずれ止めを取り付けるために有効に利用できる．それゆえ，今日，活荷重合成げた橋として設計される場合が多く，死活荷重合成げた橋の使用は，けた高の制限を受けるとか，とくに必要な場合だけに限られる．

なお，連続合成げたでは，中間支点上近傍の断面に負の曲げモーメントが発生し，RC床版に引張応力が発生するので，プレストレス力を導入するか，ひび割れ幅を小さくするため鉄筋量を多くする必要がある．ここでは，単純げた橋で，正の曲げモーメントを受ける合成げたを主体とした設計法を述べる．

8.2 合成げたの応力

A. コンクリート床版の有効幅

合成げたは，RC 床版と鋼げたとが曲げモーメントに対して一体となって働くような構造としたものである．しかし，コンクリート床版の幅が広いとき，曲げによるコンクリート床版内の垂直応力度の分布 $\sigma(y)$ は，一様に分布しない．たとえば，図 8.2 に示すように，けた G_a，および G_b 間の $\sigma(y)$ は，鋼げた直上で最大 σ_{max} となり，床版の中央に向かうほど $\sigma(y)$ は減少してゆく．このような現象を，**せん断遅れ**（shear lag）とよんでいる．そして，設計の際には，この現象を考慮すると煩雑になるので，鋼げた上フランジプレートと協力する床版の**有効幅**（effective width）というものを定めている．

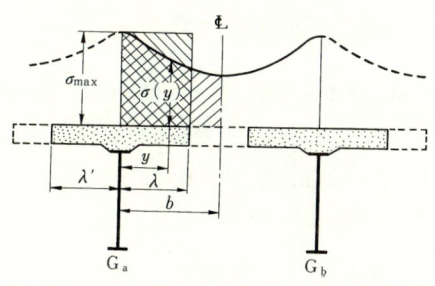

図 8.2 せん断遅れと有効幅の定義

すなわち，図 8.2 に示すように，床版の中央部が有効でないものと考え，普通の**はりの理論**（beam theory）を用いて計算した応力度が，最大応力度 σ_{max} と等しくなるような幅 λ を有効幅としている．そして，有効幅 λ は，次式で定義されている．

$$\lambda = \frac{\int_0^b \sigma(y) dy}{\sigma_{max}} \tag{8.3}$$

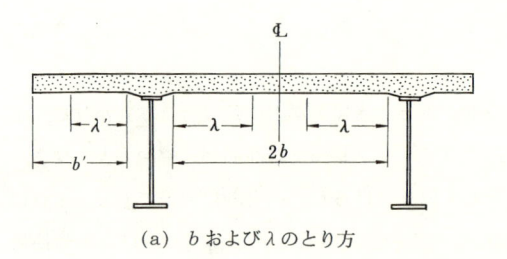

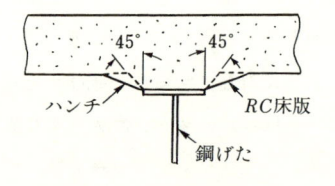

(a) b および λ のとり方　　　　(b) ハンチ部の取扱い

図8.3 有効幅のとり方

　道路橋の場合，単純合成げた橋の上フランジプレートと協力して働くコンクリート床版の幅は，橋軸に沿って一定としている．そして，図8.3(a)に示すように，けた間の床版の幅を $2b$，片持部の突出幅を b'，また単純合成げたのスパンを L とすると，片側有効幅 λ は，b/L の関数で表わされ，次式のように定められている．

$$\left.\begin{array}{ll}\lambda = b & (b/L \leqq 0.05) \\ = \{(1.1 - 2(b/L)\}b & (0.05 < b/L < 0.30) \\ = 0.15L & (b/L \geqq 0.3)\end{array}\right\} \qquad (8.4)_{1\sim3}$$

　ハンチの水平線に対する傾斜は，1：3より緩くする．しかし，有効幅を計算するときに限り，図8.3(b)に示すように，角度が 45° とみなして取り扱うものとする．

　図8.4は，有効幅 λ/b とけた幅スパン比 b/L，あるいは L/b との関係をプロットしたものである．

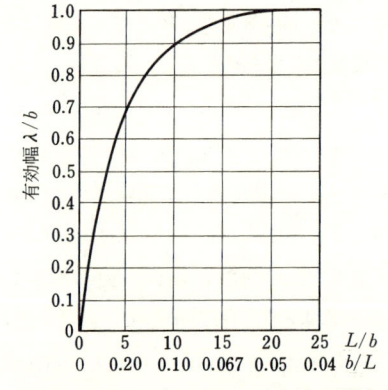

図8.4 λ と L/b，あるいは b/L の関係

B. 合成げたの断面定数

　図8.5において，A_c：コンクリートの断面積，A_s：鋼げたの断面積，E_c：コンクリートのヤング係数，E_s：鋼のヤング係数，$n = E_s/E_c$：ヤング係数比，d：コンクリート断面の図心と鋼げた断面の図心との距離，d_c：合成断面の図心軸（V-V）と版のコンクリートの図心との距離，d_s：合成断面の図心軸と鋼げた断面の図心との距離，I_c：コンクリート断面のその図心軸に関する断面二次モーメント，I_s：鋼げた断面のその図心軸に関する断面二次モーメント（式(6.35)参照），および I_v：鋼に換算した総断面二次モーメントとする．

8.2 合成げたの応力

図 8.5 合成げたの断面と応力分布

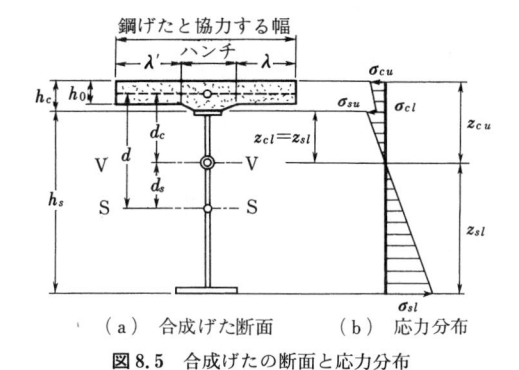

すると，合成げたの中立軸 V-V の位置は，

$$d_c = \frac{nA_s}{nA_s + A_c}d, \quad d_s = \frac{A_c}{nA_s + A_c}d \tag{8.5}_{1\sim 2}$$

である．したがって，合成げたの断面二次モーメント I_v は，

$$\left.\begin{aligned} I_v &= I_s + \frac{1}{n}I_c + A_s {d_s}^2 + \frac{1}{n}A_c {d_c}^2 \\ &= I_s + \frac{1}{n}I_c + \frac{A_c}{n}d^2 \frac{n\phi}{1+n\phi} \end{aligned}\right\} \tag{8.6}_{1\sim 2}$$

となる．

ここに，係数 ϕ は，次式で与えられる．

$$\phi = \frac{A_s}{A_c} \tag{8.7}$$

式 $(8.6)_2$ は，合成げたの図心軸を求めずに断面二次モーメントを求めうるから，試算に用いるのに便利である．

コンクリートのヤング係数 E_c は，品質によっても異なる．しかし，$E_c = 3.0 \times 10^4 \mathrm{N/mm^2}$ を標準とし，

$$n = \frac{E_s}{E_c} = 7 \tag{8.8}$$

にとる．

C. 合成げたの応力算定式

合成げたにおいては，その断面が**平面保持の法則**に従って変位するものとし，普通のけ

たと同様に，応力を算定することができる．いま，σ_{cu}：コンクリート床版上縁応力度，σ_{cl}：コンクリート床版下縁応力度，σ_{su}：鋼げた上縁応力度，および σ_{sl}：鋼げた下縁応力度とし，合成げたに作用する曲げモーメントを M とする．すると，**はりの理論**より，これらの応力度は，

$$\left.\begin{aligned}\sigma_{cu}&=\frac{M}{nI_v}z_{cu}, \quad \sigma_{cl}=\frac{M}{nI_v}z_{cl} \\ \sigma_{su}&=\frac{M}{I_v}z_{su}, \quad \sigma_{sl}=\frac{M}{I_v}z_{sl}\end{aligned}\right\} \qquad (8.9)_{1\sim 4}$$

によって与えられる．ここに，縁距離 z_{cu}, z_{cl}, z_{su}, および z_{sl} は，

$$\left.\begin{aligned}z_{cu}&=d_c+h_0/2 \\ z_{cl}&=z_{su}=d_c-h_0/2-(h_c-h_0)=d_c+h_0/2-h_c \\ z_{sl}&=h_s+h_c-h_0/2-d_c \\ &\quad (h_s,\ h_c,\ \text{および}\ h_0\ \text{は，図 8.5 参照})\end{aligned}\right\} \qquad (8.10)_{1\sim 3}$$

である．

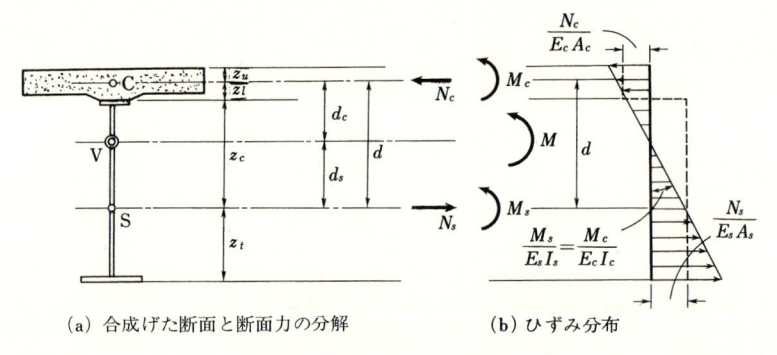

(a) 合成げた断面と断面力の分解　　(b) ひずみ分布

図 8.6　断面力の分解とひずみ分布

なお，合成げたの応力度は，上述の計算法によってもよいが，以下の方法もある．すなわち，図 8.6 において，合成げたに作用する曲げモーメント M をコンクリート断面と鋼げた断面の受け持つ分担モーメント M_c，および M_s と軸方向力 N とに分解し，図示のようにコンクリート床版，および鋼げた固有の断面諸定数を用いて応力度を求めれば，

8.3 合成げた断面の設計

$$\left.\begin{array}{l}\sigma_{cu}=\dfrac{N}{A_c}-\dfrac{M_c}{I_c}z_u \\[6pt] \sigma_{cl}=\dfrac{N}{A_c}+\dfrac{M_c}{I_c}z_l \\[6pt] \sigma_{su}=\dfrac{N}{A_s}-\dfrac{M_s}{I_s}z_c \\[6pt] \sigma_{sl}=\dfrac{N}{A_s}+\dfrac{M_s}{I_s}z_t\end{array}\right\} \qquad (8.11)_{1\sim 4}$$

と書くことができる.ここに,分担モーメント M_c,M_s,および軸方向力 N は,以下の4つの条件式から求められ,

$$\left.\begin{array}{l}\text{力のつり合い条件式}\begin{cases}\sum M=0:\ M_c+M_s+Nd=M \\ \sum H=0:\ N=N_c=N_s\end{cases} \\[10pt] \text{変位の適合条件式}\begin{cases}\text{回}\quad\text{転}:\ \dfrac{M_c}{E_c I_c}=\dfrac{M_s}{E_s I_s} \\[8pt] \text{橋軸方向変位}:\ \dfrac{N_c}{E_c A_c}+\dfrac{N_s}{E_s A_s}=\dfrac{M_s}{E_s I_s}d\end{cases}\end{array}\right\} \quad (8.12)_{1\sim 4}$$

つぎのように表わすことができる.

$$M_c=\frac{I_c}{nI_v}M,\quad M_s=\frac{I_s}{I_v}M \qquad (8.13)_{1\sim 2}$$

$$N=N_s=N_c=\frac{A_c d_c}{nI_v}M=\frac{A_s d_s}{I_v}M \qquad (8.14)$$

8.3 合成げた断面の設計

A. 鋼げたの高さ

コンクリート床版に引張応力度が生じないためには,合成断面の中立軸が鋼げた内に位置していなければならない.

図 8.7 において,中立軸 V-V の位置は,

$$z_{sl}=(h_c+h_s)\times\frac{\sigma_{sl}}{\sigma_{sl}+n\sigma_{cv}}$$

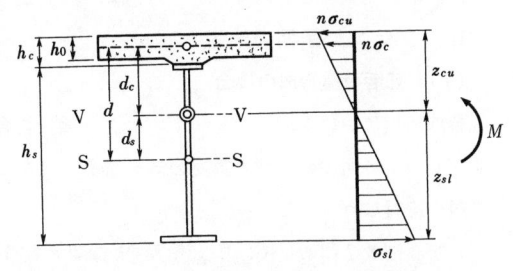

(a) 合成げた断面 　(b) 応力分布

図 8.7 鋼げたの高さ h_s

であり，しかも

$$z_{sl} \leq h_s$$

でなければならない．これらの式から，

$$h_s \geq \frac{\sigma_{sl}}{n\sigma_{cu}} h_c \tag{8.15}$$

が得られる．これは，死活荷重合成げたの場合の鋼げた高さの決め方の1つの方法である．

また，合成断面の曲げモーメント M は，コンクリートの強度，断面積，および下フランジプレートまでの距離で決まるものと仮定し，コンクリートの平均応力度を σ_c' とすれば，

$$M = A_c \sigma_c' \left(h_s + h_c - \frac{h_0}{2} \right)$$

である．したがって，鋼桁の高さ h_s に対しては，次式が得られ，

$$h_s = \frac{M}{A_c \sigma_c'} - h_c + \frac{h_0}{2} \tag{8.16}$$

これより，適切な鋼げた高さ h_s を，定めることができる．以上は，死活荷重合成げた橋の鋼げた高さの決め方である．一方，活荷重合成げたのときも，上式で，大略のけた高を決めることができる．

一般に，活荷重合成げた橋の**経済的けた高** h_s とスパン L との比は，実績によると，

$$\frac{h_s}{L} = \frac{1}{18} \sim \frac{1}{20} \tag{8.17}$$

が適切である．なお，これに応じた腹板厚の決定や垂直・水平補剛材の設計法については，6.3項で示したプレートガーダー橋に準ずる．

B. フランジ断面の決定

(i) 死活荷重合成の場合

合成桁橋においても，プレートガーダー橋の場合と同様（式(6.28)参照）に，フランジプレートの所要断面積の算定公式を導くことができる．しかし，ここでは，近似的な取り扱いを行なう．

いま，図8.7において，中立軸 V-V に関する断面一次モーメントは，

$$A_l z_{sl} - A_u (h_s - z_{sl}) + \frac{t_w}{2} \left\{ z_{sl}^2 - (h_s - z_{sl})^2 \right\} = \frac{A_c}{n} \left(z_{cu} - \frac{h_0}{2} \right)$$

8.3 合成げた断面の設計

となる.

この式より,鋼げた下フランジプレートの断面積 A_l を求め,各縁応力度が許容応力度以内にあるか否かを,式 (8.9) で検算する.すなわち,

$$A_l = \frac{1}{z_{sl}} \left[\frac{A_c}{n} \left(z_{cu} - \frac{h_0}{2} \right) + A_u(h_s - z_{sl}) - \frac{t_w}{2} \{z_{sl}^2 - (h_s - z_{sl})^2\} \right] \quad (8.18)$$

ここに,A_u:鋼げた上フランジプレートの断面積(ずれ止めが取り付けられるように,幅 150 mm 以上で,また厚さ 10 mm 以上を仮定する),A_l:鋼げた下フランジプレートの断面積,t_w:腹板厚,A_c:コンクリートの断面積,である.

(ii) 活荷重合成の場合 活荷重合成げたの場合,死荷重は鋼げたのみで受け持たせ,また活荷重は合成断面で抵抗させる.この場合のけたに生じる応力度を,図 8.8 に示す.

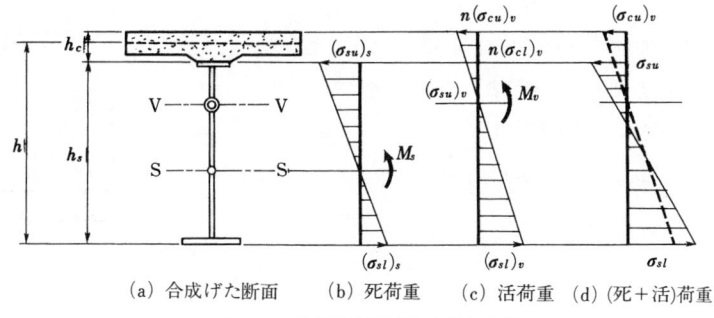

図 8.8 活荷重合成げたの応力分布
(a) 合成げた断面 (b) 死荷重 (c) 活荷重 (d) (死+活)荷重

すなわち,鋼げた断面に作用する曲げモーメント(死荷重)を M_s とすると,それぞれ鋼げた上,下フランジプレートの応力度 $(\sigma_{su})_s$,および $(\sigma_{sl})_s$ は,式 (6.34) より,

$$\left. \begin{array}{l} (\sigma_{su})_s = \dfrac{M_s}{I_s} z_c \leqq 1.25 \sigma_{ba} \\[6pt] (\sigma_{sl})_s = \dfrac{M_s}{I_s} z_t \leqq 1.25 \sigma_{ta} \end{array} \right\} \quad (8.19)_{1\sim 2}$$

でなければならない.ただし,このときの荷重は,施行時(架設)荷重とみなして,許容応力度 σ_{ba},および σ_{ta} を,25% 増してある(表 3.5,あるいは表 8.4 参照).

これらと,合成げたに作用する曲げモーメント(活荷重)M_v による鋼げた上,下フランジプレートの応力度 $(\sigma_{su})_v = (M_v/I_v)z_{su}$,および $(\sigma_{sl})_v = (M_v/I_v)z_{sl}$ との合計は,それ

それつぎのように許容応力度以内に入っていなければならない．

$$\left.\begin{array}{l}\sigma_{su}=(\sigma_{su})_s+(\sigma_{su})_v \leqq \sigma_{ba} \\ \sigma_{sl}=(\sigma_{sl})_s+(\sigma_{sl})_v \leqq \sigma_{ta}\end{array}\right\} \quad (8.20)_{1\sim 2}$$

しかしながら，$(\sigma_{su})_s$と$(\sigma_{su})_v$や，$(\sigma_{sl})_s$と$(\sigma_{sl})_v$との比率は，一概に決められないものである．そこで，式 (8.16) を参照にすると，コンクリート床版の平均応力度σ_c'は，A_cをコンクリート床版の有効断面積とし，また$h=h_s+h_c-h_0/2$とおけば，

$$\sigma_c'=\frac{M_v}{A_c h} \quad (8.21)$$

となる．したがって，式 $(8.20)_1$ より，鋼げた上フランジの応力度 $(\sigma_{su})_s$ を$(\sigma_{su})_v=n\sigma_c'$で近似すると，鋼げた上フランジ応力度 $(\sigma_{su})_s$ は，次式のように推定することができる．

$$(\sigma_{su})_s=\sigma_{ba}-n\sigma_c' \quad (8.22)$$

一方，鋼げた下フランジプレートの応力度 $(\sigma_{sl})_s$ に対しては，曲げモーメント M_s と M_v によって許容軸方向引張応力度 σ_{ta} に達するものと仮定する．すなわち，これらの第1近似値としては，

$$\left.\begin{array}{l}(\sigma_{su})_s=\sigma_{ba}-n\sigma_c' \\ (\sigma_{sl})_s=\sigma_{ta}\dfrac{M_s}{M_s+M_v}\end{array}\right\} \quad (8.23)_{1\sim 2}$$

を採用する．そして，式 (6.28) を利用して，それぞれ鋼げたの上，下フランジプレートの断面積 A_u，および A_l を，つぎのように決定する．

$$\left.\begin{array}{l}A_u=\dfrac{M_s}{(\sigma_{su})_s h_w}-\dfrac{h_w t_w}{6}\dfrac{2(\sigma_{su})_s-(\sigma_{sl})_s}{(\sigma_{su})_s} \\ A_t=\dfrac{M_s}{(\sigma_{sl})_s h_w}-\dfrac{h_w t_w}{6}\dfrac{2(\sigma_{sl})_s-(\sigma_{su})_s}{(\sigma_{sl})_s}\end{array}\right\} \quad (8.24)_{1\sim 2}$$

ここに，h_w：腹板の高さ，t_w：腹板の厚さ，である．

つぎに，これらの断面積よりフランジプレートの幅や厚さを決め (6.2.D 参照)，鋼げた，ならびに合成げたとしての断面定数を求める．そして，M_s による鋼げたの応力度 $(\sigma_{su})_s$，および $(\sigma_{sl})_v$ や，M_v による鋼げたの応力度 $(\sigma_{su})_v$，および $(\sigma_{sl})_v$ を求める．する

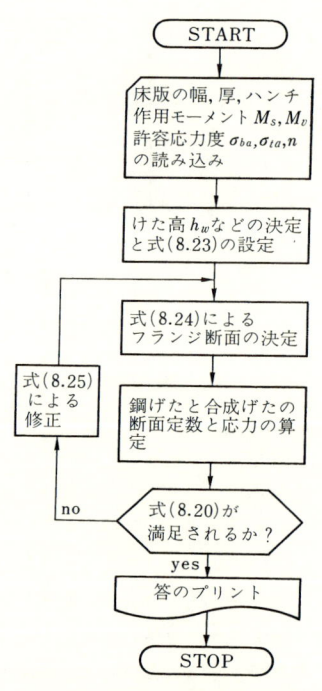

図8.9 活荷重合成げたの最適断面を求めるためのフローチャート

と，式 (8.23) で仮定した $(\sigma_{su})_s$ と $(\sigma_{sl})_s$ とは，つぎのように修正することができる．

$$\left.\begin{array}{l}(\sigma_{su})_s{}' = \sigma_{ba}\dfrac{(\sigma_{su})_s}{(\sigma_{su})_s + (\sigma_{su})_v} \\[2mm] (\sigma_{sl})_s{}' = \sigma_{ta}\dfrac{(\sigma_{sl})_s}{(\sigma_{sl})_s + (\sigma_{sl})_v}\end{array}\right\} \quad (8.25)_{1\sim 2}$$

再び，この値を式 (8.24) に代入して，鋼げた断面を修正する．以下，これらの計算をくり返すことによって，鋼げた断面に対して式 (8.20) を，満足させるようにすることができる．もちろん，最終的には，コンクリート床版の圧縮応力度 σ_{cu}，および σ_{cl} が，許容圧縮応力度，すなわち

$$\sigma_{ca} = \frac{\sigma_{ck}}{3.5} \leq 10\,\mathrm{N/mm^2} \qquad (8.26)$$

(σ_{ck}：コンクリートの圧縮強度)

以内にあることを確かめておく必要がある．

図 8.9 には，上記の計算過程の流れ図（フローチャート）を示す．

8.4 コンクリートのクリープ，乾燥収縮，および温度差による応力

A. クリープによる応力

コンクリートに一定の荷重を持続して作用させると，時間の経過とともに，ひずみがしだいに進行する性質があり，これを**クリープ**（creep）という．合成げたでは，**持続荷重**（たとえば，**後死荷重**（舗装や高欄など），またはプレストレス力）が作用するとき，クリープによる応力変動を計算しておかねばならない．

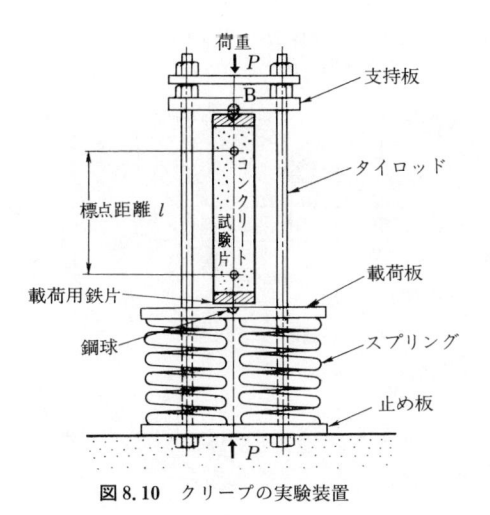

図 8.10 クリープの実験装置

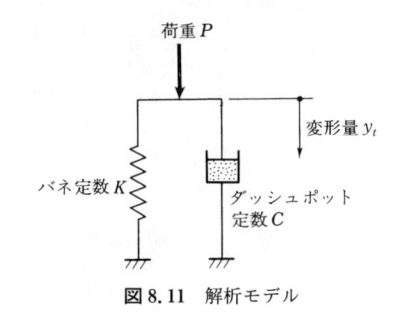

図 8.11 解析モデル

クリープは，最初，増し方が大である．しかし，増し方がしだいに減って，ついには，2～3年後に一定の値になる性質がある．これらは，図8.10に示すような実験装置によって測定することができる．そして，コンクリート試験片の変位 y_t は，図8.11に示すバネ（定数 K）とダッシュポット（定数 C）とを並列におき，それに荷重 P を作用させた Kelvin，または Voigt モデルによって同定できることが明らかにされている．すなわち，変位 y_t に関する微分方程式は，

$$C\frac{dy_t}{dt} + Ky_t = P \tag{8.27}$$

となる．この解は，$y_n = P/K$，また $k = K/C$ とおき，上式の微分方程式を解いたときの積分定数 A を時刻 $t = 0$ で $y_t = 0$ の条件より決めると，$y_t = y_n(1 - e^{-kt})$ が得られる．

そこで，変位 y_t を，試験片の標点間の距離 l で無次元化し，ひずみ f_t ($t = \infty$ で，f_n) で表わすと，次式が得られる．

$$f_t = f_n(1 - e^{-kt}) \tag{8.28}$$

図8.12 (a) は，弾性ひずみ $\varepsilon = \sigma_c/E_c$ と上式のクリープひずみ f_t との時間にわたる変動を示したものである．ここで，f_n と ε との比を**クリープ係数** φ_1 という．そして，φ_1 を，同図 (b) に示すように，

$$\varphi_1 = \frac{f_n}{\varepsilon} \tag{8.29}$$

で表わす．

クリープ終了後の総ひずみ $\varepsilon_\infty = \varepsilon + f_n$ は，このクリープ係数を用いると，

(a) クリープひずみ (b) クリープ係数

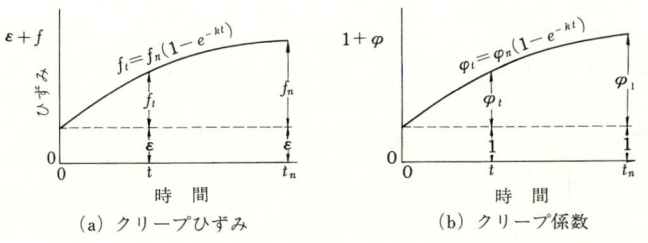

図 8.12 クリープひずみ，またはクリープ係数の時間にわたる変動

$$\varepsilon_\infty = \varepsilon + f_n = \varepsilon(1 + \varphi_1)$$

$$\therefore \quad \varepsilon_\infty = \frac{\sigma_c}{E_c}(1 + \varphi_1) \tag{8.30}$$

8.4 コンクリートのクリープ，乾燥収縮，および温度差による応力

で与えられる．いま，上式と同じひずみ ε_∞ を与える**仮想のヤング係数** E_n を考えると（$\varepsilon_\infty = \sigma_c/E_n$），

$$\frac{1}{E_n} = \frac{1}{E_c}(1+\varphi_1)$$

が得られる．そこで，上式の両辺に鋼のヤング係数 E_s を掛けると，見かけ上の**ヤング係数比** n' は，

$$n' = n(1+\varphi_1) \tag{8.31}$$

となる．

ところで，クリープ係数 φ_1 の値は，コンクリートの養生の仕方によって違うものである．しかし，普通は，

$$\varphi_1 = 2.0 \tag{8.32}$$

を標準としている．

単純合成げた橋で，活荷重合成げたの場合には，舗装などの後死荷重が合成げた断面に持続して作用するために，クリープを生ずる．しかし，この影響があまり大きくはないので，近似的には，n の代わりに $n' = n(1+\varphi_1)$ を用いて応力計算しても誤差が少ない．

以上は，当初のコンクリートの応力度が，変化しないと仮定した略算法である．つぎに，時間の経過とともに，コンクリートの応力度が，変化する場合を考えてみる．その際，クリープ係数 φ_t と応力度 σ_t との時間的な変化は，それぞれ図 8.13 に示すように，

$$\varphi_t = \varphi(1-e^{-kt}), \quad \text{および} \quad \sigma_t = \sigma_c - (\sigma_c - \sigma_n)(1-e^{-kt}) \tag{8.33}_{1\sim2}$$

と仮定する．ここで，σ_c：コンクリートの当初の応力度，σ_n：クリープによって変化したときのコンクリートの応力度，σ_t：時間 t におけるコンクリートの応力度，ε_t：時間 t におけるコンクリートのひずみ，φ_t：時間 t におけるクリープ係数，および E_c：コンクリー

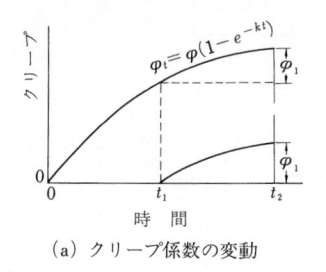

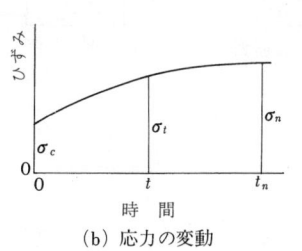

(a) クリープ係数の変動　　　(b) 応力の変動

図 8.13 応力変動をおこす場合のクリープ

トのヤング係数，である．

さて，時刻 t におけるコンクリートの総ひずみ $\varepsilon_t=(\sigma_t/E_c)(1+\varphi_t)$ を時間 t について微分したものは，

$$\frac{d\varepsilon_t}{dt}=\frac{\sigma_t}{E_c}\frac{d\varphi_t}{dt}+\frac{1+\varphi_t}{E_c}\frac{d\sigma_t}{dt} \tag{8.34}$$

で表わされる．上式に式（8.33）を代入し，時間 $t=0\sim\infty$ まで積分すると，

$$\varepsilon_\infty=\{\sigma_c(1+\varphi_1)+\varDelta\sigma_c(1+\varphi_1/2)\}/E_c$$

$$\varDelta\varepsilon=\varepsilon_\infty-\varepsilon_c=\{\sigma_c\varphi_1+\varDelta\sigma_c(1+\varphi_1/2)\}/E_c$$

$$\therefore\quad \varDelta\varepsilon=(\sigma_c/E_c)\varphi_1+\varDelta\sigma_c/E_{c1} \tag{8.35}$$

が得られる．ここに，上式中の記号は，

$$\varDelta\sigma_c=\sigma_n-\sigma_c: \text{クリープによる変化応力度} \tag{8.36}$$

$$E_{c1}=E_c/(1+\varphi_1/2) \tag{8.37}$$

である．したがって，式（8.35）から，$\varDelta\sigma_c$ を求めると，

$$\varDelta\sigma_c=\varDelta\varepsilon E_{c1}-E_{c1}\frac{\sigma_c}{E_c}\varphi_1 \tag{8.38}$$

が，得られる．

このクリープによる応力度の変化 $\varDelta\sigma_c$ の計算方法を，図 8.14 で説明する．まず，同図 (a) の断面を側面からみた同図 (b) において，鋼げたとコンクリート床版とを切り離せ

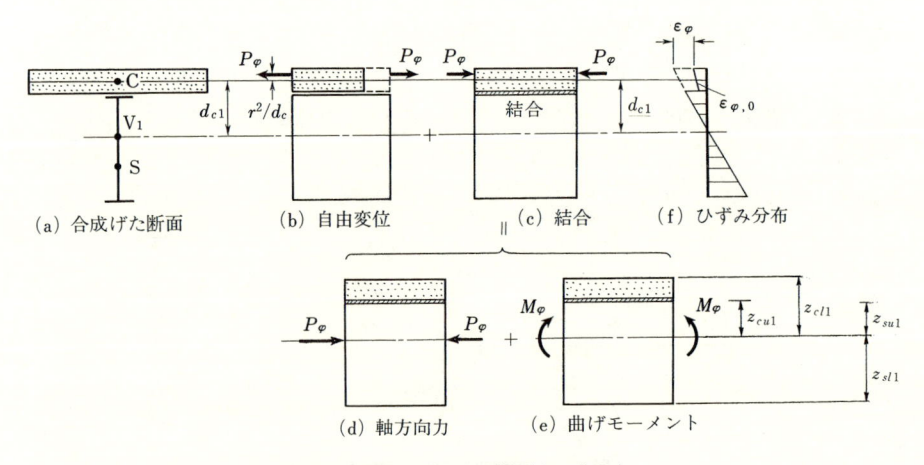

図 8.14 クリープによる断面力の求め方

8.4 コンクリートのクリープ，乾燥収縮，および温度差による応力

ば，コンクリート床版には，鋼げたによる拘束を受けずに自由なひずみ ε_φ を生ずる．しかし，これを戻すため，コンクリート床版に P_φ の引張力を作用させ，同図 (c) のように，当初のひずみ状態に戻す．つぎに，鋼げたとコンクリート床版とを結合して P_φ を解放すれば，図 8.14 (d)，および (e) に示すように，合成断面には，P_φ なる軸方向力と，M_φ なる曲げモーメントとが作用する．

したがって，n の代わりに，n_1（式 (8.37) 参照），すなわち

$$n_1 = n(1+\varphi_1/2) \tag{8.39}$$

を用いて求めた合成断面の重心軸を V_1，鋼に換算した断面二次モーメントを I_{v1}，鋼に換算した断面積を A_{v1}，また d_{c_1} を上式の使用のもとに計算されるコンクリート床版と合成げたとの図心間距離とすれば，

$$P_\varphi = E_{c1} \int_{A_c} \varepsilon_\varphi dA = E_{c1} \cdot A_c \varepsilon_{\varphi,0}$$

$$\left. \begin{array}{l} \therefore \quad P_\varphi = E_{c1} A_c \dfrac{N_c}{A_c E_c} \varphi_1 = N_c \dfrac{2\varphi_1}{2+\varphi_1} \end{array} \right\} \tag{8.40}_{1\sim2}$$

$$M_\varphi = P_\varphi(d_{c1} + r_c^2/d_c)$$
$$(r_c^2 = I_c/A_c)$$

となる．ここで，N_c は，クリープをおこす当初の持続荷重 M_v によってコンクリート床版に作用している軸方向圧縮力で，式 (8.14) から，次式のように与えられる．

$$N_c = \frac{M_v}{nI_v} A_c d_c \tag{8.41}$$

結局，変化応力度は，式 (8.38) と図 8.14 (d)〜(f) とから，つぎのように表わされる．

$$\left. \begin{array}{l} \Delta\sigma_{cu} = \dfrac{1}{n_1}\left(\dfrac{P_\varphi}{A_{v1}} + \dfrac{M_\varphi z_{cu1}}{I_{v1}}\right) - \sigma_{cu}\dfrac{2\varphi_1}{2+\varphi_1} \\[2mm] \Delta\sigma_{cl} = \dfrac{1}{n_1}\left(\dfrac{P_\varphi}{A_{v1}} + \dfrac{M_\varphi z_{cl1}}{I_{v1}}\right) - \sigma_{cl}\dfrac{2\varphi_1}{2+\varphi_1} \\[2mm] \Delta\sigma_{su} = \dfrac{P_\varphi}{A_{v1}} + \dfrac{M_\varphi}{I_{v1}}z_{su1} \\[2mm] \Delta\sigma_{sl} = -\dfrac{P_\varphi}{A_{v1}} + \dfrac{M_\varphi}{I_{v1}}z_{sl1} \end{array} \right\} \tag{8.42}_{1\sim4}$$

B. 乾燥収縮による応力

コンクリートのもう 1 つの性質として，**乾燥収縮**（shrinkage）の現象が，あげられ

る．コンクリートの最終的な**乾燥収縮度** ε_s は，普通，

$$\varepsilon_s = 20 \times 10^{-5} \tag{8.43}$$

にとっている．そして，コンクリートを打ち込んでからすぐに乾燥収縮し始め，これに伴うクリープが生ずるので，クリープ係数 φ_2 は，持続荷重によるものより大きくとり，

$$\varphi_2 = 2\varphi_1 = 4.0 \tag{8.44}$$

を標準としている*．

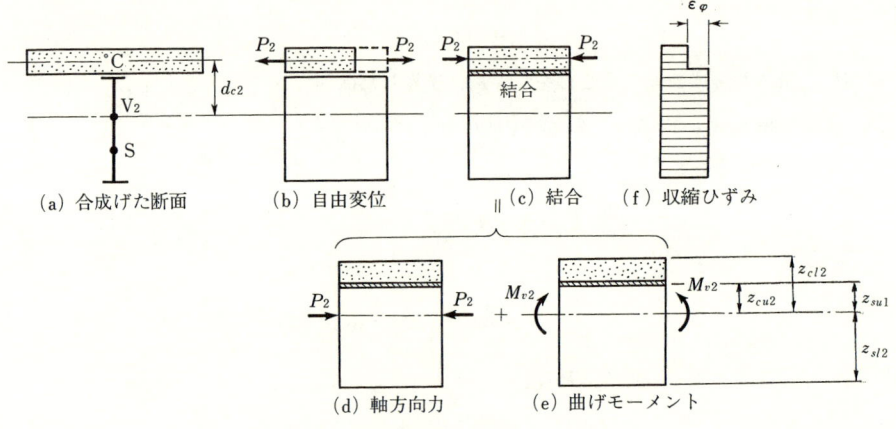

図 8.15 乾燥収縮による断面力の求め方

乾燥収縮による応力は，同様に，図 8.15 (a)～(c) より求めることができる．まず，$P_2 = E_c A_c \varepsilon_s$ なる引張力をコンクリート床版のみに作用させた後，鋼とコンクリートを結合させて P_2 を開放する．そして，同図 (d)～(e) に示すように，合成断面には，P_2 なる軸方向力と $M_{\varphi 2}$ なる曲げモーメントとを作用させる．

すなわち，n の代わりに，

$$n_2 = n(1 + \varphi_2/2) \tag{8.45}$$

を用いて求めた図心軸を V_2，鋼断面に換算した断面二次モーメントを I_{v2}，鋼に換算した断面積を A_{v2}，また d_{c2} を上式の使用のもとに計算されるコンクリート床版と合成げたとの図心間の距離とすれば，P_2，および M_{v2} は，

$$\left.\begin{array}{l} P_2 = E_s \varepsilon_s A_c / n_2 \\ M_{v2} = P_2 d_{c2} \end{array}\right\} \tag{8.46}_{1\sim 2}$$

---

* ドイツでは，荷重によるクリープを Last-Kriechen，また乾燥収縮に伴うクリープを Schwind-Kriechen に区別している．

で与えられる．これらを用い，同様に図8.15(d)〜(f)を参照にして，応力度の算定公式を示せば，それらは，

$$\left.\begin{array}{l}\sigma_{cu}=\dfrac{1}{n_2}\left(\dfrac{P_2}{A_{v2}}+\dfrac{M_{v2}z_{cu2}}{I_{v2}}\right)-\dfrac{\varepsilon_s E_s}{n_2}\\[2mm]\sigma_{cl}=\dfrac{1}{n_2}\left(\dfrac{P_2}{A_{v2}}+\dfrac{M_{v2}z_{cl2}}{I_{v2}}\right)-\dfrac{\varepsilon_s E_s}{n_2}\\[2mm]\sigma_{su}=\dfrac{P_2}{A_{v2}}+\dfrac{M_{v2}}{I_{v2}}z_{su2}\\[2mm]\sigma_{sl}=-\dfrac{P_2}{A_{v2}}+\dfrac{M_{v2}}{I_{v2}}z_{sl2}\end{array}\right\} \quad (8.47)_{1\sim 4}$$

と表わされる．

C. 温度差による応力

コンクリート床版も，鋼げたも一様な温度，あるいは図8.16(a)に示すように，直線状の温度を分布する単純合成げた橋の場合，温度による応力は，全く生じない．しかし，外気の接触面積や比熱との差異で，コンクリート床版と鋼げたとの温度の昇降速度が異なり，両者の間に図8.16(b)のよう，**温度差** ΔT が生じるとき，単純合成げた橋であっても，温度応力が，発生する．

道路橋では，この温度差として，

$$\Delta T = 10°\text{C} \quad (8.48)$$

を標準としている．そして，コンクリートと**鋼材の線膨張係数**を，

$$\alpha = 12 \times 10^{-6} \quad (8.49)$$

としている．これによる応力度の計算式は，乾燥収縮の場合と同様である．しかし，クリープは考慮しないので，単に n を用いて断面諸定数を計算する．また，式(8.46)に代わる軸方向圧縮力 P と曲げモーメント M_v とは，次式によって求める．

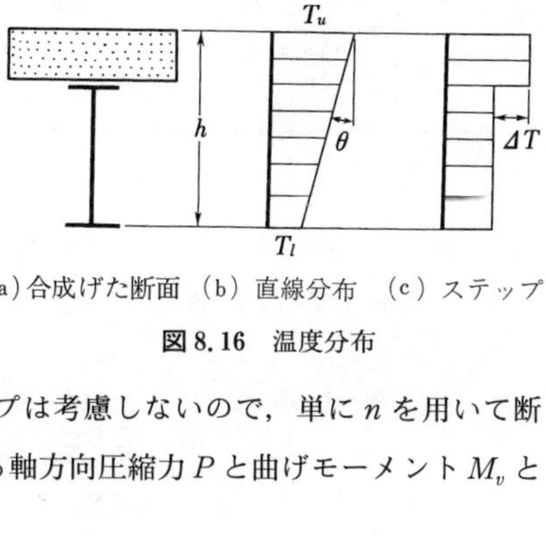

(a)合成げた断面 (b) 直線分布 (c) ステップ

図 8.16 温度分布

$$\left.\begin{array}{l}P_1 = E_s \alpha \Delta T A_c / n \\[1mm] M_v = P_1 d_c\end{array}\right\} \quad (8.50)_{1\sim 2}$$

ただし，この場合の鋼とコンクリートとのヤング係数比 n は，クリープや乾燥収縮のように，経時的なものでないので，標準として $n=7$ を用いる．

8.5 荷重の組合せと許容応力度,および降伏に対する安全度の照査,ならびに,たわみの照査

A. 荷重の組合せと許容応力度

合成げたの設計においては,主荷重（死荷重,活荷重,コンクリートのクリープの影響,および乾燥収縮の影響で,2.1参照）に温度差や,場合によっては,プレストレス力による応力も組み合わせ,あらゆる場合についての応力照査を行なっておかなければならない.

その際,まずコンクリートの許容圧縮応力度は,表8.3に示すようにとる.ここで,コンクリート床版は,版としての作用と,主げたの断面としての二重の役目を果たしているので,2つの作用に対して安全であることを照査しなければならない.

表8.3 コンクリートの許容圧縮応力度

番号	荷重の組合せ		許容応力度（N/mm²）
1.	主荷重	1) 床版としての作用	$\sigma_{ck}/3.5$,かつ,10以下
		2) 主げたの断面の一部としての作用	
		3) 1)と2)とを同時に考慮した場合	1.1)項の40%増し
2.	主荷重+版のコンクリートと鋼げたの温度差		1.1)項の15%増し
3.	プレストレッシング		1.1)項の25%増し

つぎに,鋼げたに対する考えるべき荷重の組合せと,それに対する許容応力度の割増し係数を,表8.4に示す.

表8.4 鋼げたの許容応力度の割増し係数（正の曲げモーメントを受ける場合）

番号	荷重の組合せ		割増し係数（%）
1.	クリープの影響と乾燥収縮の影響を除く主荷重		0
2.	主荷重	圧縮縁	15
		引張縁	0
3.	主荷重+床版と鋼げたの温度差	圧縮縁	30
		引張縁	15
4.	施工時荷重	圧縮縁	25
		引張縁	25

8.6 ずれ止め

B. 降伏に対する安全度の照査

合成げたにおいては，以上の応力照査のほかに，種々の荷重を組み合わせたとき，鋼げたのどの部分も降伏せず，コンクリート床版も圧壊に至らないことを念のため照査（一種の終局限界状態の照査）しておくことが義務づけられている．

このときの荷重の組合せとしては，①活荷重，および衝撃の2倍，②死荷重の1.3倍，③プレストレス，④コンクリートのクリープの影響，⑤コンクリートの乾燥収縮，および⑥温度変化の影響を考える．

表8.5 降伏に対する安全度の照査に用いる鋼材の降伏点 （N/mm^2）
($t \leqq 40$mm)

SS400 SM400 SMA400W	SM490	SM490Y SM520 SMA490W	M570 SMA570W	SD295A SD295B
235	315	355	450	295

そして，鋼げたの縁応力度，および橋軸方向の鉄筋の許容応力度は，表8.5に示す値としなければならない．

また，版のコンクリートの圧縮応力度は，設計基準強度 σ_{ck} の3/5以下としなければならない．

C. たわみの照査

合成げたの活荷重（衝撃を含まない）によるたわみ δ_l の照査は，6.6に示したプレートガーダーと同様にして行なう．

8.6 ずれ止め

A. ずれ止めの種類

ずれ止めには，古くからブロックと輪形筋，および，みぞ形鋼と輪形筋とを併用したブロックジベルが使われてきた．しかし，今日，スタッドが多く用いられている．

スタッド（stud）は，図8.17に示すように，ボルト型のものを専用の溶接機で溶植するもので（図4.14参照），材質はSM400，また径は19mmや22mmのものが多く用いられる．ここで，スタッドの頭は，コンクリート床版の浮上りを防ぐためのものである．スタッドは，取付けが簡単にでき，溶接変形が少なく，また架設上も有利な点が多い．

この場合：$m=4$

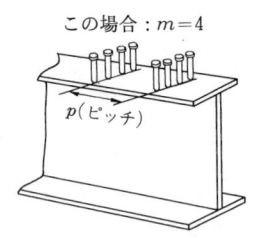

図 8.17　スタッドジベル

B. ずれ止めの設計

ずれ止めは，主荷重によりコンクリート床版と鋼げたとの間に生ずる水平せん断力が，最も大きくなる場合について設計しなければならない．

コンクリートの乾燥収縮，およびコンクリート床版と鋼げたとの温度差により生ずるせん断力 S は，図 8.18 に示すように，床版の端部において，主げた間隔 a (a がスパン L の 1/10 より大きいときは，$L/10$ をとる）の長さにわたって存在するずれ止めで分担させなければならない．

そのため，ずれ止めの設計は，図 8.19 に示すように，全せん断力 ΣS_i が支点上で最大となる三角形状に分布するものとする．すなわち，支点のせん断力が，$S=2\Sigma S_i/a$ になるものと考える．

すると，コンクリート床版と鋼げたとの接触面に作用する橋軸単位長さあたりの水平力 q(N/cm) は，つぎの式で与えられる（ただし，寸法単位は，cm で評価）．

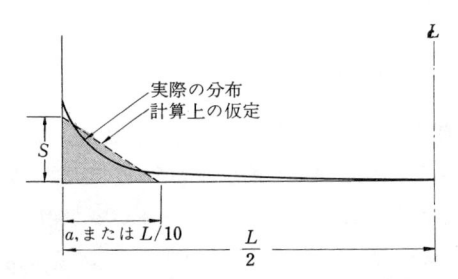

図 8.18　収縮・温度差によるけた端のせん断力 S の分布

8.6 ずれ止め

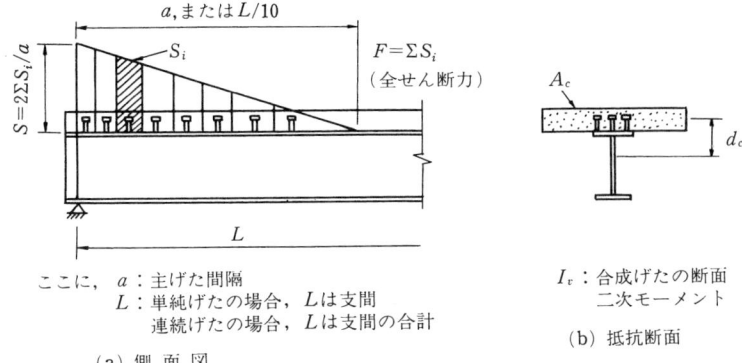

(a) 側面図

ここに, a：主げた間隔
L：単純げたの場合, Lは支間
連続げたの場合, Lは支間の合計

(b) 抵抗断面

I_v：合成げたの断面
二次モーメント

図8.19 せん断力の分布とその抵抗断面

$$q = \frac{SA_c d_c}{nI_v} \tag{8.51}$$

したがって, スタッドの間隔（ピッチ）p (cm) は, スタッドの許容せん断力を S_a (N), 1列あたりのスタッドの数を m（たとえば, 図8.17では, $m=4$）とすると, 次式で設計できる.

$$p \leqq \frac{mS_a}{q} \tag{8.52}$$

スタッドは小さいものを小間隔に密に配置するのがよく, またその最大間隔は床版厚の3倍以下とし, しかも60cmをこえないようにする.

C. スタッドの強度

スタッドを用いたずれ止めは, ブロックジベルに比べて剛性に乏しい. しかし, **ずれ**（slip）をある範囲内に制限するように定めておけば, スタッドは, 実用的なものであり, 今日, 多く用いられている. スタッドの許容せん断力 S_a は, 図8.20に示す**押抜き試験**において, **残留ずれ** 0.08mmに相応するせん断耐力を, 安全率 ν ($\cong 3.0$) で割ったものである. そして, 道路橋では, つぎのように定めている.

$$\left.\begin{array}{l} S_a = 9.4 d^2 \sqrt{\sigma_{ck}} : \quad \dfrac{H}{d} \geqq 5.5 \\[2mm] S_a = 1.72 dH \sqrt{\sigma_{ck}} : \quad \dfrac{H}{d} < 5.5 \end{array}\right\} \tag{8.53}_{1\sim 2}$$

(a) 供試体　　　　　　　(b) 試験結果

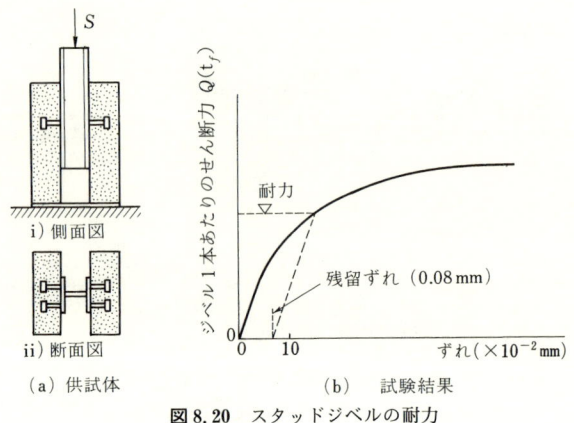

図 8.20 スタッドジベルの耐力

ここに，S_a：スタッド 1 本あたりの許容せん断力 (N)，H：スタッドの全高 (mm)，d：スタッドの直径 (mm)，および σ_{ck}：スタッドの埋め込まれる版のコンクリートの圧縮強度 (N/mm²)，である．

D. スタッドの配置法

スタッドのけた方向における最小中心間隔は，$5d$，または 10 cm としている．また，相隣るスタッドの横断方向における最小中心間隔は，図 8.21 に示すように，$d+3$ cm とする．

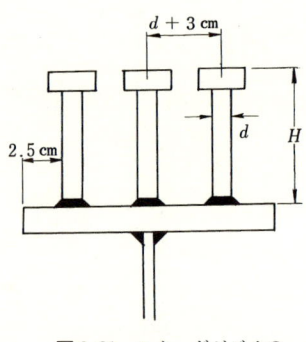

図 8.21 スタッドジベルの配置法

E. けた端部の床版の補強

合成げたのけた端などで，せん断力が集中して作用する部分のコンクリート床版は，版に生ずるせん断力と主引張応力とに対抗させるための補強鉄筋を配置して，補強する．図 8.22 は，その一例を示したものである．ここで，補強鉄筋としては，直径を 16 mm 以上とし，版の中立面付近に 15 cm 以下の間隔で配筋するのがよい．

演習問題

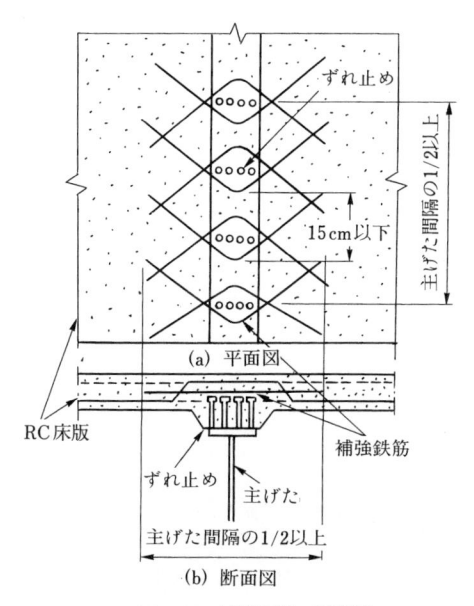

図 8.22 補強鉄筋の配置例

8.7 合成げたの設計計算例

道路橋活荷重合成げた（スパン 30.0 m，および幅員 7.5 m）の**設計計算例**を，10 章に示した．

その内容は，以下のとおりである．

　　A．設計条件　　　E．主げたの添接
　　B．床版の設計　　F．ずれ止めの設計
　　C．主げたの設計　G．たわみの計算
　　D．補剛材の設計　H．対傾構・横構・横げたの設計

また，**設計図**を裏のとじこみに入れてあるので，参照にされたい．

演習問題

8.1　10.2 節の合成げたの設計例に対し，死活荷重合成げたとして主げた断面を，求めてみなさい．

8.2　図 8.23 に示すように，スパン L の単純合成げたの図心 V-V から下方 e のところ

にPCケーブルを張り，プレストレス力P_sを導入することになった（これを，外ケーブルを用いた合成げたという）．このときのスパン中央断面における応力算定式，および，たわみの算定式を，導いてみなさい．

9章 支　　承

9.1　概　　説

支承（support，または bearing shoe）は，上部構造を支持し，その荷重を下部構造に伝える役目をもつもので，活荷重や地震荷重，風荷重，あるいは温度変化による上部構造の伸縮，もしくは，たわみ角や，ねじり角の変化を自由にとるような構造にする必要がある．

支承は，つぎの種類に分けられる．

a.　**固定支承**（fixed support，または hinged support）　　いずれの方向の水平力にも抵抗するもの．
b.　**可動支承**（movable support）　　通常，一水平方向のみに可動であるもの．
c.　**全方向可動支承**　　いずれの方向の水平力にも抵抗しないもの．

可動端は，道路橋で橋長1mにつき1mm，また鉄道橋で橋長1mにつき1.2mmの移動を許すように設計する．

支承は，一般に，図9.1(a)のよう，一方向のみに移動するものを設置する．しかし，幅員の大きい場合は，同図(b)のように，2方向に移動が可能なものを設置すべきである．

橋梁のけた両端の高さが相違するときは，支承位置の高さが低いほうに固定端を設ける．さらに，連続げたの場合は，固定支承を，けた端に設ける場合と，あるいは中間支点に設ける場合とがある．

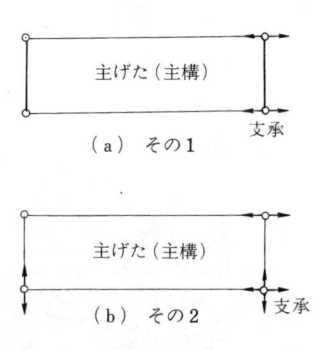

図9.1　支承の移動方向（平面図）
　　　　（矢印で示す）

9.2　支承の種類と構造

1995年1月17日に発生した兵庫県南部地震による図9.2などの被害を踏え，支承の設

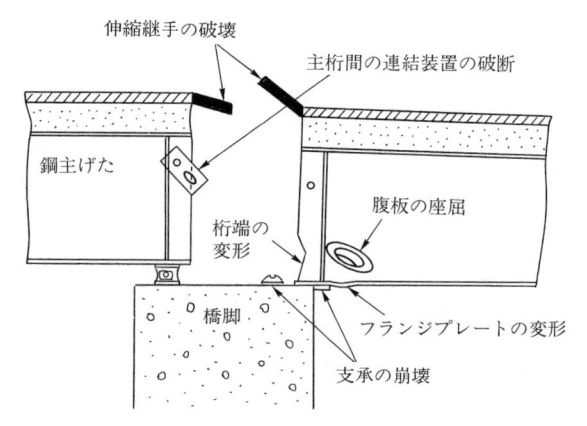

図 9.2　けた端部の代表的な地震損傷事例

計法は，直下型地震にも対処すべく，道路橋示方書・耐震設計編*において著しく変更された．同地震以前は，支承の約8割が**金属製（メタル）の支承**で，残る2割程度が**ゴム製の支承**であった．しかし，同地震後は，比率が逆転し約8割がゴム製の支承で，残る2割程度が金属製の支承となった．すなわち，金属製の支承は，設計強度以上の地震荷重に対して変形性能がないと考えられたためである．しかしながら，同地震後の新しい支承の設計法は，まだ完全に確立したものでなく，今後のさらなる研究・開発が期待されている．

したがって，ここでは，新しい支承の設計法の概要のみを示す．

A.　金属製の支承

現在，橋梁に用いられている金属製の支承には，以下のようなものがある．

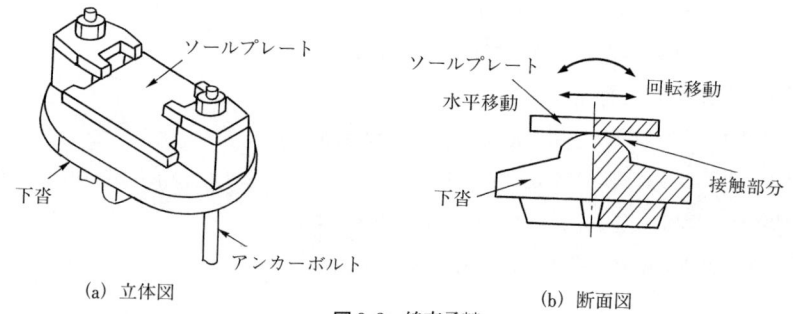

図 9.3　線支承**

---

　*　日本道路協会：道路橋示方書・同解説，V．耐震設計編，丸善．平成14年3月
　**日本道路協会：道路橋支承便覧，平成3年7月（図15.3〜15.12）

9.2 支承の種類と構造

(ⅰ) **線支承**（適用鉛直反力 $R \leqq 500$ kN；適用支間長 $L \leqq 10$ m）

この支承は，図9.3に示すように，接触部分を円柱面として線接触させ，1軸回りのみに回転可能とした支承である．橋軸方向変位の固定，および可動の区別は，上承（上部構造に連結される**ソールプレート**）の切り欠き形状の有無によっている．

(ⅱ) **高力黄銅支承板支承**（BP・A支承）（500 kN $\leqq R \leqq 3,000$ kN；$10 \leqq L \leqq 50$ m）

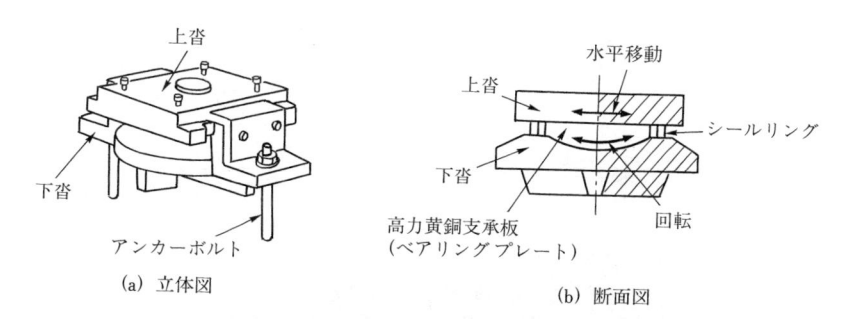

(a) 立体図　　　(b) 断面図

図9.4 高力黄銅支承板支承（BP・A支承）**

図9.4に示すように，回転，および移動の機能を確保するために支承内部に高力黄銅鋳物のベアリングプレートが埋め込まれた支承である．ベアリングプレートは，1面を平面，また他面を球面とし，それらの面には黒鉛が潤滑材として埋め込まれている．しかし，球面側の滑りに問題があり，回転もうまく取れず，最近は，使われなくなった．

(ⅲ) **密閉ゴム支承板支承**（BP・B支承）（500 kN $\leqq R \leqq 3,000$ kN；$10 \leqq L \leqq 50$ m）

BP・A支承と類似しているが，図9.5に示すように，この支承は，下承に設けられた凹部にはめ込まれたゴム板の弾性変形により回転が吸収されるように改良されている．ゴム板の上には，押え板（中間プレート）が設置されていて，その上の滑り抵抗を小さくす

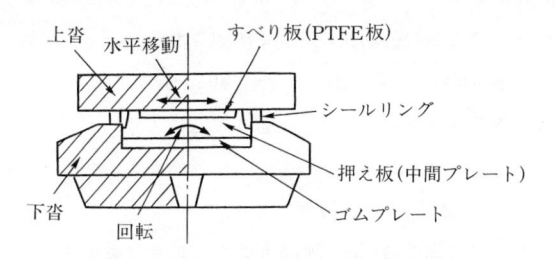

図9.5 密閉ゴム支承板支承（BP・B支承）**

るために4フッ化エチレン樹脂（PTFE）が切り込まれた溝に収められている．ただし，固定支承の場合，それは，省略される．

（iv） 支圧型ピン支承（500 kN≦R≦9,000 kN；30 m≦L）

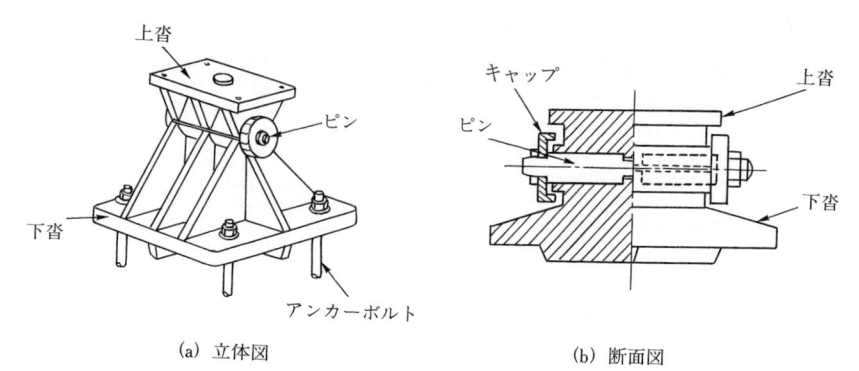

(a) 立体図　　(b) 断面図

図9.6　支圧型ピン支承**

固定支承の1つで，図9.6に示すように，上沓と下沓との間にピンを挿入し，1軸回りの回転を自由にしながら，鉛直力，および水平力に抵抗できるようになっている．また，ピンの中央部には，溝が設けられており，そこに上沓と下沓とに加工された凸部が収められ，橋軸直角方向の水平力にも抵抗できる構造となっている．さらに，ピンの両端にキャップが設置されており，それが，上沓と下沓とを連結し，地震時の上揚力に抵抗できる構造となっている．

（V） ピボット支承（2,000 kN≦R≦9,000 kN；40 m≦L）

図9.7に示すように，上沓，および下沓に設けられたそれぞれ球面状の凹部，および凸部の接触によって，全方向に回転を可能にして，しかも鉛直支持力，および水平力に抵抗できるようにされた支承である．桁の浮上りに対しては，キャップと名付けられているコの字型断面の2つに分離された円筒状の部品で対処される．

（vi） ローラー支承（500 kN≦R≦9,000 kN；40 m≦L）

ローラー支承は，図9.8に示すように，上沓の構造により，ピンローラー支承，およびピボットローラー支承に分けられる．そして，ローラーのころがり方向の摩擦係数（ころがり摩擦）の小さい（＝0.05）のが，特徴である．

この支承は，これまで，大型橋梁の可動支承として使用されてきた．ところが，兵庫県南部地震以降は，支承高さが高く，支承に大きな偏心曲げが作用すること，および支承の

図 9.7 ピボット支承**

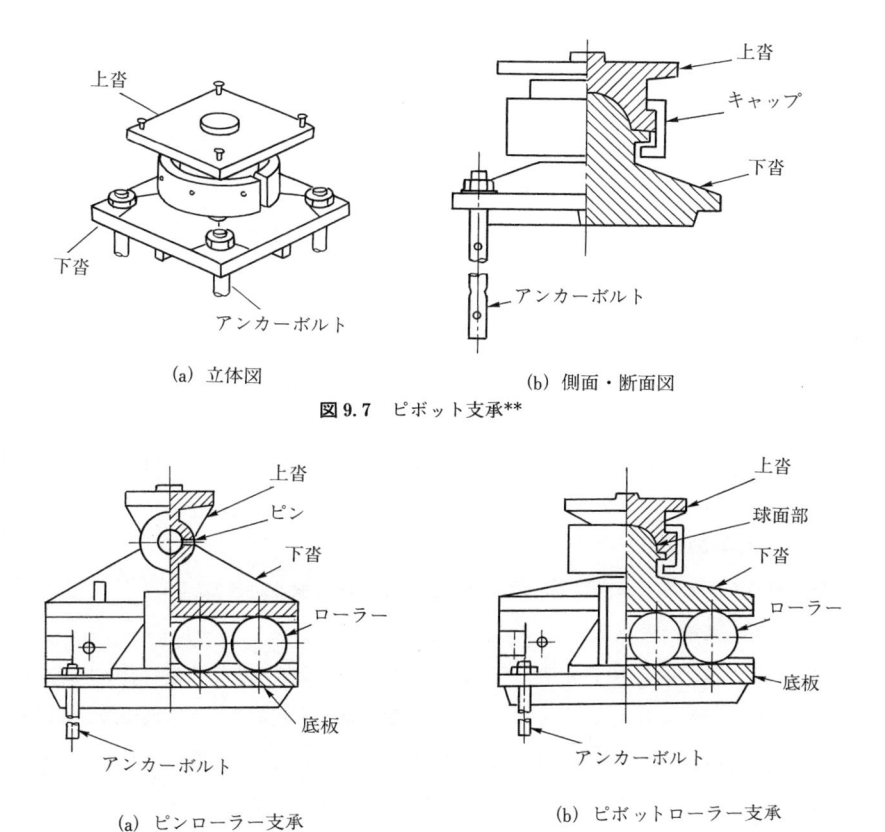

(a) 立体図 (b) 側面・断面図

図 9.8 ローラー支承**

(a) ピンローラー支承 (b) ピボットローラー支承

損傷時，ローラーなどの部品が飛び散り，けた端部，および橋梁下の構造物等に損傷を与える可能性が大きいため，使用が制限されてきている．

(vii) ペンデル支承

この支承は，負反力 (uplift) の発生しやすい斜張橋などに多く用いられる．すなわち，図 9.9 に示すように，支承の両端部にピンを使用したアイバー状の部材（連結部材）で上下部構造を連結する可動支承である．上部構造の橋軸方向への移動は，連結部材の傾きにより対処される．しかし，その際，けた端の上下方向への移動も伴うので，上下移動に追従できる伸縮継手が，必要となる．また，ペンデル支承は，正負の反力に抵抗できるものの，橋軸直角方向の水平方向力に抵抗できない．したがって，この支承を採用する場

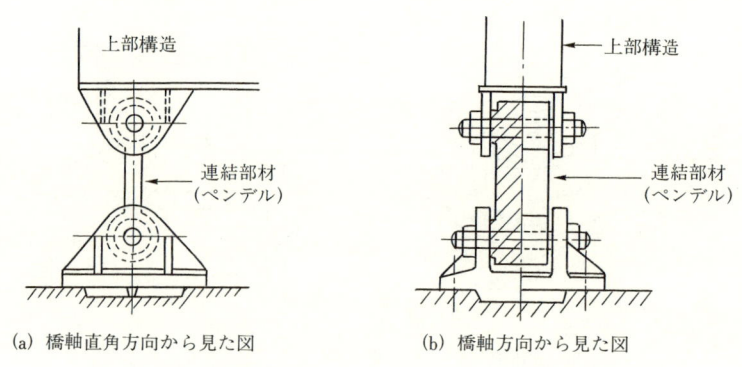

(a) 橋軸直角方向から見た図　　(b) 橋軸方向から見た図

図 9.9　ペンテル支承**

合，水平支承（ウインド支承）など，水平方向力に抵抗できる支承を，併用する必要がある．

B.　ゴム製の支承

ゴム製の支承としては，以下に示す分散支承と免震支承とがある．

（i）　ゴム支承（分散支承）

ゴム支承には，図 9.10 に示すように，パット型ゴム支承と水平力分散形のゴム支承とがある．パット型ゴム支承は，ボルトなどの特別な部品を用いて上・下部構造と連結するのでなく，それらとの摩擦力によりある程度の水平力を伝達させる構造となっている．水平力分散形のゴム支承は，せん断キーやボルトなどにより，ゴム支承本体と上・下部構造とを連結する構造となっている．

(a) パッド型ゴム支承　　(b) 水平力分散型ゴム支承

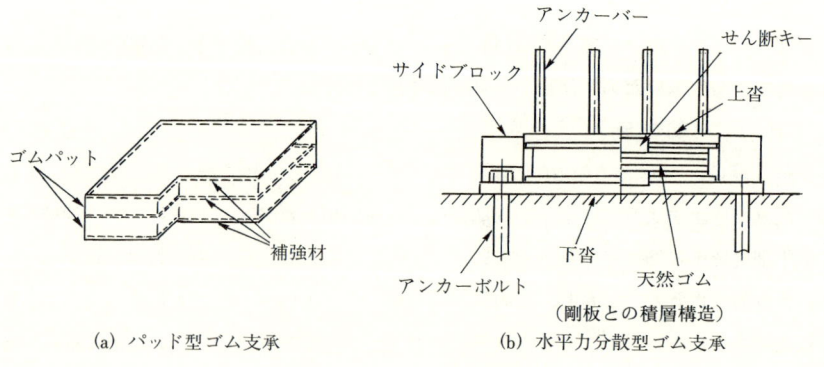

図 9.10　ゴム支承の種類**

（ ii ） 免震支承

水平方向のせん断剛性を小さくして，構造物の固有振動周期を長くするとともに，図9.11に示すよう，ゴムとともに鉛のプラグを用いたり，高減衰ゴムを用いて減衰係数を大きくすることによって，作用地震力を低減することを目的としたゴム支承を，免震支承という．

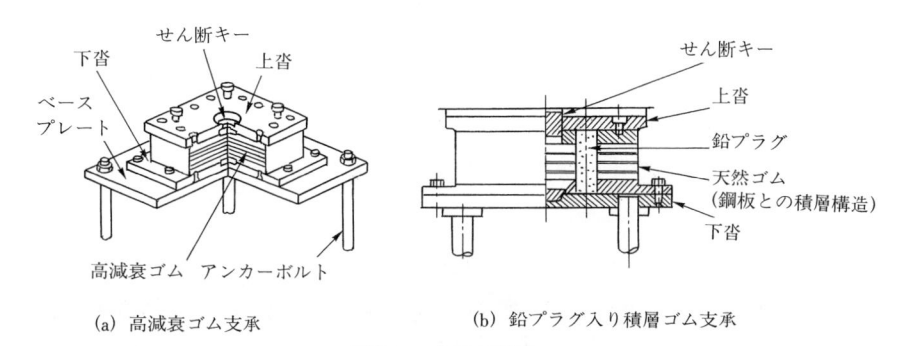

(a) 高減衰ゴム支承　　　(b) 鉛プラグ入り積層ゴム支承

図9.11　免震支承**

9.3　支承の設計

支承に要求される機能には，以下のものが挙げられる．
①鉛直荷重支持機能，②回転機能，③水平移動機能（**可動支承**），④水平荷重支持機能（固定支承の橋軸方向の水平力，および固定・可動支承の橋軸直角方向の水平力），および⑤浮上り防止機能．これらの機能を満たすために，つぎのような設計が，行なわれる．

A.　設計荷重

支承は，上部構造から伝達される荷重を確実に下部構造に伝達し，地震，風，および温度変化などに対しても安全となるように，設計する．

死荷重，および活荷重により作用する支承反力は，反力の影響線を用いて容易に求めることができるので，ここで省略する．ただし，支承を浮き上がらせるような負の反力が作用することは，橋梁の各部に予期しない応力が発生して好ましくないので，できるだけ負反力が発生しない構造とするのがよい．しかし，どうしても避けられない場合には，次式によって求まるいずれか不利な負反力 R_u を用いて，支承を設計する．

$$R_u = 2R_{l+i} + R_d \tag{9.1}$$

$$R_u = R_d + R_w \tag{9.2}$$

ここに,

R_{l+i}：衝撃を含む活荷重による最大負反力, R_d：死荷重による支承反力, R_w：風荷重による最大負反力

設計地震荷重としては，地震時保有水平耐力法で用いる等価水平震度を用いて求める慣性力に相当する水平力，あるいは震度法に用いる設計水平震度を用いて求める慣性力に相当する水平力を用いる．

さらに，支承の設計には，次式で与えられる上・下方向の地震力も考慮する．

$$R_L = R_d + \sqrt{R_{HEQ}^2 + R_{VEQ}^2} \tag{9.3}$$

$$R_L = R_d - \sqrt{R_{HEQ}^2 + R_{VEQ}^2} \tag{9.4}$$

ここに,

R_d ：上部構造の死荷重により支承に生じる反力（下向きを正）

R_{HEQ}：支承のタイプ（タイプA，およびタイプB）で異なる上記の水平地震力が橋軸直角方向に作用したときに支承に生じる上下方向地震力

R_{VEQ}：次式で与えられる設計鉛直震度 k_V によって生じる上下方向地震力

$$R_{VEQ} = \pm k_V R_d \tag{9.5}$$

また，k_V は，震度法による耐震設計で設計水平震度に0.5を乗じた値，地震時保有水平耐力法による耐震設計では，タイプIの場合で地盤種別I，II，およびIII種に対してそれぞれ0.15，0.175，および0.2，そしてタイプIIの場合にそれぞれ0.536，0.469，および0.402としている．

なお，**震度法**による設計における金属製の**可動支承**に対しては，死荷重による支点反力に**摩擦係数** f を乗じた水平荷重を設計で考慮する必要がある．摩擦係数 f は，ローラー，およびロッカー支承のころがり摩擦では0.05，またフッ素樹脂支承板支承，高力黄銅鋳物支承板支承，および鋼製線支承のすべり摩擦では，それぞれ0.10，0.15，および0.25にとる．そして，地震時保有水平耐力法による設計における金属製の可動支承に対しては，変位制限構造に起因する地震力を考慮する必要がある．

B. 可動支承の移動量

可動支承は，上部構造の温度変化，たわみ，コンクリートのクリープ，および乾燥収縮などによって生じる移動量に対して，余裕のある構造とする．すなわち，可動支承の移動量の算定には，以下の計算移動量のほか，設置誤差や下部構造の予想外の変位などに対処

9.3 支承の設計

できるように,余裕量を見込んでおく.この余裕量は,一般に,可動支承側の変位制限構造やジョイントプロテクターの設計では±30 mm,鋼製支承の構造計算では±10 mm,またゴム支承では設置時の温度に関わらず最高温度時(普通の地方では鋼上路橋で40°C,鋼下路橋,および鋼床版橋で50°C,寒冷地ではすべて40°C)に設置されるものとみなして,温度変化による移動量を算出し,その中に余裕量が考慮されているものとみなす.

温度変化 ΔT による移動量 ΔL_T は,次式で計算される.

$$\Delta L_T = \Delta T \alpha L \tag{9.6}$$

ここに,α は線膨張係数($=12\times10^{-6}$)で,また L はけたの長さである.温度変化は,普通の地方の鋼橋では,$-10\sim+40°C$($\Delta T=50°C$)にとられている.ただし,けたの製作時,および架設時の温度を考慮して,けたの製作,および支承の設置を行なう必要がある.

そして,活荷重によるけたのたわみ(すなわち,けた端におけるたわみ角 θ)による移動量 ΔL_r は,次式で与えられる.

$$\Delta L_r = \Sigma(h_i \times \theta_i) \tag{9.7}$$

この式中の記号は,図9.12に示すとおりである.また,Σ は,たとえば,同図に示すように,単純げたの場合,可動支承に固定支承側の回転による影響が加算されることを意味する.

設計時には,支承の回転中心からけたの中立軸までの距離 h_i を,けた高さの2/3に,また,たわみ角 θ を,鋼橋で1/150にとる.

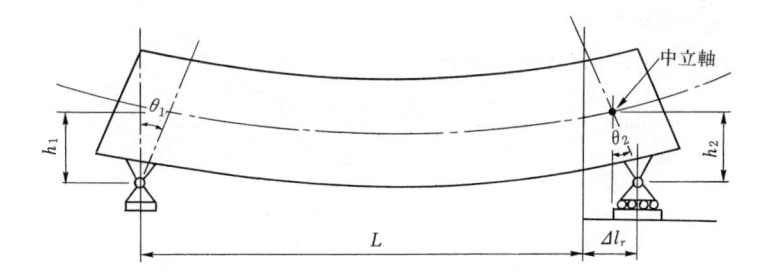

Δl_r:活荷重による桁のたわみによる移動量, θ_i:支承上の桁の回転角,
h_i:桁の中立軸から,支承の回転中心までの距離

図9.12 けたのたわみによる移動量**

C. 支承の材料と強度

（i） 金属製の支承

支承用の鋳鍛造品としては，**鍛鋼品**として SF490A や SF540A，**鋳鋼品**として SC450，SCW410，SCW480，SCMn1A，あるいは SCMn2A，**合金鋼**として S35C や S45C，また**鋳鉄品**として FC250，FC400，あるいは FCD400 がある．

これらの材料の許容応力度については，道路橋示方書によると，表 9.1 に示すように与えられている．

表 9.1　鋳鍛造品の許容応力度（N/mm^2）

鋳鍛造品の種類	応力の種類	軸方向応力度 引張	軸方向応力度 圧縮	曲げ応力度 引張	曲げ応力度 圧縮	せん断応力度	支圧応力度 すべりのない平面接触	支圧応力度 すべりのある平面接触	ヘルツ公式で計算する場合の支圧 支圧応力度	ヘルツ公式で計算する場合の支圧 かたさ必要値 H_B
鍛鋼品	SF490A	140	140	140	140	80	210	105	600	125以上
	SF540A	170	170	170	170	100	250	125	700	145以上
鋳鋼品	SC450	140	140	140	140	80	210	105	600	125以上
	SCW410	140	140	140	140	80	210	105	600	125以上
	SCW480	170	170	170	170	100	250	125	700	145以上
	SCMn1A	170	170	170	170	100	250	125	700	143以上
	SCMn2A	190	190	190	190	110	280	140	780	163以上
合金鋼	S35C	190	190	190	190	110	280	140	720	149以上
	S45C	210	210	210	210	120	310	155	800	167以上
鋳鉄品	FC250	60	120	60	120	50	120	60	650	135以上
	FCD400	140	140	140	140	80	210	—	—	—

（ii） ゴム製の支承

ゴム支承の材料である**天然ゴム**の機械的性質を，表 9.2 に示す．

表 9.2　天然ゴムの機械的性質

項　　目	機械的性質
伸び	550 %以上
せん断弾性係数	0.8〜1.0 N/mm^2
許容圧縮応力度	8.0 N/mm^2
許容応力振幅*	5.0 N/mm^2

〔注〕* 繰り返し応力振幅による疲労強度に対する許容値

D. 支承各部の設計

一般に，支承は，それに作用する反力に応じて標準化されており，設計便覧などを参考

9.3 支承の設計

にし，その中から選定する．ここでは，とくに照査すべき点のみ
を述べる．

（i） 金属製の支承

a. 線支承

ソールプレート，およびベースプレートの厚さは，原則として
22 mm 以上とする．そして，支承各部の厚さは，鋳鋼の支承に
おいて 25 mm 以上，また鋳鉄の支承において 35 mm 以上とす
る．

b. ピン支承

図 9.13 において，r をピンの直径，l をピンの長さ，P を反
力，σ_φ を支圧応力，また φ を接地角度とすれば，つぎの関係式

$$P=\int \sigma_\varphi rl \cos\varphi d\varphi, \quad \sigma_\varphi = \sigma \cos\varphi \tag{9.8}_{1\sim 2}$$

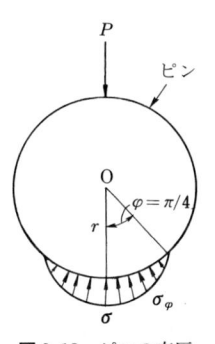

図 9.13 ピンの支圧応力分布

が，得られる．いま，角度が $\varphi=0\sim\pi/4$ で接するものとすれば，上式は，

$$P=2\sigma rl \int_0^{\pi/4} \cos^2\varphi d\varphi = 1.285\sigma rl \tag{9.9}$$

$$\therefore \quad r \geq 0.8 P/\sigma_a l \tag{9.10}$$

となる．ここで，σ_a は，許容支圧応力度である．しかしながら，上式より計算されるピ
ンの半径 r は，一般に小さいものとなる．そこで，道路橋示方書によると，ピンの直径 d
は，$d=2r=75$ mm 以上としている．

c. ローラー支承

2つの半径の異なる球面，または円柱面が接触する場合，支承面の支圧応力を算出する
ために用いられる式を，**ヘルツ**（Hertz）**の公式**とよんでいる．たとえば，この公式によ
ると，半径 r_1，および r_2 が異なる2つの球面が接触（点支承）する場合の最大支圧応力
度 $\sigma_{\max}$ は，

$$\sigma_{\max}=0.388 \sqrt[3]{PE^2\left(\frac{r_1+r_2}{r_1 r_2}\right)^2} \tag{9.11}$$

ここに，r_1, r_2：それぞれの球の半球（cm），P：反力（N），E：鋼のヤング係数（N/
mm^2），である，

で与えられる．たとえば，上式で $E=2.0\times 10^5$ N/mm^2，および $\sigma_{\max}=600$ N/mm^2 とすれ
ば，許容支圧力 P は，つぎのようになる．

$$P = 8.1 \left(\frac{r_1 r_2}{r_1 + r_2} \right)^2 \quad (\text{N}) \tag{9.12}$$

一方，半径が異なる 2 つのローラー面が接触（線支承）する場合，接触部の長さを l とすれば，最大支圧応力度 $\sigma_{\max}$ は，

$$\sigma_{\max} = 0.418 \sqrt{\frac{PE}{l} \frac{(r_1 + r_2)}{r_1 r_2}} \tag{9.13}$$

となる．ここで，$r_2 \to \infty$ とすれば，ローラーと平面とが，接触する場合となる．このような場合には，上式から，$P/l = 98\,r_1 = 49\,d$ が得られる．しかし，道路橋示方書によると，安全側に考えて，ローラーの長さ 1 cm あたりの支持力を，$45\,d$ としている．

(ii) **ゴム製の支承**

ゴムだけを用いると，図 9.14 (a) に示すように，はらみ出しが大きくなり，鉛直方向の剛性が小さくなる．すると，振動，騒音，および走行性など，車輌の走行に支障をきたす．そこで，ゴムを層状にして，その間に鋼板を挿入し，図 9.14 (b) に示すように，はらみ出しが，小さくなるようにされている．このようにして，ゴム支承では，鉛直方向の剛性を大きくしている．しかし，水平方向のせん断剛性は，金属製の支障に比べて小さ

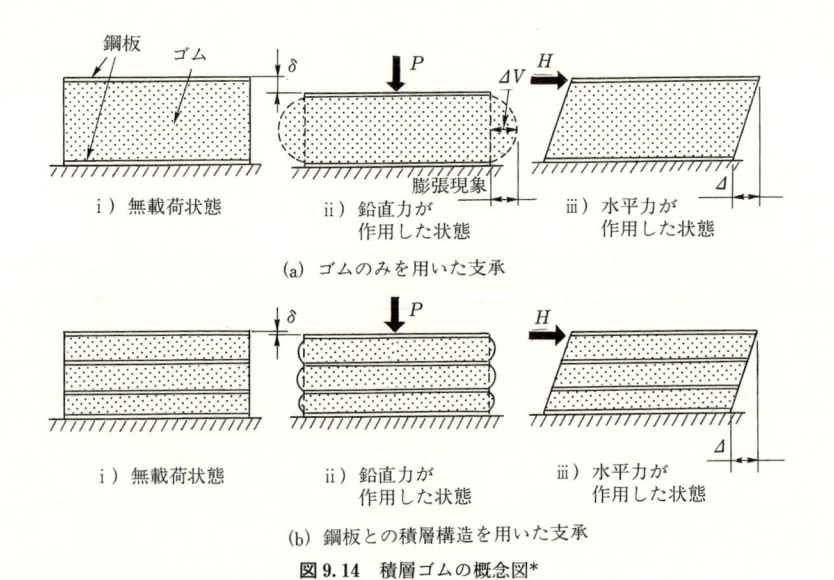

図 9.14　積層ゴムの概念図*

---

* 川口金属工業：積層ゴム支承設計マニュアル，(1995)

く,しかも挿入する鋼板の有無に関わらず,ゴムの全層厚によって決まる.すなわち,**ゴム支承**は,鉛直方向に剛に,水平方向に柔に支持する機能を有する支承といえる.

ゴム製の支承の鉛直方向の剛性 K_c は,次式で与えられる.

$$K_c = (3 + 6.58S^2) GS_s / \Sigma t_e \tag{9.14}$$

$$S = A_s / \{2(a+b)\} : 形状係数 (0.5 \leq b/a \leq 2) \tag{9.15}$$

ここに,

G:ゴムのせん断弾性係数,A_s:鋼板の面積($=a \times b$),t_e:ゴムの各層厚,a:鋼板の長さ,b:鋼板の幅

また,水平せん断剛性 K_r は,図9.15を参照にすると,次式で与えられる.

$$K_r = GA_r / \Sigma t_e \tag{9.16}$$

ここに,A_r は,ゴム支承の支圧面積($=a_r \times b_r$)である.

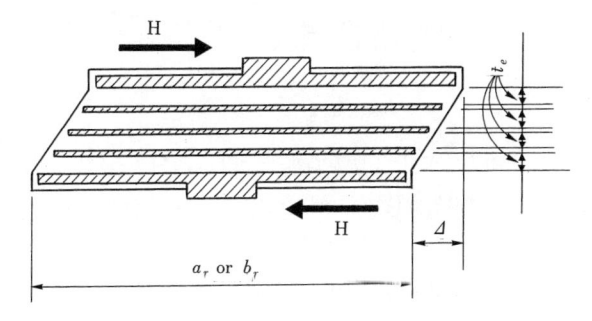

図 9.15 水平力が作用するゴム支承*

なお,最大支点反力 R_{max} が作用し,水平変位 $\varDelta$ が発生しているときのゴム支承の最大圧縮応力度は,次式で計算される.

$$\sigma_{max} = R_{max} / \{b(a - \varDelta)\} \tag{9.17}$$

E. コンクリートの支圧応力とアンカーボルト

支承反力を R_V,また下沓底板の全面積を A とすると,コンクリートの支圧応力度 σ_b(許容支圧応力度 σ_{ba})は,次式によって照査することができる.

$$\sigma_b = \frac{R_V}{A} \leq \sigma_{ba} \tag{9.18}$$

---

* 日本道路協会:道路橋示方書・同解説,V. 耐震設計編,丸善.平成14年3月

橋軸方向の水平力 R_H は，先に述べたとおりである．この水平力は，**アンカーボルト**でとられる．いま，アンカーボルトの断面積を A，また許容せん断応力度を τ_a とすれば，せん断応力度 τ は，

$$\tau = \frac{R_H}{A} \leq \tau_a \tag{9.19}$$

によって照査することができる．アンカーボルトは，直径の 10 倍以上の長さにわたり，下部構造に固定する．また，その直径は，最小 25 mm とする．

9.4 落橋防止システム

A. けたかかり長

図 9.16 に示す**けたかかり長** S_E は，次式を満足するように，決められる．

$$S_E = u_R + u_G \geq S_{EM} \quad \text{(cm)} \tag{9.20}$$

$$S_{EM} = 70 + 0.5L \quad \text{(cm)} \tag{9.21}$$

$$u_G = 100\varepsilon_G L_g \quad \text{(cm)} \tag{9.22}$$

ここに，

u_R：地震時保有水平耐力法に用いる等価水平震度に相当する慣性力によって生じる上部構造と下部構造天端間の相対変位で，落端防止構造，および変位制限構造の影響は，考慮しない．

u_G：地盤ひずみによって生じる地盤の相対変位

L ：支間長 (m)

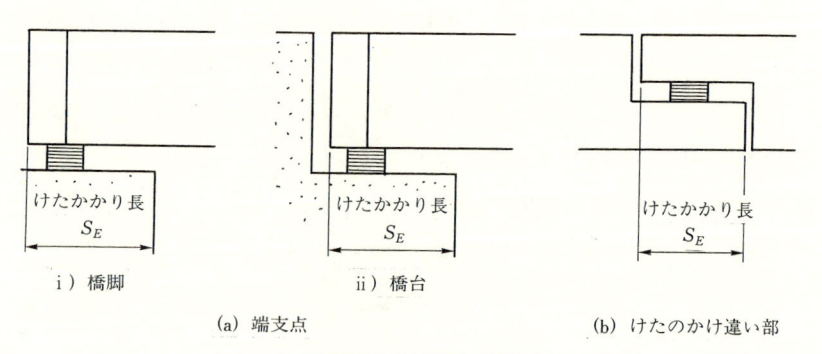

i) 橋脚　　　　　ii) 橋台

(a) 端支点　　　　　(b) けたのかけ違い部

図 9.16 けたかかり長

ε_G：地震時の地盤のひずみで，Ⅰ，Ⅱ，およびⅢ種地盤において，それぞれ 0.0025, 0.00375, および 0.005 とする．

L_g：けたかかり長に影響を及ぼす下部構造間距離（m）

B. 落橋防止構造

落橋防止構造の耐荷力は，次式で与えられる設計地震力を下回わらないようにする．ただし，落橋防止構造の耐荷力は，1.5 の割り増し係数を考慮した許容応力度を用いて計算してもよい．

$$H_r = 1.5 R_d \tag{9.23}$$

ここに，R_d は，死荷重反力である．

また，落橋防止構造の設計移動量は，次式の値 S_F をこえないものとする．

$$S_F = 0.75 S_E \tag{9.24}$$

ここに，S_E は，けたかかり長である．ただし，ゴム支承の場合，S_F は，ゴムの許容せん断ひずみに相当する移動量を下回わらないようにする．

C. 変位制限構造

変位制限構造の耐荷力は，次式で与えられる設計地震力 H_S を下回わらないようにする．ただし，落橋防止構造の耐荷力は，1.5 の割り増し係数を考慮した許容応力度を用いて計算してもよいとされている．

$$H_S = 3 k_h R_d \tag{9.25}$$

ここに，k_h は，震度法に用いる設計水平震度である．

D. ジョイントプロテクター

ジョイントプロテクターの耐荷力は，次式で与えられる設計地震力 H_J を下回わらないものとする．ただし，落橋防止構造の耐荷力は，1.5 の割り増し係数を考慮した許容応力度を用いて計算してもよいとされている．

$$H_J = k_h R_d \tag{9.26}$$

9.5 支承の設計計算例

9.1 のトラス橋の設計においては，ピン支承とローラー支承との計算例を示した．また，合成げた橋では，線支承の**設計図**（とじ込み）を示したので，参照にされたい．

10章　設計計算例

10.1　道路橋溶接トラス橋の設計例

A.　設計条件，および設計概要
　　活　荷　重：A活荷重，　支　　　間：$L=50.000\,\mathrm{m}$
　　幅　　　員：$6.000\,\mathrm{m}$，使用鋼材：SM400
　　コンクリートの設計基準強度：$\sigma_{ck}=24\,\mathrm{N/mm^2}$
　　設計示方書：道路橋示方書*（以下，道示と略す）

　まず，7.4のトラス橋の設計上の要点を参照にして，格間長（$\lambda=6\sim10\,\mathrm{m}$），トラス高（$h=L/6\sim L/8$），および主構の間隔（$B=$幅員+地覆×2+トラス弦材の幅（$\lambda/20$））などを，決定する．

　本橋の骨組図は，図10.1に示すとおりとする．また，図10.2は，断面図を示す．

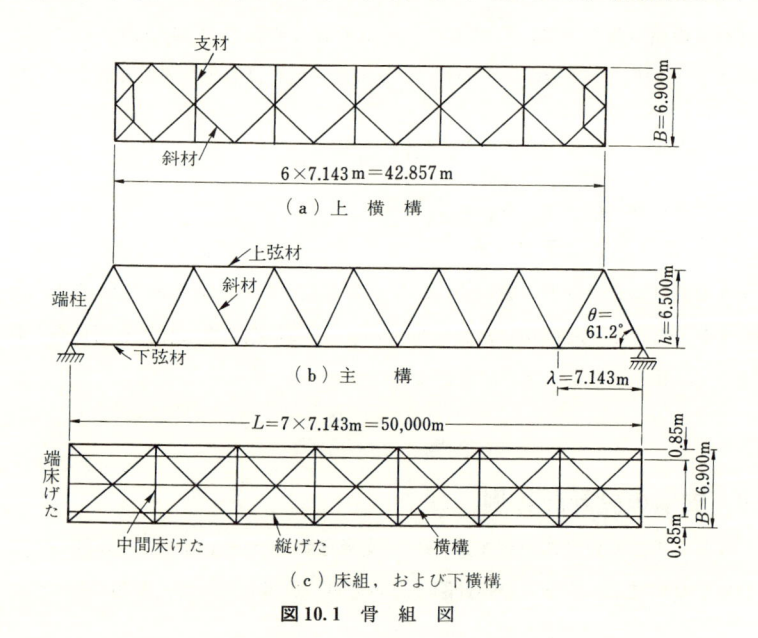

図10.1　骨組図

(a) 上横構　$6\times7.143\,\mathrm{m}=42.857\,\mathrm{m}$　$B=6.900\,\mathrm{m}$
(b) 主構　$h=6.500\,\mathrm{m}$，$\theta=61.2°$，$\lambda=7.143\,\mathrm{m}$，$L=7\times7.143\,\mathrm{m}=50.000\,\mathrm{m}$
(c) 床組，および下横構　$B=6.900\,\mathrm{m}$，$0.85\,\mathrm{m}$

---
* 日本道路協会：道路橋示方書・同解説　I共通編，II鋼橋編　丸善，平成14年3月

10.1 道路橋溶接トラス橋の設計例

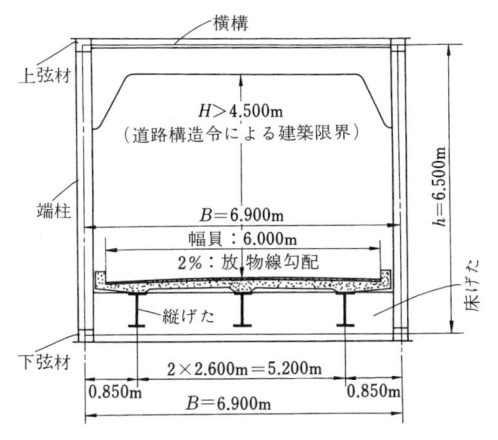

図10.2 断 面 図

設計計算は，床組（床版，縦げた，および床げた），主構，ならびに二次部材の順序で行なう．

B. 床組の設計（床版，縦げた，および床げた）
床版，および床組は，T荷重によって設計する．

a. 床版の設計
RC床版の寸法は，図10.3のように定める．

(1) 荷 重

i) 死荷重

アスファルト舗装（7.5cm 厚）　　$w_{d1} = 22.5 \times 0.075 = 1.688 \, \text{kN/m}^2$
鉄筋コンクリート床版（19cm 厚）　$w_{d2} = 24.5 \times 0.19 = 4.655 \, \text{kN/m}^2$
$$w_d = 6.343 \, \text{kN/m}^2$$

地　覆　　　　　　$24.5 \times 0.25 \times 0.260$　　　　　$= 1.593 \, \text{kN/m}$
高　欄（仮定）　　　　　　　　　　　　　　　　　　　$= 0.300 \, \text{kN/m}$
$$w_d' = 1.893 \, \text{kN/m}$$

ii) 活荷重

T 荷 重：$P = 100 \, \text{kN}$（道示 I.2.2.2）
高欄推力：$w_h = 2.5 \, \text{kN/m}$（床版より高さ $h_1 = 1.1 \, \text{m}$ に作用，道示 I.5.1.2）
衝突荷重：$W_f = 25 \, \text{kN}$（支柱1本あたりの値で，「防護設置要綱」参照）

(2) 曲げモーメント

i) 主鉄筋方向の曲げモーメント

　死荷重による曲げモーメント M_d は表5.1より，また活荷重による曲げモーメント M_{l+i} は表5.2より算出する．その際，A活荷重に対して曲げモーメント M_{l+i} は，20%低減してもよいとされている．しかし，ここでは，安全側の立場から，その低減を無視して設計する．

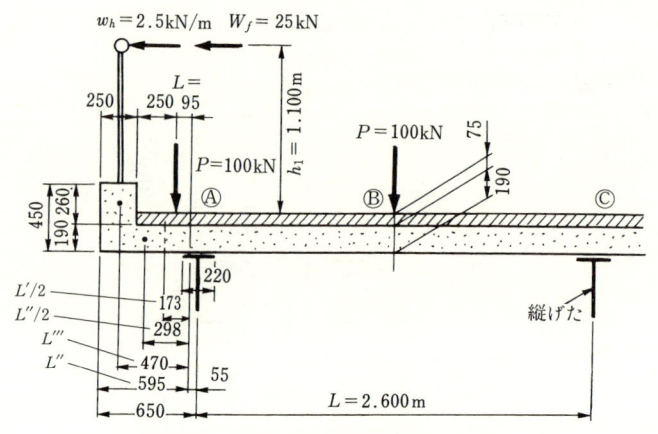

図 10.3 床版の寸法と載荷荷重(寸法:mm)

① 片持版(図10.3の点Ⓐ)の曲げモーメント

片持版のスパン L は,道示Ⅱ.8.2.3より,縦げた上フランジプレートの突出幅の1/2だけ減らす.したがって,図10.3に示したように,縦げた上フランジプレートの突出幅を11cmと仮定すれば,$L=59.5$cmとなる.

死荷重による曲げモーメント M_d:

$$M_d = -\frac{w_{d1}L'^2}{2} - \frac{w_{d2}L''^2}{2} - w_d'L''' = -\frac{1.688\times0.345^2}{2} - \frac{4.655\times0.595^2}{2} - 1.893\times0.470$$
$$= -1.814\,\text{kN}\cdot\text{m}$$

活荷重(衝撃も含む)による曲げモーメント M_{l+i}:(道示Ⅱ.8.2.4)

$$M_{l+i} = -\frac{PL}{(1.30L+0.25)} = -\frac{100\times0.095}{(1.30\times0.095+0.25)} = -25.435\,\text{kN}\cdot\text{m}$$

高欄推力による曲げモーメント M_h(道示Ⅰ.5.1.2):

$$M_h = -w_h h_1 = -2.5\times\left(1.1+0.075+\frac{0.190}{2}\right) = -3.175\,\text{kN}\cdot\text{m}$$

したがって,曲げモーメントの合計 M は,つぎのようになる

$$M = M_d + M_{l+i} + M_h = -30.424\,\text{kN}\cdot\text{m}$$

一方,衝突荷重による曲げモーメント M_f は,道示Ⅰ.2.2.17より,支柱断面,および間隔を次のように仮定して,支柱の抵抗曲げモーメント M_f を求める.すなわち,

支柱断面:□$125\times125\times4.5$ 断面係数:$Z=80.9\,\text{cm}^3$
支柱間隔:2.0m,許容応力度の割増し係数(鋼部材に対し):1.7

$$\therefore\quad M_f = -\frac{1.7\sigma_a Z}{2.0} = -\frac{1.7\times140\times80.9}{2.0} = -9.627\,\text{kN}\cdot\text{m}$$

この場合の曲げモーメントの合計 M' は,許容応力の割増し率1.5(道示Ⅱ.3.1)を考慮すると,次式で表わされる.

$$M' = (-30.424 - 9.627)/1.5 = -26.701 \text{kN·m} < M = -30.424 \text{kN·m}$$

② 支間曲げモーメント(図 10.3 の点Ⓑ,道示Ⅱ.表-8.2.4)

$$M_d = \frac{w_d L^2}{10} = \frac{6.343 \times 2.6^2}{10} = 4.288 \text{kN·m}$$

$$M_{l+i} = 0.8 \times (0.12L + 0.07) \times 100$$
$$= 0.8 \times (0.12 \times 2.6 + 0.07) \times 100$$
$$= 30.560 \text{kN·m}$$

$$\therefore M = M_d + M_{l+i} = 34.85 \text{kN·m}$$

③ 支点曲げモーメント(図 10.3 の点Ⓒ)

$$M_d = -\frac{w_d L^2}{8} = -\frac{6.343 \times 2.6^2}{8} = -5.360 \text{kN·m}$$

$$M_{l+i} = -30.560 \text{kN·m}$$

$$\therefore M = M_d + M_{l+i} = -35.92 \text{kN·m}$$

ii) 配力鉄筋方向の曲げモーメント

この場合は,T 荷重による曲げモーメントのみを考慮すればよい(道示Ⅱ.8.2.4).

連続版:

$$M_{l+i} = 0.80 \times (0.10L + 0.04)P = 0.80(0.10 \times 2.6 + 0.04) \times 100$$
$$= 24.000 \text{kN·m}$$

片持版:

$$M_{l+i} = (0.15L + 0.13)P = (0.15 \times 0.095 + 0.13) \times 100 = 14.425 \text{kN·m}$$

(3) 主鉄筋量と応力照査

床版に作用する曲げモーメントは片持版より連続版の中間支点上のほうが大きいので,$M = 35.92 \text{kN·m}$ を,設計曲げモーメントとする.

引張鉄筋は,SD-295 で,$\phi 19 \text{mm}$(断面積 2.85cm^2)を 1m あたり 8 本,すなわち 12.5cm 間隔で入れる.そして,圧縮鉄筋は 25cm 間隔とし,またかぶりは 3.05cm とする(図 10.4 参照).

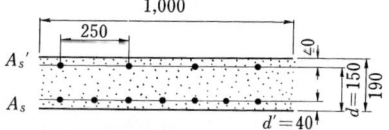

図 10.4 単位幅(1m)あたりの主鉄筋の配筋法

すると,鉄筋量は,

$$A_s = 2.85 \times 100/12.5 = 22.8 \text{cm}^2$$
$$A_s' = 2.85 \times 100/25 = 11.4 \text{cm}^2$$

となる.したがって,断面諸定数は,以下のようになる.

中立軸の位置:

$$z = -\frac{n(A_s + A_s')}{b} + \sqrt{\left\{\frac{n(A_s + A_s')}{b}\right\}^2 + \frac{2n}{b}(A_s d + A_s' d')}$$

$$= -\frac{15 \times (22.8 + 11.4)}{100} + \sqrt{\left\{\frac{15 \times (22.8 + 11.4)}{100}\right\}^2 + \frac{2 \times 15}{100}(22.8 \times 15.0 + 11.4 \times 4.0)}$$

$$= -5.13 + 11.94 = 6.81 \text{cm}$$

断面二次モーメント：

$$I=\frac{bz^3}{3}+nA_s{}'(z-d')^2+nA_s(d-z)^2$$

$$=\frac{100\times 6.81^3}{3}+15\times 11.4\times(6.81-4.0)^2+15\times 22.8\times(15.0-6.81)^2$$

$$=10,530+1,350+22,940=34,820\,\text{cm}^4$$

コンクリートの圧縮応力度：

$$\sigma_c=\frac{M}{I}z=\frac{35,920,000}{348,200,000}\times 68.1$$

$$=7.0\,\text{N/mm}^2<\sigma_{ca}=\sigma_{ck}/3=8.0\,\text{N/mm}^2$$

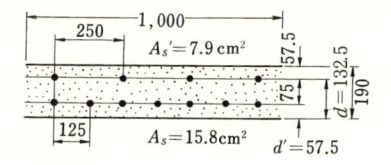

鉄筋の引張応力度：

$$\sigma_s=\frac{nM}{I}(d-z)=\frac{15\times 35,920,000}{348,200,000}\times(150.0-68.1)$$

$$=127\,\text{N/mm}^2<\sigma_{sa}=140\,\text{N/mm}^2$$

$d=13.25\,\text{cm},\ z=5.88\,\text{cm}$
$I=19.650\,\text{cm}^4$

図10.5 配 力 鉄 筋

（4） 配力鉄筋量と応力照査

中間床版の曲げモーメント $M=24.000\,\text{kN·m}$ に対して，配力鉄筋を，設計する．引張鉄筋は，SD295で，$\phi 16\,\text{mm}$（断面積$1.98\,\text{cm}^2$）を1mあたり8本，また圧縮鉄筋は4本の間隔で入れ，主鉄筋の内側に接して配置する（図10.5参照）．すると，応力照査は，以下のようになる．

$$\sigma_c=\frac{M}{I}z=\frac{24,000,000}{196,500,000}\times 58.8=7.2\,\text{N/mm}^2<\sigma_{ca}=8.0\,\text{N/mm}^2$$

$$\sigma_s=\frac{nM}{I}(d-z)=\frac{15\times 24,000,000}{196,500,000}\times(132.5-58.8)=135\,\text{N/mm}^2<\sigma_{sa}$$

$$=140\,\text{N/mm}^2$$

b． 縦げたの設計

（1） 荷重強度

縦げたの反力の影響線を，図10.6に示す．

これらの反力の影響線を用いて，死荷重強度，ならびに活荷重強度を求めると，以下のようになる．

（i） 死荷重

表10.1には，計算結果を示す．

表10.1 縦げたの死荷重強度 w_d（kN/m）

項　目	外 側 縦 げ た	内 側 縦 げ た
舗装（$w_d\times A_1$）	$1.688\times 1.731=2.922$	$1.688\times 2.600=4.389$
RC床版（$w_d\times A_2$）	$4.655\times 2.031=9.454$	$4.655\times 2.600=12.103$
地覆・高欄（$w_d{}'\times\eta$）	$1.893\times 1.202=2.275$	—
縦げた自重（仮定）	$=1.000$	$=1.200$
床版・ハンチ	$=0.150$	$=0.360$
死荷重強度 w_d	15.801	18.052

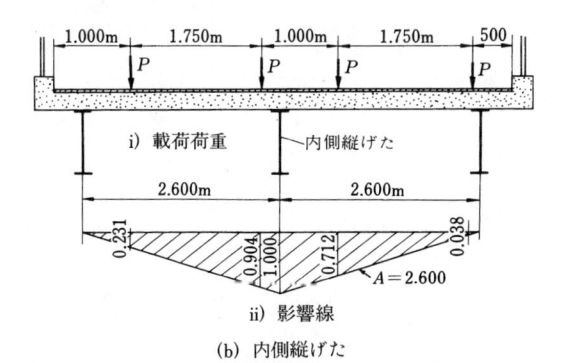

10.1 道路橋溶接トラス橋の設計例

図10.6 縦げたへの載荷荷重と反力の影響線

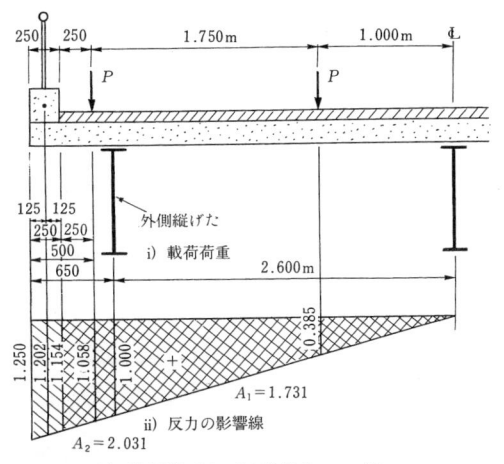

(a) 外側縦げた（寸法単位：mm）
 i) 載荷荷重
 ii) 反力の影響線

(b) 内側縦げた
 i) 載荷荷重
 ii) 影響線

（ii） 活荷重

表 10.2 には，計算結果を示す．

表 10.2 T 荷重の強度（kN）

項　　目	外　側　縦　げ　た	内　側　縦　げ　た
T 荷重強度 $P = P\Sigma\eta$	$P(1.058+0.385)$ $= 1.443\,P$ $= 100 \times 1.443 = 144.300$ （曲げモーメント，および， 　せん断力に対して）	$P(0.231+0.904+0.712+0.038)$ $= 1.885\,P$ $= 100 \times 1.885 = 188.500$ （曲げモーメント，および， 　せん断力に対して）

衝撃係数（道示 I.2.2.3）： $i = \dfrac{20}{50+L} = \dfrac{20}{50+7.143} = 0.350$

（外側・内側縦げた共通）

（2） 曲げモーメント，および，せん断力

縦げたは，一般に，連続桁とし設計されることが多いが，ここでは，構造を簡単にするため，単純桁として設計する．

曲げモーメントが最大となる T 荷重のスパン方向の載荷状態は，図 10.7 に示すとおりである．したがって，外側・内側縦げたの最大曲げモーメントは，表 10.3 のようになる．

一方，せん断力が最大となる T 荷重のスパン方向の載荷位置は，図 10.8 のとおりであ

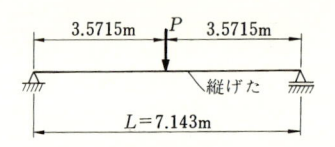

図 10.7 縦げたスパン方向の載荷状態（曲げモーメント）

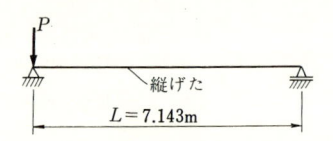

図 10.8 縦げたスパン方向の載荷状態（せん断力）

表 10.3 縦げたの最大曲げモーメント M (kN·m)

項　目	外側縦げた	内側縦げた
死荷重モーメント $M_d = w_d L^2/8$	$\dfrac{15.801 \times 7.143^2}{8} = 100.776$	$\dfrac{18.052 \times 7.143^2}{8} = 115.132$
活荷重モーメント $M_l = PL/4$	$\dfrac{144.300 \times 7.143}{4} = 257.684$	$\dfrac{188.500 \times 7.143}{4} = 336.614$
衝撃によるモーメント $M_i = M_l i$	$257.684 \times 0.350 = 90.189$	$336.614 \times 0.350 = 117.815$
合計モーメント $M = M_d + M_l + M_i$	448.649	569.561

表 10.4 縦げたの最大せん断力 S (kN)

項　目	外側縦げた	内側縦げた
死荷重によるせん断力 $S_d = w_d L/2$	$\dfrac{15.801 \times 7.143}{2} = 56.433$	$\dfrac{18.052 \times 7.143}{2} = 64.473$
活荷重によるせん断力 $S_l = P$	144.300	188.500
衝撃によるせん断力 $S_i = S_l i$	$144.300 \times 0.350 = 50.505$	$188.500 \times 0.350 = 65.975$
合計せん断力 $S = S_d + S_l + S_i$	251.238	318.948

10.1 道路橋溶接トラス橋の設計例

る．したがって，表 10.4 の結果が，得られる．

(3) 断面決定と応力度・たわみの照査（材質 SM400A を使用）
外側縦げたは，図 10.9 に示す断面を使用する．

	A(cm²)	z(cm)	Az^2 or I(cm⁴)
2-Flg. pls. 220×16＝	70.4	40.8	117,000
1-Web pl. 800× 9＝	72.0	—	38,400

断面積 $A=142.4\,\text{cm}^2$，断面二次モーメント $I=155,400\,\text{cm}^4$

したがって，応力照査をすると，以下のとおりである．
縁応力度：
$$\sigma=\frac{M}{I}z=\frac{448,649,000}{1,554,000,000}\times 416=120\,\text{N/mm}^2<\sigma_a=140\,\text{N/mm}^2$$

せん断応力度：
$$\tau=\frac{S}{A_w}=\frac{251,238}{7,200}=35\,\text{N/mm}^2<\tau_a=80\,\text{N/mm}^2$$

活荷重によるたわみ（道示 II.2.3）：
$$\delta_l=\frac{PL^3}{48EI}=\frac{144.300\times 10^3\times 714.3^3}{48\times 2.0\times 10^7\times 1.554\times 10^5}=0.35\,\text{cm}<\frac{L}{2,000}=\frac{714.3}{2,000}=0.36\,\text{cm}$$

図 10.9 外側縦げたの断面

内側縦げたは，図 10.10 に示す断面を用いる．
$$\sigma=\frac{M}{I}z=\frac{569,561,000}{1,875,000,000}\times 416=126\,\text{N/mm}^2<\sigma_a=140\,\text{N/mm}^2$$
$$\tau=\frac{S}{A_w}=\frac{318,948}{7,200}=44\,\text{N/mm}^2<\tau_a=80\,\text{N/mm}^2$$
$$\delta_l=\frac{PL^3}{48EI}=\frac{188.500\times 10^3\times 714.3^3}{48\times 2.0\times 10^7\times 1.8750\times 10^5}=0.38\,\text{cm}\geqq =0.36\,\text{cm}$$
（p.284 の**注記**参照）

$A=72.0\,\text{cm}^2$
$I=187,500\,\text{cm}^4$

図 10.10 内側縦げたの断面

(4) 垂直補剛材の設計（外側・内側縦げた共通）
補剛材の間隔：
道示 II.10.4.3 より，$b=70t=70\times 0.9=63<80$ であるので，縦げたには，中間補剛材を入れる．いま，間隔 $a=L/8=714.3/8=89.3\,\text{cm}$ とすると，$a/b=89.3/80=1.12>1$ となるから，道示 II.10.4.3 の照査を行なえば，

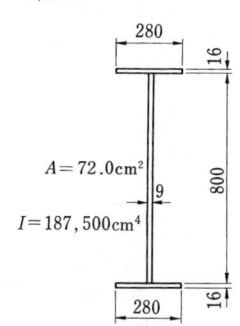

$$\left(\frac{b}{100t}\right)^4\left[\left(\frac{\sigma}{345}\right)^2+\left\{\frac{\tau}{77+58(b/a)^2}\right\}^2\right]$$
$$=\left(\frac{80}{100\times 0.9}\right)^4\left[\left(\frac{126}{345}\right)^2+\left\{\frac{44}{77+58(80/89.3)^2}\right\}^2\right]=0.162<1$$

であり，十分安全である．
所要剛度（道示 II.10.4.4）：
$$\gamma_{v.\,reg}=8.0\left(\frac{b}{a}\right)^2=8.0\times\left(\frac{80}{89.3}\right)^2=6.42$$

$$\therefore \quad I_{v,\,reg} = \frac{bt^3}{11}\gamma_{v,\,reg} = \frac{80 \times 0.9^3}{11} \times 6.42 = 34\,\text{cm}^4$$

そこで,1-Stiff. pl. 90×8 を使用すると,照査結果は,つぎのようになる.

$$I = \frac{th^3}{3} = \frac{0.8 \times 9^3}{3} = 194\,\text{cm}^4 > I_{v,\,reg} = 34\,\text{cm}^4$$

(5) すみ肉溶接(外側・内側縦げた共通)

フランジと腹板とのすみ肉溶接ののど厚 a は,Q を着目点の中立軸まわりの断面一次モーメントとすれば,

$$Q = 44.8 \times 40.0 = 1{,}792\,\text{cm}^3$$

となる.したがって,

$$a = \frac{SQ}{2I\tau_a} = \frac{318{,}948 \times 1{,}792{,}000}{2 \times 1{,}875{,}000{,}000 \times 80} = 1.9\,\text{mm}$$

であるから,脚長 b は,

$$b = a\sqrt{2} = 1.9 \times 1.414 = 2.7\,\text{mm}$$

となる.実施設計では,6 mm を使用する(道示Ⅱ.6.2.5).

(6) 床げたとの連結

縦げたは,床げたに取り付けたスチフナーに,図 10.11 に示すように,単せん断として連結する.高力ボルト F10T(M22)を使用すると,ボルト 1 本あたりの許容力 ρ_a は,48 kN である(道示Ⅱ.3.2.3).

したがって,所要本数は,

$$n \geqq \frac{S}{2 \times \rho_a} = \frac{318.948}{4.8} = 6.6\,\text{本}$$

となる.そこで,$n=7$ 本として,図 10.11 のように連結する.

c. 床げたの設計

床げたの支間は,下弦材の取付け間隔である.しかし,下弦材の寸法がまだ未知であるので,主構間隔をとって,安全側の設計をする.

(1) 荷重強度

床げたに作用する死荷重は,床版,および縦げたと床げたの自重であり,図 10.12 を参照にすると,表 10.5 の結果が得られる.

活荷重(図 10.12 参照)は,以下のようになる.

中間床げたに対して:

$$P = \Sigma P\eta = 100 \times 1.0 = 100\,\text{kN}$$

端床げたに対して:

$$P = \Sigma P\eta = 100 \times 1.056 = 105.6\,\text{kN}$$

衝撃係数(中間・端床げた共通)は,以下のように算出される.

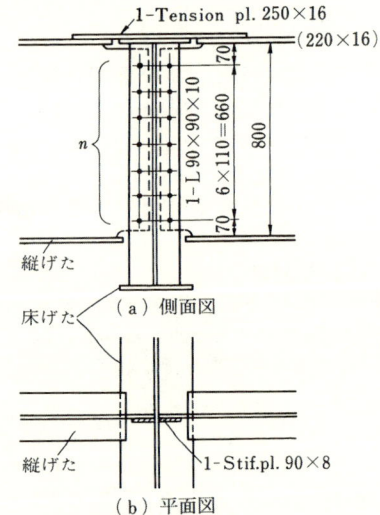

図 10.11 床げたと縦げたとの連結

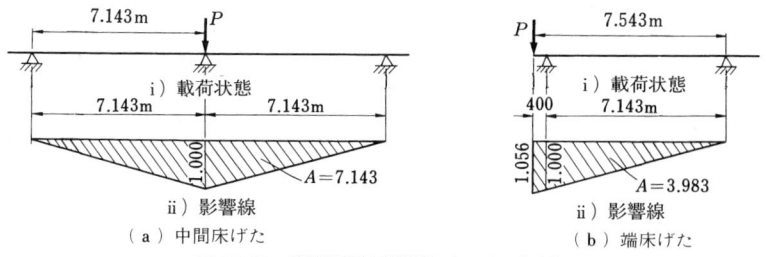

10.1 道路橋溶接トラス橋の設計例

図10.12 載荷状態と影響線（スパン方向）

（a）中間床げた
i）載荷状態
ii）影響線
$A = 7.143$

（b）端床げた
i）載荷状態
ii）影響線
$A = 3.983$

表10.5 死荷重強度

項 目	中間床げた	端床げた
外側縦げた反力（kN） $W_{d,1} = w_d A$	$15.801 \times 7.143 = 112.867$	$15.801 \times 3.983 = 62.935$
内側縦げた反力（kN） $W_{d,2} = w_d A$	$18.052 \times 7.143 = 128.945$	$18.052 \times 3.983 = 71.901$
床げた自重（仮定）（kN/m） W_d	1.500	1.400

$$i = \frac{20}{50+L} = \frac{20}{50+6.900} = 0.351$$

（2） 曲げモーメント，および，せん断力

床げたに最大曲げモーメントを生じせしめる載荷状態は，図10.13に示すとおりである．表10.6には，曲げモーメント値を示す．

つぎに，最大せん断力を生じる載荷状態を，図10.14に示す．

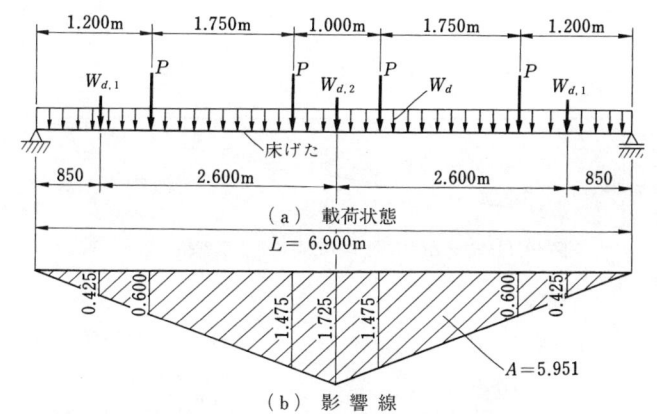

図16.13 曲げモーメントに対する載荷状態と影響線（床げた）

（a）載荷状態
$L = 6.900\text{m}$

（b）影響線
$A = 5.951$

（3） 断面決定，および応力度，ならびに，たわみの照査

中間床げたに対しては，図10.15の断面を用いる．

表 10.6　床げたの曲げモーメント M (kN・m)

項　目	中　間　床　げ　た	端　床　げ　た
死荷重モーメント $M_d = w_d A + \Sigma W_d \eta$	$1.500 \times 5.951 + 2 \times$ $112.867 \times 0.425 + 128.945$ $\times 1.725 = 327.294$	$1.400 \times 5.951 + 2 \times$ $62.935 \times 0.425 + 71.901$ $\times 1.725 = 185.855$
活荷重モーメント $M_l = P \Sigma \eta$	$100.000 \times \{2(0.600 + 1.475)\}$ $= 415.000$	$105.600 \times \{2(1.475 + 0.600)\}$ $= 438.240$
衝撃モーメント $M_i = M_l i$	$415.000 \times 0.351 = 145.665$	$438.240 \times 0.351 = 153.822$
合計モーメント $M = M_d + M_l + M_i$	887.959	777.917

(材質 SM400A)	A (cm²)	z (cm)	Az^2 or I (cm⁴)
2-Flg. pls. $310 \times 16 =$	99.2	50.8	255,900
1-Web pl. $1,000 \times 9 =$	90.0	—	75,000
	$A = 189.2$ cm²		$I = 330,900$ cm⁴

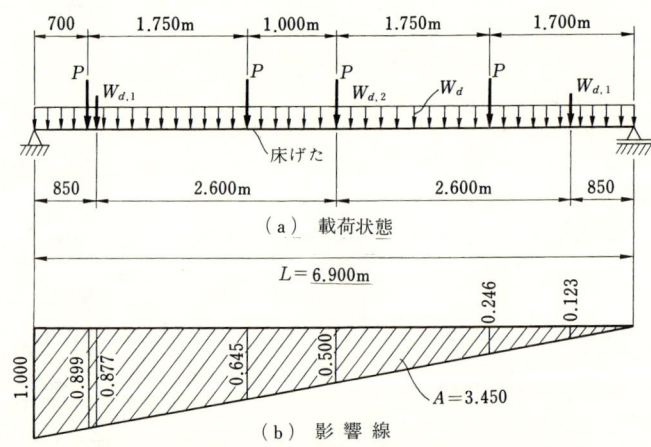

図 10.14　せん断力に対する載荷状態と影響線（床げた）

応力照査：

$$\sigma = \frac{M}{I} z = \frac{887,959,000}{3,309,000,000} \times 516 = 138 \, \text{N/mm}^2 < \sigma_a = 140 \, \text{N/mm}^2$$

$$\tau = \frac{S}{A_w} = \frac{491,895}{9,000} = 55 \, \text{N/mm}^2 < \tau_a = 80 \, \text{N/mm}^2$$

活荷重によるたわみ：

$$\delta_l = \frac{2 \times 100,000}{12 \times 2.0 \times 10^7 \times 3.309 \times 10^5} \left\{ 295 \left(\frac{3}{4} \times 690^2 - 295^2 \right) + 120 \left(\frac{3}{4} \times 690^2 - 120^2 \right) \right\}$$

10.1 道路橋溶接トラス橋の設計例

表 10.7 床げたのせん断力 S (kN)

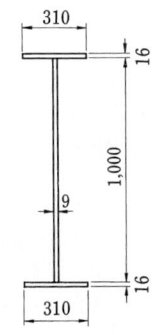

項　　目	中　間　床　げ　た	端　床　げ　た
死荷重せん断力 $S_d = w_d A + \Sigma W_d \eta$	$1.500 \times 3.450 + 112.867 \times (0.877 + 0.123) + 128.945 \times 0.500 = 182.515$	$1.400 \times 3.450 + 62.935 \times (0.877 + 0.123) + 71.901 \times 0.500 = 103.716$
活荷重せん断力 $S_l = \bar{P} \Sigma \eta$	$100.000 \times (0.899 + 0.645 + 0.500 + 0.246) = 229.000$	$105.600 \times (0.899 + 0.645 + 0.500 + 0.246) = 241.824$
衝撃せん断力 $S_i = S_l i$	$229.000 \times 0.351 = 80.380$	$241.824 \times 0.351 = 84.880$
合計せん断力 $S = S_d + S_l + S_i$	491.895	430.420

図 10.15 中間床げたの断面　　**図 10.16** 端床げたの断面

$$= \frac{2.0000 \times 10^5 \times 1.2079 \times 10^8}{7.9416 \times 10^{13}} = 0.30 \,\text{cm} < \frac{L}{2,000} = 0.35 \,\text{cm}$$

つぎに，端床げたに対しては，図 10.16 の断面を用いる．

$$\sigma = \frac{M}{I} z = \frac{777,917,000}{2,897,000,000} \times 516 = 139 \,\text{N/mm}^2 < \sigma_a = 140 \,\text{N/mm}^2$$

$$\tau = \frac{S}{A_w} = \frac{430,420}{9,000} = 48 \,\text{N/mm}^2 < \tau_a = 80 \,\text{N/mm}^2$$

（4） 中間補剛材とすみ肉溶接（端・中間床げた共通）

道示Ⅱ.10.4.3 より，補剛材間隔を $a = 130 \,\text{cm}$ とすると，$a/b = 130/100 = 1.3 > 1$ であるから，照査結果は，

$$\left(\frac{b}{100t}\right)^4 \left[\left(\frac{\sigma}{345}\right)^2 + \left\{\frac{\tau}{77 + 58(b/a)^2}\right\}^2\right]$$

$$= \left(\frac{100}{100 \times 0.9}\right)^4 \left[\left(\frac{138}{345}\right)^2 + \left\{\frac{55}{77 + 58(100/130)^2}\right\}^2\right] = 0.616 < 1$$

となる．したがって，1-Stiff. pl. 90×8 を使用する．また，すみ肉溶接は，縦げたと同様に設計すればよく，脚長を 6 mm とする．

(5) 主構と床げたとの連結(端・中間床げた共通)

高力ボルトとして,F10T の M22 を使用すると,単せん断の場合,$\rho_a=48$ kN であるから,所要本数 n は,

$$n \geqq \frac{S}{2 \times \rho_a} = \frac{491.895}{48} = 10.2 \text{ 本}$$

となる.そこで,図 10.17 に示すように,$n=11$ 本とする.

C. 主構の設計

主構の設計計算は,L 荷重で行なう.

a. 荷重

(1) 死荷重

7.5 cm アスファルト舗装	$22.5 \times 0.075 \times 3.0 = 5.063$ kN/m	
19 cm 鉄筋コンクリート床版	$24.5 \times 0.19 \times 3.25 = 15.129$	〃
高欄・縁石	$24.5 \times 0.25 \times 0.26 + 0.300 = 1.893$	〃
鋼重(仮定)	$2.400 \times 3.0 = 7.200$	〃
ハンチ・その他	$= 0.490$	〃
	$w^*_d = 29.775$ kN/m	

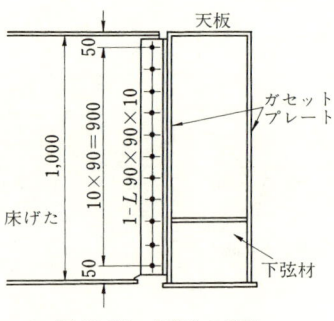

図 10.17 主構との連結

(2) 活荷重

活荷重は,道示 I.2.2.2 より,幅員 6.0 m のうち 5.5 m まで主載荷荷重とする.そして,図 10.18 に示すように,残り 0.5 m は,その半分の従載荷荷重とする.

等分布荷重 p^*_1(上下弦材,および,たわみに対して):

主載荷荷重:$10 \times 2.951 = 29.510$ kN/m
従載荷荷重:$5 \times 0.051 = 0.255$ kN/m

$$p^*_1 = 29.765 \text{ kN/m}$$

等分布荷重 p^*_1(斜材,および反力に対して):

主載荷荷重:$12 \times 2.951 = 35.412$ kN/m
従載荷荷重:$6 \times 0.051 = 0.306$ kN/m

$$p^*_1 = 35.718 \text{ kN/m}$$

等分布荷重 p^*_2($L=50.0$ m < 80.0 m)

主載荷荷重:$3.5 \times 2.951 = 10.329$ kN/m
従載荷荷重:$1.75 \times 0.051 = 0.089$ kN/m

$$p^*_2 = 10.418 \text{ kN/m}$$

(3) 衝撃係数

道示 I.2.2.3 より衝撃係数は,

$$i = \frac{20}{50+L}$$

で算定する.しかし,スパン L のとり方が,各部材で異なる.表 10.8 には,それ

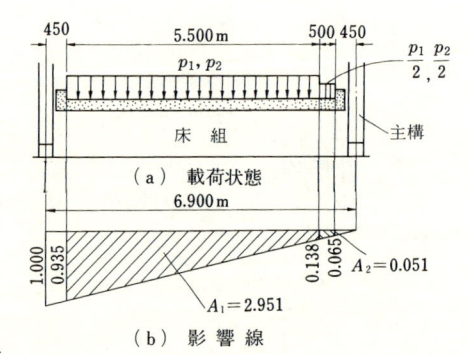

図 10.18 主構反力に対する影響線と載荷状態

10.1 道路橋溶接トラス橋の設計例

らの結果を示す.

b. 部材力

(1) 影響線

図 10.19 には，各部材力の影響線を示す．これらの図中には，影響線の最大縦距，全面積 A_d，および等分布荷重 p^*_2 を載すべき範囲の面積 A_{p2} が求めてある．

表 10.8 衝撃係数 i

部　材	L(m)	i
弦材	50.0	0.200
端斜材	50.0	0.200
斜材	$50.0 \times 0.75 = 37.5$	0.229

(2) 部材力

図 10.19 の影響線面積に荷重強度を掛けることによって，部材力を，求める．

$$死荷重による部材力：N_d = w^*_d A_d$$
$$活荷重による部材力：N_l = p^*_1 A_{p1} + p^*_2 A_{p2}$$

ここに，

$$A_{p1} = \eta D\{1-(1/2)(D/\lambda)\}$$

（ただし，η：影響線の縦距，λ：三角形分布する影響線の長さ，D：p^*_1 荷重の載荷長，上式の計算法については，演習問題 6.2 を参照）

$$合部材力：N = N_d + N_l(1+i) = N_d + N_{l+i}$$

計算結果を，表 10.9 に示す．

表 10.9 部　材　力　N

部　材	N_d(kN)	A_{p1}(m)	$p^*_1 A_{p1}$(kN)	$p^*_2 A_{p2}$(kN)	N_l(kN)	N_{l+i}(kN)	N(kN)
U_1	-701.201	-5.313	-158.141	-245.344	-403.485	-484.182	$-1,185.383$
U_2	$-1,168.669$	-8.855	-263.569	-408.907	-672.476	-806.971	$-1,975.640$
U_3	$-1,402.403$	-10.626	-316.283	-490.688	-806.971	-968.365	$-2,370,768$
$D_1(=-D_2)$	-727.999	-5.516	-197.020	-254.720	-451.740	-542.088	$-1,270.087(D_1)$
						555.188	$1,283.187(D_2)$
$D_3(=-D_4)$	-485.362	-4.538	-162.088	-176.898	-338.986	-416.614	-901.976
$D_5(=-D_6)$	-242.666	-3.560	-127.156	-113.212	-240.368	-295.412	-538.078
$D_7(=-D_8)$	0	± 2.566	± 91.652	± 63.685	± 155.337	± 190.909	± 190.909
L_1	350.601	2.656	79.056	122.672	201.728	242.074	592.675
L_2	934.518	6.568^*	195.497	326.979	522.476	626.971	$1,561.489$
L_3	$1,285.565$	9.137^*	271.963	449.808	721.771	866.125	$2,151.690$
L_4	$1,402.015$	9.888^{**}	294.316	490.552	784.868	941.842	$2,343.857$

〔注〕 * 若干の試算結果，A_{p1} の最大値を求めた．** 左右対称であるので，スパン中央に対称に載荷した場合の A_{p1} を求めた．

c. 断面決定

トラス部材の断面形状，および寸法は，部材の連結や構造細部を十分考慮して決めなければならない．まず，トラス部材の幅 b や部材高さ h は，部材長の 1/20 を目安とする．そして，図 10.20 (b) に示すように，上下弦材の断面形状は箱形とし，また幅 b は同じとする．これにガセットを取り付け，斜材（圧縮力を受ける部材は箱形断面，また引張力を受けるときは I 形断面）をそう入する．しかし，斜材の幅 b' は，2〜3mm の余裕をも

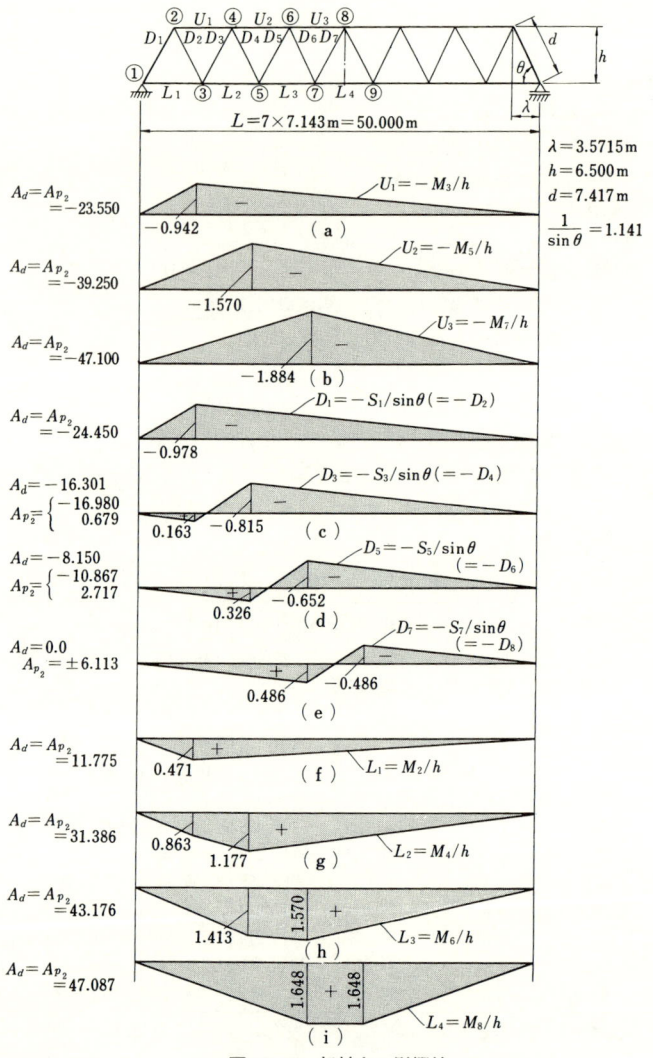

$L = 7 \times 7.143 \text{ m} = 50.000 \text{ m}$

$\lambda = 3.5715 \text{ m}$
$h = 6.500 \text{ m}$
$d = 7.417 \text{ m}$
$\dfrac{1}{\sin\theta} = 1.141$

(a) $U_1 = -M_3/h$　$A_d = A_{p_2} = -23.550$　-0.942

$U_2 = -M_5/h$　$A_d = A_{p_2} = -39.250$　-1.570

(b) $U_3 = -M_7/h$　$A_d = A_{p_2} = -47.100$　-1.884

$D_1 = -S_1/\sin\theta\,(=-D_2)$　$A_d = A_{p_2} = -24.450$　-0.978

(c) $D_3 = -S_3/\sin\theta\,(=-D_4)$　$A_d = -16.301$,　$A_{p_2} = \begin{cases} -16.980 \\ 0.679 \end{cases}$　$0.163,\ -0.815$

(d) $D_5 = -S_5/\sin\theta\,(=-D_6)$　$A_d = -8.150$,　$A_{p_2} = \begin{cases} -10.867 \\ 2.717 \end{cases}$　$0.326,\ -0.652$

(e) $D_7 = -S_7/\sin\theta\,(=-D_8)$　$A_d = 0.0$,　$A_{p_2} = \pm 6.113$　$0.486,\ -0.486$

(f) $L_1 = M_2/h$　$A_d = A_{p_2} = 11.775$　0.471

(g) $L_2 = M_4/h$　$A_d = A_{p_2} = 31.386$　$0.863,\ 1.177$

(h) $L_3 = M_6/h$　$A_d = A_{p_2} = 43.176$　$1.413,\ 1.570$

(i) $L_4 = M_8/h$　$A_d = A_{p_2} = 47.087$　$1.648,\ 1.648$

図 10.19　部材力の影響線

たせるようにする．

　部材寸法が決定されると，これらを，連結する．しかし，図 10.20（a）のように，部材の重心線は，できるだけ一致させるようにする（道示Ⅱ.12.2.2）．

　一方，トラス部材を長くすると，現場継手が，必要となる．本設計例では，図 10.21 に示す箇所に現場継手を設けることにした．この部分では，高力ボルトの締め付けのための

10.1 道路橋溶接トラス橋の設計例

図 10.20 格点部の構造詳細

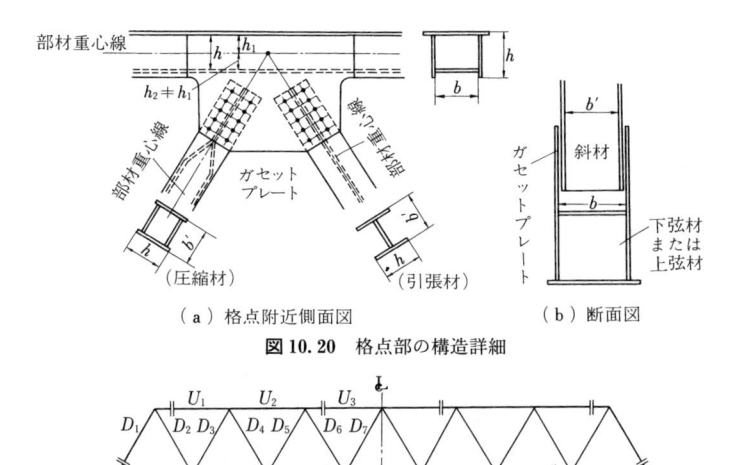

図 10.21 現場継手の位置

ハンドホールをあけなければならないので，断面失損を生じる．したがって，継手部の断面は，補強しておかなければならない．

(1) 上弦材

i) U_3 部材：$N=-2,370.768\,\mathrm{kN}$　図 10.22 の断面を使用する．

	$A_g(\mathrm{cm}^2)$	$z(\mathrm{cm})$	$A_g z(\mathrm{cm}^3)$	$A_g z^2$ or $I(\mathrm{cm}^4)$
1-Top pl. $370\times16=$	59.2	-17.80	$-1,054$	18,757
2-Web pls. $340\times16=$	108.8	—	—	10,481
1-Bott. pl. $310\times16=$	49.6	13.20	655	8,642
	217.6		-399	37,880

$$e=\frac{399}{217.6}=1.83\,\mathrm{cm}$$

$I_y=37,880-217.6\times1.83^2=37,151\,\mathrm{cm}^4$

$I_z=108.8\times16.3^2+\dfrac{1}{12}(1.6\times37^3+1.6\times31^3)$

　$=39,633\,\mathrm{cm}^4$

$I_z>I_y$

$r_y=\sqrt{\dfrac{I_y}{A_g}}=\sqrt{\dfrac{37,151}{217.6}}=13.1\,\mathrm{cm}$

$\dfrac{l}{r_y}=\dfrac{714.3}{13.1}=54.5<120$ （道示 II．4．1．5）

$\sigma_{ca}=140-0.82(l/r-18)$

　$=140-0.82(54.5-18)=110\,\mathrm{N/mm}^2$

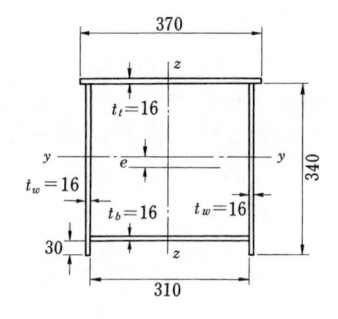

図 10.22 U_3 部材の断面

$$\sigma_c = \frac{N}{A_g} = \frac{2,370,768}{21,760} = 108 \, \text{N/mm}^2 < \sigma_{ca} = 110 \, \text{N/mm}^2$$

ii) U_1,および U_2 部材

断面の基本寸法は,図 10.22 と同じであり,厚板 t_l, t_w, および t_b のみが異なる.そこで,i) と同様に設計を行なった結果を,表 10.10 に示す.

表 10.10 U_1,および U_2 部材

部材	N(kN)	t_l (cm)	t_w (cm)	t_b (cm)	A_g (cm^2)	I_y (cm^4)	r_y (cm)	l/r_y	σ_{ca} (N/mm^2)	σ_c (N/mm^2)
U_1	$-1,185.383$	0.9	0.9	0.9	122.4	20,822	13.0	54.9	110	97
U_2	$-1,975.640$	1.4	1.3	1.4	183.6	31,793	13.2	54.1	110	108

iii) U_3,および U_1 部材の現場継手

① U_3 部材

ハンドホールの補強:図 10.23 に示す.

A (cm^2)
1-Top pl.   370×16   = 59.2
2-Web pls. 340×16   =108.8
1-Bott. pl. (310−100)×24 = 50.4
$A_g = 218.4 \, \text{cm}^2 > A_{\text{req}} = 217.6 \, \text{cm}^2$

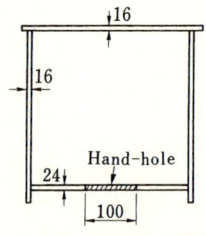

図 10.23 U_3 部材の断面(継手部)

これに対して,つぎの添接板(スプライスプレート)を用いる.

A_g (cm^2)
1-Spl. pl.   370×16= 59.2
2-Spl. pls. 320×16=102.4
4-Spl. pls.   90×16= 57.6
$A_g = 219.2 \, \text{cm}^2 > A_{\text{req}} = 217.6 \, \text{cm}^2$

継手には,F8T(M22)の高力ボルトを用いる.ボルトの許容力は,1 摩擦面あたり

$$\rho_a = 39 \, \text{kN}$$

である.なお,U_3 断面の応力度は $\sigma = 108 \, \text{N/mm}^2$ であり,これは全強の 75% = 110×0.75 = 83 N/mm^2 より大きい.したがって,各板のボルト数は,以下のようになる.

Top pl. 1-Spl. 370×16   1 面摩擦($\rho_a=39 \, \text{kN}$)
$$n_t = \frac{108 \times 5,920}{39,000} = 16.4 \, \text{本} \quad (18 \, \text{本使用する})$$

Web pl. 1-Spl. 320×16   1 面摩擦($\rho_a=39 \, \text{kN}$)
$$n_w = \frac{108 \times 5,120}{39,000} = 14.2 \, \text{本} \quad (15 \, \text{本使用する})$$

Bott pl. 2-Spl. pls. 90×16   2 面摩擦($\rho_a=78 \, \text{kN}$)
$$n_b = \frac{108 \times 2,880}{78,000} = 4.0 \, \text{本} \quad (5 \, \text{本使用する})$$

継手の詳細図を,図 10.24 に示す.

10.1 道路橋溶接トラス橋の設計例

② U_1 部材の継手

前記の①と同様に,設計を,行なう.

ハンドホールの補強:
- 1-Top pl. 370×9
- 2-Web pls. 340×9
- 1-Bott. pl. (310−100)×14

添接板:
- 1-Spl. pl. 370× 9
- 2-Spl. pls. 320×10
- 4-Spl. pls. 90× 9

高力ボルト本数:
$n_t = 12$ 本
$n_w = 9$ 本
$n_b = 3$ 本

図 10.24 U_3 部材の現場継手の詳細

(2) 斜 材

ⅰ) D_1 部材(端柱):$N = -1,270.087$ kN
図 10.25 の断面を,使用する.

	A_g(cm^2)	z(cm)	$A_g z$(cm^3)	$A_g z^2$ or I(cm^4)
1-Top pl. 370×10=	37.0	−17.5	−648	11,331
2-Web pls. 340×16=	108.8	—	—	10,481
1-Bott. pl. 310×10=	31.0	14.5	450	6,518
	$A_g = $176.8		−198	28,330

$$e = \frac{198}{176.8} = 1.12 \text{ cm}$$

$$I_y = 28,330 - 176.8 \times 1.12^2 = 28,108 \text{ cm}^4$$

$$I_z = 108.8 \times 16.3^2 + \frac{1.0}{12}(37^3 + 31^3) = 35,611 \text{ cm}^4$$

$I_y < I_z$

$$r_y = \sqrt{\frac{I_y}{A_g}} = \sqrt{\frac{28,108}{176.8}} = 12.6 \text{ cm}$$

$$\frac{l}{r_y} = \frac{741.7}{12.8} = 57.9 < 120 \text{ (道示Ⅱ.4.1.5)}$$

$$\sigma_{ca} = 140 - 0.82(57.9 - 18) = 107 \text{ N/mm}^2$$

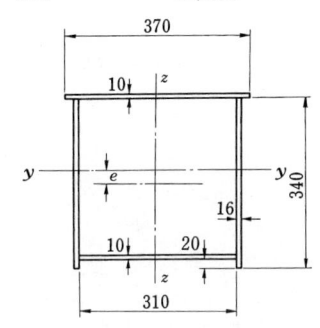

図 10.25 D_1 部材の断面

$$\sigma_c = \frac{N}{A_g} = \frac{1,270,087}{17,680} = 72 \text{ N/mm}^2 < \sigma_{ca} = 107 \text{ N/mm}^2$$

端柱は横荷重により z 軸まわりの曲げモーメントを受けるので,軸方向力と曲げモーメントとに対する応力照査をしておかねばならない.詳細は,E. の橋門構のところで述べる.

ⅱ) D_2 部材:$N = 1,283.187$ kN

図 10.26 に示す断面を用いる.

$$\begin{array}{lll} & A_g(\text{cm}^2) & A_n(\text{cm}^2) \\ \text{2-Flg. pls.} \ 250\times15=75.0 & -4\times2.5\times1.5=60.0 \\ \text{1-Web pl.} \ 278\times12=33.4 & =33.4 \\ \hline & A_g=108.4\,\text{cm}^2 & A_n=93.4\,\text{cm}^2 \end{array}$$

$$I_y = 2\times\frac{1.5}{12}\times25^3 = 3,906\,\text{cm}^4$$

$$I_z = \frac{1.2}{12}\times27.8^3 + 75.0\times14.65^2 = 18,245\,\text{cm}^4$$

$I_z > I_y$

$$r_y = \sqrt{\frac{I_y}{A_g}} = \sqrt{\frac{3,906}{108.4}} = 6.0\,\text{cm}$$

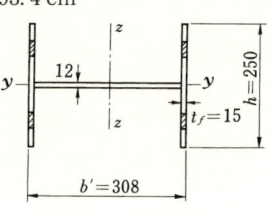

図 10.26 D_2 部材の断面

$$\frac{l}{r_y} = \frac{741.7\times0.9}{6.0} = 111 < 200 \ (\text{道示 II.4.1.5})$$

$$\sigma_t = \frac{N}{A_n} = \frac{1,283,187}{9,340} = 137\,\text{N/mm}^2 < \sigma_{ta} = 140\,\text{N/mm}^2$$

部材の連結は,図 10.27 に示すように行なう.所要高力ボルト(F8T,M22)の本数:

$$n = \frac{137\times9,340}{39,000} = 32.8\,\text{本} \ (36\,\text{本使用})$$

ガセットの厚さ(道示 II.12.3.2):

$$t = 2\times\frac{P}{b} = 2\times\frac{1,283.187}{250} = 10.3\,\text{mm} \ (11\,\text{mm を使用する})$$

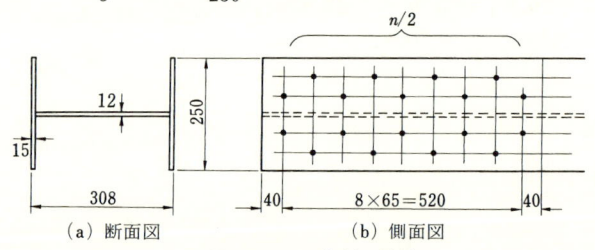

図 10.27 D_2 部材の連結

ⅲ) D_4,および D_6 部材

断面の基本寸法 b' は,図 10.26 と同じとし,h,t_f,および t_w を減少させる.そして,ⅱ)と同様な計算を行なうと,表 10.11 の結果を,得る.

表 10.11 D_4,および D_6 の部材

部材	N (kN)	h (cm)	t_f (cm)	t_w (cm)	A_n (cm²)	l/r_y	σ_t (N/mm²)	n (本)	$t>$ (mm)
D_4	901.976	24.0	1.0	1.0	66.8	121	135	24	7.5
D_6	538.078	18.0	0.9	0.9	49.5	171	109	20	6.0

10.1 道路橋溶接トラス橋の設計例

iv) D_3, D_5, および D_7 部材

基本断面としては，図 10.28 の断面を用いる．そして，D_1 部材と同様な計算を行なうと，表 10.12 の結果を得る．

部材の連結は，図 10.29 に示すように，箱形断面の腹板をフランジ中央によせて，I 型断面として連結する．

図 10.28 D_3 部材の断面

図 10.29 D_3 部材の連結

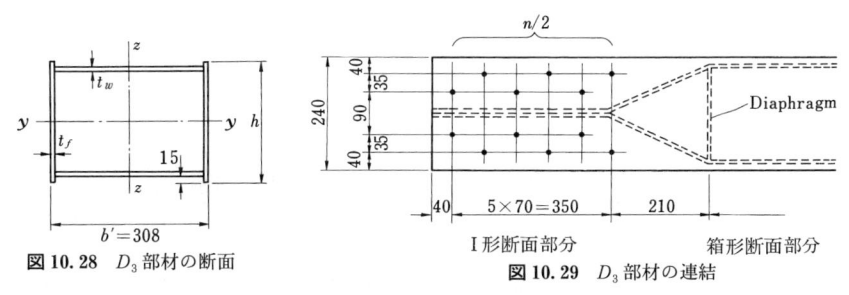

表 10.12 D_3, D_5, および D_7 部材

部材	N (kN)	h (cm)	t_f (cm)	t_w (cm)	A_g (cm^2)	l/r_y	σ_{ca} (N/mm^2)	σ_c (N/mm^2)	n (本)	$t>$ (mm)
D_3	-901.976	24.0	0.9	1.0	101.2	75.1	93	89	24	7.5
$D_5(=D_7)$	-538.078	20.0	0.9	0.9	88.2	92.7	79	61	20	5.4

(3) 下弦材

i) L_4 部材：$N = 2{,}343.857$ kN

図 10.30 の断面を使用する．

$$A_n (\text{cm}^2)$$

1-Top pl. $310 \times 14 = 43.4$
2-Web pls. $270 \times 14 = 75.6$
1-Bott. pl. $370 \times 14 = 51.8$

$$A_n = 170.8 \text{ cm}^2$$

$$\sigma_t = \frac{N}{A_n} = \frac{2,343,857}{17,080} = 137 \text{ N/mm}^2 < \sigma_{ta}$$
$$= 140 \text{ N/mm}^2$$

図 10.30 L_4 部材の断面

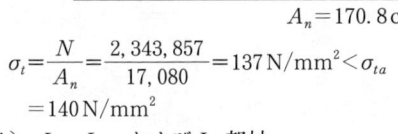

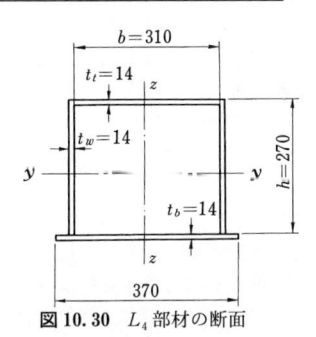

ii) L_1, L_2, および L_3 部材

図 10.30 の基本断面を用いて，t_t, t_w, および t_b を設計したものを，表 10.13 に示す．

表 10.13 L_1, L_2, および L_3 部材

部材	N (kN)	t_t (cm)	t_w (cm)	t_b (cm)	A_n (cm^2)	σ_t (N/mm^2)
L_1	592.675	0.9	0.9	0.9	109.8	54
L_2	1,561.489	1.0	0.9	1.0	116.6	134
L_3	2,151.690	1.4	1.2	1.4	160.0	134

iii) L_2，およびL_3部材の現場継手
① 断面の補強：図10.31を参照にし，設計計算を行なったものを，表10.14に示す．

表10.14 L_2，およびL_3部材継手部の補強

項　　目	L_2部材の継手	L_3部材の継手
1-Top pl.	$(310-3\times25)\times14=32.9\,\text{cm}^2$	$(310-3\times25)\times19=44.7\,\text{cm}^2$
2-Web pls.	$(270-3\times25)\times13=50.7\,\text{cm}^2$	$(270-3\times25)\times19=74.1\,\text{cm}^2$
1-Bott. pl.	$(370-100-2\times25)\times15=33.0\,\text{cm}^2$	$(370-100-2\times25)\times20=44.0\,\text{cm}^2$
$A_n(\text{cm})$	116.6	162.8
$\sigma_t(\text{N/mm}^2)$	134	132

表10.15 L_2，およびL_3部材の添接板と高力ボルト本数

項　　目	L_2部材の継手	L_3部材の継手
1-Top Spl. pl.	$(280-3\times25)\times16=32.8\,\text{cm}^2$	$(280-3\times25)\times22=45.1\,\text{cm}^2$
2-Web Spl. pls.	$(250-3\times25)\times14=49.0\,\text{cm}^2$	$(250-3\times25)\times19=66.5\,\text{cm}^2$
4-Bott. Spl. pls.	$(90-1\times25)\times14=36.4\,\text{cm}^2$	$(90-1\times25)\times19=49.4\,\text{cm}^2$
$A_n(\text{cm}^2)$	118.2＞116.6	161.0＞160.0
n_t(本)	12	18
n_w(本)	18	27
n_b(本)	6	8

② 添接板と高力ボルト（F8T，M22）との本数：計算結果を，表10.15に示す．

D. 横構の設計

横構は，上横構と下横構とで構成される．このうち，上横構の設計は風荷重で行ない，また下横構の設計は風荷重か地震荷重かのいずれか大きいほうの荷重で行なう．風荷重や地震荷重によって，主構弦材に付加的な応力が生じるので，これに対する応力照査を行なうべきである．しかし，許容応力の割増し（主＋風に対して25％）が許され，ほとんどの場合は，この範囲内に入る．そこで，本計算では，これらの照査を省略する．

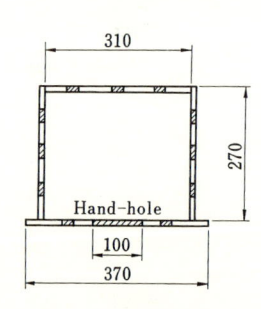

図10.31 L_2，L_3部材の現場継手

a. 上横構の設計

（1）荷　重

道示I.2.2.9によると，上弦材は無載荷弦であるので，弦材の高さを$h=0.355\,\text{m}$とすれば，つぎの値を得る．

活荷重載荷時：$w_1=1.25\sqrt{\lambda h}=1.25\times\sqrt{6.5\times0.355}=1.90\,\text{kN/m}<3.0\,\text{kN/m}$

活荷重無載荷時：$w_2=2.5\sqrt{\lambda h}=2.5\times\sqrt{6.5\times0.355}=3.80\,\text{kN/m}>3.0\,\text{kN/m}$

したがって，$q_m=3.80\,\text{kN/m}(>3.0\,\text{kN/m})$として設計する．

10.1 道路橋溶接トラス橋の設計例

b. 部材力

（ⅰ） 格間のせん断力：影響線を，図 10.32 に示す．

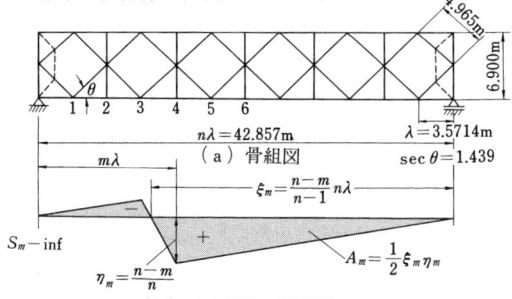

(a) 骨組図

(b) せん断力の影響線 $S_m - \inf$

〔注〕：このトラスは不安定構造であるので，図中点線で示した部材を取り付け，端部を補強してある．

図 10.32 上横構の骨組図とせん断力の影響線

（ⅱ） 部材力
① 斜材

$$D_m = \pm \frac{1}{2\sin\theta} S_m = \pm 0.719 S_m \quad (表 10.16)$$

表 10.16 部材力 D_m

部材	ξ_m	η_m	A_m	S_m(kN)	D_m(kN)
$D_{0\sim1}$	42.857	0.917	19.650	74.67	53.69
$D_{1\sim2}$	38.961	0.833	16.227	61.66	44.33
$D_{2\sim3}$	35.065	0.750	13.149	49.97	35.93
$D_{5\sim6}$	23.377	0.500	5.844	22.21	15.97

② 支材

$$V_{2,4,6} = -2\lambda q_w = -2 \times 3.5714 \times 3.80 \text{kN/m} = -27.14 \text{kN}$$

（ⅲ） 断面決定
① 斜材 $D_{0\sim1}$：図 10.33 に示す断面を，使用する．
まず，圧縮力に対して設計を，行なう．

	A_g(cm²)	z(cm)	$A_g z$(cm)	$A_g z^2$ or I(cm⁴)
1-pl. 160×9=	14.4	−5.95	−85.7	510
1-pl. 110×9=	9.9	—	—	100
	24.3		−85.7	610

$$e = \frac{85.7}{24.3} = 3.53 \text{cm}$$

$$I_y = 610 - 24.3 \times 3.53^2 = 307 \text{cm}^4$$

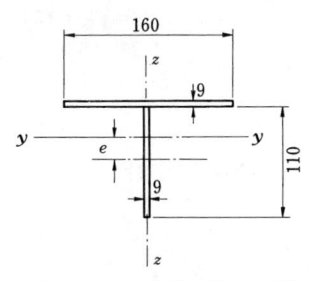

図 10.33 上横構の断面（圧縮）

$$I_z = \frac{0.9}{12} \times 16^3 = 307\,\mathrm{cm}^4$$

$$r_y = r_z = \sqrt{\frac{307}{24.3}} = 3.55\,\mathrm{cm}$$

$$l/r_y = 496.5/3.55 = 140 < 150 \quad (道示 \mathrm{II}.4.1.5)$$

$$\sigma_{ca} = \frac{1,200,000}{6,700 + 140^2} = 46\,\mathrm{N/mm}^2$$

$$\sigma_{ca}' = \sigma_{ca}\left(0.5 + \frac{l/r_y}{1,000}\right) = 46\left(0.5 + \frac{140}{1,000}\right) = 29\,\mathrm{N/mm}^2 \quad (道示 \mathrm{II}.4.5)$$

$$\sigma_c = \frac{53,690}{2,430} = 22\,\mathrm{N/mm}^2 < 1.2\sigma_{ca}' = 35\,\mathrm{N/mm}^2$$

つぎに,図 10.34 を参照にして,引張力に対し照査する(道示 II.4.6).

$$A_n\,(\mathrm{cm}^2)$$

1-pl. $(160 - 2 \times 25) \times 9 = 9.9$
1-pl. $(110 - 55) \times 9 = 4.95$

$$A_n = 14.85\,\mathrm{cm}^2$$

$$\sigma_t = \frac{53,690}{1,485} = 36\,\mathrm{N/mm}^2 < 1.2\sigma_{ta}$$
$$= 168\,\mathrm{N/mm}^2$$

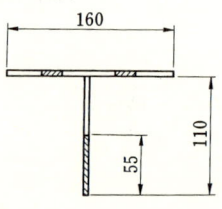

図 10.34 上横構の断面(引張り)

他の部材($D_{1\sim2} \sim D_{5\sim6}$)に対しても,同じ断面を,用いる.

② 支材:道示 II.12.5.2 より,図 10.35 の断面を,用いる.

$$A_g\,(\mathrm{cm}^2)$$

2-pls. $220 \times 9 = 39.6$
1-pl. $282 \times 9 = 25.38$

$$A_g = 64.98\,\mathrm{cm}^2$$

$$I_z = 2 \times \frac{0.9}{12} \times 22^3 = 1,597\,\mathrm{cm}^4$$

$$r_z = \sqrt{\frac{1,597}{64.98}} = 4.96\,\mathrm{cm}$$

$$l/r_y = 690/4.96 = 139 < 150 \quad (道示 \mathrm{II}.4.1.5)$$

$$\sigma_{ca} = \frac{1,200,000}{6,700 + 139^2} = 46\,\mathrm{N/mm}^2$$

$$\sigma_c = \frac{27,140}{6,498} = 4\,\mathrm{N/mm}^2 < \sigma_{ca} = 46\,\mathrm{N/mm}^2$$

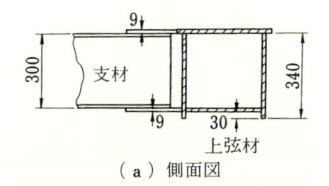

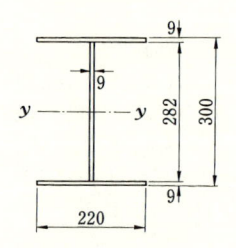

(a) 側面図

(b) 支材断面

図 10.35 支　材

c. 下横構の設計

(1) 荷重強度

(i) 風荷重:$h = 0.284\,\mathrm{m}$ とする(図 10.30 参照).

活荷重載荷時　$w_1 = 1.5 + 1.5D + 1.25\sqrt{\lambda h}$
$\qquad = 1.5 + 1.5 \times 1.61 + 1.25 \times \sqrt{6.5 \times 0.284}$

$$= 5.6\,\mathrm{kN/m} < 6.0\,\mathrm{kN/m}$$

活荷重無載荷時 $\quad w_2 = 3.0D + 2.5\sqrt{\lambda h} = 3.0 \times 1.61 + 2.5 \times \sqrt{6.5 \times 0.284}$
$$= 8.2\,\mathrm{kN/m} > 6.0\,\mathrm{kN/m}$$

(ii) 地震荷重：道路橋示方書Vの耐震設計法に基づいた解析を別途行なった結果，設計震度 k_h としては，$k_h = 0.19$ を用いることとした．死荷重強度が1主構につき，C. a. (1) より，29.775 kN/m であるので，地震荷重は，

$$w_e = 2 \times 29.775 \times 0.19 = 11.3\,\mathrm{kN/m}$$

となる．いま，道示Ⅱ.3.1 より許容応力の割増率を考慮して，風荷重と地震荷重とを比較すれば，

$$\text{風 荷 重 (20\% 増)} \quad q_w = 8.2/1.2 = 6.8\,\mathrm{kN/m}$$
$$\text{地震荷重 (50\% 増)} \quad q_e = 11.3/1.5 = 7.5\,\mathrm{kN/m}$$

であるから，以下では，下横構を地震荷重 q_e（許容応力の割増しを考慮してある）によって設計する．

(2) 部材力

図 10.36 には，格間せん断力の影響線を示す．

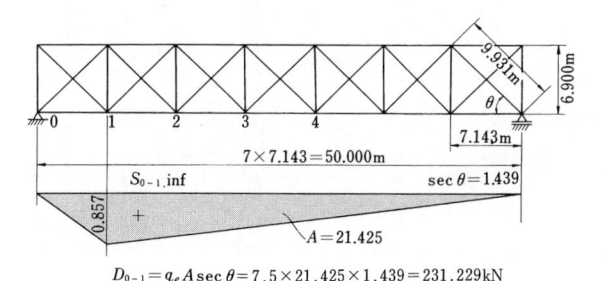

図 10.36 下横構のせん断力影響線

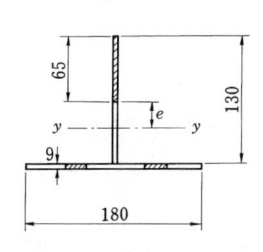

$$D_{0-1} = q_e A \sec\theta = 7.5 \times 21.425 \times 1.439 = 231.229\,\mathrm{kN}$$

図 10.37 下横構の断面

(3) 斜材の設計

図 10.37 に示す断面を用い，引張材として，設計を，行なう（道示Ⅱ.4.6）.

	$A_g(\mathrm{cm}^2)$	$z(\mathrm{cm})$	$A_g z(\mathrm{cm}^3)$	$A_g z^2$ or $I(\mathrm{cm}^4)$
1-pl. $180 \times 9 =$	16.2	-6.95	-112.6	783
1-pl. $130 \times 9 =$	11.7	—	—	165
	27.9		112.6	948

$$e = \frac{112.6}{27.9} = 4.04\,\mathrm{cm}$$

$$I_y = 948 - 27.9 \times 4.04^2 = 493\,\mathrm{cm}^4$$

$$r_y = \sqrt{\frac{493}{27.9}} = 4.2\,\mathrm{cm}$$

$$l/r_y = 993.1/4.2 = 236 < 240 \quad (\text{道示Ⅱ.4.1.5})$$

$$\left.\begin{array}{l}\text{1-pl.} \quad (180-2\times 25)\times 9 = 11.7 \\ \text{1-pl.} \quad (130-65)\times 9 = 5.85\end{array}\right\} A_n = 17.55\,\text{cm}^2$$

$$\sigma_t = \frac{231,229}{1,755} = 131\,\text{N/mm}^2 < \sigma_{ta} = 140\,\text{N/mm}^2$$

他の部材 $D_{1\sim 2}$，$D_{2\sim 3}$，および $D_{3\sim 4}$ も，上と同じ断面を，使用する．

E. 橋門構の設計

上弦材に作用する風荷重は，上横構によって伝達され，端柱上部に集中荷重として作用する．そのために，この端柱が変形しないように橋門構を設け，横力に対して十分安全な設計を行なわなければならない．また，端柱は，上述の横力による曲げモーメントと，主構部材としての軸方向力とを同時に受けるので，これに対する応力照査を，行なわなければばらない．

(1) 断面力

橋門構は，図 10.38 に示すラーメン構造とする．このラーメンの計算を簡単にするために，上端より $h = 0.6l$ の点に，ヒンジを，想定する．

すると，これは，静定構造物として取り扱うことができる．水平荷重 W は，D.a.(1) より，

$$W = \frac{1}{2}q_w l$$
$$= 0.5\times 3.80\times 42.857 = 81.428\,\text{kN}$$

であるから，

$$H = \frac{W}{2} = \frac{81.428}{2} = 40.714\,\text{kN}$$

$$V = W\frac{h}{b} = 81.428\times \frac{4.450}{6.900} = 52.515\,\text{kN}$$

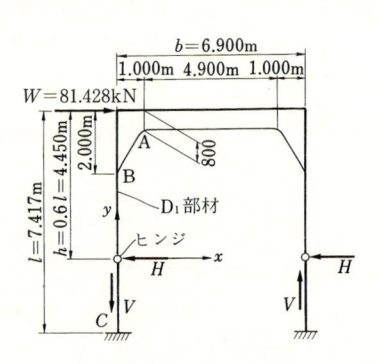

図10.38 橋門構と解析モデル

となる．図 10.38 の点 A，B，および C における曲げモーメントは，以下のようになる．

$$M_A = Hh - Vx = 40.714\times 4.45 - 52.515\times 1.0 = 128.662\,\text{kN·m}$$
$$M_B = Hy = 40.714\times 2.45 = 99.749\,\text{kN·m}$$
$$M_C = Hy = 40.714\times 2.967 = 120.798\,\text{kN·m}$$

(2) 断面決定

点 A の断面としては，図 10.39 の断面を用いる．

	A(cm^2)	z(cm)	Az^2 or I(cm^4)
2-Flg. pls. 180×9	32.4	40.45	53,013
1-Web pl. 800×9	72.0	—	38,400
	104.4		$I_y = 91,413$ cm^4

$$I_z = 2\times \frac{0.9}{12}\times 18^3 = 875\,\text{cm}^4$$

$$r_y = \sqrt{\frac{91,413}{104.4}} = 29.6\,\text{cm}, \quad r_z = \sqrt{\frac{875}{104.4}} = 2.9\,\text{cm}$$

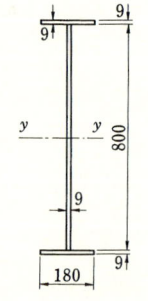

図10.39 橋門構の上ばりの断面

10.1 道路橋溶接トラス橋の設計例

$$l/r_y = 23, \ l/r_z = 238$$

許容軸方向圧縮応力度：

$$\sigma_{ca} = \frac{1,200,000}{6,700+238^2} = 19\,\text{N/mm}^2$$

許容オイラー座屈応力度：

$$\sigma_{ea} = \frac{1,200,000}{(l/r_y)^2} = \frac{1,200,000}{23^2}$$
$$= 2,268\,\text{N/mm}^2$$

許容曲げ圧縮応力度：

$$A_w/A_c = 72.0/16.2 = 4.44, \ K = \sqrt{3 + A_w/2A_c} = 2.28, \ b = 18\,\text{cm},$$
$$l = 690/2 = 345\,\text{cm}, \ K \times l/b = 2.28 \times 345/18 = 43.7$$

$$\therefore \ \sigma_{ba} = 140 - 1.2\left(K\frac{l}{b} - 9\right) = 140 - 1.2(43.7-9) = 98\,\text{N/mm}^2 \ \text{（道示Ⅱ.3.2.1）}$$

応力照査：

$$\sigma_c = \frac{H}{A} = \frac{40,714}{10,440} = 4\,\text{N/mm}^2$$

$$\sigma_{bc} = \frac{M_A}{I_y}z = \frac{1,286,620}{914,130,000} \times 409 = 57\,\text{N/mm}^2$$

$$\frac{\sigma_c}{1.2\sigma_{ca}} + \frac{\sigma_{bc}}{1.2\sigma_{ba}\left(1-\dfrac{\sigma_c}{\sigma_{ea}}\right)} = \frac{4}{23} + \frac{57}{118\left(1-\dfrac{4}{2,268}\right)}$$

$$= 0.65 < 1.0 \ \text{（道示Ⅱ.4.3）}$$

なお，中間補剛材として，1-Stiff. pl. 90×8 を，設計図のように配列する．

（3）端柱の応力照査

図 10.38 の点 C について応力照査を，行なう．断面力は，

$$N = -1,270.087\,\text{kN}, \ V = 52.515\,\text{kN}, \ M = 120.798\,\text{kN}\cdot\text{m}$$

である．端柱の計算より，応力照査結果は，つぎのようになる．

$$\sigma_{ca} = 107 \times 1.25 = 134\,\text{N/mm}^2$$
$$\sigma_{ea} = 440\,\text{N/mm}^2$$
$$\sigma_{ba} = 140 \times 1.25 = 175\,\text{N/mm}^2$$
$$\sigma_c = \frac{N+V}{A_g} = \frac{1,270,087+52,515}{17,680} = 74.8\,\text{N/mm}^2$$
$$\sigma_{bc} = \frac{M}{I}z = \frac{120,798,000}{356,110,000} \times 185 = 62.8\,\text{N/mm}^2$$

$$\frac{\sigma_c}{\sigma_{ca}} + \frac{\sigma_{bc}}{\sigma_{ba}\left(1-\dfrac{\sigma_c}{\sigma_{ea}}\right)} = \frac{74.8}{134} + \frac{62.8}{175\left(1-\dfrac{74.8}{440}\right)}$$

$$= 0.99 < 1.0 \ \text{（道示Ⅱ.4.3）}$$

端柱の現場継手は，設計図を参照されたい．

F. 沓の設計

沓については,基本的なものだけを設計する.

(1) 支点反力(図 10.40 参照)

$$R_d = \frac{1}{2} w_d L = 0.5 \times 29.775 \times 50 = 744.375 \text{ kN}$$

$$R_{l+i} = \left(p^*_1 A_{p1} + p^*_2 A_{p2}\right)(1+i)$$
$$= (35.718 \times 5.64 + 10.418 \times 25.000) \times 1.2$$
$$= 554.279 \text{ kN}$$

$$\therefore R = R_d + R_{l+i} = 1,298.654 \text{ kN}$$

(2) 沓の一般寸法:図 10.41 のように決める.

(3) ピンとローラーの寸法

ピンの許容支圧応力度を $\sigma_{ba} = 210 \text{ N/mm}^2$ とし,長さを $l = 38 \text{ cm}$ とすれば,所

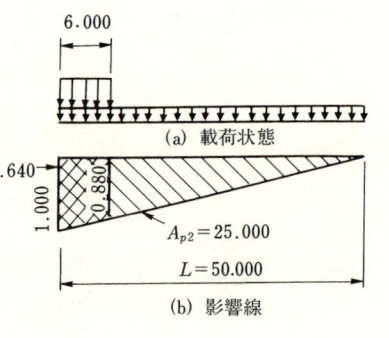

図 10.40 反力を求めるための載荷状態と影響線

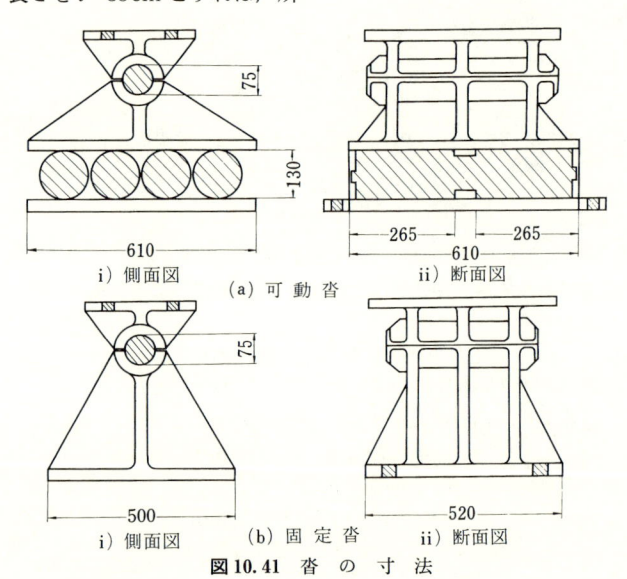

図 10.41 沓 の 寸 法

要半径 r は,つぎのようになる.

$$r = \frac{0.8R}{\sigma_{ba} l} = \frac{0.8 \times 1,298,654}{210 \times 380} = 13 \text{ mm}$$

しかし,ピンの直径は,$d = 2r = 75 \text{ mm}$ とする.

ローラーは,直径 $d = 130 \text{ mm}$ で,長さ $l = 60 \text{ cm}$ のものを $n = 4$ 本使用する.ローラーの許容荷重係数 $(K_2 r)_a$ は,道示 II.3.2.2 より,以下のようになる.

10.1 道路橋溶接トラス橋の設計例

$$(K_2 r)_a = 4.5d = 4.5 \times 130 = 585 \,\text{N/mm}$$

一方，作用荷重係数 $K_2 r$ は，

$$K_2 r = \frac{1,298,654}{4 \times 600} = 541 \,\text{N/mm} < 585 \,\text{N/mm}$$

（4） コンクリートの支圧応力度

可動沓：

$$\sigma_c = \frac{1,298,654}{610 \times 610} = 3.5 \,\text{N/mm}^2$$

固定沓：

$$\sigma_c = \frac{1,298,654}{500 \times 520} = 5.0 \,\text{N/mm}^2$$

したがって，橋台のコンクリートは，$\sigma_{ca} = 6 \,\text{N/mm}^2$ 以上のものを使用する．

G. たわみの計算

死荷重によるたわみと，活荷重によるたわみとを，求める．死荷重によるたわみは，前もってそりを付けることによって除去される．また，活荷重によるたわみは，道示II.2.3により，スパン長 L の 1/600 以下であることを確認しておかねばならない．

（1） 計算式

$$\delta = \sum_{r=1}^{n} \frac{N_r \overline{N}_r}{E_s A_r} l_r$$

ここに，N_r：実際荷重による部材力，A_r：部材総断面積，$\overline{N}_r$：仮想荷重による部材力（支間中央に $P=1\,\text{kN}$ を作用），E_s：鋼のヤング係数 $=2.0 \times 10^5 \,\text{N/mm}^2$，$l_r$：

表 10.17 トラスのたわみの計算

部材	l_r(cm)	A_r(cm²)	l_r/A_r (cm⁻¹)	N_r(N)	$\overline{N}_r$(N)	$\overline{N}_r^2 l_r/A_r$ ($\times 10^3$)	$N_r \overline{N}_r l_r/A_r$ ($\times 10^3$)
U_1	714.3	122.4	5.836	−23,550	−550	1.765	75.591
U_2	714.3	183.6	3.891	−39,250	−1,099	4.700	167.841
U_3	714.3	217.6	3.283	−47,100	−1,649	8.927	254.984
D_1	741.7	176.8	4.195	−24,450	−571	1.368	58.566
D_2	741.7	108.4	6.842	24,450	571	2.231	95.521
D_3	741.7	101.2	7.329	−16,301	−571	2.390	68.217
D_4	741.7	76.8	9.658	16,301	571	3.149	89.895
D_5	741.7	88.2	8.409	−8,150	−571	2.742	39.133
D_6	741.7	58.5	12.679	8,150	571	4.134	59.004
D_7	741.7	88.2	8.409	0	0	0	0
L_1	714.3	109.8	6.506	11,775	275	0.492	21.067
L_2	714.3	116.6	6.126	31,386	824	4.159	158.431
L_3	714.3	160.0	4.464	43,176	1,374	8.427	264.822
L_4	714.3	170.8	4.182	47,087	1,648	11.358	324.521
				$2\sum_{r=1}^{n} \dfrac{N_r \overline{N}_r}{E_s A_r} l_r$ (cm)		0.00502	0.152

部材長
表 10.17 には，集中荷重 $P=1\,\mathrm{kN}$，または等分布満載荷重 $p=1\,\mathrm{kN/m}$ が作用したときの計算結果を示す．
（2）荷重
　　死荷重　$w_d=29.775\,\mathrm{kN/m}$
　　活荷重　$P=p^*{}_1 D=29.765\times6.0=178.590\,\mathrm{kN}$, $p^*{}_2=10.418\,\mathrm{kN/m}$
（3）たわみ値
　　死荷重　$\delta_d=29.775\times0.152=4.53\,\mathrm{cm}$
　　活荷重　$\delta_l=P\eta\left\{1-\dfrac{1}{2}\left(\dfrac{D}{L}\right)^2+\dfrac{1}{8}\left(\dfrac{D}{L}\right)^3\right\}$（式 (6.65) を準用）$+p^*{}_2 A_{p2}$
　　　　　　　$=178.590\times0.00502\times0.993+10.418\times0.152=2.47\,\mathrm{cm}$

$$\therefore\ \frac{\delta_l}{L}=\frac{2.47}{5,000}=\frac{1}{2,024}<\frac{1}{600} \quad （道示 II. 2.4）$$

このトラス橋の**設計図**は，付録とじ込みを参照されたい．

10.2　道路橋合成げた橋（活荷重合成げた橋）の設計例

地方部の幹線道路で，2車線の幅員を有する合成げた橋（活荷重合成げた橋）を設計する．
A. 設計条件
　活荷重：B 活荷重，支　　間：$L=30.000\,\mathrm{m}$，幅　　員：$8.500\,\mathrm{m}$（道路の標準幅員に関する基準（案）による）
　使用鋼材：主要部材 SM490Y，および SM400，二次部材 SS400
　コンクリートの品質：$\sigma_{ck}=28\,\mathrm{N/mm^2}$
　設計示方書：道路橋設計示方書*（以下，道示と略す）
図 10.42 には，本橋の**一般図**（general plan）を示す．

表 10.18　床板の曲げモーメント M（kN·m）

項　　目	片持版部		連続版部	
	主鉄筋方向	配力筋方向	主鉄筋方向	配力筋方向
死荷重　M_d	-5.978	—	$\begin{cases}5.192\\-5.192\end{cases}$	—
活荷重　M_{l+i}	-15.873	13.750	±30.560	24.000
高欄推力　M_h	-3.250	—	—	—
衝突荷重　M_f	-9.627	—	—	—
合　計　M	-25.101	13.750	$\begin{cases}35.752\\-35.752\end{cases}$	24.000

---
* 日本道路協会：道路橋示方書・同解説　I 共通編，II 鋼橋編　丸善，平成 14 年 3 月

B. 床版の設計

床版の設計は，トラス橋のところで詳細に述べたので，要点のみを以下に示す．図 10.43 を参照にし，各点の曲げモーメントを求めたものを，表 10.18 に示す．配筋の仕方を，図 10.44 に示す．これに対する応力照査結果を，表 10.19 に示す．

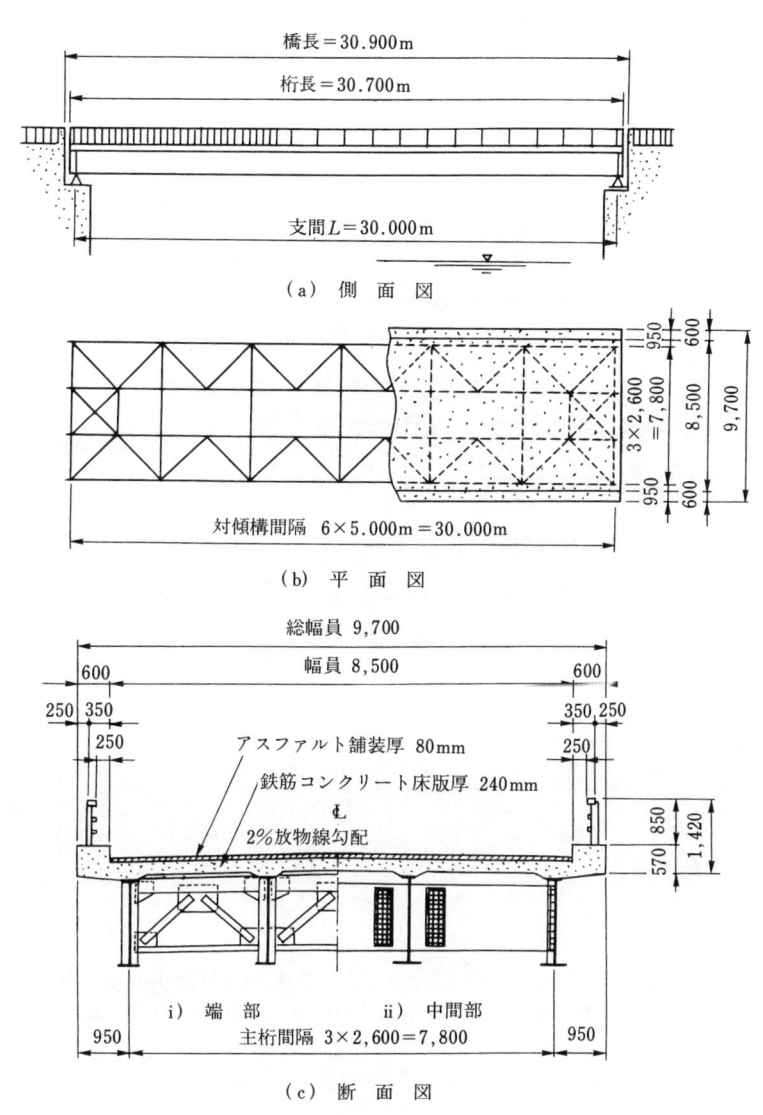

（a）側　面　図

（b）平　面　図

（c）断　面　図

図 10.42　一　般　図

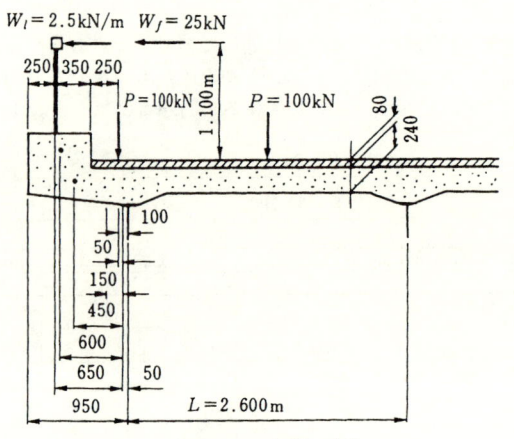

図 10.43 床版の寸法

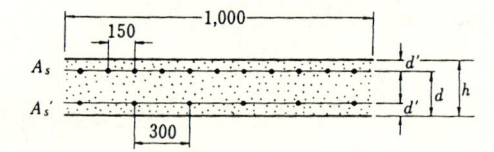

図 10.44 配筋（負の曲げモーメントの場合）

主鉄筋(ϕ−19) $\begin{cases} A_s = 19.1\,\text{cm}^2 \\ A_s' = 9.55\,\text{cm}^2 \end{cases}$　配力鉄筋(ϕ−16) $\begin{cases} A_s = 13.2\,\text{cm}^2 \\ A_s' = 6.6\,\text{cm}^2 \end{cases}$

表 10.19 床板の応力照査

項目	M (kN·m)	h (cm)	d (cm)	d' (cm)	z (cm)	I (cm^4)	σ_c (N/mm^2)*	σ_s (N/mm^2)**
片持版部の主鉄筋	−25.101	24.0	20.0	4.0	7.72	60,560	3.2	77
連続版部の主鉄筋	−35.752	24.0	20.0	4.0	7.72	60,560	4.6	110
配力鉄筋（片持版・連続版共通）	24.000	24.0	18.25	5.75	6.65	36,590	4.4	115

* $\sigma_{ca} = \sigma_{ck}/3.5 = 28/3.5 = 8\,\text{N/mm}^2$　　** $\sigma_{sa} = 140\,\text{N/mm}^2$（SD-295 使用）
（道示Ⅱ.11.3.1）　　　　　　　　　　　　　　（道示Ⅱ.8.2.7）

　床板コンクリートは，版としての応力と主げた（合成げた）作用による応力とが重ね合わされるので，これに対するコンクリートの応力照査を，道示Ⅱ.11.2.5にもとづいて行なう必要がある．

　主げた作用としての最大圧縮応力度（中げたの断面3）は，

$$\sigma_1 = 4.6\,\text{N/mm}^2$$

10.2 道路橋合成げた橋の設計例

となる．また，床版作用としての圧縮応力度は，表 10.19 より，
$$\sigma_2 = 4.4 \text{N/mm}^2$$
である．したがって，
$$\sigma = \sigma_1 + \sigma_2 = 9.0 \text{N/mm}^2 < 1.2\sigma_{ca} = 9.6 \text{N/mm}^2$$
となり，本床版は，安全である．

C. 主げたの設計

活荷重合成げたとして本橋を設計するので，コンクリート床版と鋼げたとの死荷重は，鋼げたが負担することになる．一方，コンクリート床版硬化後に施工する舗装，および高欄その他の添加物などによるいわゆる後死荷重，ならびに活荷重は，合成げた断面に作用することになる．したがって，これらの荷重によって生ずる応力度は，別々に算定し，後で種々な荷重状態によるものを重ね合わせ，応力照査を行なわなければならない．そこで，鋼げた断面と合成げた断面に対する力学的諸量を区別するために，以下では，添字

表 10.20 荷重強度 w^*_{ds}, w^*_{dv}, および p^*_1, p^*_2

項　目		外げたに作用する荷重	中げたに作用する荷重
各主げたの反力影響線		$A_1 = 1.674$ $A_2 = 2.423$	$A = 2.600$
(1) 鋼げたに作用する死荷重 w^*_{ds}	床　　　　版	$24.5 \times 0.240 \times 2.423 = 14.247$ kN/m	$24.5 \times 0.240 \times 2.600 = 15.288$ kN/m
	鋼げた自重(仮定)	$3.200 \times 1.000 = 3.200$ 〃	$3.400 \times 1.000 = 3.400$ 〃
	ハ ン チ	$1.700 \times 1.000 = 1.700$ 〃	$1.200 \times 1.000 = 1.200$ 〃
	型枠設置，その他	$1.000 \times 2.423 = 2.423$ 〃	$1.000 \times 2.600 = 2.600$ 〃
	合　　　　計	$w^*_{ds} = 21.570$ kN/m	$w^*_{ds} = 22.488$ kN/m
(2) 合成げたに作用する死荷重 w^*_{dv}	舗　　　　装	$22.5 \times 0.08 \times 1.674 = 3.013$ kN/m	$22.5 \times 0.08 \times 2.600 = 4.680$ kN/m
	地　　　　覆	$24.5 \times 0.6 \times 0.33 \times 1.250 = 6.064$ 〃	―
	高　　　　欄	$0.500 \times 1.269 = 0.635$ 〃	
	添　加　物	$1.000 \times 1.000 = 1.000$ 〃	$1.000 \times 1.000 = 1.000$ 〃
	型枠除去，その他	$-1.000 \times 2.423 = -2.423$ 〃	$-1.000 \times 2.600 = -2.600$ 〃
	合　　　　計	$w^*_{dv} = 8.289$ kN/m	$w^*_{dv} = 3.080$ kN/m
(3) 活荷重	p_1 等分布荷重 (曲げ，および，たわみ)	$p^*_1 = 10 \times 1.674 = 16.740$ kN/m	$p^*_1 = 10 \times 2.600 = 26.000$ kN/m
	p_1 等分布荷重 (せん断，および反力)	$p^*_1 = 12 \times 1.674 = 20.088$ kN/m	$p^*_1 = 12 \times 2.600 = 31.200$ kN/m
	p_2 等分布荷重	$p^*_2 = 3.5 \times 1.674 = 5.859$ kN/m	$p^*_2 = 3.5 \times 2.600 = 9.100$ kN/m

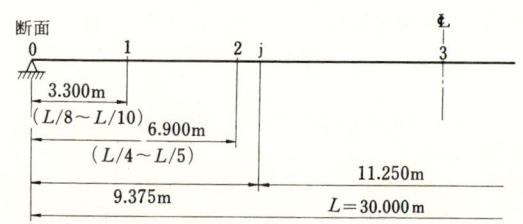

図10.45 断面の変化点（日本橋梁建設協会のデザインデータブック（1993年）による）

s，および添字 v を付けることにする．

a. 荷重

外げた，および中げたに作用する荷重強度をそれぞれ計算したものが，表 10.20 である．

b. 断面力

断面変化点は，各点の最大曲げモーメント図を書くことによって厳密に決定すべきである．しかし，その曲げモーメント図は，一般に放物線で近似できる．したがって，本橋は，いままでの設計例を参照にして，図 10.45 のように，断面を変化させる．すなわち，図において 0～1，1～2，および 2～3 の 3 種類の断面を使用する．また，点 j は，現場継手である（断面は，2～3 と同じ）．一般に，現場継手の位置は，組立部材の運搬が可能な部材長となるように定め，しかも断面に余裕がある点（抵抗モーメント＞作用モーメント）で継ぐのがよい．しかしながら，最近は，コスト縮減のため，このように断面変化させない設計も行われている．

以下では，点 0，1，2，j，および 3 の各点における断面力を求める．

(1) 影響線
  (i) 曲げモーメント：図 10.46
  (ii) せん断力：図 10.47
(2) 曲げモーメント，および，せん断力
  (i) 曲げモーメント
    鋼げた断面に作用する曲げモ

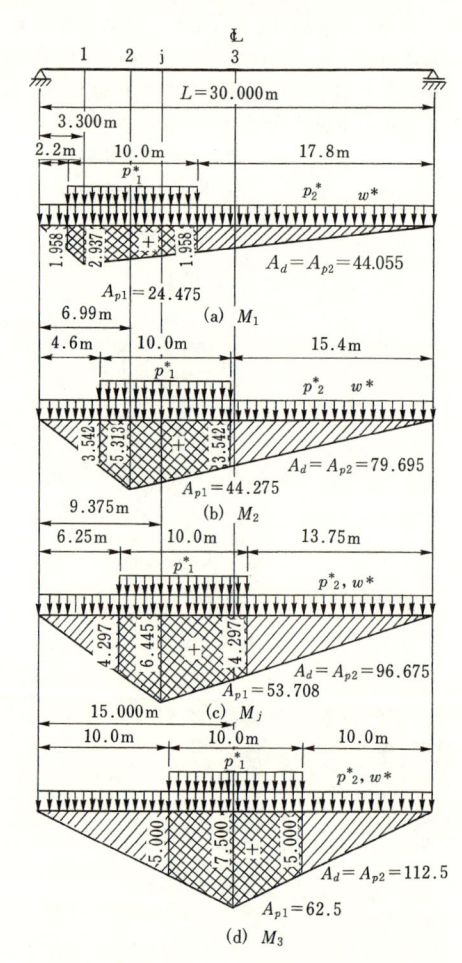

図10.46 曲げモーメントの影響線と載荷状態

ーメント：$M_s = w^*{}_{ds} A_d$

合成げた断面に作用する曲げモーメント：$M_v = w^*{}_{dv} A_d + p_1^* A_{p1}(1+i) + p_2^* A_{p2}(1+i)$　ここで，η を着目点の影響線縦距，L をスパンとすると，$A_{p1} = \eta D \{1-(1/2)(D/L)\}$ で計算してもよい（演習問題6.2参照）．

(ii) せん断力

鋼げた断面に作用するせん断力：$S_s = w^*{}_{ds} A_d$

合成げた断面に作用するせん断力：$S_v = w^*{}_{dv} A_d + p_1^* A_{p1}(1+i) + p_2^* A_{p2}(1+i)$

ここで，η を着目点の影響線縦距，λ を図10.47中に示す値を用いると，$A_{p1} = \eta D \{1-(1/2)(D/\lambda)\}$ で計算してもよい（演習問題6.2参照）．

また，衝撃係数 i は，$i = 20/(50+L) = 20/(50+30) = 0.25$ である．

以上の計算結果を，表10.21，および表10.22に示す．

c. 断面決定

図10.48は，合成げたの鋼げた断面を示す．ここで，腹板やフランジプレートの寸法決定についての注意事項を述べる．

まず，合成げたの経済的なけた高 h_s は，スパン L の

$$1/18 \sim 1/20$$

ぐらいである．そこで，本橋では，$h_w = 160.0$ cm ($h_w/L = 1/18.75$) とする．

腹板厚 t_w は，道示Ⅱ.10.4.2より，水平補剛材を設けないと，$t_w = 160/123 = 1.30$ cm (SM490Y) が必要である．そこで，水平補剛材を設けて，$t_w = 9$ mm に設定し，経済性を図った ($t_w = 160/209 = 0.77$ cm < 0.9 cm)．

活荷重合成げたの最適フランジプレートの断面積は，試算法によりくり返し計算を行な

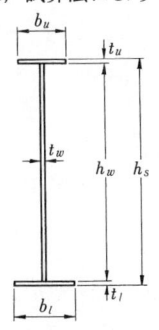

図10.48 鋼げたの断面

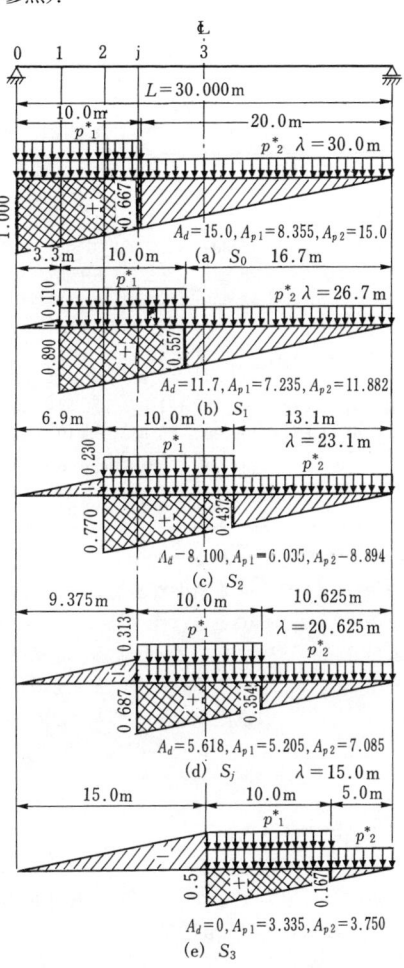

図10.47 せん断力の影響線と載荷状態

表 10.21　主げたの曲げモーメント M の値（kN·m）

断面 項目	外げたの曲げモーメント				中げたの曲げモーメント			
	1	2	j	3	1	2	j	3
$A_d(=A_{p2})$	44.055	79.695	96.675	112.500	外げたと同じ			
A_{p1}	24.475	44.275	53.708	62.500				
$M_s=w_{ds}^*A_d$	950.2	1,719.0	2,085.3	2,426.6	990.7	1,792.2	2,174.0	2,529.9
$M_{vd}=w_{dv}^*A_d$	365.2	660.6	801.3	932.5	135.7	245.5	297.8	346.5
$p^*_1A_{p1}(1+i)$	512.1	926.5	1,123.8	1,307.8	795.4	1,438.9	1,745.5	2,031.3
$p^*_2A_{p2}(1+i)$	322.7	583.7	708.0	823.9	501.1	906.5	1,099.7	1,279.7
M_v	1,200.0	2,170.7	2,633.2	3,064.2	1,432.3	2,590.9	3,143.1	3,657.4

表 10.22　せん断力 S の値（kN）

断面 項目	外げたのせん断力					中げたのせん断力				
	0	1	2	j	3	0	1	2	j	3
A_d	15.000	11.700	8.100	5.618	0	外げたと同じ				
A_{p1}	8.335	7.235	6.035	5.205	3.335					
A_{p2}	15.000	11.882	8.894	7.085	3.750					
$S_s=w_{ds}A_d$	323.6	252.4	174.7	121.2	0	337.3	263.1	182.2	126.3	0
$w_{dv}A_d$	124.34	96.98	67.14	46.57	0	46.20	36.04	24.95	17.30	0
$p^*_1A_{p1}(1+i)$	209.29	181.67	151.54	130.70	83.74	325.06	282.17	235.37	203.00	130.07
$p^*_2A_{p2}(1+i)$	109.80	86.98	65.10	51.86	27.45	170.70	135.22	101.21	80.63	42.68
S_v	443.43	365.63	283.78	229.13	111.19	541.96	453.43	361.53	300.93	172.75
S_{s+v}	776.98	618.00	458.50	350.31	111.19	879.28	716.54	543.68	427.27	172.75

い決定する方法もある．しかし，本例題では，直接断面を仮定し，それに対する応力照査を行ない，あらゆる断面が許容応力度以内に納まるように仮定断面を修正して，最終断面を決定した．そのとき，上・下フランジプレートの幅 b と厚さ t とは，道示Ⅱ.4.2.3，およびⅡ.10.3.2 より，以下のように定めるべきである．

　　　　　圧縮側フランジ：$b_u<21.0t_u+t_w$，$t_{u\,min}=10\,mm$（道示Ⅱ.11.6）
　　　　　引張側フランジ：$b_l<32t_l+t_w$
　また，フランジプレートの最大幅 b_{max} は，

$$b_{max}<h_w/3$$

のように定める．

（1）有効幅の決定
　鋼げたと協力するコンクリート床版の有効幅を，決定する（図 10.49）．
　道示Ⅱ.11.2.4 とⅡ.10.3.5 とより，片持部・中間部ともに $b/l<0.05$ であるので，床版は，全幅有効である（$\lambda=b$）．したがって，各主げたの協力幅 B は，
　　　　　外げたの協力幅：$B=0.950+1.300=2.250\,m$

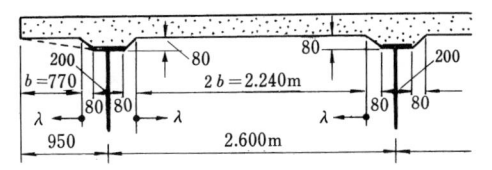

10.2 道路橋合成げた橋の設計例

図 10.49 コンクリート床版の有効幅（寸法：mm）

中げたの協力幅：$B = 2.600\,\mathrm{m}$

となる．

（2） 仮定断面の断面定数

図 10.50 は，合成げた断面を示す．ここで，断面定数の求め方を，中げたの断面 3 の場合を例として示す．

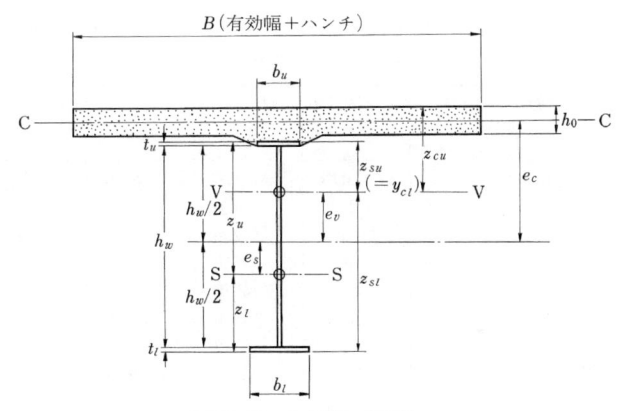

図 10.50 合成げたの断面

この断面に対しては，つぎのように断面を仮定する（$n=7$）．

	$A(\mathrm{cm}^2)$	$z(\mathrm{cm})$	$Az(\mathrm{cm}^3)$	$Az^2(\mathrm{cm}^4)$	$I(\mathrm{cm}^4)$
1-Slab $1/\mathrm{n}(=7)\times 2,600\times 240$	891.4	-100.0	$-89,140$	8,914,000	42,789
1-Flg. pl. 320×16	51.2	-80.8	$-4,137$	334,266	—
1-Web pl. $1,600\times 9$	144.0	—	—	—	307,200
1-Flg. pl. 520×30	156.0	81.5	12,714	1,036,191	—

$$A_s = 351.2\,\mathrm{cm}^2,\quad G_s = 8,577\,\mathrm{cm}^3,\quad \bar{I}_s = 1,677,657\,\mathrm{cm}^4$$

$$A_v = 1,242.6\,\mathrm{cm}^2,\quad G_v = -80,563\,\mathrm{cm}^3,\quad \bar{I}_v = 10,634,446\,\mathrm{cm}^4$$

偏心距離：

$$e_s = \frac{G_s}{A_s} = \frac{8,577}{351,2} = 24.42\,\mathrm{cm}$$

$$e_v = -\frac{G_v}{A_v} = \frac{80.563}{1,242.6} = 64.83\,\mathrm{cm}$$

断面二次モーメント：
　　鋼 げ た 断 面：$I_s = \bar{I}_s - A_s e_s^2 = 1,677,657 - 351.2 \times 24.42^2 = 1,468,224 \text{ cm}^4$
　　合成げた断面：$I_v = \bar{I}_v - A_v e_v^2 = 10,634,446 - 1,242.6 \times 64.83^2 = 5,411,887 \text{ cm}^4$
図心軸からの縁端距離：
　　鋼 げ た 断 面：$z_u = h_w/2 + t_u + e_s = 80.0 + 1.6 + 24.4 = 106.0 \text{ cm}$
　　　　　　　　　　$z_l = h_w/2 + t_l - e_s = 80.0 + 3.0 - 24.4 = 58.6 \text{ cm}$
　　合成げた断面：$z_{cu} = e_c + h_o/2 - e_v = 100.0 + 24.0/2 - 64.8 = 47.2 \text{ cm}$
　　　　　　　　　　$z_{cl} = z_{cu} - h_o = 47.2 - 24.0 = 23.2 \text{ cm}$
　　　　　　　　　　$z_{su} = h_w/2 + t_u - e_v = 80.0 + 1.6 - 64.8 = 16.8 \text{ cm}$
　　　　　　　　　　$z_{sl} = h_w/2 + t_l + e_v = 80.0 + 3.0 + 64.8 = 147.8 \text{ cm}$
同様な計算を行なって，仮定断面の断面定数を求めたものを，表 10.23 に総括する．

d. 応力照査

本橋は活荷重合成げたであるために，鋼げた断面と合成げた断面とに作用する荷重によ

表 10.23 鋼げた，および合成げたの断面定数（記号は，図 10.50 参照）

	けたと断面	外げた ($B=225.0\text{cm}$)*			中げた ($B=260.0\text{cm}$)*		
項　目		1**	2	3	1**	2	3
鋼げた断面	t_u (cm)	1.0	1.3	1.6	1.0	1.3	1.6
	b_u (cm)	24.0	27.0	31.0	24.0	28.0	32.0
	t_l (cm)	1.6	1.9	2.8	1.6	2.2	3.0
	b_l (cm)	42.0	46.0	49.0	44.0	46.0	52.0
	$A_u = A_c$ (cm^2)	24.0	35.1	49.6	24.0	36.4	51.2
	A_w (cm^2)	144.0	144.0	144.0	144.0	144.0	144.0
	A_l (cm^2)	67.2	87.4	137.2	70.4	101.2	156.0
	A_s (cm^2)	251.2	266.5	330.8	286.4	281.6	351.2
	e_s (cm)	13.9	15.9	21.7	13.1	18.7	24.4
	I_s ($\times 10^5$ cm^4)	8.869	10.406	13.851	9.755	11.109	14.682
	z_u (cm)	94.9	97.2	103.3	94.1	100.0	106.0
	z_l (cm)	67.7	66.0	61.2	68.5	63.5	58.6
合成げた断面	A_v (cm^2)	1,022.6	1,037.9	1,102.2	1,177.8	1,773.0	1,242.6
	e_c (cm)	100.0	100.0	100.0	100.0	100.0	100.0
	d_c (cm)	28.0	29.8	36.5	27.5	28.5	35.2
	e_v (cm)	72.0	70.2	63.5	72.5	71.5	64.8
	I_v ($\times 10^6$ cm^4)	3.3833	3.7395	4.8481	3.7917	4.1699	5.4119
	z_{cu} (cm)	40.0	41.8	48.5	39.5	40.5	47.2
	z_{cl} (cm)	16.0	17.8	24.5	15.5	16.5	23.2
	z_{su} (cm)	9.0	11.1	18.1	8.5	9.8	16.8
	z_{sl} (cm)	153.6	152.1	146.3	154.1	153.7	147.8

〔注〕　*　各主げた断面に対して，$n=7$，$t_w=0.9\text{cm}$，$h_w=160.0\text{cm}$，$h_o=24.0\text{cm}$，およびハンチ高＝8.0 cm（一定）としている．

　　　**　ただし，支点上補剛材としての断面不足から（p. 275 の図 10.51 参照），外げた断面 1 のけた端（支点から両側に 350 mm，すなわちけた端から 5700 mm の部分の腹板）の腹板厚は t_w＝1.0 cm とし，また同じく，中げた断面 1 のけた端の腹板厚は t_w＝1.2 cm としている．

10.2 道路橋合成げた橋の設計例

る応力度，乾燥収縮による応力度，および舗装・高欄などの後死荷重によるクリープによる応力度は，別々に算定する．しかる後に，これらを重ね合わせて主荷重による応力度を求め，それが許容応力度内にあるか否かの照査を行なわなければならない．このほか，コンクリート床版と鋼げたとの間の温度差などによる応力度を算出し，主荷重応力度と重ね合わせた場合，規定の許容応力度以内にあることも，確かめておかなければならない．

(1) 鋼げた，および合成げた断面に作用する応力度
(ⅰ) 鋼げた断面に作用する死荷重による応力度：

$$(\sigma_{su})_s = \frac{M_s}{I_s} z_u < (\sigma_{ba})_{ER}$$

$$(\sigma_{sl})_s = \frac{M_s}{I_s} z_l$$

たとえば，中げたの断面3に対しては，表10.21，および表10.23より，つぎのようになる．

$$(\sigma_{su})_s = \frac{M_s}{I_s} z_u = \frac{2.5299 \times 10^9}{14.682 \times 10^9} \times 1,060 = 183 \,\text{N/mm}^2$$

$$(\sigma_{sl})_s = \frac{M_s}{I_s} z_l = \frac{2.5299 \times 10^9}{14.682 \times 10^9} \times 586 = 101 \,\text{N/mm}^2$$

ここで，σ_{ba} は，許容曲げ圧縮応力度である．そして，$(\sigma_{ba})_{ER}$ は，架設時を考えているので，25% の割増しが許される（道示Ⅱ.11.3.1）．σ_{ba} は，道示Ⅱ.3.2.1より，

$$\frac{A_w}{A_c} = \frac{144.0}{51.2} = 2.813 > 2 \quad (A_w, \text{および} A_c \text{は，表10.23参照})$$

$$K = \sqrt{3 + \frac{A_w}{2A_c}} = \sqrt{3 + \frac{144}{2 \times 51.2}} = 2.099$$

であるから，

$$\frac{7}{K} = 3.33 < \frac{l}{b} = \frac{500.0}{32.0} = 15.6 \leqq 27$$

（l は図10.42 の対傾構間隔とし，またb は表10.23 の b_u とする．）

表10.24 M_s による応力度 $(\sigma_{su})_s$，および $(\sigma_{sl})_s$

けたと断面 項 目	外 げ た			中 げ た		
	1*	2	3	1*	2	3
M_s ($\times 10^8$ N·cm)	0.9503	1.7190	2.4266	0.9907	1.7922	2.5299
I_s ($\times 10^5$ cm^4)	8.869	10.406	13.851	9.755	11.109	14.682
z_u (cm)	94.9	97.2	103.3	94.1	100.0	106.0
z_l (cm)	67.7	66.0	61.2	68.5	63.5	58.6
$(\sigma_{su})_s$ (N/mm^2)	102	161	181	96	161	183
$(\sigma_{ba})_{ER}$ (N/mm^2)	112	163	185	112	168	188
$(\sigma_{sl})_s$ (N/mm^2)	73	109	107	70	102	101

〔注〕 * この断面は，SM400材を使用．

となる．したがって，SM490Y に対しては，

$$(\sigma_{ba})_{ER} = 1.25\left\{210 - 2.3\left(K\frac{l}{b} - 7\right)\right\}$$

$$= 1.25\left\{210 - 2.3\left(2.099 \times \frac{500.0}{32.0} - 7\right)\right\} = 188\,\text{N/mm}^2$$

が得られる．それゆえ，上述の $(\sigma_{su})_s$ は，架設時に対しても十分に安全である．
表 10.24 には，同様な計算を行なった結果を示す．
(ⅱ) 合成げた断面に作用する荷重による応力度
コンクリートの応力度：

$$\left.\begin{array}{l}(\sigma_{cu})_v = \dfrac{M_v}{nI_v} z_{cu} < \sigma_{ca} = 8\,\text{N/mm}^2 \\ (\sigma_{cl})_v = \dfrac{M_v}{nI_v} z_{cl} < \sigma_{ca} = 8\,\text{N/mm}^2\end{array}\right\} \quad (n = 7\ \text{とする})$$

鋼げたの応力度：

$$(\sigma_{su})_v = \frac{M_v}{I_v} z_{su}$$

$$(\sigma_{sl})_v = \frac{M_v}{I_v} z_{sl}$$

表 10.21 と表 10.23 との数値を用いて計算した結果を，表 10.25 に示す．

表 10.25 M_v による応力度 $(\sigma_{cu})_v$, $(\sigma_{cl})_v$, $(\sigma_{su})_v$, および $(\sigma_{sl})_v$

けたと断面 項　目	外 げ た			中 げ た		
	1	2	3	1	2	3
$M_v(\times 10^8\,\text{N}\cdot\text{cm})$	1.2000	2.1707	3.0642	1.4323	2.5903	3.6574
$I_v(\times 10^6\,\text{cm}^4)$	3.3833	3.7395	4.8481	3.7917	4.1699	5.4119
z_{cu}(cm)	40.0	41.8	48.5	39.5	40.5	47.2
z_{cl}(cm)	16.0	17.8	24.5	15.5	16.5	23.2
z_{su}(cm)	9.0	11.1	18.1	8.5	9.8	16.8
z_{sl}(cm)	153.6	152.1	146.3	154.1	153.7	147.8
$(\sigma_{cu})_v$ (N/mm²)	2.0 (0.6)	3.5 (1.1)	4.4 (1.3)	2.1 (0.2)	3.6 (0.3)	4.6 (0.4)
$(\sigma_{cl})_v$ (N/mm²)	0.8 (0.2)	1.5 (0.4)	2.2 (0.7)	0.8 (0.1)	1.5 (0.1)	2.2 (0.2)
$(\sigma_{su})_v$ (N/mm²)	3.2 (1.0)	6.4 (2.0)	11.4 (0.3)	3.2 (0.3)	6.1 (0.6)	11.4 (1.1)
$(\sigma_{sl})_v$ (N/mm²)	54.5 (16.6)	88.3 (26.9)	92.5 (28.0)	58.2 (5.5)	95.5 (9.0)	99.9 (9.5)

〔注〕：(　) 内の値は，後死荷重 M_{vd} によるものを示す．
(ⅲ) クリープと乾燥収縮の影響を除く主荷重による鋼げた応力度
上記の (ⅰ) と (ⅱ) とで求めた鋼げた応力度は，

$$(\sigma_{su})_p = (\sigma_{su})_s + (\sigma_{su})_v \begin{cases} < \sigma_{ca} = 140\,\text{N/mm}^2\ (\text{SM400 材に対して}) \\ < \sigma_{ca} = 210\,\text{N/mm}^2\ (\text{SM490Y 材に対して}) \end{cases}$$

10.2 道路橋合成げた橋の設計例

$$(\sigma_{sl})_p = (\sigma_{sl})_s + (\sigma_{sl})_v \begin{cases} < \sigma_{ta} = 140\,\mathrm{N/mm^2}\ （\mathrm{SM400}\ 材に対して） \\ < \sigma_{ta} = 210\,\mathrm{N/mm^2}\ （\mathrm{SM490Y}\ 材に対して） \end{cases}$$

でなければならない．照査結果を，表 10.26 に示す．

表 10.26 $M_s + M_v$ による鋼げたの応力度 $(\sigma_{su})_p$，および $(\sigma_{sl})_p$

けたと断面	外 げ た			中 げ た		
項 目	1*	2	3	1*	2	3
$(\sigma_{su})_p$ (N/mm²)	105	167	192	99	167	194
$(\sigma_{sl})_p$ (N/mm²)	128	197	200	128	198	201

〔注〕 * この断面は，SM400 材を使用．

(2) コンクリートの乾燥収縮・後死荷重による応力度

(i) コンクリートの乾燥収縮による応力度

コンクリートの乾燥収縮による応力算定は，つぎのようにして行なう．

作用断面力：
$$P'' = E_s \varepsilon_s A_c / n_2 = E_c'' \varepsilon_s A_c$$
$$M_v'' = P'' d_c''$$

応力度算定式：

コンクリート床版（圧縮を正）
$$\begin{cases} (\sigma_{cu})_{SH} = \dfrac{1}{n_2}\left(\dfrac{P''}{A_v''} + \dfrac{M_v''}{I_v''} z_{cu}''\right) - E_c'' \varepsilon_s \\ (\sigma_{cl})_{SH} = \dfrac{1}{n_2}\left(\dfrac{P''}{A_v''} + \dfrac{M_v''}{I_v''} z_{cl}''\right) - E_c'' \varepsilon_s \end{cases}$$

鋼げた
$$\begin{cases} (\sigma_{su})_{SH} = \dfrac{P''}{A_v''} + \dfrac{M_v''}{I_v''} z_{su}'' \quad （圧縮を正） \\ (\sigma_{sl})_{SH} = -\dfrac{P''}{A_v''} + \dfrac{M_v''}{I_v''} z_{sl}'' \quad （引張りを正） \end{cases}$$

ここに，$\varepsilon_s = 20 \times 10^{-5}$，またクリープ係数 $\varphi_2 = 4.0$ とおき，仮想ヤング係数比を，
$$n_2 = n(1 + \varphi_2/2) = 7(1 + 4.0/2) = 21$$

表 10.27 $n_2 = 21$ の場合の断面定数（〃を付けて表わす）

けたと断面	外げた			中げた		
項目	1	2	3	1	2	3
A_c (cm²)	5,400	5,400	5,400	6,240	6,240	6,240
A_v'' (cm²)	508.3	523.6	587.9	583.5	578.7	648.3
d_c'' (cm)	56.3	59.0	68.4	55.5	57.8	67.4
I_v'' (×10⁶ cm⁴)	2.5484	2.8117	3.5384	2.8557	3.1630	3.9742
z_{cu}'' (cm)	68.3	71.0	80.4	67.5	69.8	79.4
z_{cl}'' (cm)	44.3	47.0	56.4	43.5	45.8	55.4
z_{su}'' (cm)	37.3	40.3	50.0	36.5	39.1	49.0
z_{sl}'' (cm)	125.3	122.9	114.4	126.1	124.4	115.6

とする（道示Ⅱ.11.2.8）．そして，n の代わりに n_2 を用いて，c.(2)（図 10.50 参照）の計算例と同様にして求めた断面定数が，$''$ を付けて表わしてある．これらを，表 10.27 に示す．

すると，たとえば中げた断面 3 に対する断面力は，
$$P''=E_s\varepsilon_s A_c/n_2=2.0\times10^5\times20\times10^{-5}\times624,000/21=1.189\times10^6\text{N}$$
$$M_v''=P''d_c''=1.189\times10^6\times674=8.014\times10^8\text{N}\cdot\text{mm}$$

となる．したがって，
$$(\sigma_{cu})_{SH}=\frac{1}{21}\left(\frac{1.189\times10^6}{648.3\times10^2}+\frac{8.014\times10^8}{3.9742\times10^{10}}\times794\right)-\frac{2.0\times10^5}{21}\times20\times10^{-5}$$
$$=-0.27\,\text{N/mm}^2\quad（引張り）$$
$$(\sigma_{cl})_{SH}=\frac{1}{21}\left(\frac{1.189\times10^6}{648.3\times10^2}+\frac{8.014\times10^8}{3.9742\times10^{10}}\times554\right)-\frac{2.0\times10^5}{21}\times20\times10^{-5}$$
$$=-0.51\,\text{N/mm}^2\quad（引張り）$$
$$(\sigma_{su})_{SH}=\frac{1.189\times10^6}{648.3\times10^2}+\frac{8.014\times10^8}{3.9742\times10^{10}}\times490=28.2\,\text{N/mm}^2$$
$$(\sigma_{sl})_{SH}=-\frac{1.189\times10^6}{648.3\times10^2}+\frac{8.014\times10^8}{3.9742\times10^{10}}\times1{,}156=5.0\,\text{N/mm}^2$$

が，得られる．同様な計算を行なった結果を，表 10.28 に総括する．

表 10.28 乾燥収縮による応力度 $(\sigma)_{SH}$

けたと断面 項　目	外　げ　た			中　げ　た		
	1	2	3	1	2	3
$P''\,(\times10^6\text{N})$	1.029	1.029	1.029	1.189	1.189	1.189
$M_v''\,(\times10^7\text{N}\cdot\text{cm})$	5.793	6.071	7.038	6.599	6.872	8.014
$(\sigma_{cu})_{SH}\,(\text{N/mm}^2)$	-0.20	-0.24	-0.31	-0.19	-0.20	-0.27
$(\sigma_{cl})_{SH}\,(\text{N/mm}^2)$	-0.46	-0.49	-0.54	-0.46	-0.45	-0.51
$(\sigma_{su})_{SH}\,(\text{N/mm}^2)$	28.7	28.4	27.4	28.8	29.0	28.2
$(\sigma_{sl})_{SH}\,(\text{N/mm}^2)$	8.2	6.9	5.3	8.8	6.5	5.0

(ⅱ) 後死荷重のクリープによる応力度

舗装・高欄などの後死荷重が持続的に作用するので，合成げたには，クリープが生ずる．これに対しては，以下の計算を行なえばよい．

作用断面力：
$$N_c=\frac{M_{vd}}{nI_v}d_cA_c$$
$$P'=N_c\frac{2\varphi_1}{2+\varphi_1}$$
$$M_v'=P'd_c'$$

10.2 道路橋合成げた橋の設計例

応力度算定式：

コンクリート床版
（圧縮を正）
$$\begin{cases}(\sigma_{cu})_{CR}=\dfrac{1}{n_1}\left(\dfrac{P'}{A_v'}+\dfrac{M_v'}{I_v'}z_{cu}'\right)-E_c'\dfrac{\sigma_{cu}}{E_c}\varphi_1\\(\sigma_{cl})_{CR}=\dfrac{1}{n_1}\left(\dfrac{P'}{A_v'}+\dfrac{M_v'}{I_v'}z_{cl}'\right)-E_c'\dfrac{\sigma_{cl}}{E_c}\varphi_1\end{cases}$$

鋼げた
$$\begin{cases}(\sigma_{su})_{CR}=\dfrac{P'}{A_v'}+\dfrac{M_v'}{I_v'}z_{su}' \quad \text{（圧縮を正）}\\(\sigma_{sl})_{CR}=-\dfrac{P'}{A_v'}+\dfrac{M_v'}{I_v'}z_{sl}' \quad \text{（引張りを正）}\end{cases}$$

ここに，クリープ係数を$\varphi_1=2.0$とおき，また仮想ヤング係数比を
$$n_1=n(1+\varphi_1/2)=7(1+2.0/2)=14$$
とする（道示Ⅱ.11.2.6）．そして，nのかわりにn_1を用いて，c.(2)（図10.50参照）の計算例と同様にして求めた断面定数は，′を付けて表わしてある．これらを，表10.29に示す．

表10.29 $n_1=14$の場合の断面定数（′を付けて表わす）

けたと断面 項　目	外 げ た			中 げ た		
	1	2	3	1	2	3
A_c (cm^2)	5,400	5,400	5,400	6,240	6,240	6,240
A_v' (cm^2)	636.9	652.2	716.5	732.1	727.3	796.9
d_c' (cm)	44.9	47.4	56.2	44.3	46.0	54.8
I_v' ($\times 10^6$cm^4)	2.8798	3.1772	4.0387	3.2279	3.5646	4.5304
z_{cu}' (cm)	56.9	59.4	68.2	56.3	58.0	66.8
z_{sl}' (cm)	32.9	35.4	44.2	32.3	34.0	42.8
z_{su}' (cm)	25.9	28.7	37.8	25.3	27.3	36.4
z_{sl}' (cm)	136.7	134.5	126.6	137.4	136.2	128.2

たとえば，中げた断面3に対する断面力N_c，P'，およびM_v'は，M_{vd}が表10.21に，またI_vおよびd_cが表10.23に与えられているので，つぎのようになる．

$$N_c=\frac{M_{vd}}{nI_v}d_c A_c=\frac{3.465\times 10^7}{7\times 5.4119\times 10^6}\times 35.2\times 6,240=2.009\times 10^5\text{N}$$

$$P'=N_c\frac{2\varphi_1}{2+\varphi_1}=2.009\times 10^5\times \frac{2\times 2}{2+2}=2.009\times 10^5\text{N}$$

$$M'=P'd_c'=2.009\times 10^5\times 54.8=1.101\times 10^7\text{N}\cdot\text{cm}$$

一方，後死荷重（M_{vd}）によるコンクリートの応力度σ_{cu}，およびσ_{cl}は，表10.25中カッコ内に示した値となる．また，

$$(E_c'/E_c)\varphi_1=\varphi_1/(1+\varphi_1/2)=1$$

となるので，クリープによる応力度の変動は，つぎのように算定される．

$$(\sigma_{cu})_{CR}=\frac{1}{14}\left(\frac{2.009\times 10^5}{796.9\times 10^2}+\frac{1.101\times 10^8}{4.5304\times 10^{10}}\times 668\right)-0.4=-0.10\text{N/mm}^2$$

$$(\sigma_{cl})_{CR} = \frac{1}{14}\left(\frac{2.009\times10^5}{796.9\times10^2} + \frac{1.101\times10^8}{4.5304\times10^{10}}\times428\right) - 0.2 = 0.05\,\mathrm{N/mm^2}$$

$$(\sigma_{su})_{CR} = \frac{2.009\times10^5}{796.9\times10^2} + \frac{1.101\times10^8}{4.5304\times10^{10}}\times364 = 3.4\,\mathrm{N/mm^2}$$

$$(\sigma_{sl})_{CR} = -\frac{2.009\times10^5}{796.9\times10^2} + \frac{1.101\times10^8}{4.5304\times10^{10}}\times1,282 = 0.6\,\mathrm{N/mm^2}$$

他の断面についても,上と同様な計算を行なうと,表10.30の結果を得る.

表10.30 クリープによる応力度 $(\sigma)_{CR}$

けたと断面 項目	外 げ た			中 げ た		
	1	2	3	1	2	3
$M_{vd}(\times10^7\,\mathrm{N\cdot cm})$	3.652	6.606	9.325	1.357	2.455	3.465
$I_v\,(\times10^6\,\mathrm{cm^4})$	3.3833	3.7395	4.8481	3.7917	4.1699	5.4119
$d_c\,(\mathrm{cm})$	28.0	29.8	36.5	27.5	28.5	35.2
$N_c = P'(\times10^5\,\mathrm{N})$	2.332	4.061	5.416	0.877	1.496	2.009
$M_v'(\times10^7\,\mathrm{N\cdot cm})$	1.047	1.925	3.044	0.389	0.688	1.101
$\sigma_{cu}(\mathrm{N/mm^2})$	0.6	1.1	1.3	0.2	0.3	0.4
$\sigma_{cl}(\mathrm{N/mm^2})$	0.2	0.4	0.7	0.1	0.1	0.2
$(\sigma_{cu})_{CR}(\mathrm{N/mm^2})$	−0.19	−0.40	−0.39	−0.06	−0.07	−0.10
$(\sigma_{cl})_{CR}(\mathrm{N/mm^2})$	0.15	0.20	0.08	0.01	0.09	0.05
$(\sigma_{su})_{CR}(\mathrm{N/mm^2})$	4.6	8.0	10.4	1.5	2.6	3.4
$(\sigma_{sl})_{CR}(\mathrm{N/mm^2})$	1.3	1.9	2.0	0.5	0.6	0.6

(3) 主荷重による応力

道示Ⅱ.11.3.1により,以下の条件を満足しなければならない(表10.25,表10.26,表10.28,および表10.30参照).

コンクリート床版に対して:

$$\left.\begin{array}{l}(\sigma_{cu})_v + (\sigma_{cu})_{SH} + (\sigma_{cu})_{CR} \\ (\sigma_{cl})_v + (\sigma_{cl})_{SH} + (\sigma_{cl})_{CR}\end{array}\right\} < \sigma_{ca} = 8\,\mathrm{N/mm^2}$$

鋼げたに対して:

$$(\sigma_{su})_p + (\sigma_{su})_{SH} + (\sigma_{su})_{CR} < \begin{cases}1.15\sigma_{ca} = 161\,\mathrm{N/mm^2}\ (\mathrm{SM400\,材}) \\ 1.15\sigma_{ca} = 242\,\mathrm{N/mm^2}\ (\mathrm{SM490Y\,材})\end{cases}$$

$$(\sigma_{sl})_p + (\sigma_{sl})_{SH} + (\sigma_{sl})_{CR} < \begin{cases}\sigma_{ta} = 140\,\mathrm{N/mm^2}\ (\mathrm{SM400\,材}) \\ \sigma_{ta} = 210\,\mathrm{N/mm^2}\ (\mathrm{SM490Y\,材})\end{cases}$$

表10.31には,これらの照査を行なったものを示す.

(4) 版のコンクリートと鋼げたとの温度差による応力度

断面力:

$$P = E_s \varepsilon_t A_c / n$$

$$M_v = P d_c$$

ここに,$\varepsilon_t = \alpha \Delta t$(引張り,すなわち鋼げたのほうが高温を,正とする.)

10.2 道路橋合成げた橋の設計例

表 10.31 主荷重による応力度 $(\sigma)_{P+SH+CR}$

けたと断面項目	外げた			中げた		
	1*	2	3	1*	2	3
σ_{cu} (N/mm^2)	1.61	2.86	3.70	1.85	3.33	4.23
σ_{cl} (N/mm^2)	0.49	1.21	1.74	0.35	1.14	1.74
σ_{su} (N/mm^2)	138.3	203.4	229.8	129.3	198.6	225.6
σ_{sl} (N/mm^2)	137.5	205.8	207.3	137.3	205.1	206.6

* この断面のみ，SM400 材を使用．

$$\alpha = 12 \times 10^{-6}, \quad \Delta t = 10°C. \quad (道示 \text{II}.11.2.7)$$

応力度算定式：

$$(\sigma_{cu})_{TD} = \frac{1}{n}\left(\frac{P}{A_v} + \frac{M_v}{I_v} z_{cu}\right) - E_c \varepsilon_t$$

$$(\sigma_{cl})_{TD} = \frac{1}{n}\left(\frac{P}{A_v} + \frac{M_v}{I_v} z_{cl}\right) - E_c \varepsilon_t$$

$$(\sigma_{su})_{TD} = \frac{P}{A_v} + \frac{M_v}{I_v} z_{su}$$

$$(\sigma_{sl})_{TD} = -\frac{P}{A_v} + \frac{M_v}{I_v} z_{sl}$$

断面定数は，この場合 $n=7$ に対するものを使用すればよいので，表 10.23 の結果よ

表 10.32 温度差による応力度 $(\sigma)_{TD}$

けたと断面項目	外げた			中げた		
	1	2	3	1	2	3
P (×10^{6}N)	1.8514	1.8514	1.8514	2.1394	2.1394	2.1394
M_v(×10^{7}N・cm)	5.1839	5.5172	6.7576	5.8834	6.0973	7.5307
$(\sigma_{cu})_{TD}$(N/mm^2)	−0.03	0	−0.06	−0.04	−0.02	−0.03
$(\sigma_{cl})_{TD}$(N/mm^2)	−0.49	−0.51	−0.54	−0.49	−0.48	−0.51
$(\sigma_{su})_{TD}$(N/mm^2)	19.5	19.5	19.0	19.5	19.6	19.6
$(\sigma_{sl})_{TD}$(N/mm^2)	5.4	4.6	3.6	5.7	4.2	3.3

り，表 10.32 の結果が得られる

応力の組み合わせ（道示 II.11.3.1）：

コンクリート床版に対して：

$$\left.\begin{array}{l}(\sigma_{cu})_v + (\sigma_{cu})_{SH} + (\sigma_{cu})_{CR} + (\sigma_{cu})_{TD} \\ (\sigma_{cl})_v + (\sigma_{cl})_{SH} + (\sigma_{cl})_{CR} + (\sigma_{cl})_{TD}\end{array}\right\} < 1.15\sigma_{ca} = 9.2 \text{N/mm}^2$$

鋼げたに対して：

$$(\sigma_{su})_p + (\sigma_{su})_{SH} + (\sigma_{su})_{CR} + (\sigma_{su})_{TD} < \begin{cases} 1.30\sigma_{ta} = 182 \text{N/mm}^2 \text{ (SM400)} \\ 1.30\sigma_{ta} = 273 \text{N/mm}^2 \text{ (SM490Y)} \end{cases}$$

$$(\sigma_{sl})_p+(\sigma_{sl})_{SH}+(\sigma_{sl})_{CR}+(\sigma_{sl})_{TD}<\begin{cases}1.15\sigma_{ta}=161\,\text{N/mm}^2\ (\text{SM400})\\1.15\sigma_{ta}=242\,\text{N/mm}^2\ (\text{SM490Y})\end{cases}$$

これらの照査結果を,表10.33に示す.

表10.33 主荷重による応力度+温度差による応力度

項 目 \ けたと断面	外 げ た			中 げ た		
	1*	2	3	1*	2	3
σ_{cu} (N/mm^2)	1.64	2.86	3.76	1.89	3.35	4.26
σ_{cl} (N/mm^2)	0.98	1.71	2.28	0.84	1.62	2.25
σ_{su} (N/mm^2)	157.8	222.9	248.8	148.8	218.2	245.2
σ_{sl} (N/mm^2)	142.9	210.4	210.9	143.0	209.3	209.9

〔注〕 * この断面のみ,SM400材を使用.

(5) 降伏に対する安全度の照査

道示Ⅱ.11.3.2によると,応力照査のほかに,つぎの条件を満足しなければならない.
(i) コンクリートに対して:

$$\left.\begin{array}{l}(\sigma_{cu})_y=1.3(\sigma_{cu})_{vd}+2(\sigma_{cu})_{l+i}+(\sigma_{cu})_{SH}+(\sigma_{cu})_{CR}+(\sigma_{cu})_{TD}\\(\sigma_{cl})_y=1.3(\sigma_{cl})_{vd}+2(\sigma_{cl})_{l+i}+(\sigma_{cl})_{SH}+(\sigma_{cl})_{CR}+(\sigma_{cl})_{TD}\end{array}\right\}<0.6\sigma_{ck}=16.8\,\text{N/mm}^2$$

(ii) 鋼げたに対して:

$$(\sigma_{su})_y=1.3\{(\sigma_{su})_s+(\sigma_{su})_{vd}\}+2(\sigma_{su})_{l+i}$$
$$+(\sigma_{su})_{SH}+(\sigma_{su})_{CR}+(\sigma_{su})_{TD}<\begin{cases}\sigma_y=235\,\text{N/mm}^2\ (\text{SM400})\\\sigma_y=355\,\text{N/mm}^2\ (\text{SM490Y})\end{cases}$$

$$(\sigma_{sl})_y=1.3\{(\sigma_{sl})_s+(\sigma_{sl})_{vd}\}+2(\sigma_{sl})_{l+i}$$
$$+(\sigma_{sl})_{SH}+(\sigma_{sl})_{CR}+(\sigma_{sl})_{TD}<\begin{cases}\sigma_y=235\,\text{N/mm}^2\ (\text{SM400})\\\sigma_y=355\,\text{N/mm}^2\ (\text{SM490Y})\end{cases}$$

ここに,$(\sigma)_{vd}$は後死荷重による応力度,また$(\sigma)_{l+i}$は活荷重応力度である.ここで,前者は,表10.25のカッコ内に示した値である.したがって,$(\sigma)_{l+i}=(\sigma)_v-(\sigma)_{vd}$として,活荷重応力度を,容易に求めることができる.

以上の結果を,表10.34に示す.

D. 補剛材の設計

表10.22によると,主げたに作用するせん断力S_{s+v}は外げたより中げたのほうが大きいので,補剛材の設計は,中げたを対象として行なう.そして,外げたの補剛材は,中げたと同じものを使用する.

a. 垂直補剛材

(1) 支点上の補剛材

支点上の補剛材は,道示Ⅱ.10.5.2によって設計する.いま,支点上の補剛材を,図10.51のように取り付けるものとする.

$$\begin{array}{r}\text{2-Stiff. pls.}\quad 120\times19=45.60\\\underline{\text{1-Web pl.}\quad 288\times12=34.56}\\A_g=80.16\,\text{cm}^2\end{array}$$

10.2 道路橋合成げた橋の設計例

表 10.34 降伏に対する安全度の照査 (N/mm²)

項　目 けたと断面	外　げ　た			内　げ　た		
	1*	2	3	1*	2	3
$1.3(\sigma_{cu})_{vd}$	0.78	1.43	1.69	0.26	0.39	0.52
$2(\sigma_{cu})_{l+i}$	2.80	4.80	6.20	3.80	6.60	8.40
$(\sigma_{cu})_{SH}$	(−0.20)	(−0.24)	(−0.31)	(−0.19)	(−0.20)	(−0.27)
$(\sigma_{cu})_{CR}$	(−0.19)	(−0.40)	(−0.39)	(−0.06)	(−0.07)	(−0.10)
$(\sigma_{cu})_{TD}$	0.03	0	0.06	0.04	0.02	0.03
$1.3(\sigma_{cl})_{vd}$	0.26	0.52	0.91	0.13	0.13	0.26
$2(\sigma_{cl})_{l+i}$	1.20	2.20	3.00	1.40	2.80	4.00
$(\sigma_{cl})_{SH}$	(−0.46)	(−0.49)	(−0.54)	(−0.46)	(−0.45)	(−0.51)
$(\sigma_{cl})_{CR}$	0.15	0.20	0.08	0.01	0.09	0.05
$(\sigma_{cl})_{TD}$	0.49	0.51	0.54	0.49	0.48	0.51
$1.3(\sigma_{su})_d$ **	133.9	211.9	235.7	125.2	210.1	239.3
$2(\sigma_{su})_{l+i}$	4.4	8.8	22.2	5.8	11.0	20.6
$(\sigma_{su})_{SH}$	28.7	28.4	27.4	28.8	29.0	28.2
$(\sigma_{su})_{CR}$	4.6	8.0	10.4	1.5	2.6	3.4
$(\sigma_{su})_{TD}$	19.5	19.5	19.0	19.5	19.6	19.6
$1.3(\sigma_{sl})_d$ **	116.5	176.7	175.5	98.2	144.3	143.7
$2(\sigma_{sl})_{l+i}$	75.8	122.8	129.0	105.4	173.0	180.8
$(\sigma_{sl})_{SH}$	8.2	6.9	5.3	8.8	6.5	5.0
$(\sigma_{sl})_{CR}$	1.3	1.9	2.0	0.5	0.6	0.6
$(\sigma_{sl})_{TD}$	5.4	4.6	3.6	5.7	4.2	3.3
$(\sigma_{cu})_y$	3.61	6.23	7.95	4.10	7.01	8.95
$(\sigma_{cl})_y$	2.10	3.43	4.53	2.03	3.50	4.82
$(\sigma_{su})_y$	191.1	276.6	314.7	180.8	272.3	311.1
$(\sigma_{sl})_y$	207.2	312.9	315.4	218.6	328.6	333.4

〔注〕* この断面は，SM400 材を使用．　　** $(\sigma)_d = (\sigma)_s + (\sigma)_{vd}$

すると，断面諸定数は，つぎのようになる．

$I_y = \dfrac{1.9}{12} \times 25.2^3 = 2{,}534 \, \text{cm}^4$

$I_z = \dfrac{1.2}{12} \times 28.8^3 = 2{,}389 \, \text{cm}^4$

$r_y = \sqrt{\dfrac{I_y}{A_g}} = \sqrt{\dfrac{2{,}534}{80.16}} = 5.6 \, \text{cm}$

有効座屈長 l は，道示II.10.5.2 より，h_w の半分にとれる．したがって，l/r_y は，つぎのようになる．

$$\dfrac{l}{r_y} = \dfrac{h_w}{2r_y} = \dfrac{160.0}{2 \times 5.6} = 14.3 < 18$$

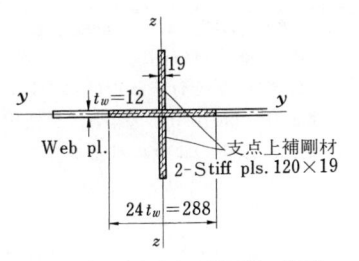

図 10.51　支点上の補剛材の断面

$$\sigma_{ca}=140\,\mathrm{N/mm^2}\ (\mathrm{SS400})$$

一方,支点反力は,表 10.22 より,$S_{s+v}=879.28\,\mathrm{kN}$ であるから,以下のようになる.

$$\sigma_c=\frac{S_{s+v}}{A_g}=\frac{879.28}{8,016}=110\,\mathrm{N/mm^2}<\sigma_{ca}=140\,\mathrm{N/mm^2}$$

(2) 中間の垂直補剛材

(i) 垂直補剛材の間隔

中間の垂直補剛材は,道示Ⅱ.10.4.3 により設計する.すると,水平補剛材を一段用いた場合は,次式を満足することを確認すればよい.

$$\left(\frac{b}{100t}\right)^4\left[\left(\frac{\sigma}{900}\right)^2+\left\{\frac{\tau}{120+58(b/a)^2}\right\}^2\right]\leq 1 \quad (a/b>0.8)$$

$$\left(\frac{b}{100t}\right)^4\left[\left(\frac{\sigma}{900}\right)^2+\left\{\frac{\tau}{90+77(b/a)^2}\right\}^2\right]\leq 1 \quad (a/b\leq 0.8)$$

ここに,垂直応力度 σ は,腹板に対するものである.しかし,設計の簡略化のために,クリープの影響と乾燥収縮の影響を除く主荷重による応力度,すなわち表 10.26 の $(\sigma_{sl})_p$ 値を,採用する.一方,腹板のせん断応力度 τ は,次式によって求める.

$$\tau=\frac{S_{s+v}}{A_w}<\tau_a \quad (S_{s+v}:\text{表 10.22},\ A_w:\text{表 10.23})$$

また,$t=t_w$,および $b=h_w$ とみなす.所要の垂直補剛材間隔 a を仮定し,以上の結果をまとめたものを,表 10.35 に示す.

表 10.35 垂直補剛材の間隔 a

断面＼項目	S_{s+v} (N)	A_w (cm²)	τ^{**} (N/mm²)	σ (N/mm²)	a (cm)	a/b	b/a	照査式の左辺
1*	716,540	144.0	50 (80)	128	125	0.78	1.28	0.23
2	543,680	144.0	38 (120)	198	125	0.78	1.28	0.25
3	172,750	144.0	12 (120)	201	125	0.78	1.28	0.17

〔注〕 * この断面は,SM400 材. ** ( ) 内は,τ_a (道示Ⅱ.3.2.1).

(ii) 補剛材の剛度

最大腹板厚を有する中げたのけた端断面を,対象として設計する.すると,道示Ⅱ.10.4.4 より,図 10.52 の補剛材を使用すれば,断面諸量は,以下のようになる.

$$I=\frac{0.9\times 11^3}{3}=399\,\mathrm{cm^4}$$

$$r_{v,\mathrm{req}}=8.0\left(\frac{b}{a}\right)^2=8.0\times\left(\frac{160}{125}\right)^2=13.1$$

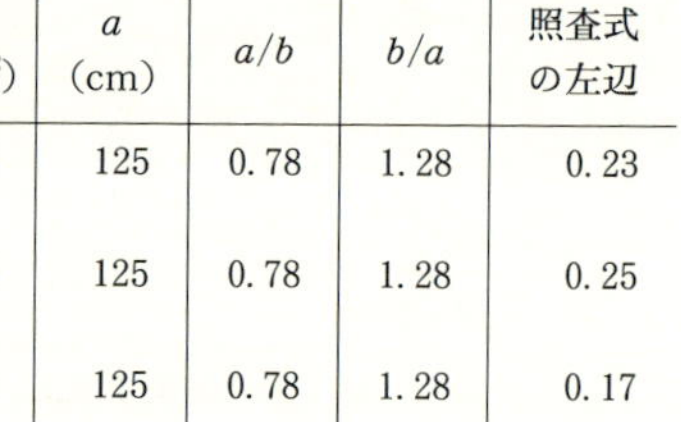

図 10.52 垂直補剛材の断面

したがって,必要断面二次モーメント $I_{v,\mathrm{req}}$ は,

$$I_{v,\mathrm{req}}=\frac{bt^3}{11}r_{v,\mathrm{req}}=\frac{160\times 1.2^3}{11}\times 13.1=329\,\mathrm{cm^4}<I=399\,\mathrm{cm^4}$$

となる.これに対する突出脚の幅 $b_{v,\text{req}}$ は,つぎのようになる.

$$b_{v,\text{req}} = \frac{b}{30} + 50 = \frac{1,600}{30} + 50 = 103\,\text{mm} < b = 110\,\text{mm}$$

b. 水平補剛材

水平補剛材は,道示Ⅱ.10.4.2 より,図 10.53 に示すように配置する.また,1-Stiff. pl. 100×9 を使用するものとすれば,照査結果は,以下のようになる.

$$I = \frac{0.9 \times 10^3}{3} = 300\,\text{cm}^4$$

$$\gamma_{h,\text{req}} = 30.0\left(\frac{a}{b}\right) = 30.0 \times \frac{125}{160} = 23.4$$

$$I_{h,\text{req}} = \frac{160 \times 0.9^3}{11} \times 23.4 = 248\,\text{cm}^4 < I = 300\,\text{cm}^4$$

なお,水平補剛材には,全スパンにわたり,SM490Y 材を使用する.

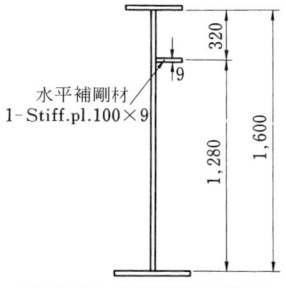

図 10.53 水平補剛材の断面

E. 主げたの添接

外げた,および中げたは,ともに支点から 9.375 m の位置で現場添接を行なう(図 10.54).添接部の主げた断面は,スパン中央と同じであるので,抵抗モーメントに余裕がある箇所である.また,この部分の材質は SM490Y を使用しているので,添接板も,母材に合わせて,すべて SM490Y とする.

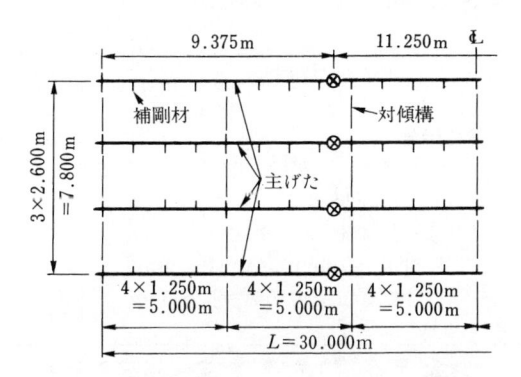

図 10.54 添接位置,および補剛材の断面

一方,添接には,摩擦接合高力ボルト(F10T,M22)を使用し,2 面摩擦として設計する.高力ボルト 1 本あたりの許容力 ρ_a は,つぎのようになる.

$$\rho_a = 2 \times 48 = 96\,\text{kN}$$

a. 上フランジプレートの添接

上フランジの添接は,道示Ⅱ.6.3.5 によって設計する.たとえば,中げたの場合には,図 10.55 のように添接する.

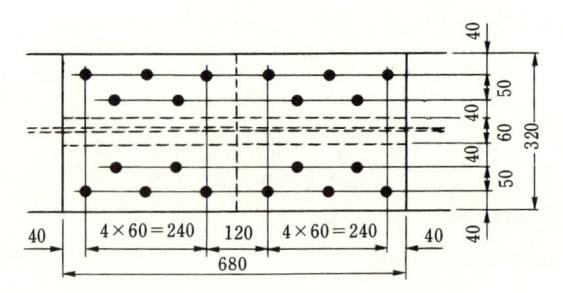

図 10.55 上フランジプレートの継手（中げた）

$$1\text{-Spl. pl.} \quad 320 \times 15 = 48.0$$
$$2\text{-Spl. pls.} \quad 130 \times 15 = 39.0$$
$$A_g = 87.0\,\text{cm}^2 > A_c = 51.2\,\text{cm}^2$$

作用応力度 $(\sigma_{su})_p$：

$$M_s = 2,174.0\,\text{kN}\cdot\text{m}, \quad M_v = 3,143.1\,\text{kN}\cdot\text{m} \quad (\text{表}\,10.21)$$

$$(\sigma_{su})_p = \frac{M_s}{I_s}z_u + \frac{M_v}{I_v}z_{su} \quad (\text{断面定数は，表}\,10.23\,\text{参照.})$$

$$= \frac{2.1740 \times 10^9}{1.4682 \times 10^{10}} \times 1,060 + \frac{3.1431 \times 10^9}{5.4119 \times 10^{10}} \times 168$$

$$= 167\,\text{N/mm}^2 > 0.75\sigma_{ca} = 158\,\text{N/mm}^2$$

ボルト本数：

$$n = \frac{(\sigma_{su})_p A_c}{\rho_a} = \frac{167 \times 5,120}{96,000} = 9.0\,\text{本}\quad (10\,\text{本使用する})$$

b. 下フランジプレートの添接

同様に中げたの場合について示すと，結果は，以下のとおりである（図 10.56 参照）．

$$1\text{-Spl. pl.} \quad 520 \times 20 = 104.0$$
$$2\text{-Spl. pls.} \quad 230 \times 20 = 92.0$$
$$A_g = 196.0\,\text{cm}^2 > A_l = 156.0\,\text{cm}^2$$
$$A_n = 142.0\,\text{cm}^2 > 0.75 A_g = 136.5\,\text{cm}^2$$

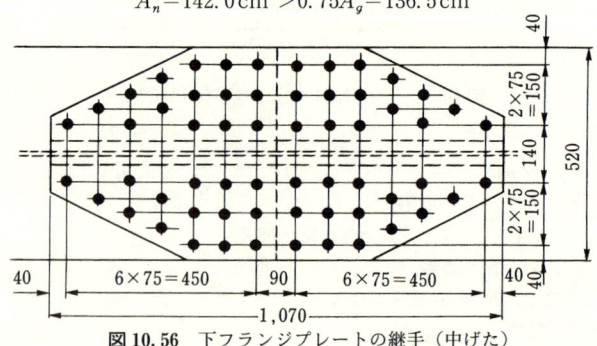

図 10.56 下フランジプレートの継手（中げた）

10.2 道路橋合成げた橋の設計例

作用応力度:
$$(\sigma_{sl})_p = 87 + 86 = 173\,\text{N/mm}^2 > 0.75\sigma_{ta} = 158\,\text{N/mm}^2$$

ボルト孔の欠損による応力照査:
$$(\sigma_{sl})'_p = (\sigma_{sl})_p \frac{b_g}{b_n} = 173 \times \frac{52}{52 - 2 \times 2.5} = 191\,\text{N/mm}^2 < \sigma_{ta} = 210\,\text{N/mm}^2$$

所要ボルト本数:
$$n = \frac{15,600 \times 173}{96,000} = 28.1\,\text{本}\quad(30\,\text{本使用する})$$

c. 腹板の添接

腹板の添接は,道示Ⅱ.6.3.5によって設計する.以下では,中げたについての計算を示す.外げたは,これに準ずるものとする.

(1) 曲げモーメントに対するボルトの照査

腹板の作用応力度:
$$(\sigma_{su})_p = \frac{M_s}{I_s}(z_u - t_u) + \frac{M_v}{I_v}(z_{su} - t_u)$$
$$= \frac{2.1740 \times 10^9}{1.4682 \times 10^{10}} \times (1,060 - 16) + \frac{3.1431 \times 10^9}{5.4119 \times 10^{10}} \times (168 - 16)$$
$$= 155 + 9 = 164\,\text{N/mm}^2 > 0.75\sigma_{ca} = 158\,\text{N/mm}^2$$

$$(\sigma_{sl})_p = \frac{M_s}{I_s}(z_l - t_l) + \frac{M_v}{I_v}(z_{sl} - t_l)$$
$$= \frac{2.1740 \times 10^9}{1.4682 \times 10^{10}} \times (586 - 30) + \frac{3.1431 \times 10^9}{5.4119 \times 10^{10}} \times (1,478 - 30)$$
$$= 82 + 84 = 166\,\text{N/mm}^2 > 0.75\sigma_{ta} = 158\,\text{N/mm}^2$$

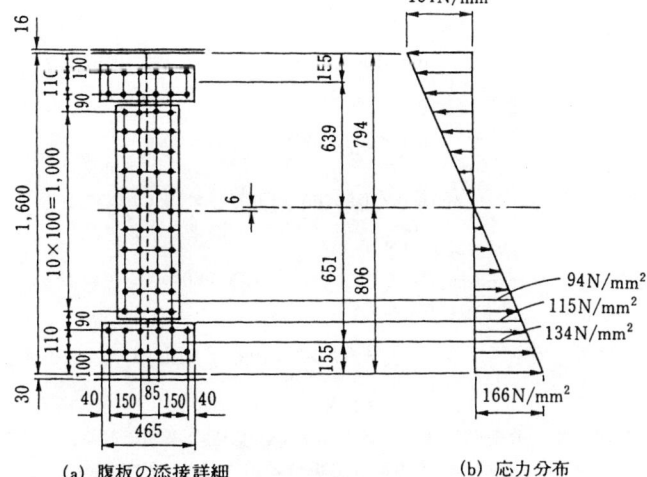

(a) 腹板の添接詳細 (b) 応力分布

図 10.57 腹板の添接詳細と応力分布

したがって，腹板の引張縁においては，この場合，全強の75%ではなく，作用応力でボルトの照査を行なわねばならない．この応力状態と腹板の添接図を，図10.57に示す．引張側モーメントプレートの第1列目のボルト群に作用する力をPとすると，この値は，

$$P = \frac{166+134}{2} \times \left(100 + \frac{110}{2}\right) \times 9 = 209{,}250 \text{ N}$$

となる．ボルト1本に作用する力ρ_mは，つぎのようになる．

$$\rho_m = \frac{209{,}250}{3} = 69{,}750 \text{ N} < \rho_a = 96{,}000 \text{ N}$$

同様にして，引張側シヤープレートの第1列目のボルト群に対しては，つぎのように照査される．

$$P = \frac{115+94}{2} \times \frac{90+100}{2} \times 9 = 89{,}348 \text{ N}$$

$$\rho_m = \frac{89{,}348}{2} = 44{,}674 \text{ N} < \rho_a = 96{,}000 \text{ N}$$

（2）せん断力に対する照査

作用せん断力S_{s+v}は，表10.22より，

$$S_{s+v} = 427{,}270 \text{ N}$$

となる．また，せん断力に対するボルトの照査は，つぎのようになる．

$$\rho_s = \frac{427{,}270}{34} = 12{,}567 \text{ N} < \rho_a = 96{,}000 \text{ N}$$

（3）曲げモーメントとせん断力に対する照査

$$\rho = \sqrt{\rho_m^2 + \rho_s^2}$$
$$= \sqrt{69{,}750^2 + 12{,}567^2} = 71{,}978 \text{ N} < \rho_a = 96{,}000 \text{ N}$$

（4）連結板の設計

断面二次モーメント：

モーメントプレートに 4-Spl. pls. 190×9 を使用すると，図10.57に示す中立軸まわりの断面二次モーメントI_Mは，

$$I_M = 2\left(19.0 \times 0.9 \times 63.9^2 + \frac{0.9}{12} \times 19.0^3\right)$$
$$+ 2\left(19.0 \times 0.9 \times 65.1^2 + \frac{0.9}{12} \times 19.0^3\right)$$
$$= 2.8664 \times 10^5 \text{ cm}^4$$

となる．同様に，シヤープレートとして 2-Spl. pls. 1,080×9 を用いると，I_Sは，

断面積　$A_S = 194.4 \text{ cm}^2 > A_w = 144.0 \text{ cm}^2$

断面二次モーメント　$I_S = 2\left(\frac{0.9}{12} \times 108.0^3 + 108.0 \times 0.9 \times 0.6^2\right)$

$$= 1.8903 \times 10^5 \text{ cm}^4$$

となる．したがって，合断面二次モーメントIは，つぎのようになる．

$$I = I_M + I_S = (2.8664 + 1.8903) \times 10^5 = 4.7567 \times 10^5 \text{ cm}^4$$

作用曲げモーメント：

図 10.57 より，以下の値が得られる．

$$M = \sigma_u \times \frac{I_w}{z_u} = 166 \times \frac{9 \times 1,600^3/12 + 9 \times 1,600 \times 6^2}{806}$$
$$= 6.328 \times 10^8 \text{ N·mm}$$

連結板の応力照査：
引張側モーメントプレートの最下縁においては，つぎのようになる．

$$\sigma = \frac{M}{I} z = \frac{6.3280 \times 10^8}{4.7567 \times 10^9} \times (806 - 60) = 99 \text{ N/mm}^2 < \sigma_{ta} = 210 \text{ N/mm}^2$$

F. ずれ止めの設計

（1）主荷重による水平せん断力

$$H_p = \frac{QS_v}{I_v}$$

ここに，Q は，床版断面の中立軸に関する一次モーメント

$$Q = \frac{A_c d_c}{n}$$

である．計算結果を，表 10.36 に示す．

表 10.36 水平せん断力 H_p

けた断面	外 げ た				中 げ た			
項 目	0*	1	2	3	0*	1	2	3
A_c/n (cm^2)	771	771	771	771	891	891	891	891
d_c (cm)	28.0	28.0	29.8	36.5	27.5	27.5	28.5	35.2
Q (cm^3)	21,588	21,588	22,976	28,142	24,503	24,503	25,394	31,363
S_v (N)	443,430	365,630	283,780	111,190	541,960	453,430	361,530	172,750
I_v ($\times 10^6$ cm^4)	3.6125	3.3833	3.7395	4.8481	3.5506	3.7917	4.1699	5.4119
H_p (N/cm)	2,650	2,333	1,744	645	3,740	2,930	2,202	1,001

〔注〕 * 外げたのけた端断面の腹板厚は $t_w = 10$ mm，また中げたのけた端断面の腹板厚は $t_w = 12$ mm である．

主荷重による水平せん断力は，外げたよりも中げたのほうが大きい．そこで，中げたについての計算を，以下で行なう．そして，外げたは，それに準ずるものとする．

（2）コンクリートの乾燥収縮・温度差による水平せん断力

これらによる軸方向力は，道示Ⅱ.11.5.2 より，けた端の $L/10$ の区間で，図 10.58 に示すように 3 角形分布するものとする．

したがって，H は

$$H = 2N/a$$

となる．しかし，乾燥収縮によるものは主荷重によるものと作用方向が逆であるので，以下では，温度

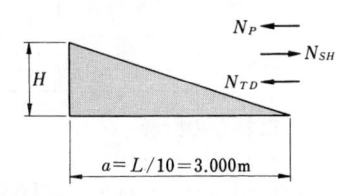

図 10.58 けた端における H の分布状態

差によるもののみを考える．

中げたの温度差によるものは，d. (4) と表 10.23 とにより，つぎのようになる．

$$(\sigma_c)_{TD} = \frac{1}{n}\left(\frac{P}{A_v} + \frac{M_v}{I_v}d_c\right) - E_c\varepsilon_t$$

$$= \frac{1}{7}\left(\frac{2,139,400}{117,780} + \frac{588,340,000}{3.7917\times10^{10}}\times275\right) - 3.4$$

$$= -0.20\,\mathrm{N/mm^2}$$

$$N_{TD} = (\sigma_c)_{TD}\times A_c = 0.20\times624,000 = 124,800\,\mathrm{N}$$

$$\therefore\ H_{TD} = \frac{2N_{TD}}{a} = \frac{2\times124,800}{300} = 832\,\mathrm{N/cm}$$

（3）スタッドの許容耐力

スタッドとしては，$H=150$ で，$d=19$ のものを使用する．すると，H/d は，道示 II. 11.5.5 より，つぎのようになる．

$$\frac{H}{d} = \frac{15}{1.9} = 7.9 > 5.5$$

$$\therefore\ Q_a = 9.4d^2\sqrt{\sigma_{ck}} = 9.4\times19^2\times\sqrt{28} = 17,956\,\mathrm{N/本}$$

そこで，図 10.59 に示すように，3 本使用するものとすれば，

$$3Q_a = 3\times17,956 = 53,868\,\mathrm{N}$$

となる．

（4）スタッドの間隔

スタッドのピッチ p は，

$$p < \frac{3Q_a}{H_p + H_{TD}}$$

より決定する．表 10.37 には，これらの計算結果を示す．

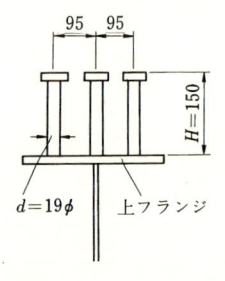

図 10.59 スタッド

表 10.37 ずれ止めの間隔 p

項　目＼中げた断面	0	1	2	3
H_p (N/cm)	3,740	2,930	2,202	1,001
H_{TD} (N/cm)	832	—	—	—
ΣH (N/cm)	4,572	2,930	2,202	1,001
p_{req} (cm)	11.8	18.4	24.5	53.8
p (cm)	11.0	18.0	24.0	30.0

G. たわみの計算

道示 II. 11.7 より，鋼げたにそりを付けるために死荷重によるたわみを，また道示 II. 2.3 により合成げたのたわみ量の照査のために活荷重（衝撃を含まない）によるたわみをそれぞれ計算する．

断面二次モーメント（長さにわたる平均値）：

10.2 道路橋合成げた橋の設計例

$$\bar{I}_s = \Sigma I_{si} l_i / \Sigma l_i$$
$$\bar{I}_v = \Sigma I l_i / \Sigma l_i$$

死荷重によるたわみ：
$$\delta_d = \frac{5 w^*_{ds} L^4}{384 E_s \bar{I}_s} + \frac{5 w^*_{dv} L^4}{384 E_s \bar{I}_v} \quad (w^*_{ds}, \text{および} w^*_{dv} \text{は，表} 10.20 \text{参照})$$

活荷重によるたわみ：
$$\delta_l = p^*_1 \times \frac{DL^3}{48 E_s \bar{I}_v}\left\{1 - \frac{1}{2}\left(\frac{D}{L}\right)^2 + \frac{1}{8}\left(\frac{D}{L}\right)^3\right\} + \frac{5 p^*_2 L^4}{384 E_s \bar{I}_v} < \frac{L^2}{20,000}$$
$$(p^*_1, \text{および} p^*_2 \text{は，表} 10.20 \text{参照})$$

計算結果を，表 10.38 に示す．

表10.38　たわみ δ の計算結果

けた	$\bar{I}_s$ ($\times 10^6 \text{cm}^4$)	$\bar{I}_v$ ($\times 10^6 \text{cm}^4$)	δ_d(cm)			δ_l(cm)		
			(w_s)	(w_{dv})	(δ_d)	(p^*_1)	(p^*_2)	δ_l
外げた	1.1928	4.2598	9.66	1.05	10.71	1.05	0.90	1.95<4.5
中げた	1.2741	4.7574	9.44	0.36	9.80	1.46	1.26	2.71<4.5

H. 対傾構・横構・横げたの設計

対傾構，および横構の設計計算は，トラスの設計例で述べたので，ここでその詳細を省略し，骨組と使用断面のみを示す．対傾構，横構，および横げたは，応力に余裕があるので，すべて SS400 材を使用する．

（1）対傾構

けた端の対傾構：
（図 10.60 参照）　　$U:1-\ulcorner\ 300 \times 90 \times 10 \times 15.5$
　　　　　　　　　　$D:1-L\ 130 \times 130 \times 9$
　　　　　　　　　　$L:1-CT\ 95 \times 152 \times 8 \times 8$

中間の対傾構：
（図 10.60 参照）　　$U:1-L\ 90 \times 90 \times 10$
　　　　　　　　　　$D:1-L\ 75 \times 75 \times 9$
　　　　　　　　　　$L:1-L\ 90 \times 90 \times 10$

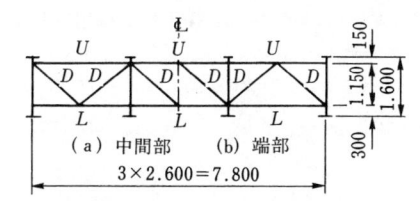

図10.60　対　傾　構（寸法：mm）

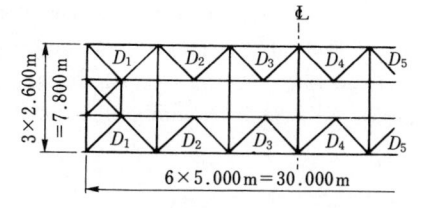

図10.61　横　　構（寸法：mm）

(2) 横　構

$D_1 \sim D_3$ 部材とも，図 10.61 に示すように，以下のものを用いる．

$$1\text{-L}\quad 150\times150\times12$$
$$D_{1,6}:1\text{-CT}\quad 118\times176\times8\times8$$
$$D_2, D_5:1\text{-CT}\quad 95\times152\times8\times8$$

(3) 横げた

支間中央で，図 10.62 に示す横げた（SM400使用）を，取り付ける．そして，この横げたの断面二次モーメントを I_Q とすると，いわゆる格子剛度が，

$$Z=\left(\frac{L}{2a}\right)^3\times\frac{I_Q}{I_v}>10$$

なるように I_Q を定めればよい．

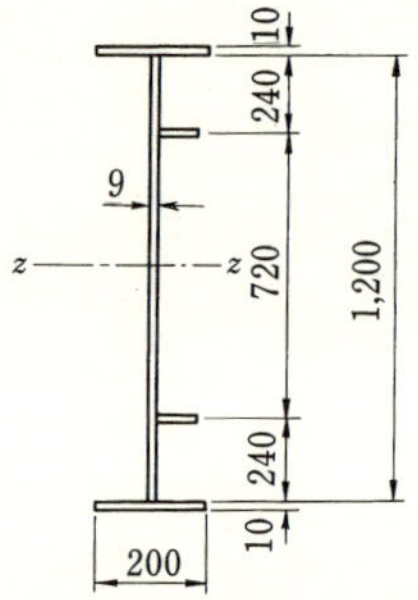

ここに，

$L=30.0\,\mathrm{m}$：主げたのスパン

$2a=5.2\,\mathrm{m}$：横げたのスパン

$I_v=4.5086\times10^6\,\mathrm{cm}^4$（表 10.38 より，$(4.2598+4.7574)/2\times10^6\,\mathrm{cm}^4$）：主げたの断面二次モーメント

である．そこで，横げたの断面二次モーメントを，つぎのように設定する．

	$A(\mathrm{cm}^2)$	$z(\mathrm{cm})$	Az^2 or $I(\mathrm{cm}^4)$
2-Flg. pls. 200×10	40.0	60.5	146,410
1-Web pl. $1,200\times9$	108.0	—	129,600

$$I_Q=276,010\,\mathrm{cm}^4$$

図 10.62 横げたの断面

したがって，Z 値は，つぎのようになるので，目的が達成されることになる．

$$Z=\left(\frac{30.0}{5.2}\right)^3\times\frac{2.7601\times10^5}{4.5086\times10^6}=11.76>10$$

以上の設計計算書をもとにして，この活荷重合成げたの**設計図**を製図したものを，とじ込みに収録してある．

〔**注**〕　縦げたは，道示Ⅱ.2.3 のたわみ制限を満足しない．したがって，実橋の設計であれば縦げたの断面をすこし大きくする必要がある．しかし，ここでは，試設計であり，示方書の変遷の過程で，このようなことも起こるということを喚起するため，以下に満足しなくなった理由を示すが，断面変更は行っていない．道示に SI 単位が採用された時，荷重に対しては $1\mathrm{N}=10\mathrm{kgf}$，鋼橋のヤング係数 E や許容応力に対しては $1\mathrm{N}=9.8\,\mathrm{kgf}$ とされた．したがって，SI 単位採用以前は $E=2.1\times10^6\,\mathrm{kgf/cm^2}$ であったが，採用後は $E=2.0\times10^5\,\mathrm{N/mm^2}$ となったためである．

演習問題解答[*]

1.1
 a. 2主げたの鋼床版連続げた橋
 b. 鋼床版連続箱げた橋
 c. 連続トラス橋
 d. 中央径間を，ランガー橋とする．しかも，両端を片持ばりとしてはり出し，側径間に単げたをのせたバランストランガー橋とするがよい．

1.2 適当と考えられる橋梁形式を，図-1 に例示する．

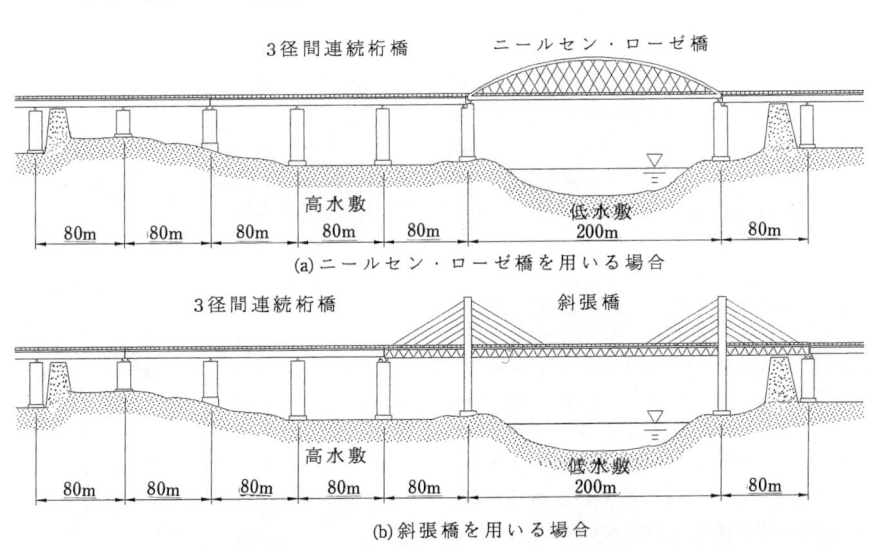

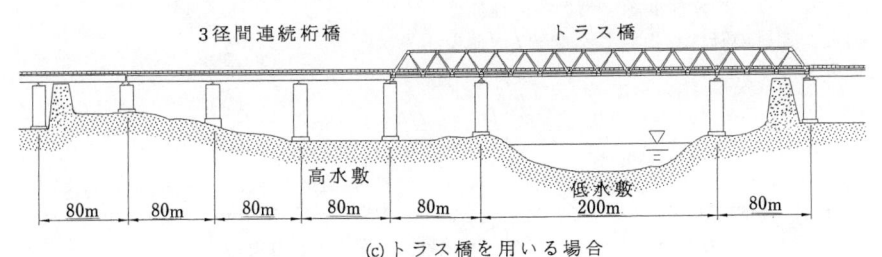

(a) ニールセン・ローゼ橋を用いる場合

(b) 斜張橋を用いる場合

(c) トラス橋を用いる場合

図-1

---

[*] 堀井健一郎：橋梁工学演習，(1966)，学献社

1.3 プレートガーダーの腹板は，曲げに抵抗するために不経済な材料使用法であるから，けたの本数が少ないほうが経済的である．2主げたのプレートガーダーにすると，けた高，および幅員が大となる．しかも，床組（床げたと縦げた）をトラス構造とすれば，一層の経済性が図かれる．

2.1 スパン20mの単純合成げた橋の鋼重は，図1.16より，$1,000\text{N/m}^2$ である．

コンクリート床版	$5.0\times 0.2\times 24,500=$	$24,500\text{N/m}$
アスファルト舗装	$5.0\times 0.05\times 22,500=$	$5,625\text{N/m}$
鋼げた	$1,000\times 5.0=$	$5,000\text{N/m}$
	計	$35,125\text{N/m}$

したがって，主げた1本あたりに作用する死荷重強度 w は，

$$w=35,125/2=17,562.5\text{N/m}$$

となる．

一方，L荷重強度を算出するために，図-2には，主げた1の荷重分配曲線（反力の影響線）を示す．したがって，表2.3より，曲げモーメントを算出するためのL荷重強度は，

$p_1{}^* = 10\times 2.5 = 25\text{kN/m}$
$p_2{}^* = 3.5\times 2.5 = 8.75\text{kN/m}$

で与えられる．

2.2 並列げたの場合の一例をあげると，図-3が，描ける．そして，スパンの増大とともに，死荷重モーメント M_d と活荷重モーメント M_{l+i} との比 $\gamma=M_d/M_{l+i}$ は，増大する．

2.3 スパンを同一にすると，柱の高さが高いときは地震力，また柱の高さが低いときは温度変化による影響が大となる．

3.1 オイラーの座屈曲線において，座屈応力度が鋼材の降伏点と等しくなる l/r 値の限界値は，

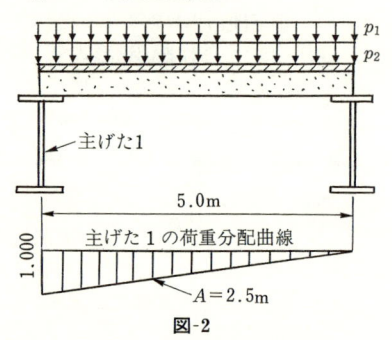

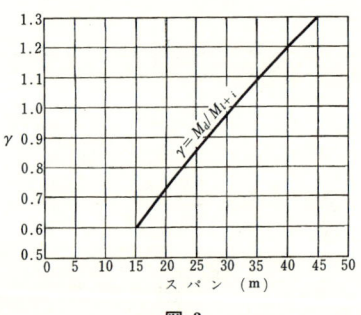

$$\frac{l}{r}=\sqrt{\frac{\pi^2 E}{\sigma_y}}$$

図-2

図-3

で与えられる．そして，降伏点が高いほど，l/r の限界値が小さくなる．たとえば，SS400では $\sigma_y=235\text{N/mm}^2$ で $l/r\cong 92$，また SM490Y では $\sigma_y=315\text{N/mm}^2$ で $l/r\cong 79$ となる．

3.2 付録4.より，対称とする部材の断面諸量は，次のとおりである．

$$\text{断面積 A}=224.5\text{cm}^2,\quad \text{断面二次半径}\ r=4.06\text{cm}\ （弱軸回り）$$

また，図3.8より，$\beta=1$ であるので，有効座屈長 l は，

$$l=\beta L=1\times 600=600\text{cm}$$

で与えられる.

さらに，表 3.4 より，許容引張応力度 σ_{ta} は，つぎのようになる.
$$\sigma_{ta} = 140\,\text{N/mm}^2$$
また，許容圧縮応力度 σ_{ca} は，つぎのようになる.
$$\sigma_{ca} = \frac{1,200,000}{6,700+\left(\dfrac{l}{r}\right)^2} = \frac{1,200,000}{6,700+\left(\dfrac{600}{4.06}\right)^2} = 42\,\text{N/mm}^2$$
したがって，対象となる部材の許容引張力 P_{ts}（全強）は，
$$P_{ts} = \sigma_{ta} A = 140 \times 22,450 = 3,143\,\text{kN}$$
となる．また，許容圧縮力 P_{cs}（全強）は，
$$P_{cs} = \sigma_{ca} A = 42 \times 22,450 = 943\,\text{kN}$$
となる．

3.3 スパンが大になるほど死荷重が増大するので，これを防ぐためには，高張力鋼を用いて経済的な設計が行なえるようにする．ただし，たわみと座屈とに対して不利になるので，たわみの照査を行なうとともに，プレートガーダーの腹板やフランジプレートでは，補剛材やリブで補強する．また，アーチなどの圧縮部材では，座屈の照査を十分に行なわなければならない．

4.1 SM490 を用い，添接板の板厚を 16 mm とすれば，$\sigma_{ta}=185\,\text{N/mm}^2$ であるから，
$$b = \frac{1,000}{0.185 \times 16} = 338\,\text{mm}$$
となる．そこで，$b=340\,\text{mm}$ に設定する．

まず，高力ボルトの場合，$b_n = b = 340\,\text{mm}$ であり，1 列あたり 4 本の高力ボルトを使用するものとすれば，$b_g = b_n + 4d = 440\,\text{mm}$ となる．そして，M22，F10T を使用する

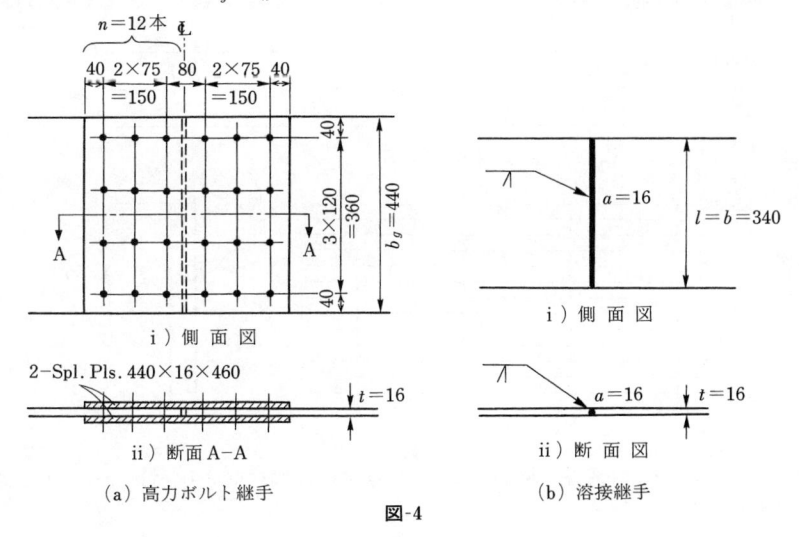

図-4

(a) 高力ボルト継手　　　(b) 溶接継手

と，1摩擦面あたりの許容力は，
$$\rho_a = 48 \text{kN}$$
である．すると，高力ボルトの所要本数 n は，
$$n = \frac{1000}{48 \times 2} = 10.4 \to 12 \text{本}$$
となる．この結果を，図-4（a）に示す．

一方，溶接継手の場合，図-4（b）に示すように，V形のグルーブ溶接を行なうものとすると，
$$\sigma = \frac{P}{al} = \frac{1,000,000}{16 \times 340} = 183 \text{N/mm}^2 \leq \sigma_a = 185 \text{N/mm}^2 \quad (\text{表 4.11 参照})$$
となる．

4.2 格子構造の主げたと横げた，トラスの床組としての床げたと縦げた，トラスの垂直材と床げた，ラーメンにおけるけたと柱，あるいは柱と基礎との結合部などに用いれば，有利である．

5.1 活荷重の影響が大きいので，ここでは，活荷重のみを考える．片持版の最大曲げモーメントは，高欄の推力によるものを -3.0kN·m と仮定すれば，表 5.2 より，
$$M' = -\left(\frac{PL'}{1.3L' + 0.25} + 3.0\right)$$
となる．一方，単純版の最大曲げモーメント M は，同様に表 5.2 より，
$$M = (0.12L + 0.07)P$$
である．ここで，$-M' = M$ とおき，
$$\frac{PL'}{1.3L' + 0.25} = (0.12L + 0.07)P - 3.0$$
$P = 100 \text{kN}$，$L = 2$，3，および 4 m を代入して L' を求めると，以下の表の結果を，得る．

けた間隔（m）	2	3	4
L'（cm）	11.0	20.8	40.1

5.2 図-5 の点 A，B，A'，および B' である．

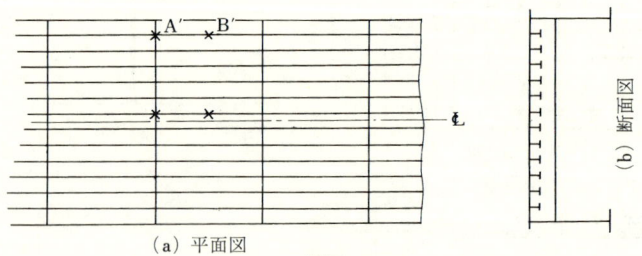

図-5

6.1 曲げモーメントを中央断面の 0.8 倍とすれば，鋼材重量 W は，つぎのように表わされる．

$$W=2\left(0.8\times\frac{M}{\sigma h}-\frac{ht}{6}\right)\gamma l+1.6th\gamma l$$

ここに，γ は単位重量とし，また 0.6 は補剛材，および継手部に対する割増し係数とする．すると，W を最小にする高さ h は，条件式

$$\frac{dW}{dh}=-1.6\gamma l\frac{M}{\sigma h^2}+\gamma lt\left(1.6-\frac{1}{3}\right)=0$$

より，

$$h=\sqrt{\frac{M}{\sigma t}\times\frac{1.6}{1.27}}\cong 1.1\sqrt{\frac{M}{\sigma t}}$$

なる結果を得る．

6.2 図 6.46 の記号を用いると，影響線の面積 A_{p1} は，つぎのように表わされる．

$$A_{p1}=\frac{1}{2}\left(\frac{\eta}{a}x+\eta\right)(a-x)+\frac{1}{2}\left(\eta+\frac{\eta}{b}x'\right)(b-x')$$

$$=\frac{\eta}{2}\lambda-\frac{\eta}{2a}x^2-\frac{\eta}{2b}x'^2=\frac{\eta}{2ab}(ab\lambda-bx^2-ax'^2)$$

$$=\frac{\eta}{2ab}\{ab\lambda-bx^2-a(\lambda-D-x)^2\}$$

したがって，面積 A_{p1} は，$dA_{p1}/dx=0$ のとき最大となるので，つぎの関係式を得る．

$$\frac{dA_{p1}}{dx}=\frac{\eta}{ab}\{-2bx+2a(\lambda-D-x)\}=0$$

$$\lambda-D=\frac{a+b}{a}x=\frac{\lambda}{a}x$$

$$\therefore\quad x=a\left(1-\frac{D}{\lambda}\right)$$

$$x'=\lambda-D-x=\lambda-D-a\left(1-\frac{D}{\lambda}\right)$$

$$=b-b\left(1-\frac{a}{\lambda}\right)=b-D\left(1-\frac{\lambda-b}{\lambda}\right)$$

$$\therefore\quad x'=b\left(1-\frac{D}{\lambda}\right)$$

それゆえ，$x=a(1-\frac{D}{\lambda})$，すなわち $x'=b(1-\frac{D}{\lambda})$ のとき，面積 A_{p1} は，最大となる．
したがって，これを代入して整理すると，A_{p1} の最大値としては，

$$A_{p1}=\frac{\eta}{2ab}\{ab\lambda-bx^2-ax'^2\}$$

$$=\frac{\eta}{2ab}\left[ab\lambda-b\left\{a\left(1-\frac{D}{\lambda}\right)\right\}^2-a\left\{b\left(1-\frac{D}{\lambda}\right)\right\}^2\right]$$

$$=\frac{\eta}{2}\left\{\lambda-a\left(1-\frac{D}{\lambda}\right)^2-b\left(1-\frac{D}{\lambda}\right)^2\right\}$$

$$=\frac{\eta}{2}\left\{\lambda-\lambda\left(1-\frac{D}{\lambda}\right)^2\right\}=\frac{\eta\lambda}{2}\left\{1-\left(1-\frac{D}{\lambda}\right)^2\right\}$$

$$\therefore\ A_{p1} = \eta D \left(1 - \frac{1}{2}\frac{D}{\lambda}\right)$$

が得られる．

6.3 控えめに，$\sigma = 120\,\mathrm{N/mm^2}$ にとると，h は，以下のようになる．

$$h = 1.1\sqrt{\frac{M}{\sigma t}} = 1.1\sqrt{\frac{1,000,000,000}{120 \times 8}} \cong 110\,\mathrm{cm}$$

また，

$$A_c = \frac{M}{\sigma_c h} - \frac{ht}{6} \times \frac{2\sigma_c - \sigma_t}{\sigma_c}$$

$$= \frac{1,000,000,000}{125 \times 1,100} - \frac{1,100 \times 8}{6} \times \frac{2 \times 125 - 140}{125} = 59.8\,\mathrm{cm^2}$$

$$A_t = \frac{M}{\sigma_t h} - \frac{ht}{6} \times \frac{2\sigma_t - \sigma_c}{\sigma_t}$$

$$= \frac{1,000,000,000}{140 \times 1,100} - \frac{1,100 \times 8}{6} \times \frac{2 \times 140 - 125}{140} = 48.7\,\mathrm{cm^2}$$

そこで，A_c は $290 \times 22 = 63.8\,\mathrm{cm^2}$，また A_t は $310 \times 16 = 49.6\,\mathrm{cm^2}$ とする．すると，図-6（a）に対して表 6.5 と同様な計算を行えば，$I = 429,554\,\mathrm{cm^4}$，$z_c = 53.2\,\mathrm{cm}$，および $z_t = 60.6\,\mathrm{cm}$ となり，応力度は，以下のように照査される．

$$\sigma_c = \frac{M}{I} z_c = \frac{1,000,000,000}{4,295,540,000} \times 532 = 121 \leq \sigma_{ba} = 125\,\mathrm{N/mm^2}$$

$$\sigma_t = \frac{M}{I} z_t = \frac{1,000,000,000}{4,295,540,000} \times 606 = 137 < \sigma_{ta} = 140\,\mathrm{N/mm^2}$$

$$\tau = \frac{S}{A_w} = \frac{300,000}{8,800} = 34\,\mathrm{N/mm^2} < \tau_a = 80\,\mathrm{N/mm^2}$$

かつ，腹板の垂直応力を $\sigma_t (\leq 0.45\sigma_{ta})$ とみなし，腹板において $(\sigma_t/\sigma_{ta})^2 + (\tau/\tau_a)^2 \leq 1.2$ を照査してみれば，

$$\left(\frac{137}{140}\right)^2 + \left(\frac{34}{80}\right)^2 = 0.957 + 0.181 = 1.139 < 1.2$$

を，満たしていることがわかる．

継手部分の引張フランジプレート 310×16 は，ボルト孔 2 本分だけ断面が欠損するものとし，継手部分のみ 310×20 を使用するものとすれば，

$$A_n = (31 - 2.5 \times 2) \times 2.0 = 52.0\,\mathrm{cm^2}$$

となる．M22 で，F8T の高力ボルト（$\rho_a = 78\,\mathrm{kN}$）の本数 n は，以下のとおりとなる．

$$\text{圧縮フランジプレート}: n_c = \frac{6,380 \times 121}{78,000} = 9.9 \rightarrow 10\,\text{本}$$

$$\text{引張フランジプレート}: n_t = \frac{5,200 \times 137}{78,000} = 9.1 \rightarrow 10\,\text{本}$$

また，腹板継手の片側の高力ボルトを 4 列とすると（$m = 48$ 個），つぎのようになる．

$\therefore\ \rho_n = 25.3\,\mathrm{kN} < 78\,\mathrm{kN}$（算定方法については，10.2.E.c. と図 10.57 参照）

$$\rho_s = \frac{S}{m} = \frac{300,000}{48} = 6,250\,\mathrm{N}$$

図-6

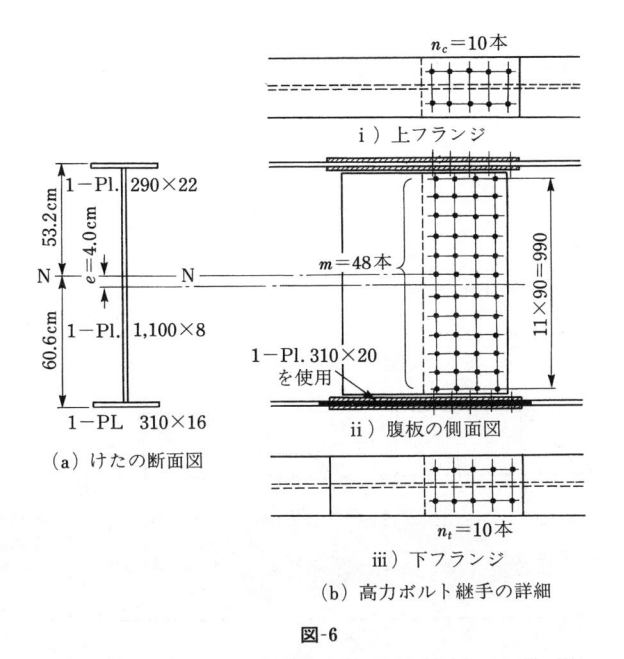

(a) けたの断面図
- 1-Pl. 290×22
- 1-Pl. 1,100×8
- 1-PL 310×16
- 53.2cm, 60.6cm, e=4.0cm

(b) 高力ボルト継手の詳細
- ⅰ) 上フランジ　$n_c=10$ 本
- ⅱ) 腹板の側面図　$m=48$ 本，1-Pl. 310×20 を使用，$11×90=990$
- ⅲ) 下フランジ　$n_t=10$ 本

$$\therefore \rho=\sqrt{25.3^2+6.25^2}=26.1\,\mathrm{kN}<78\,\mathrm{kN}$$

これらの結果を，図-6(b)に示す．

7.1 影響線は，図-7に示すようになる．これより，部材力は，表-1のとおりに計算される．

表-1 $N_d = w^* A_d$, $N_l = p_1^* A_{p1}$ (演習問題 6.2 を参照) $+ p_2^* A_{p2}$, $w^* = 27\,\mathrm{kN/m}$, $p_1^* = 30\,\mathrm{kN/m}$ (弦材), $p_1^* = 36\,\mathrm{kN/m}$ (斜材, 柱材), $p_2^* = 10\,\mathrm{kN/m}$, および $D = 6.0\,\mathrm{m}$

部材	A_d	A_{p1}	A_{p2}	N_d (kN)	$p_1^* A_l$ (kN)	$p_2^* A_{p2}$ (kN)	N_l (kN)	i	N_{l+i} (kN)	N (kN)
U	−48.075	−10.846	−48.075	−1,298.02	−325.37	−480.75	−806.12	0.200	−967.34	−2,265.36
L	45.075	10.169	45.075	1,217.02	305.07	450.75	755.82	0.200	906.98	2,124.00
D_1	−30.350	−8.216	−3.035	−819.45	−246.49	−303.50	−549.99	0.200	−659.99	−1,479.44
D_2	13.001	4.765	15.480	351.02	171.54	154.80	326.34	0.229	401.07	752.09
V_1	6.250	4.560	6.250	168.75	164.16	62.50	226.66	0.351	307.35	476.10
V_2	−9.374	−3.435	−11.160	−253.09	−123.66	−111.60	−235.26	0.229	−289.13	−542.22

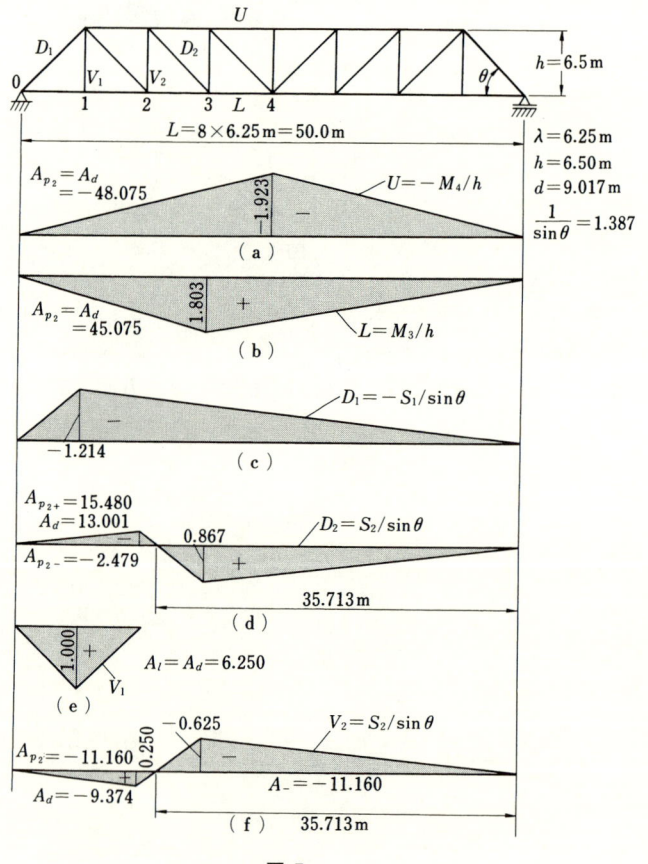

図-7

i) U 部材（$-2,265.36\,\mathrm{kN}$）

図-8 に示す部材を，使用する．

	$A_g(\mathrm{cm}^2)$	$z(\mathrm{cm})$	$A_gz(\mathrm{cm}^3)$	A_gz^2 or $I(\mathrm{cm}^4)$
1-Top pl. 370×14	51.8	18.20	-943	17,158
2-Web pls. 350×15	105.0			10,719
1-Bott. pl. 310×13	40.3	13.85	558	7,730
	197.1		-385	35,607

$e = \dfrac{-385}{197.1} = -1.95\,\mathrm{cm}$

$I_y = 35,607 - 197.1\times1.95^2 = 34,858\,\mathrm{cm}^4$

$I_z = 105,0\times16.25^2 + \dfrac{1.4}{12}37^3 + \dfrac{1.3}{12}\times31^3 = 36,863\,\mathrm{cm}^4$

$I_y < I_z$

$r_y = \sqrt{\dfrac{I_y}{A}} = \sqrt{\dfrac{34,858}{197.1}} = 13.30\,\mathrm{cm}$

$\dfrac{l_y}{r_y} = \dfrac{625}{13.30} = 47.0 < 93$

$\sigma_{ca} = 140 - 0.82\,(47.0 - 18) = 116\,\mathrm{N/mm}^2$

$\sigma_c = \dfrac{2,265,360}{19,710} = 115\,\mathrm{N/mm}^2 < \sigma_{ca}$
$= 116\,\mathrm{N/mm}^2$

図-8

ii) L 部材（$2,124.00\,\mathrm{kN}$）

図-9 に示す部材を，使用する．

	$A_n(\mathrm{cm}^2)$
1-Top pl. 310×14	43.4
2-Web pls. 280×12	67.2
1-Bott. pl. 370×12	44.4
$A_n = 155.0\,\mathrm{cm}^2$	

$\sigma_t = \dfrac{2,124,000}{15,500} = 137\,\mathrm{N/mm}^2 < \sigma_{ta} = 140\,\mathrm{N/mm}^2$

図-9

iii) D_1 部材（$-1,479.44\,\mathrm{kN}$）

図-10 に示す部材を，使用する．

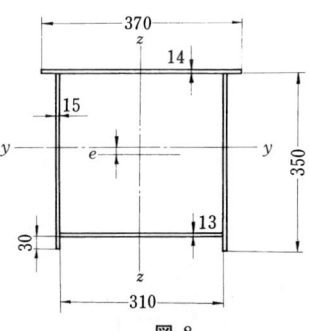

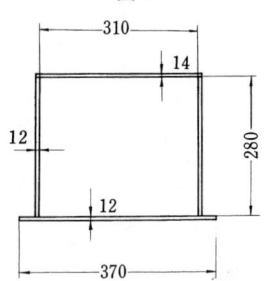

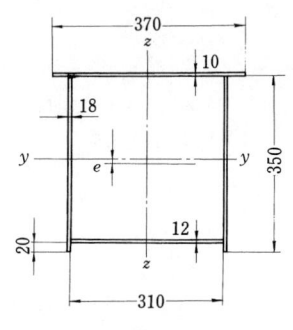

	A_g (cm^2)	z (cm)	A_gz (cm^3)	A_gz^2 or I (cm^4)
1-Top pl. 370×10	37.0	-18.0	-666	11,988
2-Web pls. 350×18	126.0			12,863
1-Bott. pl. 310×12	37.2	14.9	554	8,259
	200.2		-112	33,110

図-10

$$e = \frac{-112}{200.2} = -0.56 \text{ cm}$$

$$I_y = 33,110 - 200.2 \times 0.56^2 = 33,047 \text{ cm}^4$$

$$I_z = \frac{1.0}{12} \times 37^3 + 126.0 \times 16.4^2 + \frac{1.2}{12} \times 31^3 = 41,089 \text{ cm}^4$$

$$I_y < I_z$$

$$r_y = \sqrt{\frac{33,047}{200.2}} = 12.85 \text{ cm}$$

$$\frac{l}{r_y} = \frac{901.7}{12.85} = 70.2 < 93$$

$\sigma_{ca} = 140 - 0.82 \, (70.2 - 18) = 97 \text{ N/mm}^2$

$\sigma_c = \dfrac{1,479,440}{20,020} = 74 \text{ N/mm}^2 < \sigma_{ca} = 97 \text{ N/mm}^2$

iv) D_2 部材 (752.09 kN)

図-11 に示す断面を，使用する．

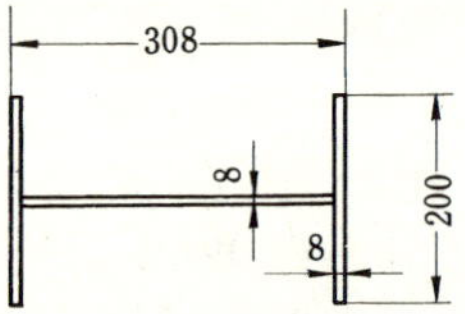

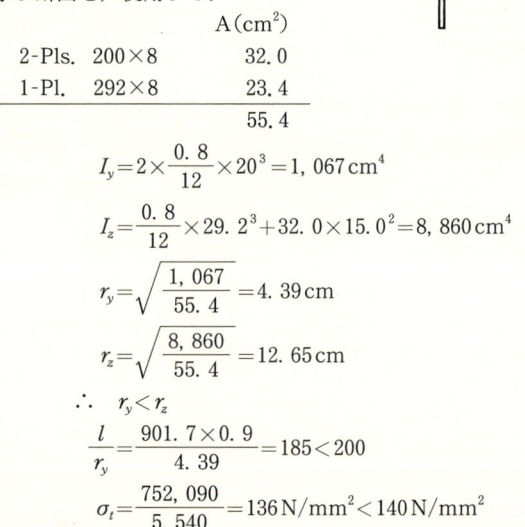

		A (cm^2)
2-Pls.	200×8	32.0
1-Pl.	292×8	23.4
		55.4

図-11

$$I_y = 2 \times \frac{0.8}{12} \times 20^3 = 1,067 \text{ cm}^4$$

$$I_z = \frac{0.8}{12} \times 29.2^3 + 32.0 \times 15.0^2 = 8,860 \text{ cm}^4$$

$$r_y = \sqrt{\frac{1,067}{55.4}} = 4.39 \text{ cm}$$

$$r_z = \sqrt{\frac{8,860}{55.4}} = 12.65 \text{ cm}$$

$$\therefore \quad r_y < r_z$$

$$\frac{l}{r_y} = \frac{901.7 \times 0.9}{4.39} = 185 < 200$$

$$\sigma_t = \frac{752,090}{5,540} = 136 \text{ N/mm}^2 < 140 \text{ N/mm}^2$$

v) V_1 部材 (476.10 kN)

図-12 に示す断面を，使用する．

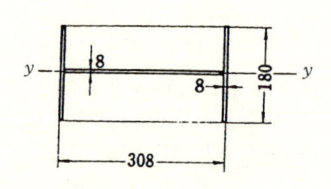

		A_g (cm^2)
1-Pl.	292×8	23.36
2-Pls.	180×8	28.8
		52.16

$$I_y = 2 \times \frac{0.8}{12} \times 18.0^3 = 778 \text{ cm}^4$$

図-12

$$r_y = \sqrt{\frac{778}{52.16}} = 3.86\,\text{cm}$$

$$\frac{l}{r_y} = \frac{650 \times 0.9}{3.86} = 152 < 200$$

$$\sigma_t = \frac{476,100}{5,216} = 91\,\text{N/mm}^2 < \sigma_{ta} = 140\,\text{N/mm}^2$$

vi) V_2 部材（$-542.22\,\text{kN}$）

図-13 に示す断面を，使用する．

	$A_g\,(\text{cm}^2)$	$A_g z^2$ or $I\,(\text{cm}^2)$
2-Pls. 292×9	52.56	4,304
2-Pls. 220×8	35.20	1,420
	87.76	5,724

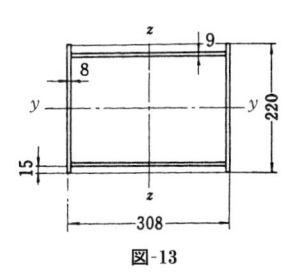

図-13

$$r_y = \sqrt{\frac{5,724}{87.76}} = 8.08\,\text{cm}$$

$$\frac{l}{r_y} = \frac{650 \times 0.9}{8.08} = 72.4 < 92$$

$$\sigma_{ca} = 140 - 0.82(72.4 - 18) = 95\,\text{N/mm}^2$$

$$\sigma_c = \frac{542,220}{8,776} = 62\,\text{N/mm}^2 \leqq \sigma_{ca} = 95\,\text{N/mm}^2$$

7.2 スパン中央付近で，死荷重せん断力が小さくなる区間の斜材，および中間支点よりやや離れた点で，死荷重モーメントの小さい区間の弦材には，交番応力が生じる．これらのことは，影響線を描くことにより明らかである．

8.1 16.2 節の設計例によると，中げたのスパン中央断面における曲げモーメントが，大きい．そこで，この断面について設計を，行う．

設計例より，与えられた値は，つぎのようである．

$$M = M_s + M_{vd} + M_v = 2,529.90 + 346.50 + 3,657.44$$
$$= 6,633.84\,\text{kN}\cdot\text{m}\quad（表 10.21 参照）$$

$h_c = 30.4\,\text{cm}$

$h_0 = 24.0\,\text{cm}$

$A_c = 24 \times 320 = 6,240\,\text{cm}^2$

$t = 0.9\,\text{cm}$

$$I_c = \frac{260}{12} \times 24^3 = 299,520\,\text{cm}^4$$

鋼げたの高さ h_s は，式 (8.16) より，$\sigma_c' = 6\,\text{N/mm}^2$ と仮定すれば，

$$h_s = \frac{6,633,840,000}{624,000 \times 6} - 304 + \frac{240}{2} = 158.8\,\text{cm}$$

となる．そこで，図 8.8，および図 10.50 を参照にして，安全側に $h_s = h_w + t_u + t_c = 170.0$

$+1.0+3.0=174.0\,\text{cm}$ にとるものとする．また，$\sigma_{ca}=8\,\text{N/mm}^2$，および $\sigma_{sa}=185\,\text{N/mm}^2$ である．しかし，ここでは，控えめに $\sigma_{sa}=180\,\text{N/mm}^2$ として検算を行なってみる．すると，図8.7より，

$$z_{sl}=(304+1,740)\times\frac{180}{180+7\times 8}=155.9\,\text{cm}$$

で，式（8.15）は，

$$\frac{180}{7\times 8}\times 304=97.7\,\text{cm}<z_{sl}=155.9\,\text{cm}$$

となる．したがって，図8.7より，縁距離 z_{cu} は，つぎのようになる．

$$z_{cu}=h_s+h_c-z_{sl}=174.0+30.4-155.9=48.5\,\text{cm}$$

鋼げた上フランジプレートの断面には，スタッドが取り付けられる最小断面 200×10 ($A_n=20.0\,\text{cm}^2$) を用いるものとする．すると，下フランジプレートの断面積は，式（8.18）より，

$$A_l=\frac{1}{155.9}\left\{\frac{6,240}{7}\left(48.5-\frac{24}{2}\right)+20(174.0-155.9)\right.$$
$$\left.-\frac{0.9}{2}[155.9^2-(174.0-155.9)^2]\right\}=141.8\,\text{cm}^2$$

である．これに対して，若干の試算設計を行なった結果，図-14の断面を用いる．それゆえ，綿密な断面諸定数の計算結果は，以下のようになる．

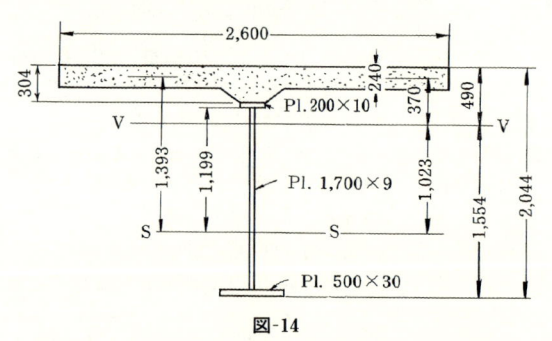

図-14

	$A\,(\text{cm}^2)$	$z\,(\text{cm})$	$Az\,(\text{cm}^3)$	Az^2 or $I\,(\text{cm}^4)$
1 Flg. pl. 200×10	20.0	-85.5	$-1,710$	146,205
1 Web pl. $1,700\times 9$	153.0	—	—	368,475
1 Flg. pl. 500×30	150.0	86.5	12,975	1,122,338
	323.0		11,265	1,637,018

$$e=\frac{11,265}{323.0}=34.9\,\text{cm}$$

$$I_s=1,637,018-323.0\times 34.9^2=1,243,601\,\text{cm}^4$$

$$d_c = 139.3 \times \frac{7 \times 323.0}{7 \times 323.0 + 6,240} = 37.0 \text{ cm}$$

$$d_s = 139.3 \times \frac{6,240}{7 \times 323.0 + 6,240} = 102.3 \text{ cm}$$

$$I_v = 1,243,601 + \frac{1}{7} \times 299,520 + 323.0 \times 102.3^2$$

$$+ \frac{1}{7} \times 6,240 \times 37.0^2 = 5,887,044 \text{ cm}^4$$

この断面について応力を求めると,照査結果は,つぎのようになる.

$$\sigma_{cu} = \frac{6,633,840,000}{7 \times 58,870,440,000} \times 490 = 7.9 \text{ N/mm}^2 < \sigma_{ca} = 8 \text{ N/mm}^2$$

$$\sigma_{cl} = \frac{6,633,840,000}{7 \times 58,870,440,000} \times 186 = 3.0 \text{ N/mm}^2 < \sigma_{ca} = 8 \text{ N/mm}^2$$

$$\sigma_{su} = \frac{6,633,840,000}{58,870,440,000} \times 186 = 21 \text{ N/mm}^2 < \sigma_{ba} = 140 \text{ N/mm}^2$$

$$\sigma_{sl} = \frac{6,633,840,000}{58,870,440,000} \times 1,554 = 175 \text{ N/mm}^2 < \sigma_{ta} = 185 \text{ N/mm}^2$$

8.2 プレストレス力 P_s によって合成断面に生じる曲げモーメント M_s は,

$$M_s = -P_s e$$

で与えられる.

したがって,図-15に示す記号を用いれば,コンクリート断面の上縁応力度 σ_{cu}, および下縁応力度 σ_{cl} は,つぎのように表わされる.

$$\sigma_{cu} = \frac{1}{n}\left\{\frac{P_s}{A_v} + \frac{M_s}{I_v}z_{cu}\right\} = \frac{1}{n}\left\{\frac{P_s}{A_v} - \frac{P_s e}{I_v}z_{cu}\right\} \quad (\text{圧縮を正})$$

$$\sigma_{cl} = \frac{1}{n}\left\{\frac{P_s}{A_v} + \frac{M_s}{I_v}z_{cl}\right\} = \frac{1}{n}\left\{\frac{P_s}{A_v} - \frac{P_s e}{I_v}z_{cl}\right\} \quad (\text{圧縮を正})$$

そして,鋼断面の上縁応力度 σ_{su}, および下縁応力度 σ_{sl} は,

$$\sigma_{su} = \frac{P_s}{A_v} + \frac{M_s}{I_v}z_{cu} = \frac{P_s}{A_v} - \frac{P_s e}{I_v}z_{su} \quad (\text{圧縮を正})$$

$$\sigma_{sl} = -\frac{P_s}{A_v} + \frac{M_s}{I_v}z_{sl} = -\frac{P_s}{A_v} - \frac{P_s e}{I_v}z_{sl} \quad (\text{圧縮を正})$$

で与えられる.

合成後の断面積:A_v
合成後の断面二次モーメント:I_v

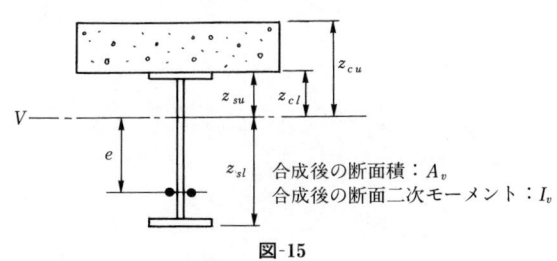

図-15

また，スパン中央断面におけるたわみの算定式は，モールの定理を用いて計算すると，つぎの式で表わされる．

$$\delta_c = \frac{M_s L^2}{8EI_v} = -\frac{P_s e L^2}{8EI_v} \quad (上方にたわむ)$$

付録1　長大橋の表

日本の長大橋，および世界の長大橋の著名なものを，以下に示す．

日本の長大橋

橋　名	所　在	形　式	最大スパン (m)	竣工年
明石海峡大橋	兵庫県	つり橋	1,991	1998
南備讃瀬戸大橋	香川県	つり橋	1,100	1988
来島第三大橋	愛媛県	つり橋	1,030	1999
来島第二大橋	愛媛県	つり橋	1,020	1999
北備讃瀬戸大橋	香川県	つり橋	990	1988
下津井瀬戸大橋	岡山県〜香川県	つり橋	940	1988
多々羅大橋	広島県	斜張橋	890	1999
大鳴門橋	兵庫県〜徳島県	つり橋	876	1985
因島大橋	広島県	つり橋	770	1983
関門橋	下関市〜北九州市	つり橋	712	1973
来島第一大橋	愛媛県	つり橋	600	1999
名港中央大橋	名古屋市	斜張橋	590	1998
レインボーブリッジ	東京都	つり橋	570	1993
大島大橋	愛媛県	つり橋	560	1987
鶴見つばさ橋	神奈川県	斜張橋	560	1995
港大橋	大阪市	ゲルバートラス橋	510	1974
生口橋	広島県	斜張橋	490	1991
東神戸大橋	兵庫県	斜張橋	485	1994
平戸大橋	長崎県	つり橋	465	1977
横浜ベイ橋	横浜市	斜張橋	460	1990
櫃石島橋	香川県	斜張橋	420	1988
岩黒島橋	香川県	斜張橋	420	1988
名港西大橋	名古屋市	斜張橋	405	1985
生月大橋	長崎県	トラス橋	400	1990
若戸大橋	福岡県	つり橋	367	1962
大和川橋	大阪市	斜張橋	355	1982
天保山大橋	大阪市	斜張橋	350	1991
大島大橋	山口県	連続トラス橋	325	1976
新木津川大橋	大阪府	バランスドアーチ橋	305	1994
此花大橋	大阪市	自定式つり橋	300	1990
天門橋	熊本県	連続トラス橋	300	1966

付録1　長大橋の表

橋名	所在	形式	スパン(m)	竣工年
黒之瀬戸大橋	熊本県	連続トラス橋	300	1973
大三島大橋	愛媛県	アーチ橋	297	1978
西郷大橋	島根県	ローゼげた橋	260	1977
岸和田大橋	大阪府	バランスドアーチ橋	255	1993
新浜寺大橋	大阪府	ニールセンローゼ橋	254	1992
西宮港大橋	兵庫県	ニールセンローゼ橋	252	1993
海田大橋	広島県	連続箱げた橋	250	1989
なみはや大橋	大阪市	連続箱げた橋	250	1995
末広大橋	徳島県	斜張橋	250	1975
与島橋	香川県	連続トラス橋	245	1988
かもめ大橋	大阪市	斜張橋	240	1975
六甲大橋	神戸市	斜張橋	220	1976
豊里大橋	大阪市	斜張橋	216	1971
西海橋	長崎県	アーチ橋	216	1955
尾道大橋	広島県	斜張橋	215	1968
第2摩耶大橋	神戸市	連続箱げた橋	210	1975
生の浦大橋	三重県	ニールセン橋	195	1973
鴨け谷大橋	石川県	トラスドアーチ橋	190	1978
灘大橋	神戸市	ニールセン橋	186	1983
平林第3工区橋	大阪府	連続箱げた橋	184	1982
泉大津大橋	大阪府	単弦ローゼげた橋	173	1976
八戸大橋	青森県	連続箱げた橋	165	1976
片山大橋	岡山県	連続箱げた橋	160	1974
大矢野橋(天草第2号橋)	熊本県	ランガーげた橋	156	1966
広島大橋	広島県	連続箱げた橋	150	1973
千本松大橋	大阪市	連続箱げた橋	150	1972
琵琶湖大橋	滋賀県	連続箱げた橋	140	1964
浜名湖大橋	静岡県	連続箱げた橋	140	1968

世界の長大橋

橋名	所在	形式	最大スパン(m)	竣工年
Great Belt East Bridge	デンマーク	つり橋	1,624	1998
Humber Bridge	イギリス	つり橋	1,410	1981
Jiangyin Yangtze bridge	中国	つり橋	1,385	1999
Tsing Ma Bridge	中国	つり橋	1,377	1997
Varrazano Narrows Bridge	アメリカ	つり橋	1,298	1964
Golden Gate Bridge	アメリカ	つり橋	1,280	1937
Hogustenbron Bridge	スウェーデン	つり橋	1,210	1998
Mackinac Straits Bay Bridge	アメリカ	つり橋	1,158	1957
The 2nd Bosporus Bridge	トルコ	つり橋	1,090	1988
Bosporus Bridge	トルコ	つり橋	1,074	1973
George Washington Bridge	アメリカ	つり橋	1,067	1931

付録1 長大橋の表

Ponte de Abril 25	ポルトガル	つり橋	1,013	1967
Forth Road Bay Bridge	イギリス	つり橋	1,006	1964
Severn Bridge	イギリス	つり橋	988	1966
Normandy Bridge	フランス	斜張橋	856	1995
New Tacoma Narrows Bridge	アメリカ	つり橋	853	1949
2nd Nanjin Yangte bridge	中国	斜張橋	628	2001
Qingzhou Minjang Bridge	中国	斜張橋	605	1996
Yang Pu Bridge	中国	斜張橋	602	1993
Quebec Bridge	カナダ	ゲルバートラス橋	549	1917
Skarsundet Bridge	ノルウェー	斜張橋	530	1991
Forth Bridge	イギリス	ゲルバートラス橋	521	1890
New River Gorge Bridge	アメリカ	アーチ橋	518	1977
Bayonne Bridge	アメリカ	アーチ橋	504	1931
Sydney Harbour Bridge	オーストラリア	アーチ橋	503	1932
Chester-Port Bridge	アメリカ	ゲルバートラス橋	501	1972
Brooklyn Bridge	アメリカ	つり橋	486	1883
Greater New Orleans Bridge	アメリカ	ゲルバートラス橋	480	1958
Anacis Bridge	カナダ	斜張橋	465	1987
Hooghly Bridge	インド	ゲルバートラス橋	457	1943
Vdya Sagar Setu Bridge	インド	斜張橋	457	1992
The 2nd Hooghly Bridge	インド	斜張橋	457	1987
Second Severn Bridge	イギリス	斜張橋	456	1996
Lama 9 Bridge	タイ	斜張橋	450	1987
Queen Elizabeth II	イギリス	斜張橋	450	1991
Ponte Barrios de Luma	スペイン	斜張橋	440	1983
Transbay Bridge	アメリカ	ゲルバートラス橋	427	1936
Point et St. Nazaire	フランス	斜張橋	404	1975
Rande Bridge	スペイン	斜張橋	400	1978
Fremont Bridge	アメリカ	アーチ橋	383	1973
Astoria Bridge	アメリカ	連続トラス橋	378	1966
Baton Rouge Bridge	アメリカ	ゲルバートラス橋	376	1968
Tappan Zee Bridge	アメリカ	ゲルバートラス橋	369	1955
Dusseldorf-Flehe Brücke	ドイツ	斜張橋	367	1978
Port Mann Bridge	カナダ	アーチ橋	366	1964
Sunshine Skyway Bridge	アメリカ	斜張橋	366	1987
Duisburg Neuenkamp Brücke	ドイツ	斜張橋	350	1970
Novi Sad Bridge	ユーゴスラビア	斜張橋	346	1981
Thatcher Bridge	パナマ	アーチ橋	344	1962
Mesopotamia Bridge	アルゼンチン	斜張橋	340	1972
West Gate Bridge	オーストラリア	斜張橋	336	1978
Laviolette Bridge	カナダ	アーチ橋	335	1967
Zdükov Bridge	チェコスロバキア	アーチ橋	330	1967
Runcorn-Widnes Bridge	イギリス	アーチ橋	330	1961
Parara Bridge	アルゼンチン	斜張橋	330	1977
Birchenough Bridge	南ローデシア	アーチ橋	329	1935

付録1　長大橋の表

Köhlbrand Brücke	ド　イ　ツ	斜　張　橋	325	1975
Knie Brücke	ド　イ　ツ	斜　張　橋	320	1970
Erskine Bridge	イ　ギ　リ　ス	斜　張　橋	305	1971
Ponte Costa-e-Silva	ブ　ラ　ジ　ル	連続箱げた橋	300	1975
Van Brienenood Bridge	オ　ラ　ン　ダ	ア　ー　チ　橋	287	1965
Ernst Sava Brücke	ユーゴスラビア	連続げた橋	261	1956
Gazela Brücke	ユーゴスラビア	ラ　ー　メ　ン　橋	260	1969
Theodor-Heuss Brücke	ド　イ　ツ	斜　張　橋	260	1958
Zoo Brücke	ド　イ　ツ	連続箱げた橋	259	1966
Fehrmansund Brücke	ド　イ　ツ	ア　ー　チ　橋	248	1962
Auckland Harbour Bridge	ニュージーランド	連続箱げた橋	244	1969
Koblenz-Horchheim Brücke	ド　イ　ツ	連続箱げた橋	236	1972
Bonn-Sud Brücke	ド　イ　ツ	連続箱げた橋	230	1971
San Mateo-Hayword Bridge	ア　メ　リ　カ	連続げた橋	229	1967
Rader-Insel Brücke	ド　イ　ツ	連続げた橋	222	1970

付録2　道路構造令による建築限界

　建築限界は，車道にあっては第1図，また歩道，および自転車道等にあっては第2図に示すところによるものとする．

	(1)		(2)	(3)
	車道に接続して路肩を設ける道路の車道（(3)に示す部分を除く.）		車道に接続して路肩を設けない道路の車道（(3)に示す部分を除く.）	車道のうち分離帯，または交通島に係る部分
	歩道，または自動車道等を有しないトンネルまたは長さ50m以上の橋，もしくは高架の道路以外の道路の車道	歩道，または自転車道等を有しないトンネル，または長さ50m以上の橋，もしくは高架の道路の車道		

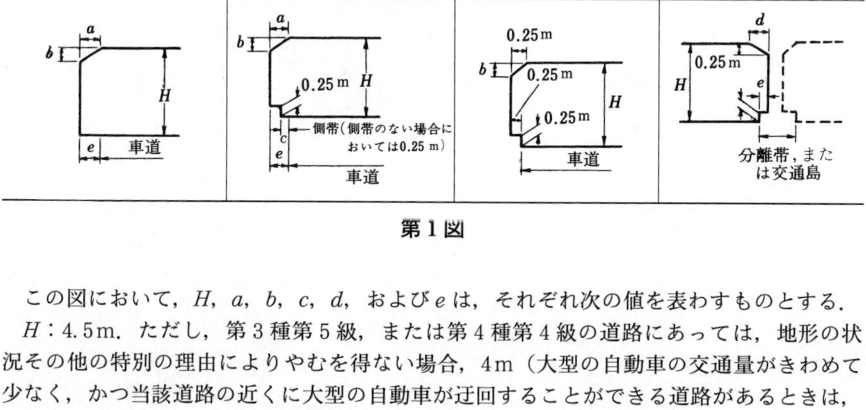

第1図

　この図において，H, a, b, c, d, および e は，それぞれ次の値を表わすものとする．
　H：4.5m．ただし，第3種第5級，または第4種第4級の道路にあっては，地形の状況その他の特別な理由によりやむを得ない場合，4m（大型の自動車の交通量がきわめて少なく，かつ当該道路の近くに大型の自動車が迂回することができる道路があるときは，3m）まで縮小することができる．
　a, および e：車道に接続する路肩の幅員（路上施設を設ける路肩にあっては，路肩の幅員から路上施設を設けるのに必要な値を減じた値．ただし，当該値が1mをこえる場合，a は，1mとする．
　b：H（3.8m未満の場合においては，3.8m とする）から，3.8m を減じた値．
　c, および d：分離帯に係るものにあっては，道路の区分に応じ，それぞれ次の表の c の欄，および d の欄に掲げる値．交通島に係るものにあっては，c を0.25m，また d を0.5m とする．

付録2　道路構造令による建築限界

区　分		c（単位：m）	d（単位：m）
第1種	第1級	0.5	1
	第2級		
	第3級	0.25	0.75
	第4級		
第2種	第1級	0.25	0.75
	第2級		
第　3　種		0.25	0.5
第　4　種		0.25	0.5

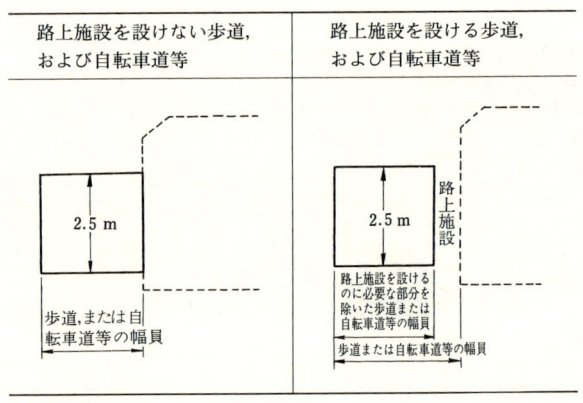

路上施設を設けない歩道，および自転車道等	路上施設を設ける歩道，および自転車道等
2.5 m 歩道，または自転車道等の幅員	2.5 m　路上施設 路上施設を設けるのに必要な部分を除いた歩道または自転車道等の幅員 歩道または自転車道等の幅員

第2図

付録3　鉄道の建築限界

A. 交流電化区間の建築限界〔建造物基本構造基準規定（昭和40年9月），第3条別表〕

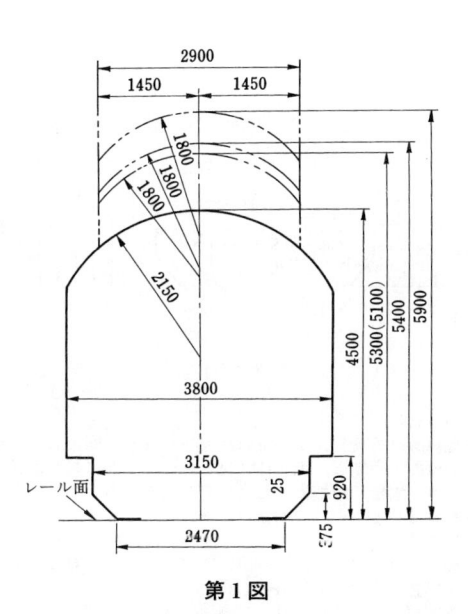

第1図

〔備　考〕
──── 一般の場合に対する限界．ただし，既設トンネル，雪覆，跨線橋，およびその前後においては，改築の時期まで暫定的に 4,500 mm を 4,300 mm とすることができる．

─・─・─ 架空電車線（交流）により電気運転を行なう区間において架空電車線，および，その懸ちょう装置，絶縁補強材を除いた上部に対する限界（この限界はトンネル，雪覆，跨線橋，およびその前後において必要ある場合には──・──をもって示す限度まで，ホーム上家のひさし，橋りょう，および，その前後において必要ある場合には──・・──まで，これを縮小できるものとし，各相互間の限界をもって示す限度は架空電車線のこう配に従ってきめるものとする．ただし，既設のものについては，改築の時期までは暫定的に──・──5,300 mm は，5,100 mm にすることができる．

〔注〕　上図における（　）内は，懸ちょう装置つきの架線が利用できる場合，縮小できる限度．

B. 非電化区間，および直流電化区間の建築限界〔建造物基本構造基準規程（昭和40年9月），第3条別表〕

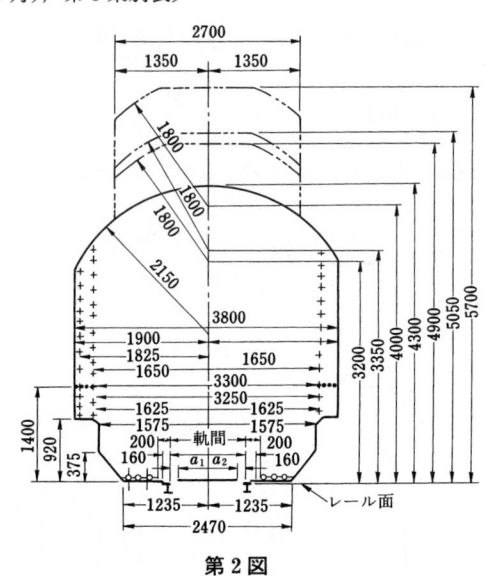

第2図

〔備　考〕
——— 一般の場合に対する限界.
架空電車線（直流）により電気運転を行なう区間において架空電車線，およびその懸ちょう装置，絶縁補強材を除いた上部に対する限界（この限界は，トンネル，雪覆，跨線橋，およびその前後にあって，集電装置によって押し上げられる架空電車線の高さがレール面から4,650mmをこえない安全な架線支持方法をとる場合は―‥―をもって示す限度まで，ホーム上家のひさし，橋りょう，および，その前後では―‥―をもって示す限度まで，これを縮小できるものとし，各相互間の限界は架空電車線のこう配に従ってきめるものとする）.
-●-●-●-● 信号機標識，ならびに特殊のトンネル，および橋りょうに対する限界.
-○-○-○-○ 乗越分岐器に対する限界.
++++++ 側線，および貨物列車のみ発着する本線路において燃料とう載，給水の設備，および信号柱に，側線において転車，計重，洗車の設備，車庫の門路，およびその内部の装置，軌道間にたてる貨物ホーム上家の支柱，ならびに般車連絡設備の可動橋上の線路において岸壁に対する限界.
側線，および貨物列車のみの発着する本線路において架空電車線支柱を，側線において構内照明灯支持柱を4線路以上ごとにたてる場合に対する限界（この限界は，既設停車場において一般の場合に対する限界によることが困難なような場合にかぎり，これを適用する）.

$a_1 = a_2 = 65 + (スラック)$
ただし，トングレールの先端，および可動レールの先端に対しては，a_1，または$a_2 = 80 + (スラック)$

第3図 a_1，および a_2 部分に対する限界（一般の場合）

付録4　鋼材断面表

丸　　鋼

直径：D（mm）

D (mm)	断面積 (cm^2)	単位質量 (kg/m)	D (mm)	断面積 (cm^2)	単位質量 (kg/m)	D (mm)	断面積 (cm^2)	単位質量 (kg/m)
6	0.2827	0.222	28	6.158	4.83	65	33.18	26.0
7	0.3848	0.302	30	7.069	5.55	(68)	36.32	28.5
8	0.5027	0.395	32	8.042	6.31	70	38.48	30.2
9	0.6362	0.499	(33)	8.553	6.71	75	44.18	34.7
10	0.7854	0.617	36	10.18	7.99	80	50.27	39.5
11	0.9503	0.746	38	11.34	8.90	85	56.75	44.5
12	1.131	0.888	(39)	11.95	9.38	90	63.62	49.9
13	1.327	1.04	42	13.85	10.9	95	70.88	55.6
(14)	1.539	1.21	(45)	15.90	12.5	100	78.54	61.7
16	2.011	1.58	46	16.62	13.0	110	95.03	74.6
(18)	2.545	2.00	48	18.10	14.2	120	113.1	88.8
19	2.835	2.23	50	19.64	15.4	130	132.7	104
20	3.142	2.47	(52)	21.24	16.7	140	153.9	121
22	3.801	2.98	55	23.76	18.7	150	176.7	139
24	4.524	3.55	56	24.63	19.3	160	201.1	158
25	4.909	3.85	60	28.27	22.2	180	254.5	200
(27)	5.726	4.49	64	32.17	25.3	200	314.2	247

〔注〕：一般に，（　）内の直径の丸鋼は，使用しない．

付録4 鋼材断面表

U形鋼（鋼床版トラフリブ）

呼び名*	寸法 (mm)						断面積 (cm^2)	単位質量 (kg/m)	断面性能	
	A	A'**	B	H	t	R			重心位置 e_z(cm)	断面二次モーメント I_y(cm^4)
320×240×6-40	320	319.4	213.3	240	6	40	40.26	31.6	8.86	2,460
320×260×6-40	320	319.4	204.4	260	6	40	42.19	33.1	9.91	3,011
320×240×6-40	324.1	323.3	216.5	242	8	40	53.90	42.3	8.99	3,315
320×260×8-40	324.1	323.3	207.7	262	8	40	56.47	44.3	10.03	4,055

〔注〕 *標準長さ：9.0, 10.0, 11.0, 12.0, 13.0, 14.0, おとび15.0 m.
 **A', および断面性能は, 参考値を示す.

付録 4　鋼材断面表

I 形 鋼

断面二次モーメント：$I=Ar^2$
断面二次半径：$r=\sqrt{I/A}$
断面係数：$W=I/e$
（A＝断面積）

標準断面寸法 (mm)						断面積 A (cm^2)	単位質量 (kg/m)	断面二次モーメント (cm^4)		断面二次半径 (cm)		断面係数 (cm^3)	
$H \times B$	t_1	t_2	r_1	r_2				I_y	I_z	r_y	r_z	W_y	W_z
100×75	5	8	7	3.5		16.43	12.9	283	48.3	4.15	1.72	56.5	12.9
125×75	5.5	9.5	9	4.5		20.45	16.1	540	59.0	5.14	1.70	86.4	15.7
150×75	5.5	9.5	9	4.5		21.83	17.1	820	59.1	6.13	1.65	109	15.8
150×125	8.5	14	13	6.5		46.15	36.2	1,780	395	6.21	2.92	237	63.1
180×100	6	10	10	5		30.06	23.6	1,670	141	7.46	2.17	186	28.2
200×100	7	10	10	5		33.06	26.0	2,180	142	8.11	2.07	218	28.4
200×150	9	16	15	7.5		64.16	50.4	4,490	771	8.37	3.47	449	103
250×125	7.5	12.5	12	6		48.79	38.3	5,190	345	10.3	2.66	415	55.2
250×125	10	19	21	10.5		70.73	55.5	7,340	560	10.2	2.81	587	89.6
300×150	8	13	12	6		61.58	48.3	9,500	600	12.4	3.12	633	80.0
300×150	10	18.5	19	9.5		83.47	65.5	12,700	886	12.4	3.26	849	118
300×150	11.5	22	23	11.5		97.88	76.8	14,700	1,120	12.3	3.38	981	149
350×150	9	15	13	6.5		74.58	58.5	15,200	715	14.3	3.11	871	95.4
350×150	12	24	25	12.5		111.1	87.2	22,500	1,230	14.2	3.33	1,280	164
400×150	10	18	17	8.5		91.73	72.0	24,000	887	16.2	3.10	1,200	118
400×150	12.5	25	27	13.5		122.1	95.8	31,700	1,290	16.1	3.25	1,580	172
450×175	11	20	19	9.5		116.8	91.7	39,200	1,550	18.3	3.64	1,740	177
450×175	13	26	27	13.5		146.1	115	48,800	2,100	18.3	3.79	2,170	240
600×190	13	25	25	12.5		169.4	133	98,200	2,540	24.1	3.87	3,270	267
600×190	16	35	38	19		224.5	176	130,000	3,700	24.0	4.06	4,330	390

付録4　鋼材断面表

H 形 鋼

断面二次モーメント：$I = Ar^2$
断面二次半径：$r = \sqrt{I/A}$
断面係数：$W = I/e$
（A＝断面積）

呼称寸法(高さ×辺)	標準断面寸法 (mm)						断面積 A (cm²)	単位質量 (kg/m)	断面二次モーメント (cm⁴)		断面二次半径 (cm)		断面係数 (cm³)	
	$H \times B$	t_1	t_2	r					I_y	I_z	r_y	r_z	W_y	W_z
300×150	300×150	6.5	9	13			46.78	36.7	7,210	508	12.4	3.29	481	67.7
300×200	294×200	8	12	18			72.38	56.8	11,300	1,600	12.5	4.71	771	160
300×300	294×302	12	12	18			107.7	84.5	16,900	5,520	12.5	7.16	1,150	365
300×300	300×300	10	15	18			119.8	94.0	20,400	6,750	13.1	7.51	1,360	450
300×300	300×305	15	15	18			134.8	106	21,500	7,100	12.6	7.26	1,440	466
300×300	304×301	11	17	18			134.8	106	23,400	7,730	13.2	7.57	1,540	514
350×175	346×174	6	9	14			52.68	41.4	11,100	792	14.5	3.88	641	91.0
350×175	350×175	7	11	14			63.14	49.6	13,600	984	14.7	3.95	775	112
350×250	340×250	9	14	20			101.5	79.7	21,700	3,650	14.6	6.00	1,280	292
350×350	338×351	13	13	20			135.3	106	28,200	9,380	14.4	8.33	1,670	534
350×350	344×348	10	16	20			146.0	115	33,300	11,200	15.1	8.78	1,940	646
350×350	344×354	16	16	20			166.6	131	35,300	11,800	14.6	8.43	2,050	669
350×350	350×350	12	19	20			173.9	136	40,300	13,600	15.2	8.84	2,300	776
350×350	350×357	19	19	20			198.4	156	42,800	14,400	14.7	8.53	2,450	809
350×350	356×352	14	22	20			202.0	159	47,600	16,000	15.3	8.90	2,670	909
400×200	396×199	7	11	16			72.16	56.6	20,000	1,450	16.7	4.48	1,010	145
400×200	400×200	8	13	16			84.12	66.0	23,700	1,740	16.8	4.54	1,190	174

付録4 鋼材断面表

400×300	390×300	10	16	22	136.0	107	38,700	7,210	16.9	7.28	1,980	481
400×400	388×402	15	15	22	178.5	140	49,000	16,300	16.6	9.54	2,520	809
400×400	394×398	11	18	22	186.8	147	56,100	18,900	17.3	10.1	2,850	951
400×400	394×405	18	18	22	214.4	168	59,700	20,000	16.7	9.65	3,030	985
400×400	400×400	13	21	22	218.7	172	66,600	22,400	17.5	10.1	3,330	1,120
400×400	400×408	21	21	22	250.7	197	70,900	23,800	16.8	9.75	3,540	1,170
400×400	414×405	18	28	22	295.4	232	92,800	31,000	17.7	10.2	4,480	1,530
400×400	428×407	20	35	22	360.7	283	119,000	39,400	18.2	10.4	5,570	1,930
400×400	458×417	30	50	22	528.6	415	187,000	60,500	18.8	10.7	8,170	2,900
400×400	498×432	45	70	22	770.1	605	298,000	94,400	19.7	11.1	12,000	4,370
450×200	446×199	8	12	18	84.30	66.2	28,700	1,580	18.5	4.33	1,290	159
450×200	450×200	9	14	18	96.76	76.0	33,500	1,870	18.6	4.40	1,490	187
450×300	440×300	11	18	24	157.4	124	56,100	8,110	18.9	7.18	2,550	541
500×200	496×199	9	14	20	101.3	79.5	41,900	1,840	20.3	4.27	1,690	185
500×200	500×200	10	16	20	114.2	89.7	47,800	2,140	20.5	4.33	1,910	214
500×200	506×201	11	19	20	131.3	103	56,500	2,580	20.7	4.43	2,230	257
500×300	482×300	11	15	26	145.5	114	60,400	6,760	20.4	6.82	2,500	451
500×300	488×300	11	18	26	163.5	128	71,000	8,110	20.8	7.04	2,910	541
600×200	596×199	10	15	22	120.5	94.6	68,700	1,980	23.9	4.05	2,310	199
600×200	600×200	11	17	22	134.4	106	77,600	2,280	24.0	4.12	2,590	228

付録4　鋼材断面表

600×200	606×201	12	20	22	152.5	120	90,400	2,720	24.3	4.22	2,980	271
600×300	582×300	12	17	28	174.5	137	103,000	7,670	24.3	6.63	3,530	511
600×300	588×300	12	20	28	192.5	151	118,000	9,020	24.8	6.85	4,020	601
600×300	594×302	14	23	28	222.4	175	137,000	10,600	24.9	6.90	4,620	701
700×300	692×300	13	20	28	211.5	166	172,000	9,020	28.6	6.53	4,980	602
700×300	700×300	13	24	28	235.5	185	201,000	10,800	29.3	6.78	5,760	722
700×300	708×302	15	28	28	273.6	215	237,000	12,900	29.4	6.86	6,700	853
800×300	792×300	14	22	28	243.4	191	254,000	9,930	32.3	6.39	6,410	662
800×300	800×300	14	26	28	267.4	210	292,000	11,700	33.0	6.62	7,290	782
800×300	808×302	16	30	28	307.6	241	339,000	13,800	33.2	6.70	8,400	915
900×300	890×299	15	23	28	270.9	213	345,000	10,300	35.7	6.16	7,760	688
900×300	900×300	16	28	28	309.8	243	411,000	12,600	36.4	6.39	9,140	843
900×300	912×302	18	34	28	364.0	286	498,000	15,700	37.0	6.56	10,900	1,040

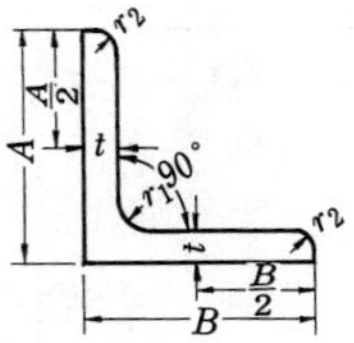

付録4 鋼材断面表

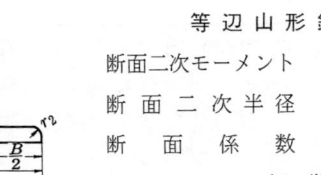

等辺山形鋼

断面二次モーメント： $I = Ar^2$
断 面 二 次 半 径： $r = \sqrt{I/A}$
断 面 係 数： $W = I/e$
（A＝断面積）

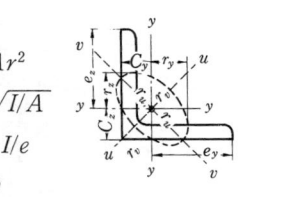

標準断面寸法 (mm)					断面積 A (cm²)	単位質量 (kg/m)	重心の位置 (cm)		断面二次モーメント (cm⁴)				断面二次半径 (cm)				断面係数 (cm³)	
$A \times B$	t	r_1	r_2				C_y	C_z	I_y	I_z	I_u	I_v	r_y	r_z	r_u	r_v	W_y	W_z
40×40	3	4.5	2		2.336	1.83	1.09	1.09	3.53	3.53	5.60	1.45	1.23	1.23	1.55	0.79	1.21	1.21
40×40	5	4.5	3		3.755	2.95	1.17	1.17	5.42	5.42	8.59	2.25	1.20	1.20	1.51	0.77	1.91	1.91
45×45	4	6.5	3		3.492	2.74	1.24	1.24	6.50	6.50	10.3	2.69	1.36	1.36	1.72	0.88	2.00	2.00
50×50	4	6.5	3		3.892	3.06	1.37	1.37	9.06	9.06	14.4	3.74	1.53	1.53	1.92	0.98	2.49	2.49
50×50	6	6.5	4.5		5.644	4.43	1.44	1.44	12.6	12.6	20.0	5.24	1.50	1.50	1.88	0.96	3.55	3.55
60×60	4	6.5	3		4.692	3.68	1.61	1.61	16.0	16.0	25.4	6.62	1.85	1.85	2.33	1.19	3.66	3.66
60×60	5	6.5	3		5.802	4.55	1.66	1.66	19.6	19.6	31.2	8.06	1.84	1.84	2.32	1.18	4.52	4.52
65×65	6	8.5	4		7.527	5.91	1.81	1.81	29.4	29.4	46.6	12.1	1.98	1.98	2.49	1.27	6.27	6.27
65×65	8	8.5	6		9.761	7.66	1.88	1.88	36.8	36.8	58.3	15.3	1.94	1.94	2.44	1.25	7.97	7.97
70×70	6	8.5	4		8.127	6.38	1.94	1.94	37.1	37.1	58.9	15.3	2.14	2.14	2.69	1.37	7.33	7.33
75×75	6	8.5	4		8.727	6.85	2.06	2.06	46.1	46.1	73.2	19.0	2.30	2.30	2.90	1.47	8.47	8.47
75×75	9	8.5	6		12.69	9.96	2.17	2.17	64.4	64.4	102	26.7	2.25	2.25	2.84	1.45	12.1	12.1
75×75	12	8.5	6		16.56	13.0	2.29	2.29	81.9	81.9	129	34.5	2.22	2.22	2.79	1.44	15.7	15.7

付録4　鋼材断面表

寸法	t₁	t₂	r	断面積	質量	Cx	Cy	Ix	Iy	Imax	Imin	ix	iy	Zx	Zy	—	—
80×80	6	8.5	4	9.327	7.32	2.19	2.19	59.4	59.4	56.4	89.6	23.2	2.46	2.46	3.10	1.58	9.70	9.70
90×90	6	10	5	10.55	8.28	2.42	2.42	80.7	80.7	80.7	129	32.3	2.77	2.77	3.50	1.75	12.3	12.3
90×90	7	10	5	12.22	9.59	2.46	2.46	93.0	93.0	93.0	148	38.3	2.76	2.76	3.48	1.77	14.2	14.2
90×90	10	10	7	17.00	13.3	2.58	2.58	125	125	125	199	51.6	2.71	2.71	3.42	1.74	19.5	19.5
90×90	13	10	7	21.71	17.0	2.69	2.69	156	156	156	248	65.3	2.68	2.68	3.38	1.73	24.8	24.8
100×100	7	10	5	13.62	10.7	2.71	2.71	129	129	129	205	53.1	3.08	3.08	3.88	1.97	17.7	17.7
100×100	10	10	7	19.00	14.9	2.83	2.83	175	179	175	278	71.9	3.03	3.03	3.83	1.95	24.4	24.4
100×100	13	10	7	24.31	19.1	2.94	2.94	220	220	220	348	91.0	3.00	3.00	3.78	1.93	31.1	31.1
120×120	8	12	5	18.76	14.7	3.24	3.24	258	258	258	410	106	3.71	3.71	4.68	2.38	29.5	29.5
130×130	9	12	6	22.74	17.9	3.53	3.53	366	366	366	583	150	4.01	4.01	5.06	2.57	38.7	38.7
130×130	12	12	8.5	29.76	23.4	3.64	3.64	467	467	467	743	192	3.96	3.96	5.00	2.54	49.9	49.9
130×130	15	12	8.5	36.75	28.8	3.76	3.76	568	568	568	902	234	3.93	3.93	4.95	2.53	61.5	61.5
150×150	12	14	7	34.77	27.3	4.14	4.14	740	740	740	1,176	304	4.61	4.61	5.82	2.96	68.2	68.2
150×150	15	14	10	42.74	33.6	4.24	4.24	888	888	888	1,410	365	4.56	4.56	5.75	2.92	82.6	82.6
150×150	19	14	10	53.38	41.9	4.40	4.40	1,090	1,090	1,590	1,760	451	4.52	4.52	5.69	2.91	103	103
175×175	12	15	11	40.52	31.8	4.73	4.73	1,170	1,170	1,170	1,860	479	5.37	5.37	6.78	3.44	91.6	91.6
175×175	15	15	11	50.21	39.4	4.85	4.85	1,440	1,440	1,440	2,290	588	5.35	5.35	6.75	3.42	114	114
200×200	15	17	12	57.75	45.3	5.47	5.47	2,180	2,180	2,180	3,470	891	6.14	6.14	7.75	3.93	150	150
200×200	20	17	12	76.00	59.7	5.57	5.67	2,820	2,820	2,820	4,490	1,160	6.09	6.09	7.68	3.90	197	197
200×200	25	17	12	93.75	73.6	5.87	5.87	3,420	3,420	3,420	5,420	1,410	6.04	6.04	7.61	3.88	242	242
250×250	25	24	12	119.4	93.7	7.10	7.10	6,960	6,950	6,960	11,000	2,860	7.63	7.63	9.62	4.89	388	388
250×250	35	24	18	162.6	128	7.45	7.45	9,110	9,110	9,110	14,400	3,790	7.48	7.48	9.42	4.38	519	519

付録4　鋼材断面表

不等辺山形鋼

断面二次モーメント　：$I = Ar^2$
断面二次半径　　　　：$r = \sqrt{I/A}$
断面係数　　　　　　：$W = I/e$
($A=$断面積)

標準断面寸法 (mm)				断面積 A (cm^2)	単位質量 (kg/m)	重心の位置 (cm)		断面二次モーメント (cm^4)					断面二次半径 (cm)				$\tan\alpha$	断面係数 (cm^3)	
$A\times B$	t	r_1	r_2			C_y	C_z	I_y	I_z	最大 I_u	最小 I_v	r_y	r_z	最大 r_u	最小 r_v		W_y	W_z
90×75	9	8.5	6	14.04	11.0	2.75	2.01	109	68.1	143	34.1	2.78	2.20	3.19	1.56	0.676	17.4	12.4
100×75	7	10	5	11.87	9.32	3.06	1.84	118	57.0	144	30.7	3.15	2.19	3.49	1.61	0.548	17.0	10.1
100×75	10	10	7	16.50	13.0	3.18	1.94	159	76.1	194	41.3	3.11	2.15	3.43	1.58	0.543	23.3	13.7
125×75	7	10	5	13.62	10.7	4.10	1.64	219	60.4	243	36.4	4.01	2.11	4.23	1.63	0.362	26.1	10.3
125×75	10	10	7	19.00	14.9	4.23	1.75	298	80.9	330	49.0	3.96	2.06	4.17	1.61	0.357	36.1	14.1
125×75	13	10	7	24.31	19.1	4.35	1.87	376	101	414	61.9	3.93	2.04	4.13	1.60	0.352	46.1	17.9
125×90	10	10	7	20.50	16.1	3.95	2.22	318	138	380	76.1	3.94	2.59	4.30	1.93	0.506	37.2	20.4
125×90	13	10	7	26.26	20.6	4.08	2.34	401	165	479	87.2	3.91	2.51	4.27	1.82	0.499	47.5	24.8
150×90	9	12	6	20.94	16.4	4.96	2.00	484	133	537	80.2	4.81	2.52	5.06	1.96	0.362	48.2	19.0
150×90	12	12	8.5	27.36	21.5	5.07	2.10	619	168	684	102	4.75	2.47	5.00	1.93	0.357	62.3	24.3
150×100	9	12	6	21.84	17.1	4.77	2.32	502	179	580	101	4.79	2.86	5.15	2.15	0.441	49.0	23.3
150×100	12	12	8.5	28.56	22.4	4.88	2.41	642	229	738	133	4.74	2.83	5.08	2.15	0.435	63.4	30.2
150×100	15	12	8.5	36.25	27.7	5.01	2.53	781	276	897	161	4.71	2.80	5.04	2.14	0.432	78.2	37.0

不等辺不等厚山形鋼

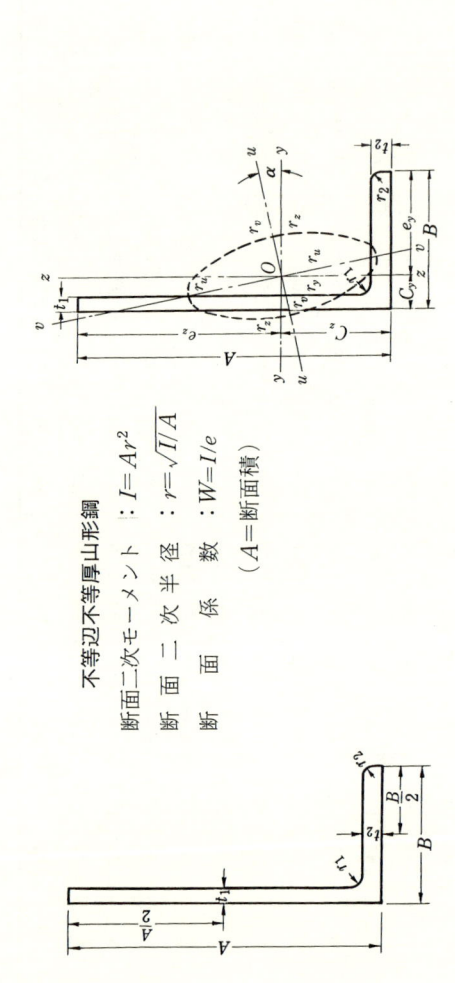

断面二次モーメント：$I = Ar^2$
断面二次半径：$r = \sqrt{I/A}$
断面係数：$W = I/e$
（A＝断面積）

標準断面寸法 (mm)						断面積 A (cm²)	単位質量 (kg/m)	重心の位置 (cm)		断面二次モーメント (cm⁴)				断面二次半径 (cm)				$\tan \alpha$	断面係数 (cm³)	
$A \times B$	t_1	t_2	r_1	r_2				C_y	C_z	I_y	I_z	最大 I_u	最小 I_v	r_y	r_z	最大 r_u	最小 r_v		W_y	W_z
200×90	9	14	14	7		29.66	23.3	2.15	6.36	1,210	200	1,290	125	6.39	2.60	6.59	2.05	0.263	88.7	29.2
250×90	10	15	17	8.5		37.47	29.4	1.92	8.61	2,440	223	2,520	147	8.07	2.44	8.20	1.98	0.182	149	31.5
250×90	12	16	17	8.5		42.95	33.7	1.89	8.99	2,700	238	2,870	160	8.06	2.35	8.17	1.93	0.173	174	33.5
300×90	11	16	19	9.5		46.22	36.3	1.76	11.0	4,470	245	4,540	169	9.83	2.30	9.91	1.91	0.132	235	33.8
300×90	13	17	19	9.5		52.67	41.3	1.75	11.3	4,940	259	5,020	181	9.68	2.22	9.76	1.85	0.128	264	35.7
400×100	13	18	24	12		68.59	53.8	1.77	15.4	11,500	388	11,600	277	12.9	2.38	13.00	2.01	0.0994	467	47.1

付録4 鋼材断面表

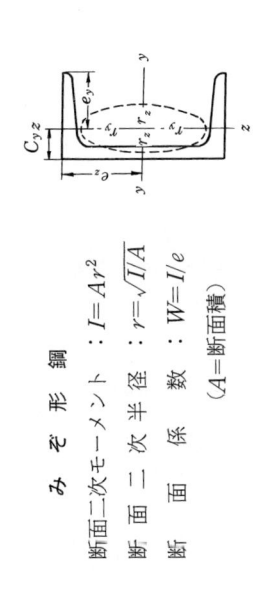

みぞ形鋼

断面二次モーメント：$I = Ar^2$
断面二次半径：$r = \sqrt{I/A}$
断面係数：$W = I/e$
（A＝断面積）

標準断面寸法 (mm)					断面積 A (cm²)	単位質量 (kg/m)	重心の位置 (cm)		断面二次モーメント (cm⁴)		断面二次半径 (cm)		断面係数 (cm³)	
$H \times B$	t_1	t_2	r_1	r_2			C_y	C_z	I_y	I_z	r_y	r_z	W_y	W_z
75×40	5	7	8	4	8.818	6.92	1.27	0	75.9	12.4	2.93	1.19	20.2	4.54
100×50	5	7.5	8	4	11.92	9.36	1.55	0	189	26.9	3.98	1.50	37.8	7.82
125×65	6	8	8	4	17.11	13.4	1.94	0	425	65.5	4.99	1.96	68.0	14.4
150×75	6.5	10	10	5	23.71	18.6	2.31	0	864	122	6.04	2.27	115	23.6
150×75	9	12.5	15	7.5	30.59	24.0	2.31	0	1,050	147	5.86	2.19	140	28.3
180×75	7	10.5	11	5.5	27.20	21.4	2.15	0	1,380	137	7.13	2.24	154	25.5
200×70	7	10	11	5.5	26.92	21.1	1.85	0	1,620	113	7.77	2.04	162	21.8
200×80	7.5	11	12	6	31.33	24.6	2.24	0	1,950	177	7.89	2.38	195	30.8
200×90	8	13.5	14	7	38.65	30.3	2.77	0	2,490	286	8.03	2.72	249	45.9
250×90	9	13	14	7	44.07	34.6	2.42	0	4,180	306	9.74	2.64	335	46.5
250×90	11	14.5	17	8.5	51.17	40.2	2.39	0	4,690	342	9.57	2.58	375	51.7
300×90	9	13	14	7	48.57	38.1	2.23	0	6,440	325	11.5	2.59	429	48.0
300×90	10	15.5	19	9.5	55.74	43.8	2.33	0	7,400	373	11.5	2.59	494	56.0
300×90	12	16	19	9.5	61.90	48.6	2.25	0	7,870	391	11.3	2.51	525	57.9
380×100	10.5	16	18	9	69.39	54.5	2.41	0	14,500	557	14.5	2.83	762	73.3
380×100	13	16.5	18	9	78.96	62.0	2.29	0	15,600	584	14.1	2.72	822	75.8
380×100	13	20	24	12	85.71	67.3	2.50	0	17,600	671	14.3	2.80	924	89.5

索　　　引

〈ア〉

アーク……………………………………68
アーチ………………………………………6
アーチ橋……………………………………7
圧　延……………………………………37
圧縮部材…………………………………65
圧　接……………………………………59
アンカーボルト…………………………228
安全率……………………………………47
I 形げた橋………………………………116
I 形鋼………………………………45, 315
RC 床板………………………………10, 96

〈イ〉

異形鉄筋…………………………………45
維　持……………………………………15
石　橋………………………………………2
板………………………………………127
　　──の座屈…………………………127
　　──の座屈係数……………………130
　　──の曲げ剛度…………………98, 130
板格子理論……………………………110
一次応力………………………………160
1 車線………………………………………9
一般構造用圧延鋼材………………38, 44
一般図…………………………………258
移動荷重…………………………………20
インパクトレンチ………………………62

〈ウ〉

ウエブプレート…………………………116
上横構……………………………150, 162
薄肉構造物…………………………………2
裏あて金……………………………70, 72
運棒法……………………………………80
　　ウィービング──……………………81

ストリング………………………………81

〈エ〉

永久橋………………………………………2
影響線………………………122, 151, 166, 172
縁距離…………………………………138
遠心荷重…………………………………32
縁端距離…………………………………66
H 形げた橋……………………………116
H 形鋼……………………………………45
HSB 鋼……………………………………41
L 荷重………………………………20, 120
NP 荷重…………………………………24
S 荷重……………………………………23
SM 鋼……………………………………41
S-N 曲線…………………………………56
X 線検査…………………………………82

〈オ〉

オイラーの座屈応力度…………………130
オイラーの長柱公式……………………48
応急橋………………………………………2
横断勾配………………………………10, 96
横　力…………………………………149
応力集中……………………………81, 94
応力照査………………………………137
応力-ひずみ曲線……………………39, 44
押抜き試験……………………………211
温度応力…………………………………31
温度差……………………………32, 207
　　──による応力…………………207
温度変化…………………………………31

〈カ〉

開　先……………………………………71
開　床………………………………10, 97
開断面…………………………………110

回転枠	74, 81	橋床	8, 10
架橋計画	12	共振	316
格間長	172	競争設計	15
角鋼	45	橋台	8
格点	160	橋長	8
格点構造	182	橋面排水	114
格点法	170	橋門構	162, 185
下弦材	161, 179	橋梁	1
重ね継手	63, 72	——の耐用年限	57
重ねばり	190	曲弦トラス	162
荷重	18	曲線橋	3
荷重-ずれ（すべり）曲線	61	局部座屈	52, 135
荷重分配曲線	122	許容応力度	46, 88
風荷重	27, 149, 182	——の割増し	55
架設	15	溶接部の——	88
ガセット	180	許容軸方向圧縮応力度	47
仮想仕事の原理	186	許容軸方向引張応力度	47
形鋼	45	許容せん断応力度	54
片勾配	277	許容曲げ圧縮応力度	52
片振り	57	切欠	75
活荷重	19, 173	切欠感度	94
活荷重合成げた	192	切欠ぜい性	75
可動橋	2	キルド鋼	38, 77
可動端	12	CAD	15
カバープレート	116, 136	CAM	15

〈ク〉

下部構造	1, 8
下路橋	2
慣性力	30
間接荷重	167
乾燥収縮	205
——による応力	205
乾燥収縮度	206
慣用計算法	122
管理	15

くり返し応力	56
グリッド床	97
クリープ	201
——による応力	201
クリープ係数	202
グルーブ溶接継手	71
グレーチング	97
群衆荷重	22

〈キ〉

〈ケ〉

機械的性質	39
基礎	8
気泡	75, 82
基本強度	57
基本風速	28
脚長	71
球平形鋼	46
橋脚	8

径間	8
軽金属橋	2
形式選定	13
けた	3
けたかかり長	228
けた橋	3, 116
けた高	126, 157

索　引　321

経済的―― ……………………126, 198
ケーブル ……………………………251
ゲルバー橋 ……………………………5
ゲルバートラス ……………………5, 16
弦　材 ………………………………161
建築限界 ………………9, 162, 171, 303
現場継手 ……………………………145
K荷重 ………………………………23
Kトラス ……………………………164
KS荷重 …………………………23, 120

〈コ〉

鋼 ……………………………………37
　――の機械的性質 …………………39
鋼　塊 ………………………………38
鋼　橋 ……………………………2, 37
合金鋼 ………………………………224
交互法 ………………………………80
鋼材断面表 …………………………305
格子げた橋 …………………………4
鋼　重 ………………………………14
鋼床版 ………………………10, 97, 108
合成げた ……………………………193
　――断面の設計 …………………197
　――の応力算定式 ………………195
　――の設計計算例 ………………212
　――の断面定数 …………………194
　死活荷重―― ……………………192
合成げた橋 ………………………4, 191
合成構造 ……………………………107
合成ばり ……………………………190
構造物解析 …………………………15
後退法 ………………………………80
高炭素鋼 ……………………………40
高張力鋼 ……………………………40
　調質―― …………………………41
　非調質―― ………………………41
剛　度 ………………………………15
鋼　板 ………………………………45
交番応力 …………………………58, 174
剛　比 …………………………142, 144
降伏点 ………………………………40
降伏比 ………………………………44
高　欄 ………………………………114

合理化げた …………………118, 148
抗力係数 ……………………………28
高力ボルト ………………59, 60, 63
　――の強さ ………………………62
固定橋 ………………………………2
固定端 ………………………………12
固定点間距離 ………………………53
ゴムジョイント ……………………115
コンポジション ……………………70

〈サ〉

載荷弦 ………………………………161
材質検査 ……………………………46
サイズ …………………………71, 83
最大曲げモーメント ………………144
最適設計 ……………………………15
材料検査 ……………………………46
ザイル ………………………………251
座　屈 …………………………47, 116
　――応力度 ………………………48
　――係数 …………………………47
　――パラメーター ……………53, 131
サブマージドアーク ………………70
サルフアー・クラック ……………70
残留応力 …………………………48, 79
残留ひずみ …………………………44

〈シ〉

支圧接合 ……………………………61
シアープレート ……………………146
死荷重 ………………19, 120, 155, 173
　後―― ……………………………201
死荷重強度 …………………………19
支　間 ………………………………8
軸方向荷重 …………………………18
支　承 …………………………12, 215
　――各部の設計 …………………224
　――の材料 ………………………224
　――の設計 ………………………221
　――の設計計算例 ………………234
　可動―― ……………………215, 221
　金属製の―― ………………216, 224
　高力黄銅支承板―― ……………217
　固定―― …………………………215

322　索　引

ゴム—— ……………………………220, 226
　ゴム製の—— ………………………220
　支圧型ピン—— ……………………222
　線—— …………………………217, 225
　全方向可動—— ……………………215
　ピボット—— ………………………218
　ピン—— ………………………218, 225
　ペンデル—— ………………………219
　密閉ゴム支承板—— ………………217
　免震—— ……………………………221
　ローラー—— …………………218, 225
地震荷重…………………………29, 149, 182
持続荷重………………………………201
下横構……………………………150, 162
支　柱…………………………………161
支点移動………………………………34
始動荷重………………………………32
自動設計………………………………15
地　覆…………………………………114
ジベル…………………………………191
支保工…………………………………192
しま鋼板………………………………46
斜　橋…………………………………2
斜　材…………………………………161
　——の傾斜角 ………………………172
斜張橋…………………………………5
シヤードプレート……………………45
車輪荷重………………………………20
シャルピー試験………………………76
縦横比……………………………130, 141
従荷重…………………………………18
十字継手………………………………72
縦断勾配……………………………10, 96
集中荷重………………………………18
自由突出板………………………135, 177
主荷重…………………………………18
主げた……………………………3, 8, 116
　——作用 ……………………………113
　並列—— ……………………………10
主　構…………………………4, 8, 159, 161
主鉄筋…………………………………98
純圧縮…………………………………130
純径間…………………………………8
純せん断………………………………131

純断面積………………………………64, 179
純曲げ…………………………………131
ジョイントプロテクター……………229
衝　撃…………………………………25
　——応力 ……………………………25
　——係数 ………………………25, 173
上弦材…………………………………161
衝突荷重………………………………34
床版の厚さ……………………………102
上部構造………………………………1, 8
省力化設計……………………………148
上路橋…………………………………2
初期たわみ…………………………48, 79
初期不整……………………………48, 79
伸縮継手……………………………13, 114
じん性…………………………………76
心　線…………………………………78
震　度……………………………30, 222
　鉛直—— ……………………………30
　合—— ………………………………30
　水平—— ……………………………30
　設計水平—— ………………………31
震度法…………………………………30
Si鋼……………………………………41

〈ス〉

垂直材…………………………………161
水平加速度……………………………30
推　力…………………………………114
水路橋…………………………………2
スカーラップ…………………………142
スタッド…………………………71, 209, 211
　——の強度 …………………………211
　——の配置法 ………………………212
ストラット……………………………185
スパン…………………………………8
スパン比………………………238, 250, 255
スパン割り……………………………13
すべり係数……………………………62
すみ肉溶接継手……………………71, 72
　斜方—— ……………………………72
　側面—— ……………………………72
　前面—— ……………………………72
スラッグ………………………………70

索　引

スラブ止め …………………………………107
ずれ …………………………………190, 211
　残留── …………………………………211
ずれ止め …………………………………190, 209
　──の種類 …………………………………209
　──の設計 …………………………………210
寸法検査 …………………………………46

〈セ〉

静荷重 …………………………………18
製鋼 …………………………………37
製作 …………………………………15
ぜい性 …………………………………76, 135
静定 …………………………………165
製鉄 …………………………………37
制動荷重 …………………………………32
制動トラス …………………………………150, 184
施工時荷重 …………………………………33
設計 …………………………………14
　──計算例 …………………………………106, 188, 212
　──示方書 …………………………………15
　──条件 …………………………………258
　──図 …………………………………15, 189, 213, 229, 258, 284
接合 …………………………………59
絶対最大曲げモーメント …………………………………126
セミキルド鋼 …………………………………38, 77
遷移温度 …………………………………76
線形 …………………………………13
前進法 …………………………………80
全体座屈 …………………………………139
せん断遅れ …………………………………193
せん断弾性係数 …………………………………40
せん断ひずみエネルギー一定説 …………………………………54, 87
せん断力 …………………………………119, 123
線膨張係数 …………………………………31, 207
せん溶接継手 …………………………………71, 73

〈ソ〉

相関関係式 …………………………………140
相関曲線 …………………………………88
総断面積 …………………………………65, 177
相反応力 …………………………………174
そり …………………………………156, 188
ソールプレート …………………………………217

〈タ〉

耐久限度 …………………………………57
対傾構 …………………………………11, 118, 149, 153, 162, 185
　端── …………………………………153, 185
　中間── …………………………………154, 185
耐候性鋼 …………………………………41
対材 …………………………………164
対称法 …………………………………80
耐震安定性 …………………………………29
耐風安定性 …………………………………13
対風構 …………………………………11, 182
ダイアフラム …………………………………179
縦荷重 …………………………………33
縦げた …………………………………10, 11, 106, 161
タブ …………………………………78
ダブルワレントラス …………………………………164
たわみ …………………………………154
　──の計算 …………………………………154, 186
　──の照査 …………………………………209
　──の制限 …………………………………156, 188
単位重量 …………………………………19
鍛鋼品 …………………………………224
単純橋 …………………………………4
単純版 …………………………………99
弾性限度 …………………………………39
炭素当量 …………………………………77
端柱 …………………………………161
断面一次モーメント …………………………………138
断面係数 …………………………………53
断面欠損 …………………………………145
断面二次半径 …………………………………48
断面二次モーメント …………………………………138
断面法 …………………………………166

〈チ〉

千鳥 …………………………………64
鋳鋼 …………………………………44, 224
鋳鉄 …………………………………44
鋳鉄品 …………………………………224
中路橋 …………………………………2
長大橋 …………………………………297
　──の表 …………………………………297
　世界の── …………………………………298

日本の—— … 297
直橋 … 2
直弦トラス … 162
直交異方性板理論 … 110

〈ツ〉

疲れ限度 … 57
突合わせ継手 … 63
突合わせジョイント … 115
継手 … 59
つり材 … 161
つり橋 … 7

〈テ〉

低温焼なまし … 81
低合金鋼 … 40
抵抗モーメント … 144
デッキプレート … 109, 111
鉄筋コンクリート橋 … 2
鉄筋コンクリート床版 … 96, 98
鉄道の建築限界 … 303
鉄道橋 … 2, 18
電子計算機 … 15
添接 … 59, 180
添接板 … 146
天然ゴム … 224
T荷重 … 20
T継手 … 72

〈ト〉

動荷重 … 18
動的耐震設計法 … 31
等分布活荷重 … 22
道路橋 … 2, 18
——合成げた橋の設計例 … 258
道路橋溶接トラス橋の設計例 … 230
道路構造令 … 96, 301
特殊荷重 … 18, 32
　主荷重に相当する—— … 18
トラス … 4, 159
——の間隔 … 171
——の種類 … 162
——のたわみ … 186
トラス橋 … 4, 159

——の設計 … 171
——の設計計算例 … 188
取付け道路 … 10
トルク係数 … 62
トルク法 … 62
トルクレンチ … 62
トルシア型高力ボルト … 60

〈ナ〉

ナット … 60
——回転法 … 62
軟鋼 … 39

〈ニ〉

二次応力 … 160, 165, 172
Ni鋼 … 41
2層橋 … 2

〈ネ〉

熱間圧延 … 38

〈ノ〉

のど厚 … 71, 83
伸び … 46

〈ハ〉

配筋 … 104
ハイテンボルト … 60
配力鉄筋 … 98
ハウトラス … 163
箱げた橋 … 4
橋下高 … 9
はり … 3, 98
はりの理論 … 123, 137, 193, 196
バルチモアトラス … 165
ハンチ … 96, 102, 194
反復強度 … 58

〈ヒ〉

比較設計 … 15
ヒシ形トラス … 164
飛石法 … 80
非弾性座屈 … 48, 53
ビッカース硬度 … 77

索　　引

引張強度	40
引張接合	61
引張強さ	40
引張部材	64
ひび割れ	102
被覆剤	78
平鋼	45
比例限度	39
疲労	56
——強度	88, 136
——設計曲線	92
ヒンジ	12, 160
ピントラス	160

〈フ〉

不安定	165
フィレット	182
フィンガージョイント	115
風圧	28
幅員	8, 9, 96
腹材	161, 179
複鉄筋ばり	105
腹板	127
——とフランジプレートとの溶接	136
——の板厚	127
——の継手	146
不載荷弦	161
部材の継手	179
部材断面の高さ	172
部材力	165
不静定	165
フックの法則	39
プラットトラス	163
フランジ断面の決定	198
フランジプレート	116, 132
——の断面の変化	144
——の鋼種の選定	135
——の所要断面積	132
——の継手	146
——の幅と厚さ	135
特殊な——	136
ブレーキトラス	150, 184
プレストレストコンクリート橋	2
プレートガーダー	116
——橋	116
ブローホール	71, 82
分布荷重	18

〈ヘ〉

閉床	10, 97
閉断面	110
平板	98
——の理論	98
平面構造物	165
平面保持の法則	195
併用橋	2
ペチットトラス	165
ペリカン・エスリンガーの解法	110
ヘルツの公式	225
変位制限構造	229
変位の適合条件式	197
変質部	69

〈ホ〉

ポアソン比	40
棒鋼	45
放物線	96
補剛材	116, 127, 139
——の所要剛度	141
——の断面	142
垂直——	140, 143
垂直——の間隔	140
水平——	141, 143
水平——の取付け位置	143
母材	68
舗装	10, 109
細長比	48
——の最大限	175
ポニートラス	162
——橋	186
歩道	9
歩道橋	2
骨組線	161, 172, 182
ボルト	60

〈マ〉

埋設ジョイント	115
曲げ引張	47

326　　　　　　　　　　　索　　　引

曲げ部材……………………………65	金属アーク──……………………60, 68
曲げモーメント…………………119, 123	サブマージドアーク──………………70
摩擦係数……………………………222	下向──………………………………74, 81
摩擦接合……………………………61	自動──…………………………………70
丸　鋼………………………………45	スタッド──……………………………71
Mn 鋼………………………………41	立向──…………………………………74
	炭素アーク──法………………………68
〈ミ〉	断続──…………………………………74
みぞ形鋼…………………………45, 315	千鳥──…………………………………74
	突合せ──………………………………72
〈モ〉	手──……………………………………69
木　橋…………………………………2	とつ──…………………………………74
モーメントプレート………………146	平──……………………………………74
	並列──…………………………………74
〈ヤ〉	へこみ──………………………………74
焼入れ……………………………41, 69	横向──…………………………………74
焼なまし……………………………69	連続──…………………………………74
焼もどし……………………………41	溶接機…………………………………69
山形鋼………………………………45	溶接記号………………………………74
等辺──………………………311	溶接構造用圧延鋼材…………………38, 44
不等辺──……………………313	溶接性…………………………………41, 78
不等辺不等厚──……………314	溶接接合………………………………68
ヤング係数…………………………40	溶接ひずみ……………………………79
──比…………………………203	溶接法…………………………………78
仮想の──……………………203	溶接棒…………………………………77
	溶接用鋼材……………………………74
〈ユ〉	溶接われ感受性組成…………………77
U 形鋼……………………………306	溶着金属部……………………………69
有効座屈長………………………48, 179	横荷重…………………………………18, 32
弦材の──……………………177	横げた…………………………………11
有効長……………………………83, 84	横　構……………………11, 118, 150, 162, 183
有効幅……………………………112, 193	──の組み方………………………150
融合部………………………………69	横構部材の設計………………………152
融　接………………………………59	横ねじれ座屈…………………………52
床　組……………………………8, 11, 161	──モーメント……………………53
床組作用……………………………113	余剰耐荷力……………………………131
床げた……………………………11, 106, 161	予　熱…………………………………69, 81, 136
雪荷重………………………………33	余　盛…………………………………71, 72
ユニオンメルト法…………………70	
ユニバーサルミルプレート………45	〈ラ〉
	落橋防止構造…………………………229
〈ヨ〉	落橋防止装置システム………………228
溶　接………………………………59	ラーメン………………………………7
上向──………………………74	

ラーメン橋 ……………………………………7

〈リ〉

リ　ブ ……………………………………109
　　縦—— ………………………………109
　　横—— ………………………………109
リムド鋼 ……………………………38, 77
両縁支持板 ……………………………178
両振り …………………………………58

〈ル〉

ルート …………………………………71

〈レ〉

冷間圧延 ………………………………38
連　結 …………………………………59
連続橋 …………………………………5
連続版 …………………………………99

〈ロ〉

ろう接 …………………………………60

〈ワ〉

割　れ ……………………………82, 94
ワレントラス …………………………163

Memorandum

Memorandum

〈著者紹介〉

なか い　　ひろし
中井　博

　　　1961年　　大阪市立大学大学院工学研究科修士課程修了
　　　1972年　　工学博士
　　　1973～1999年　大阪市立大学教授
　　　1999年～　大阪市立大学名誉教授
　　　1999～2007年　福井工業大学教授
　　　平成21年1月没
　　著書　Analysis and Design of Curved Steel Bridges, McGraw-Hill
　　　　　鋼橋設計の基礎，共立出版

きた だ　としゆき
北田　俊行

　　　1973年　　大阪大学大学院工学研究科博士課程修了
　　　1980年　　工学博士
　　　1999～2009年　大阪市立大学教授
　　　2009年～　大阪市立大学名誉教授
　　著書　土木応用数学，コロナ社
　　　　　橋梁工学―鋼・合成橋梁の設計実務をめざして―
　　　　　（上），（下），森北出版

新編 橋梁工学

〔橋梁工学：第5版　改訂・改題〕　　　　　　　検印廃止　　©2003

2003年12月10日　初版1刷発行　　著　者　　中　井　　　博
2023年2月20日　初版19刷発行　　　　　　　　北　田　俊　行
　　　　　　　　　　　　　　　　　発行者　　南　條　光　章

発行所　共立出版株式会社

〒112-0006
東京都文京区小日向4丁目6番19号
電話 03-3947-2511／振替 00110-2-57035
URL www.kyoritsu-pub.co.jp

印刷：精興社/製本：協栄製本
NDC 515/Printed in Japan

一般社団法人
自然科学書協会
会員

ISBN 978-4-320-07409-5

JCOPY ＜出版者著作権管理機構委託出版物＞
本書の無断複製は著作権法上での例外を除き禁じられています．複製される場合は，そのつど事前に，出版者著作権管理機構（TEL：03-5244-5088，FAX：03-5244-5089，e-mail：info@jcopy.or.jp）の許諾を得てください．

■土木工学関連書　　　　　　　　　　www.kyoritsu-pub.co.jp　共立出版

土木職公務員試験 過去問と攻略法 …山本忠幸他著	復刊 河川地形 …………………………高山茂美著
コンクリート工学の基礎 建設材料コンクリート：改訂・改題 ……村田二郎他著	交通バリアフリーの実際 ……………高田邦道編著
標準 構造力学 (テキストS土木工学 12) …………阿井正博著	メッシュ統計 (統計学OP 15) …………………佐藤彰洋著
工学基礎 固体力学 ……………………園田佳巨他著	都市の計画と設計 第3版 ……………小嶋勝衛他監修
静定構造力学 第2版 …………高岡宣善著／白木 渡改訂	新・都市計画概論 改訂2版 ……………加藤 晃他編著
不静定構造力学 第2版 …………高岡宣善著／白木 渡改訂	風景のとらえ方・つくり方 九州実践編 ……小林一郎監修
詳解 構造力学演習 …………………………彦坂 熙他著	新編 橋梁工学 …………………………中井 博他著
鉄筋コンクリート工学 …………………加藤清志他著	例題で学ぶ橋梁工学 第2版 ……………中井 博他著
土砂動態学 山から深海底までの流砂・漂砂・生態系 ……松島亘志他編著	対話形式による橋梁設計シミュレーション 中井 博他著
土質力学の基礎とその応用 土質力学の基礎改訂・改題 ……石橋 勲他著	森の根の生態学 ………………………平野恭弘他著
土質力学 (テキストS土木工学 11) ………………足立格一郎著	森林と災害 (森林科学S 3) ………………中村太士他編
地盤環境工学 ……………………………嘉門雅史他著	実践 耐震工学 第2版 …………………大塚久哲著
水理学入門 ………………………………真野 明他著	震災救命工学 …………………………高田至郎他著
流れの力学 水理学から流体力学へ ……………澤本正樹著	津波と海岸林 バイオシールドの減災効果 ……佐々木 寧他著
移動床流れの水理学 ……………………関根正人著	環境計画 政策・制度・マネジメント ……………秀島栄三訳
水文科学 …………………………………杉田倫明他編著	入門 環境の科学と工学 ………………川本克也他著
水文学 ……………………………………杉田倫明訳	